ユーキャンの

2024年版

電験三種

最短合格への過去問
300

おことわり

○本書の記載内容について、執筆時点（2023年11月下旬）以降の法改正情報などのうち、令和5年度下期・令和6年度上期試験の対象となるものについては、下記「ユーキャンの本」ウェブサイト内「追補（法改正・正誤)」にて、適宜お知らせ致します。
（https://www.u-can.co.jp/book/information）

○本書内では、以下のように省略して表記しています。
　・（例）R4下期　→　令和4年下期
　・（例）H30　　→　平成30年
　・「電気設備に関する技術基準を定める省令」→「電気設備技術基準」
　・「電気設備の技術基準の解釈」→「電気設備技術基準の解釈」

（ともに、法規科目）

はじめに

　電験三種試験（第三種電気主任技術者試験）は、令和4年度より、受験機会をこれまでの年1回から年2回に変更されました。さらに令和5年度より、従来の筆記方式（マークシート式）に加え、パソコン画面上で解答するCBT方式（上期、下期とも4週程度実施）も採用されています。3年以内に、1科目につき6回の受験機会を与えることにより、試験のレベルを変えずに現在不足している第三種電気主任技術者を増やすことが目的とのことです。

　CBT方式の採用により、出題者側の問題作成数が大きく増えることになるので、問題のパターン化が予測されていました。予測どおり、令和5年度上期試験の理論、電力、機械、法規のすべての科目において、出題された問題の約7〜8割が過去問と全く同じ問題か類似問題となり、驚愕の結果となりました。

　また、「難問・奇問」は一定数出題されていますが、「難問・奇問」は切り捨ててよいでしょう。そもそも「難問・奇問」のような問題は正答できなくとも、その他の問題に対応できれば合格基準点である60点以上は十分確保できる試験だからです。

　本書は、直近10回分（令和5年上期〜平成27年）の筆記試験問題から、出題頻度が高く、「必ず正答しておきたい」問題300問（理論・電力・機械科目は各80問、法規科目は60問）を厳選収録しました。「難問・奇問」と考えられる問題は掲載していません。

　解答・解説は初学者の方にも十分理解できるよう、計算過程や原理・定理・法則・特徴などを詳細に解説しています。本書に掲載していない「正答すべき過去問題」もありますが、本書掲載の問題の解法を理解していれば十分対応できます。

　本書のコンセプトは「出題頻度の高い問題の解法をしっかり身につけ、易しい問題ほど、徹底的に理解し、取りこぼさないこと」です。ぜひ本書収録の300問をくり返し解いてみてください。自信を持って正答できるようになれば、各科目とも60点を得点できる力は十分身につくはずです。

　今後の電験三種試験対策の王道は、頻出過去問の徹底理解です。

　本書が電験三種試験合格を目指す皆様の一助になれば幸いです。

ユーキャン電験三種試験研究会

本書の使い方

正答できるまで、何度でもくり返しチャレンジ！

◎本書では、各科目の合格ラインを突破するために「必ず解いておきたい」過去問題300問を収録しています。自信を持って正答できるまで、くり返し取り組んでみてください。

◎法改正などの反映が必要な過去問題は、改正点を反映して掲載しています（「改」で表記）。

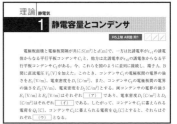

解答解説は学習しやすい「別冊」でチェック！

◎初学者でも理解できるように、計算問題は途中式を省略せず、図版を多く用いて詳しく解説しています。

◎特に覚えておきたい「重要公式」「重要用語」「重要な解説部分」は、赤字で表記しています。

◎「必須ポイント」「注意」など、理解を助けるコーナーも充実しています。

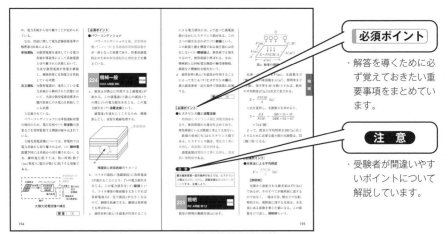

必須ポイント
・解答を導くために必ず覚えておきたい重要事項をまとめています。

注 意
・受験者が間違いやすいポイントについて解説しています。

（上の紙面は見本です）

目次 2024年版ユーキャンの電験三種 最短合格への過去問300

別冊「解答解説」

デザイン：林 偉志夫

資格・試験について

電験三種試験は、令和5年度から、筆記方式またはCBT方式でのいずれかの受験が可能となりました。試験実施日、受験申込受付期間など受験要項についての最新情報は、一般財団法人電気技術者試験センターのホームページ等でご確認ください。

ここでは、ご参考までに、令和5年度上期試験終了時点の情報に基づき、試験内容、合格基準、科目合格制度、試験データなどについて記載します。

1 第三種電気主任技術者の資格と仕事

「電験三種試験」とは、国家試験の「第三種電気主任技術者試験」のことであり、合格すれば第三種の電気主任技術者の免状が得られます。

第三種電気主任技術者は、電圧5万ボルト未満の事業用電気工作物（出力5千キロワット以上の発電所を除く）の工事、維持および運用の保安の監督を行うことができます。

2 試験内容

試験科目は、理論、電力、機械、法規の4科目で、筆記方式・CBT方式のどちらも以下の範囲および解答数です。

試験科目	理論	電力	機械	法規
範囲	電気理論、電子理論、電気計測および電子計測に関するもの	発電所、蓄電所および変電所の設計および運転、送電線路および配電線路（屋内配線を含む。）の設計および運用並びに電気材料に関するもの	電気機器、パワーエレクトロニクス、電動機応用、照明、電熱、電気化学、電気加工、自動制御、メカトロニクス並びに電力システムに関する情報伝送および処理に関するもの	電気法規（保安に関するものに限る。）および電気施設管理に関するもの
解答数	A問題　14題 B問題　3題※	A問題　14題 B問題　3題	A問題　14題 B問題　3題※	A問題　10題 B問題　3題
試験時間	90分	90分	90分	65分

備考：1．解答数欄の※印については、選択問題を含んだ解答数です。
　　　2．法規科目には「電気設備の技術基準の解釈について」（経済産業省の審査基準）に関するものを含みます。

筆記・CBT方式ともに五肢択一方式です。A問題は、一つの問に対して一つを解答する方式、B問題は、一つの問の中に小問二つを設けて、それぞれの小問に対して一つを解答する方式です。

3 合格基準、科目合格制度

　合格基準は、各科目原則60点が目安ですが、例年調整が入る場合があります。令和5年度上期試験（筆記方式）では、各科目100点満点のうち、理論科目60点以上、電力科目60点以上、機械科目60点以上、法規科目60点以上でした。

　試験は科目ごとに合否が決定され、4科目すべてに合格すれば第三種電気主任技術者試験が合格となります。また、4科目中一部の科目だけ合格した場合は、「科目合格」となって、最初に合格した試験以降、その申請により最大で連続して5回まで当該科目の試験が免除されます。

4 試験データ

年度		受験申込者数	受験者数	合格者数	合格率	科目合格者数
令和元年度		59,234	41,543	3,879	9.3%	13,318
令和2年度		55,406	39,010	3,836	9.8%	11,686
令和3年度		53,685	37,765	4,357	11.5%	12,278
令和4年度	上期	45,695	33,786	2,793	8.3%	9,930
	下期	40,234	28,785	4,514	15.7%	8,269
令和5年度	上期	36,978	28,168	4,683	16.6%	9,252

※受験者数は、1科目以上出席した者の人数です。

5 試験に関する問い合わせ先

一般財団法人 電気技術者試験センター
ホームページ https://www.shiken.or.jp/

理論 出題傾向と対策

過去10回の筆記試験出題実績

例年の出題数17問〈A問題14題、B問題3題(選択問題を含む)〉
出題割合は、計算問題:77%、文章問題:23%

分野	R5上期	R4下期	R4上期	R3	R2	R1	H30	H29	H28	H27
①静電気	3問	4問	4問	3問	4問	3問	2問	2問	4問	2問
②電磁気	2問	2問	2問	2問	2問	2問	3問	3問	3問	2問
③直流回路	4問	3問	4問	3問	4問	4問	4問	4問	3問	5問
④交流回路	2問	2問	2問	2問	2問	2問	2問	3問	1問	3問
⑤三相交流回路	1問	1問	1問	1問	1問	1問	1問	1問	1問	1問
⑥電気計測	2問	1問	1問	2問	1問	2問	1問	1問	2問	1問
⑦電子理論その他	4問	5問	4問	5問	4問	4問	5問	4問	5問	5問

※表内の各出題数は他の分野と重複計上している場合があるので、実際の出題数と必ずしも一致しない。

各分野の出題傾向と対策

①静電気　例年の出題数:2〜4問程度

　クーロンの法則、電界の強さ、電位、コンデンサの電圧分担、合成静電容量、コンデンサに蓄えられるエネルギーなど、基本的な内容が繰り返し出題されています。電気力線の性質、コンデンサの直列接続と並列接続の違いをしっかり理解しておきましょう。

②電磁気　例年の出題数:2〜3問程度

　円形コイル・直線導体による磁界、平行導体間に働く電磁力、磁気回路、磁性体の磁化曲線(BH曲線)、フレミングの法則、レンツの法則などが繰り返し出題されています。クーロンの法則など静電気と類似公式が多いので対比して覚えるとよいでしょう。

③直流回路　例年の出題数：３～５問程度

　直流回路の合成抵抗、電圧、電流、電力の計算、過渡現象などが出題されています。キルヒホッフの法則、テブナンの定理、重ね合わせの理の理解が必須です。特に、ブリッジ回路は平衡しているかどうかの見定めが重要です。

④交流回路　例年の出題数：１～３問程度

　単相交流回路のベクトル図、複素数による電圧、電流、電力、力率の計算、共振回路などが出題されています。キルヒホッフの法則など直流回路と同様の公式を使用しますが、直流回路に比べ位相や力率の問題があるので複雑となります。交流回路の計算は他科目（機械、電力、法規）の基礎となる最も重要な分野でもあるので、学習時間を多く割いてしっかり理解しておきましょう。

⑤三相交流回路　例年の出題数：１問程度

　三相交流回路の電流・電力、力率、インピーダンスなどの計算が主体です。出題数は少なく、時間がかかる計算問題も多いですが、単相交流回路と同様、他科目（機械、電力、法規）の基礎となる最も重要な分野でもあるので、学習時間を多く割いてしっかり理解しておきましょう。三相交流回路から１相分を抜き出し、単相交流回路として計算することがコツです。

⑥電気計測　例年の出題数：１～２問程度

　各種計器の特徴、分流器・倍率器、各種波形の平均値、実効値などが出題されています。整流形計器や静電形計器、熱電形計器などの特徴を覚えておきましょう。正弦波交流の平均値 $Eav = (2／π)Em$ と実効値 $Erms = (1／\sqrt{2})Em$ は、必ず覚えておきましょう。

⑦電子理論その他　例年の出題数：４～５問程度

　演算増幅器、電子の運動、半導体素子の概要、可変容量ダイオードの概要、いろいろな現象と効果など、出題は多岐に渡ります。難易度はまちまちですが、p形、n形半導体の特徴など基礎的事項は必ず覚えておきましょう。

電力　出題傾向と対策

過去10回の筆記試験出題実績

例年の出題数17問〈A問題14題、B問題3題〉
出題割合は、計算問題：34%、文章問題：66%

分野	R5上期	R4下期	R4上期	R3	R2	R1	H30	H29	H28	H27
①水力発電	1問	2問	2問	2問	2問	2問	2問	2問	1問	2問
②汽力発電	2問	2問	3問	3問	2問	2問	2問	3問	3問	2問
③原子力発電	1問	1問	1問	1問	1問	1問	1問	1問	1問	1問
④その他発電	2問	2問	1問	1問	1問	1問	1問	1問	1問	0問
⑤変電	2問	2問	3問	2問	3問	3問	4問	3問	2問	2問
⑥送配電	8問	7問	7問	7問	7問	7問	6問	9問	9問	10問
⑦電気材料	1問	1問	1問	1問	1問	1問	1問	1問	1問	1問

※表内の各出題数は他の分野と重複計上している場合があるので、実際の出題数と必ずしも一致しない。

各分野の出題傾向と対策

①水力発電　例年の出題数：1～2問程度

　ベルヌーイの定理、水力発電の出力計算、各種水車の特徴、キャビテーションと対策などが出題されています。

　水車出力 $P＝9.8QH$ は単位を含め必須公式です。また、速度調定率の公式も重要です。しっかり押さえましょう。

②汽力発電　例年の出題数：2～3問程度

　各種の熱サイクル、汽力発電の出力・熱効率計算、熱効率向上対策、ボイラ・タービン・復水器・空気予熱器・節炭器など諸設備の概要などが出題されています。

　復水器冷却水の温度上昇の計算、タービン発電機の水素冷却方式の特徴を押さえておきましょう。

③原子力発電　例年の出題数：１問程度

　質量欠損と核分裂エネルギー、軽水炉（BWR、PWR）の特徴と構成材料が繰り返し出題されています。

$E＝mc^2$ の公式、BWRとPWRの出力調整方法の違いを覚えておきましょう。暗記事項は少なく、落としたくない分野です。

④その他発電　例年の出題数：１〜２問程度

　主にコンバインドサイクル発電、太陽光発電、風力発電、燃料電池から出題されています。

　各種発電方式の概要、特に太陽光発電を押さえておきましょう。

⑤変電　例年の出題数：２〜４問程度

　パーセントインピーダンスの計算、変圧器・避雷器・調相設備などの変電機器が出題されています。変圧器の結線方式は機械科目でも出題されます。また、パーセントインピーダンスの計算は法規科目でも出題されます。特に力を入れてしっかり理解しておきましょう。

⑥送配電　例年の出題数：６〜10問程度

　電力科目の出題数の５割近くを占める重要分野です。架空送電、地中送電、配電が出題範囲となります。

　電線のたるみの計算、振動対策、雷害対策、誘導障害、中性点接地方式、多導体方式の特徴、地中送電方式の特徴、各種配電方式の特徴など、暗記事項も多い分野です。電圧降下、短絡電流・地絡電流の計算は、理論科目の知識がベースとなります。

⑦電気材料　例年の出題数：１問程度

　磁性材料、絶縁材料、導電材料から出題されています。特に、絶縁材料からの出題が多いです。変電機器に使用される六ふっ化硫黄（SF_6）ガスの特徴は必ず覚えておきましょう。

機械　出題傾向と対策

過去10回の筆記試験出題実績

例年の出題数17問〈A問題14題、B問題3題（選択問題を含む）〉
出題割合は、計算問題：53%、文章問題：47%

分野	R5上期	R4下期	R4上期	R3	R2	R1	H30	H29	H28	H27
①変圧器	3問	2問	2問	2問	2問	2問	2問	2問	2問	2問
②誘導機	2問	2問	2問	2問	2問	2問	2問	2問	2問	2問
③直流機	2問	1問	2問	2問	2問	3問	2問	2問	2問	2問
④同期機	2問	3問	2問	2問	2問	2問	2問	2問	2問	2問
⑤機械一般その他	4問	4問	4問	5問	5問	5問	5問	7問	5問	6問
⑥照明・電熱・電気化学	2問	2問	2問	2問	2問	1問	2問	3問	3問	3問
⑦自動制御、情報伝送・処理	3問	4問	4問	3問	3問	3問	3問	2問	3問	4問

※表内の各出題数は他の分野と重複計上している場合があるので、実際の出題数と必ずしも一致しない。

各分野の出題傾向と対策

①変圧器　例年の出題数：2〜3問程度

　等価回路、電圧変動率、損失と効率、各種結線方式、並行運転の条件などが出題されています。

　インピーダンスの一次、二次換算を含め、簡易等価回路（L形等価回路）は必ず描けるようにしておきましょう。

②誘導機　例年の出題数：2問程度

　誘導機の基本特性、等価回路、比例推移、かご形と巻線形の特徴・比較、始動・速度制御などが出題されています。等価回路は変圧器に似ていますが、誘導機には出力等価抵抗があり、やや難しいテーマです。二次入力：銅損：出力＝1：s：(1−s)、出力$P = \omega T$など、覚えるべき公式も多い分野です。

③直流機　例年の出題数：１～３問程度

　直流機の基本特性、誘導起電力、速度制御、他励・分巻・直巻の比較などが出題されています。発電機の端子電圧 V は、$V = E - R_a \cdot I_a$、電動機の端子電圧 V は、$V = E + R_a \cdot I_a$ であることをしっかり理解しておきましょう。

④同期機　例年の出題数：２～３問程度

　同期機の出力、短絡比、同期インピーダンス、電機子反作用、同期発電機の並列運転、同期発電機の自己励磁現象、同期電動機のＶ曲線などが出題されています。同期発電機のベクトル図は、必ず描けるようにしておきましょう。同期発電機は電力科目でも出題されます。特に力を入れてしっかり理解しておきましょう。

⑤機械一般その他　例年の出題数：４～７問程度

　整流回路やインバータ、直流チョッパなどのパワーエレクトロニクス、ポンプ・送風機やエレベータなどの電動力応用、各種回転機の特徴などが出題されています。交流電気機器の各種損失について押さえておきましょう。

⑥照明・電熱・電気化学　例年の出題数：１～３問程度

　照明分野からは照度計算、電熱分野からは誘導加熱、誘電加熱、ヒートポンプ、電気化学からは各種電池の概要などが出題されています。光束、光度、照度、輝度など照明に関する用語の定義と計算、誘導加熱の原理と特徴、各種電池の概要を押さえておきましょう。

⑦自動制御、情報伝送・処理　例年の出題数：２～４問程度

　自動制御分野からはブロック線図の等価変換、フィードバック制御の概要、演算増幅器、情報伝送・処理分野からは論理回路の真理値表、２進数・16進数、プログラミングなどが出題されています。出題範囲は膨大に広く、難易度はまちまちです。基本的な学習にとどめ、難問・奇問はこの分野が得意でない人は切り捨てても構いません。

法規 出題傾向と対策

過去10回の筆記試験出題実績

例年の出題数13問〈A問題10題、B問題3題〉
出題割合は、計算問題：25％、文章問題：75％

分野	R5上期	R4下期	R4上期	R3	R2	R1	H30	H29	H28	H27
①電気事業法 および関係法規	2問	2問	3問	2問	2問	2問	2問	4問	2問	2問
②電気設備 技術基準	3問	3問	2問	2問	3問	2問	2問	3問	1問	2問
③電気設備 技術基準の解釈	5問	5問	4問	7問	6問	7問	6問	4問	10問	8問
④電気施設管理	3問	3問	4問	2問	2問	2問	3問	2問	1問	2問

※表内の各出題数は他の分野と重複計上している場合があるので、実際の出題数と必ずしも一致しない。

各分野の出題傾向と対策

①電気事業法および関係法規　例年の出題数：2～4問程度

　電気事業法、同法施行規則、電気工事士法、電気工事業法、電気関係報告規則、電気用品安全法からの出題です。

　過去に頻出している条文キーワードの暗記が必須です。電気工事士法など電気関係法規は条文も少なく、暗記する用語・数値が少ないので、短時間で習得できます。

②電気設備技術基準（以下、電技）例年の出題数：1～3問程度

　第1章「保安原則」、「公害等の防止」、第3章「感電火災等の防止」など、過去に頻出している条文キーワードの暗記が必須です。

③電気設備技術基準の解釈（以下、電技解釈）
例年の出題数：4～10問程度

　電技解釈は条文も多く範囲が広いですが、電技同様、過去に頻出している条文

キーワードの暗記が必須です。また、地絡事故時のB種、D種接地抵抗値の計算など、条文に関連する簡単な計算問題は条文とともにしっかり学習しておきましょう。

④電気施設管理　例年の出題数：1～4問程度

　需要率・負荷率・不等率、コンデンサによる力率改善、短絡電流・地絡電流の計算、高圧受電設備の構成などが出題されています。

　需要率・負荷率・不等率の計算は、出題パターンがほぼ決まっています。公式は必ず暗記しておきましょう。

令和5年度下期・令和6年度上期試験の出題予想

過去10回の筆記試験問題を分析し、出題頻度、出題周期、出題パターン、重要性、話題性などから、令和5年度下期・令和6年度上期試験の出題論点を予想しました。

また、出題が予想される論点について、本書の関連問題の番号とその出題年次も示しています。

〈理論〉

分野	論点	本書の問題番号と出題年次
静電気	電気力線の性質	11 (H29 A問題 問1)
静電気	コンデンサの直列接続と並列接続の特徴	13 (H28 A問題 問7)
電磁気	磁化曲線(BH曲線)の特徴	24 (H29 A問題 問4)
電磁気	磁力線の性質	20 (R2 A問題 問4)
直流回路	ブリッジ回路の計算	48 (H27 A問題 問6)
直流回路	直並列回路の電流比計算	46 (H28 A問題 問6)
交流回路	RLC並列回路の計算	58 (R1 A問題 問9)
交流回路	ひずみ波交流の平均電力	62 (H29 A問題 問9)
三相交流回路	三相交流回路の有効電力などの計算	72 (H29 B問題 問16)
三相交流回路	三相交流回路の電流などの計算	70 (R1 B問題 問16)
電気計測	誤差と補正の計算	74 (H28 B問題 問16)
電気計測	整流形計器に関する計算	75 (H27 A問題 問14)
電子理論その他	可変容量ダイオードに関する記述	79 (R2 A問題 問11)
電子理論その他	電子の運動	80 (R1 A問題 問12)

〈電力〉

分野	論点	本書の問題番号と出題年次
水力発電	速度制御と速度調定率(汽力発電と共通事項)	91 (H27 B問題 問15)
水力発電	水車のキャビテーション	89 (H29 A問題 問2)
汽力発電	タービン発電機の水素冷却方式の特徴	100 (H30 A問題 問1)
汽力発電	復水器冷却水の温度上昇	99 (R1 B問題 問15)
原子力発電	原子力発電に関する記述	106 (R3 A問題 問5)
原子力発電	原子力発電所と揚水式発電所	108 (H29 A問題 問4)
その他発電	太陽光発電に関する記述	111 (R2 A問題 問5)
その他発電	各種の発電に関する記述	113 (H28 A問題 問5)
変電	遮断器の定格遮断電流の計算	119 (R2 A問題 問8)
変電	Y-Y結線変圧器の特徴	123 (H29 A問題 問7)
送配電	短絡電流と地絡電流の計算	152 (H28 B問題 問16)
送配電	多導体方式に関する記述	142 (H30 A問題 問9)
送配電	地中送電線路誘電体損の計算	154 (H27 A問題 問10)
送配電	低圧配電系統の構成に関する記述	151 (H28 A問題 問12)
電気材料	六ふっ化硫黄(SF$_6$)ガスに関する記述	160 (R4上期 A問題 問14)

〈機械〉

分野	論点	本書の問題番号と出題年次
変圧器	銅損および効率が最大となる負荷の計算	166 (R3 B問題 問15)
変圧器	電圧変動率の計算	165 (R3 A問題 問9)
誘導機	三相誘導電動機の始動法	184 (H30 A問題 問4)
誘導機	二次入力(同期ワット)の計算	187 (H28 A問題 問4)
直流機	直流電動機の回転速度の計算	200 (H28 A問題 問1)
直流機	直流電動機の始動抵抗(可変抵抗)の計算	198 (H30 A問題 問1)
同期機	無負荷飽和曲線と短絡曲線の計算	214 (H27 A問題 問5)
同期機	同期発電機の並行運転	211 (H29 A問題 問4)
機械一般その他	ポンプ用電動機の出力計算	227 (H27 A問題 問12)
機械一般その他	電気機器の損失に関する記述	221 (R1 A問題 問7)
照明・電熱・電気化学	光度、照度の計算	235 (H27 B問題 問16)
照明・電熱・電気化学	誘導加熱に関する記述	233 (H29 A問題 問13)
自動制御、情報伝送・処理	フィードバック制御に関する記述	240 (H28 A問題 問13)
自動制御、情報伝送・処理	ブロック線図の計算	239 (H30 A問題 問13)

〈法規〉

分野	論点	本書の問題番号と出題年次
電気事業法および関係法規	保安規程に定めるべき事項に関する記述	249 (H28 A問題 問10)
電気事業法および関係法規	特殊電気工事および簡易電気工事に関する記述	248 (H29 A問題 問2)
電気設備技術基準	公害等の防止に関する記述	262 (H29 A問題 問3)
電気設備技術基準	電磁誘導作用による人の健康影響の防止	258 (R3 A問題 問3)
電気設備技術基準の解釈	太陽電池モジュールの絶縁性能に関する記述	287 (H28 A問題 問6)
電気設備技術基準の解釈	地中電線路の施設に関する記述	276 (R2 A問題 問5)
電気施設管理	需要家の総需要電力量、総合負荷率の計算	294 (R3 B問題 問13)
電気施設管理	第5次高調波電流などの計算	295 (R2 B問題 問13)

最短合格への過去問

理論（80問）……… p.18

電力（80問）…… p.102

機械（80問）…… p.184

法規（60問）…… p.260

理論

電力

機械

法規

※過去問題に「同一問題」もしくは「類似問題」と記載している場合がありますが、
それぞれ以下の内容となります。

同一問題：過去問題と全く同じ問題（ただし、全く同じ内容の問題で、古い図記号や
単位記号を新しい図記号や単位記号に変更したものは同一問題とみなす）
類似問題：過去問題とほぼ同じ内容の問題（電圧などの数値を変更したり、問題文
の一部を変更した問題）

300

理論 | 静電気

1 静電容量とコンデンサ

　電極板面積と電極板間隔が共にS〔m²〕とd〔m〕で、一方は比誘電率がε_{r1}の誘電体からなる平行平板コンデンサC_1と、他方は比誘電率がε_{r2}の誘電体からなる平行平板コンデンサC_2がある。今、これらを図のように並列に接続し、端子A、B間に直流電圧V_0〔V〕を加えた。このとき、コンデンサC_1の電極板間の電界の強さをE_1〔V/m〕、電束密度をD_1〔C/m²〕、また、コンデンサC_2の電極板間の電界の強さをE_2〔V/m〕、電束密度をD_2〔C/m²〕とする。両コンデンサの電界の強さE_1〔V/m〕とE_2〔V/m〕はそれぞれ　　(ア)　　であり、電束密度D_1〔C/m²〕とD_2〔C/m²〕はそれぞれ　　(イ)　　である。したがって、コンデンサC_1に蓄えられる電荷をQ_1〔C〕、コンデンサC_2に蓄えられる電荷をQ_2〔C〕とすると、それらはそれぞれ　　(ウ)　　となる。

　ただし、電極板の厚さ及びコンデンサの端効果は、無視できるものとする。また、真空の誘電率をε_0〔F/m〕とする。

　上記の記述中の空白箇所(ア)～(ウ)に当てはまる式の組合せとして、正しいものを次の(1)～(5)のうちから一つ選べ。

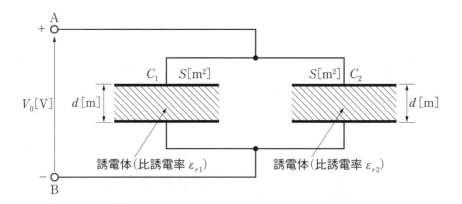

	(ア)	(イ)	(ウ)
(1)	$E_1 = \dfrac{\varepsilon_{r1}}{d} V_0$	$D_1 = \dfrac{\varepsilon_{r1}}{d} SV_0$	$Q_1 = \dfrac{\varepsilon_0 \varepsilon_{r1}}{d} SV_0$
	$E_2 = \dfrac{\varepsilon_{r2}}{d} V_0$	$D_2 = \dfrac{\varepsilon_{r2}}{d} SV_0$	$Q_2 = \dfrac{\varepsilon_0 \varepsilon_{r2}}{d} SV_0$
(2)	$E_1 = \dfrac{\varepsilon_{r1}}{d} V_0$	$D_1 = \dfrac{\varepsilon_0 \varepsilon_{r1}}{d} V_0$	$Q_1 = \dfrac{\varepsilon_0 \varepsilon_{r1}}{d} SV_0$
	$E_2 = \dfrac{\varepsilon_{r2}}{d} V_0$	$D_2 = \dfrac{\varepsilon_0 \varepsilon_{r2}}{d} V_0$	$Q_2 = \dfrac{\varepsilon_0 \varepsilon_{r2}}{d} SV_0$
(3)	$E_1 = \dfrac{V_0}{d}$	$D_1 = \dfrac{\varepsilon_0 \varepsilon_{r1}}{d} SV_0$	$Q_1 = \dfrac{\varepsilon_0 \varepsilon_{r1}}{d} V_0$
	$E_2 = \dfrac{V_0}{d}$	$D_2 = \dfrac{\varepsilon_0 \varepsilon_{r2}}{d} SV_0$	$Q_2 = \dfrac{\varepsilon_0 \varepsilon_{r2}}{d} V_0$
(4)	$E_1 = \dfrac{V_0}{d}$	$D_1 = \dfrac{\varepsilon_0 \varepsilon_{r1}}{d} V_0$	$Q_1 = \dfrac{\varepsilon_0 \varepsilon_{r1}}{d} SV_0$
	$E_2 = \dfrac{V_0}{d}$	$D_2 = \dfrac{\varepsilon_0 \varepsilon_{r2}}{d} V_0$	$Q_2 = \dfrac{\varepsilon_0 \varepsilon_{r2}}{d} SV_0$
(5)	$E_1 = \dfrac{\varepsilon_0 \varepsilon_{r1}}{d} SV_0$	$D_1 = \dfrac{\varepsilon_0 \varepsilon_{r1}}{d} V_0$	$Q_1 = \dfrac{\varepsilon_0}{d} SV_0$
	$E_2 = \dfrac{\varepsilon_0 \varepsilon_{r2}}{d} SV_0$	$D_2 = \dfrac{\varepsilon_0 \varepsilon_{r2}}{d} V_0$	$Q_2 = \dfrac{\varepsilon_0}{d} SV_0$

※ H21A 問題問 1 と同一問題

2 静電容量とコンデンサ

電圧 E〔V〕の直流電源と静電容量 C〔F〕の二つのコンデンサを接続した図1、図2のような二つの回路に関して、誤っているものを次の(1)〜(5)のうちから一つ選べ。

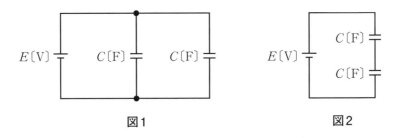

図1　　　　　図2

(1) 図1の回路のコンデンサの合成静電容量は、図2の回路の4倍である。

(2) コンデンサ全体に蓄えられる電界のエネルギーは、図1の回路の方が図2の回路より大きい。

(3) 図2の回路に、さらに静電容量 C〔F〕のコンデンサを直列に二つ追加して、四つのコンデンサが直列になるようにすると、コンデンサ全体に蓄えられる電界のエネルギーが図1と等しくなる。

(4) 図2の回路の電源電圧を2倍にすると、コンデンサ全体に蓄えられる電界のエネルギーが図1の回路と等しくなる。

(5) 図1のコンデンサ一つ当たりに蓄えられる電荷は、図2のコンデンサ一つ当たりに蓄えられる電荷の2倍である。

3 電界と電位

　面積がともにS〔m²〕で円形の二枚の電極板(導体平板)を、互いの中心が一致するように間隔d〔m〕で平行に向かい合わせて置いた平行板コンデンサがある。電極板間は誘電率ε〔F/m〕の誘電体で一様に満たされ、電極板間の電位差は電圧V〔V〕の直流電源によって一定に保たれている。この平行板コンデンサに関する記述として、誤っているものを次の(1)〜(5)のうちから一つ選べ。

　ただし、コンデンサの端効果は無視できるものとする。

(1)　誘電体内の等電位面は、電極板と誘電体の境界面に対して平行である。

(2)　コンデンサに蓄えられる電荷量は、誘電率が大きいほど大きくなる。

(3)　誘電体内の電界の大きさは、誘電率が大きいほど小さくなる。

(4)　誘電体内の電束密度の大きさは、電極板の単位面積当たりの電荷量の大きさに等しい。

(5)　静電エネルギーは誘電体内に蓄えられ、電極板の面積を大きくすると静電エネルギーは増大する。

4 静電容量とコンデンサ

　図の回路において、スイッチSが開いているとき、静電容量 $C_1 = 4\text{mF}$ のコンデンサには電荷 $Q_1 = 0.3\text{C}$ が蓄積されており、静電容量 $C_2 = 2\text{mF}$ のコンデンサの電荷は $Q_2 = 0\text{C}$ である。この状態でスイッチSを閉じて、それから時間が十分に経過して過渡現象が終了した。この間に抵抗 $R[\Omega]$ で消費された電気エネルギー $[\text{J}]$ の値として、最も近いものを次の(1)〜(5)のうちから一つ選べ。

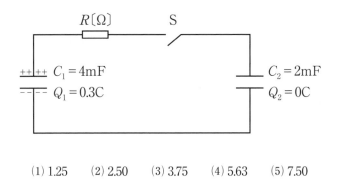

(1) 1.25　　(2) 2.50　　(3) 3.75　　(4) 5.63　　(5) 7.50

※ H14A問題問9と同一問題

5 電界と電位

　二つの導体小球がそれぞれ電荷を帯びており、真空中で十分な距離を隔てて保持されている。ここで、真空の空間を、比誘電率2の絶縁体の液体で満たしたとき、小球の間に作用する静電力に関する記述として、正しいものを次の(1)〜(5)のうちから一つ選べ。

(1)　液体で満たすことで静電力の向きも大きさも変わらない。

(2)　液体で満たすことで静電力の向きは変わらず、大きさは2倍になる。

(3)　液体で満たすことで静電力の向きは変わらず、大きさは$\dfrac{1}{2}$倍になる。

(4)　液体で満たすことで静電力の向きは変わらず、大きさは$\dfrac{1}{4}$倍になる。

(5)　液体で満たすことで静電力の向きは逆になり、大きさは変わらない。

6 静電容量とコンデンサ

　図のように、極板間の厚さd〔m〕、表面積S〔m²〕の平行板コンデンサAとBがある。コンデンサAの内部は、比誘電率と厚さが異なる3種類の誘電体で構成され、極板と各誘電体の水平方向の断面積は同一である。コンデンサBの内部は、比誘電率と水平方向の断面積が異なる3種類の誘電体で構成されている。コンデンサAの各誘電体内部の電界の強さをそれぞれE_{A1}、E_{A2}、E_{A3}、コンデンサBの各誘電体内部の電界の強さをそれぞれE_{B1}、E_{B2}、E_{B3}とし、端効果、初期電荷及び漏れ電流は無視できるものとする。また、真空の誘電率をε_0〔F/m〕とする。両コンデンサの上側の極板に電圧V〔V〕の直流電源を接続し、下側の極板を接地した。次の(a)及び(b)の問に答えよ。

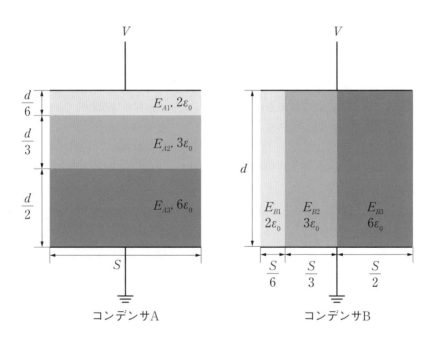

コンデンサA　　　　　　　コンデンサB

(a) コンデンサ A における各誘電体内部の電界の強さの大小関係とその中の最大値の組合せとして、正しいものを次の(1)〜(5)のうちから一つ選べ。

(1) $E_{A1} > E_{A2} > E_{A3}$, $\dfrac{3V}{5d}$

(2) $E_{A1} < E_{A2} < E_{A3}$, $\dfrac{3V}{5d}$

(3) $E_{A1} = E_{A2} = E_{A3}$, $\dfrac{V}{d}$

(4) $E_{A1} > E_{A2} > E_{A3}$, $\dfrac{9V}{5d}$

(5) $E_{A1} < E_{A2} < E_{A3}$, $\dfrac{9V}{5d}$

(b) コンデンサ A 全体の蓄積エネルギーは、コンデンサ B 全体の蓄積エネルギーの何倍か、正しいものを次の(1)〜(5)のうちから一つ選べ。

(1) 0.72　　(2) 0.83　　(3) 1.00　　(4) 1.20　　(5) 1.38

7 電界と電位

　　四本の十分に長い導体円柱①〜④が互いに平行に保持されている。①〜④は等しい直径を持ち、図の紙面を貫く方向に単位長さあたりの電気量$+Q$〔C/m〕又は$-Q$〔C/m〕で均一に帯電している。ただし、$Q>0$とし、①の帯電電荷は正電荷とする。円柱の中心軸と垂直な面内の電気力線の様子を図に示す。ただし、電気力線の向きは示していない。このとき、①〜④が帯びている単位長さあたりの電気量の組合せとして、正しいものを次の(1)〜(5)のうちから一つ選べ。

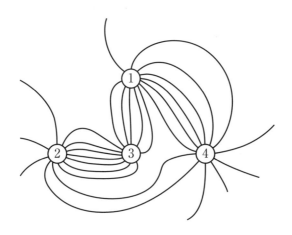

	①	②	③	④
(1)	$+Q$	$+Q$	$+Q$	$+Q$
(2)	$+Q$	$+Q$	$-Q$	$-Q$
(3)	$+Q$	$-Q$	$+Q$	$+Q$
(4)	$+Q$	$-Q$	$-Q$	$-Q$
(5)	$+Q$	$+Q$	$+Q$	$-Q$

8 静電容量とコンデンサ

　図のように、誘電体の種類、比誘電率、絶縁破壊電界、厚さがそれぞれ異なる三つの平行板コンデンサ①～③がある。極板の形状と大きさは同一で、コンデンサの端効果、初期電荷及び漏れ電流は無視できるものとする。上側の極板に電圧 V_0〔V〕の直流電源を接続し、下側の極板を接地した。次の(a)及び(b)の問に答えよ。

	①	②	③
形状サイズ	4.0mm	1.0mm	0.5mm
誘電体の種類	気体	液体	固体
比誘電率	1	2	4
絶縁破壊電界	10kV/mm	20kV/mm	50kV/mm

(a) 各平行板コンデンサへの印加電圧の大きさが同一のとき、極板間の電界の強さの大きい順として、正しいものを次の(1)～(5)のうちから一つ選べ。

　　　(1) ①＞②＞③　　(2) ①＞③＞②　　(3) ②＞①＞③
　　　(4) ③＞①＞②　　(5) ③＞②＞①

(b) 各平行板コンデンサへの印加電圧をそれぞれ徐々に上昇し、極板間の電界の強さが絶縁破壊電界に達したときの印加電圧(絶縁破壊電圧)の大きさの大きい順として、正しいものを次の(1)～(5)のうちから一つ選べ。

　　　(1) ①＞②＞③　　(2) ①＞③＞②　　(3) ②＞①＞③
　　　(4) ③＞①＞②　　(5) ③＞②＞①

9 電界と電位

　図のように、極板間距離 d〔mm〕と比誘電率 ε_r が異なる平行板コンデンサが接続されている。極板の形状と大きさは全て同一であり、コンデンサの端効果、初期電荷及び漏れ電流は無視できるものとする。印加電圧を $10\,\text{kV}$ とするとき、図中の二つのコンデンサ内部の電界の強さ E_A 及び E_B の値〔kV/mm〕の組合せとして、正しいものを次の(1)〜(5)のうちから一つ選べ。

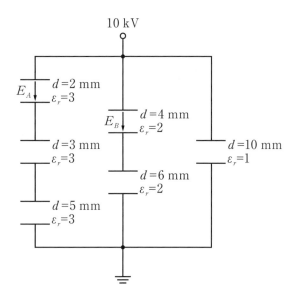

	E_A	E_B
(1)	0.25	0.67
(2)	0.25	1.5
(3)	1.0	1.0
(4)	4.0	0.67
(5)	4.0	1.5

10 静電容量とコンデンサ

次の文章は、平行板コンデンサの電界に関する記述である。

極板間距離 d_0〔m〕の平行板空気コンデンサの極板間電圧を一定とする。

極板と同形同面積の固体誘電体(比誘電率 $\varepsilon_r > 1$、厚さ d_1〔m〕$< d_0$〔m〕)を極板と平行に挿入すると、空気ギャップの電界の強さは、固体誘電体を挿入する前の値と比べて (ア) 。

また、極板と同形同面積の導体(厚さ d_2〔m〕$< d_0$〔m〕)を極板と平行に挿入すると、空気ギャップの電界の強さは、導体を挿入する前の値と比べて (イ) 。

ただし、コンデンサの端効果は無視できるものとする。

上記の記述中の空白箇所(ア)及び(イ)に当てはまる組合せとして、正しいものを次の(1)〜(5)のうちから一つ選べ。

	(ア)	(イ)
(1)	強くなる	強くなる
(2)	強くなる	弱くなる
(3)	弱くなる	強くなる
(4)	弱くなる	弱くなる
(5)	変わらない	変わらない

11 電界と電位

　電界の状態を仮想的な線で表したものを電気力線という。この電気力線に関する記述として、誤っているものを次の(1)～(5)のうちから一つ選べ。

(1)　同じ向きの電気力線同士は反発し合う。

(2)　電気力線は負の電荷から出て、正の電荷へ入る。

(3)　電気力線は途中で分岐したり、他の電気力線と交差したりしない。

(4)　任意の点における電気力線の密度は、その点の電界の強さを表す。

(5)　任意の点における電界の向きは、電気力線の接線の向きと一致する。

12 静電容量とコンデンサ

　極板Aと極板Bとの間に一定の直流電圧を加え、極板Bを接地した平行板コンデンサに関する記述 a ～ d として、正しいものの組合せを次の(1)～(5)のうちから一つ選べ。

　ただし、コンデンサの端効果は無視できるものとする。

a　極板間の電位は、極板Aからの距離に対して反比例の関係で変化する。

b　極板間の電界の強さは、極板Aからの距離に対して一定である。

c　極板間の等電位線は、極板に対して平行である。

d　極板間の電気力線は、極板に対して垂直である。

　　(1)　a

　　(2)　b

　　(3)　a、c、d

　　(4)　b、c、d

　　(5)　a、b、c、d

静電容量が$1\,\mu\mathrm{F}$のコンデンサ3個を下図のように接続した回路を考える。全てのコンデンサの電圧を500 V以下にするために、a－b間に加えることができる最大の電圧V_mの値〔V〕として、最も近いものを次の(1)～(5)のうちから一つ選べ。ただし、各コンデンサの初期電荷は零とする。

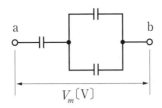

(1) 500　　(2) 625　　(3) 750　　(4) 875　　(5) 1000

14 静電容量とコンデンサ

H27 A問題 問1 ／／／

平行平板コンデンサにおいて、極板間の距離、静電容量、電圧、電界をそれぞれ d〔m〕、C〔F〕、V〔V〕、E〔V/m〕、極板上の電荷を Q〔C〕とするとき、誤っているものを次の(1)〜(5)のうちから一つ選べ。

ただし、極板の面積及び極板間の誘電率は一定であり、コンデンサの端効果は無視できるものとする。

(1)　Q を一定として d を大きくすると、C は減少する。

(2)　Q を一定として d を大きくすると、E は上昇する。

(3)　Q を一定として d を大きくすると、V は上昇する。

(4)　V を一定として d を大きくすると、E は減少する。

(5)　V を一定として d を大きくすると、Q は減少する。

15 電流による磁気作用

　磁界及び磁束に関する記述として、誤っているものを次の(1)～(5)のうちか
ら一つ選べ。

(1)　1m当たりの巻数がNの無限に長いソレノイドに電流I〔A〕を流すと、ソレノ
イドの内部には磁界$H = NI$〔A/m〕が生じる。磁界の大きさは、ソレノイドの
寸法や内部に存在する物質の種類に影響されない。

(2)　均一磁界中において、磁界の方向と直角に置かれた直線状導体に直流電流を
流すと、導体には電流の大きさに比例した力が働く。

(3)　2本の平行な直線状導体に反対向きの電流を流すと、導体には導体間距離の
2乗に反比例した反発力が働く。

(4)　フレミングの左手の法則では、親指の向きが導体に働く力の向きを示す。

(5)　磁気回路において、透磁率は電気回路の導電率に、磁束は電気回路の電流に
それぞれ対応する。

　　　　　　　　　　　　　　　　　　　　　　　　　※H25A問題問3と同一問題

　図のように、無限に長い3本の直線状導体が真空中に10cmの間隔で正三角形の頂点の位置に置かれている。3本の導体にそれぞれ7Aの直流電流を同一方向に流したとき、各導体1m当たりに働く力の大きさF_0の値〔N/m〕として、最も近いものを次の(1)～(5)のうちから一つ選べ。

　ただし、無限に長い2本の直線状導体をr〔m〕離して平行に置き、2本の導体にそれぞれI〔A〕の直流電流を同一方向に流した場合、各導体1m当たりに働く力の大きさFの値〔N/m〕は、次式で与えられるものとする。

$$F = \frac{2I^2}{r} \times 10^{-7}$$

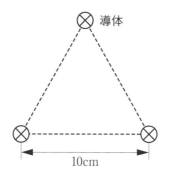

10cm

(1) 0　　(2) 9.80×10^{-5}　　(3) 1.70×10^{-4}　　(4) 1.96×10^{-4}　　(5) 2.94×10^{-4}

17 インダクタンス

図のような環状鉄心に巻かれたコイルがある。

図の環状コイルについて、

・端子1-2間の自己インダクタンスを測定したところ、40mHであった。

・端子3-4間の自己インダクタンスを測定したところ、10mHであった。

・端子2と3を接続した状態で端子1-4間のインダクタンスを測定したところ、86mHであった。

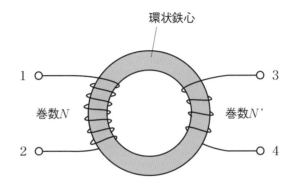

環状鉄心

1

2

3

4

巻数N

巻数N'

　このとき、端子1-2間のコイルと端子3-4間のコイルとの間の結合係数kの値として、最も近いものを次の(1)～(5)のうちから一つ選べ。

(1) 0.81　　(2) 0.90　　(3) 0.95　　(4) 0.98　　(5) 1.8

18 電磁誘導現象

　図1のように、磁束密度 $B = 0.02\,\text{T}$ の一様な磁界の中に長さ $0.5\,\text{m}$ の直線状導体が磁界の方向と直角に置かれている。図2のようにこの導体が磁界と直角を維持しつつ磁界に対して $60°$ の角度で、二重線の矢印の方向に $0.5\,\text{m/s}$ の速さで移動しているとき、導体に生じる誘導起電力 e の値〔mV〕として、最も近いものを次の(1)～(5)のうちから一つ選べ。

　ただし、静止した座標系から見て、ローレンツ力による起電力が発生しているものとする。

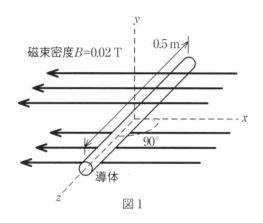

図1

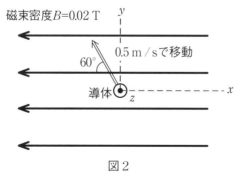

図2

(1) 2.5　　(2) 3.0　　(3) 4.3　　(4) 5.0　　(5) 8.6

19 電磁誘導現象

次の文章は、電磁誘導に関する記述である。

図のように、コイルと磁石を配置し、磁石の磁束がコイルを貫いている。

1. スイッチSを閉じた状態で磁石をコイルに近づけると、コイルには 　(ア)　 の向きに電流が流れる。

2. コイルの巻数が200であるとする。スイッチSを開いた状態でコイルの断面を貫く磁束を0.5sの間に10mWbだけ直線的に増加させると、磁束鎖交数は 　(イ)　 Wbだけ変化する。また、この0.5sの間にコイルに発生する誘導起電力の大きさは 　(ウ)　 Vとなる。ただし、コイル断面の位置によらずコイルの磁束は一定とする。

上記の記述中の空白箇所(ア)～(ウ)に当てはまる組合せとして、正しいものを次の(1)～(5)のうちから一つ選べ。

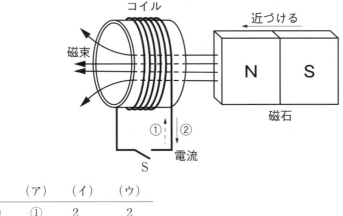

	(ア)	(イ)	(ウ)
(1)	①	2	2
(2)	①	2	4
(3)	①	0.01	2
(4)	②	2	4
(5)	②	0.01	2

20 磁石の性質と働き

　磁力線は、磁極の働きを理解するのに考えた仮想的な線である。この磁力線に関する記述として、誤っているものを次の(1)～(5)のうちから一つ選べ。

(1)　磁力線は、磁石のN極から出てS極に入る。

(2)　磁極周囲の物質の透磁率を μ〔H/m〕とすると、m〔Wb〕の磁極から $\dfrac{m}{\mu}$ 本の磁力線が出入りする。

(3)　磁力線の接線の向きは、その点の磁界の向きを表す。

(4)　磁力線の密度は、その点の磁束密度を表す。

(5)　磁力線同士は、互いに反発し合い、交わらない。

21 電流による磁気作用

　図のように、磁路の長さ$l = 0.2$ m、断面積$S = 1 \times 10^{-4}$ m^{2}の環状鉄心に巻数$N = 8000$の銅線を巻いたコイルがある。このコイルに直流電流$I = 0.1$ Aを流したとき、鉄心中の磁束密度は$B = 1.28$ Tであった。このときの鉄心の透磁率μの値〔H/m〕として、最も近いものを次の(1)～(5)のうちから一つ選べ。

　ただし、コイルによって作られる磁束は、鉄心中を一様に通り、鉄心の外部に漏れないものとする。

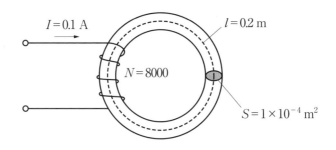

(1) 1.6×10^{-4}　　(2) 2.0×10^{-4}　　(3) 2.4×10^{-4}　　(4) 2.8×10^{-4}　　(5) 3.2×10^{-4}

22 磁石の性質と働き

　長さ2mの直線状の棒磁石があり、その両端の磁極は点磁荷とみなすことができ、その強さは、N極が1×10^{-4} Wb、S極が-1×10^{-4} Wbである。図のように、この棒磁石を点BC間に置いた。このとき、点Aの磁界の大きさの値〔A/m〕として、最も近いものを次の(1)～(5)のうちから一つ選べ。

　ただし、点A、B、Cは、一辺を2mとする正三角形の各頂点に位置し、真空中にあるものとする。真空の透磁率は$\mu_0 = 4\pi \times 10^{-7}$ H/mとする。また、N極、S極の各点磁荷以外の部分から点Aへの影響はないものとする。

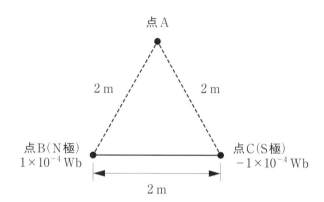

(1) 0　　(2) 0.79　　(3) 1.05　　(4) 1.58　　(5) 3.16

理論｜電磁気

23 インダクタンス

環状鉄心に、コイル1及びコイル2が巻かれている。二つのコイルを図1のように接続したとき、端子A-B間の合成インダクタンスの値は1.2Hであった。次に、図2のように接続したとき、端子C-D間の合成インダクタンスの値は2.0Hであった。このことから、コイル1の自己インダクタンスLの値〔H〕、コイル1及びコイル2の相互インダクタンスMの値〔H〕の組合せとして、正しいものを次の(1)〜(5)のうちから一つ選べ。

ただし、コイル1及びコイル2の自己インダクタンスはともにL〔H〕、その巻数をNとし、また、鉄心は等断面、等質であるとする。

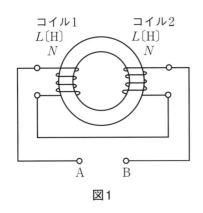

図1

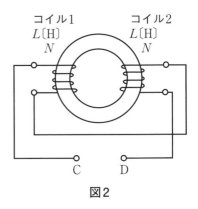

図2

	自己インダクタンスL	相互インダクタンスM
(1)	0.4	0.2
(2)	0.8	0.2
(3)	0.8	0.4
(4)	1.6	0.2
(5)	1.6	0.4

24 磁性体の磁化現象

　図は、磁性体の磁化曲線（BH曲線）を示す。次の文章は、これに関する記述である。

1　直交座標の横軸は、 (ア) である。

2　aは、 (イ) の大きさを表す。

3　鉄心入りコイルに交流電流を流すと、ヒステリシス曲線内の面積に (ウ) した電気エネルギーが鉄心の中で熱として失われる。

4　永久磁石材料としては、ヒステリシス曲線のaとbがともに (エ) 磁性体が適している。

　上記の記述中の空白箇所(ア)、(イ)、(ウ)及び(エ)に当てはまる組合せとして、正しいものを次の(1)～(5)のうちから一つ選べ。

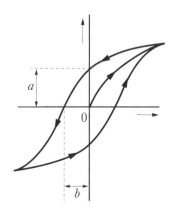

	(ア)	(イ)	(ウ)	(エ)
(1)	磁界の強さ〔A/m〕	保磁力	反比例	大きい
(2)	磁束密度〔T〕	保磁力	反比例	小さい
(3)	磁界の強さ〔A/m〕	残留磁気	反比例	小さい
(4)	磁束密度〔T〕	保磁力	比　例	大きい
(5)	磁界の強さ〔A/m〕	残留磁気	比　例	大きい

理論 | 電磁気

25 電流による磁気作用

　図のように、長い線状導体の一部が点Pを中心とする半径r〔m〕の半円形になっている。この導体に電流I〔A〕を流すとき、点Pに生じる磁界の大きさH〔A/m〕はビオ・サバールの法則より求めることができる。Hを表す式として正しいものを、次の(1)～(5)のうちから一つ選べ。

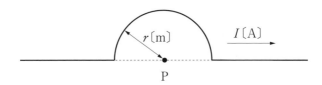

(1) $\dfrac{I}{2\pi r}$　　(2) $\dfrac{I}{4r}$　　(3) $\dfrac{I}{\pi r}$　　(4) $\dfrac{I}{2r}$　　(5) $\dfrac{I}{r}$

26 磁石の性質と働き

　図のように、磁極N、Sの間に中空球体鉄心を置くと、NからSに向かう磁束は、
　(ア)　ようになる。このとき、球体鉄心の中空部分（内部の空間）の点Aで
は、磁束密度は極めて　(イ)　なる。これを　(ウ)　という。

　ただし、磁極N、Sの間を通る磁束は、中空球体鉄心を置く前と置いた後とで
変化しないものとする。

　上記の記述中の空白箇所(ア)、(イ)及び(ウ)に当てはまる組合せとして、正し
いものを次の(1)～(5)のうちから一つ選べ。

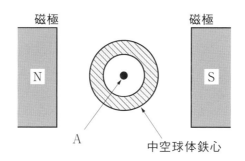

磁極　　　　　　　　　　　　　　　　磁極

N　　　　　　　　　　　　　　　　　　S

A　　　　　　　　中空球体鉄心

	(ア)	(イ)	(ウ)
(1)	鉄心を避けて通る	低く	磁気誘導
(2)	鉄心中を通る	低く	磁気遮へい
(3)	鉄心を避けて通る	高く	磁気遮へい
(4)	鉄心中を通る	低く	磁気誘導
(5)	鉄心中を通る	高く	磁気誘導

電気に関する法則の記述として、正しいものを次の(1)~(5)のうちから一つ選べ。

(1) オームの法則は、「均一の物質から成る導線の両端の電位差をVとするとき、これに流れる定常電流IはVに反比例する」という法則である。

(2) クーロンの法則は、「二つの点電荷の間に働く静電力の大きさは、両電荷の積に反比例し、電荷間の距離の2乗に比例する」という法則である。

(3) ジュールの法則は「導体内に流れる定常電流によって単位時間中に発生する熱量は、電流の値の2乗と導体の抵抗に反比例する」という法則である。

(4) フレミングの右手の法則は、「右手の親指・人差し指・中指をそれぞれ直交するように開き、親指を磁界の向き、人差し指を導体が移動する向きに向けると、中指の向きは誘導起電力の向きと一致する」という法則である。

(5) レンツの法則は、「電磁誘導によってコイルに生じる起電力は、誘導起電力によって生じる電流がコイル内の磁束の変化を妨げる向きとなるように発生する」という法則である。

理論｜直流回路

28 電気抵抗と電力

R5上期 A問題 問5

　図の直流回路において、抵抗 $R = 10\Omega$ で消費される電力の値〔W〕として、最も近いものを次の(1)～(5)のうちから一つ選べ。

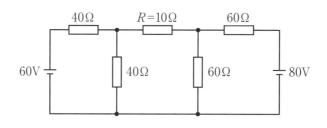

(1) 0.28　　(2) 1.89　　(3) 3.79　　(4) 5.36　　(5) 7.62

※ H25A問題問6と同一問題

理論 | 直流回路

29 定電圧原と定電流原

図のような直流回路において、3Ωの抵抗を流れる電流の値〔A〕として、最も近いものを次の(1)〜(5)のうちから一つ選べ。

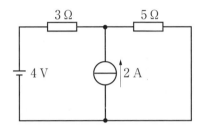

(1) 0.35   (2) 0.45   (3) 0.55   (4) 0.65   (5) 0.75

※H9A問題問5と同一問題

48

30 直流回路の電圧と電流

図のような直流回路において、抵抗3Ωの端子間の電圧が1.8Vであった。このとき、電源電圧E〔V〕の値として、最も近いものを次の(1)～(5)のうちから一つ選べ。

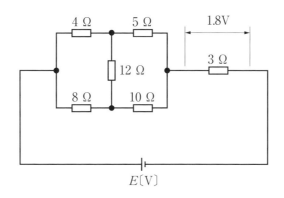

(1) 1.8 　　(2) 3.6 　　(3) 5.4 　　(4) 7.2 　　(5) 10.4

※H16A問題問5と同一問題

31 電気抵抗と電力

20℃における抵抗値がR_1〔Ω〕、抵抗温度係数がα_1〔℃$^{-1}$〕の抵抗器Aと20℃における抵抗値がR_2〔Ω〕、抵抗温度係数が$\alpha_2 = 0$℃$^{-1}$の抵抗器Bが並列に接続されている。その20℃と21℃における並列抵抗値をそれぞれr_{20}〔Ω〕、r_{21}〔Ω〕とし、$\dfrac{r_{21} - r_{20}}{r_{20}}$を変化率とする。この変化率として、正しいものを次の(1)～(5)のうちから一つ選べ。

(1) $\dfrac{\alpha_1 R_1 R_2}{R_1 + R_2 + \alpha_1{}^2 R_1}$

(2) $\dfrac{\alpha_1 R_2}{R_1 + R_2 + \alpha_1 R_1}$

(3) $\dfrac{\alpha_1 R_1}{R_1 + R_2 + \alpha_1 R_1}$

(4) $\dfrac{\alpha_1 R_2}{R_1 + R_2 + \alpha_1 R_2}$

(5) $\dfrac{\alpha_1 R_1}{R_1 + R_2 + \alpha_1 R_2}$

※ H23A問題問5と同一問題

32 直流回路の電圧と電流

図1のように、二つの抵抗 $R_1 = 1\,\Omega$、R_2〔Ω〕と電圧 V〔V〕の直流電源からなる回路がある。この回路において、抵抗 R_2〔Ω〕の両端の電圧値が100V、流れる電流 I_2 の値が5Aであった。この回路に図2のように抵抗 $R_3 = 5\,\Omega$ を接続したとき、抵抗 R_3〔Ω〕に流れる電流 I_3 の値〔A〕として、最も近いものを次の(1)〜(5)のうちから一つ選べ。

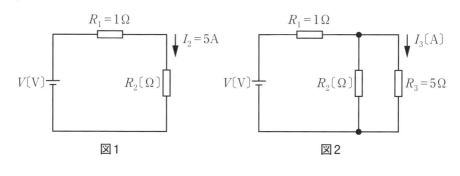

図1　　　　　　　図2

(1) 4.2　　(2) 16.8　　(3) 20　　(4) 21　　(5) 26.3

51

33 直流回路の電圧と電流

図のように、抵抗6個を接続した回路がある。この回路において、ab端子間の合成抵抗の値が0.6Ωであった。このとき、抵抗R_xの値〔Ω〕として、最も近いものを次の(1)〜(5)のうちから一つ選べ。

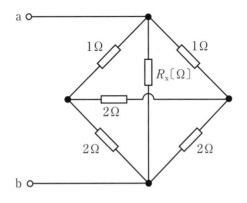

(1) 1.0   (2) 1.2   (3) 1.5   (4) 1.8   (5) 2.0

理論 | **直流回路**

34 電気抵抗と電力

R3 A問題 問7

　図のように、起電力E〔V〕、内部抵抗r〔Ω〕の電池n個と可変抵抗R〔Ω〕を直列に接続した回路がある。この回路において、可変抵抗R〔Ω〕で消費される電力が最大になるようにその値〔Ω〕を調整した。このとき、回路に流れる電流Iの値〔A〕を表す式として、正しいものを次の(1)～(5)のうちから一つ選べ。

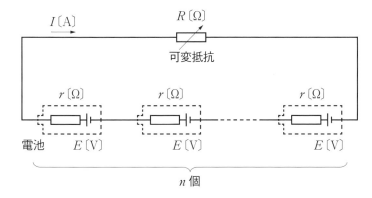

(1) $\dfrac{E}{r}$　　(2) $\dfrac{nE}{\left(\dfrac{1}{n}+n\right)r}$　　(3) $\dfrac{nE}{(1+n)r}$　　(4) $\dfrac{E}{2r}$　　(5) $\dfrac{nE}{r}$

35 電気抵抗と電力

次に示す、A、B、C、Dの四種類の電線がある。いずれの電線もその長さは1kmである。この四つの電線の直流抵抗値をそれぞれR_A〔Ω〕、R_B〔Ω〕、R_C〔Ω〕、R_D〔Ω〕とする。$R_A \sim R_D$の大きさを比較したとき、その大きさの大きい順として、正しいものを次の(1)〜(5)のうちから一つ選べ。ただし、ρは各導体の抵抗率とし、また、各電線は等断面、等質であるとする。

A：断面積が$9 \times 10^{-5} \mathrm{m}^2$の鉄（$\rho = 8.90 \times 10^{-8} \Omega \cdot \mathrm{m}$）でできた電線

B：断面積が$5 \times 10^{-5} \mathrm{m}^2$のアルミニウム（$\rho = 2.50 \times 10^{-8} \Omega \cdot \mathrm{m}$）でできた電線

C：断面積が$1 \times 10^{-5} \mathrm{m}^2$の銀（$\rho = 1.47 \times 10^{-8} \Omega \cdot \mathrm{m}$）でできた電線

D：断面積が$2 \times 10^{-5} \mathrm{m}^2$の銅（$\rho = 1.55 \times 10^{-8} \Omega \cdot \mathrm{m}$）でできた電線

(1) $R_A > R_C > R_D > R_B$

(2) $R_A > R_D > R_C > R_B$

(3) $R_B > R_D > R_C > R_A$

(4) $R_C > R_A > R_D > R_B$

(5) $R_D > R_C > R_A > R_B$

36 電気抵抗と電力

　図のように、三つの抵抗 $R_1 = 3\Omega$、$R_2 = 6\Omega$、$R_3 = 2\Omega$ と電圧 $V[\mathrm{V}]$ の直流電源からなる回路がある。抵抗 R_1、R_2、R_3 の消費電力をそれぞれ $P_1[\mathrm{W}]$、$P_2[\mathrm{W}]$、$P_3[\mathrm{W}]$ とするとき、その大きさの大きい順として、正しいものを次の(1)～(5)のうちから一つ選べ。

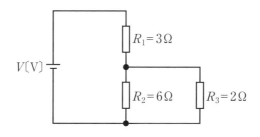

(1) $P_1 > P_2 > P_3$　　(2) $P_1 > P_3 > P_2$　　(3) $P_2 > P_1 > P_3$

(4) $P_2 > P_3 > P_1$　　(5) $P_3 > P_1 > P_2$

37 直流回路の電圧と電流

R1 A問題 問5

　図のように、七つの抵抗及び電圧 $E = 100$ V の直流電源からなる回路がある。この回路において、A － D 間、B － C 間の各電位差を測定した。このとき、A － D 間の電位差の大きさ〔V〕及び B － C 間の電位差の大きさ〔V〕の組合せとして、正しいものを次の(1)～(5)のうちから一つ選べ。

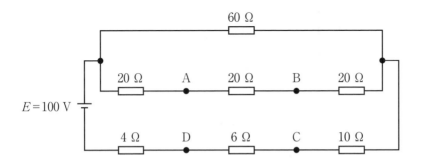

	A － D 間の電位差の大きさ	B － C 間の電位差の大きさ
(1)	28	60
(2)	40	72
(3)	60	28
(4)	68	80
(5)	72	40

38 電気抵抗と電力

R1 A問題 問6

　図に示す直流回路は、100 V の直流電圧源に直流電流計を介して 10 Ω の抵抗が接続され、50 Ω の抵抗と抵抗 R 〔Ω〕が接続されている。電流計は 5 A を示している。抵抗 R 〔Ω〕で消費される電力の値〔W〕として、最も近いものを次の(1)〜(5)のうちから一つ選べ。なお、電流計の内部抵抗は無視できるものとする。

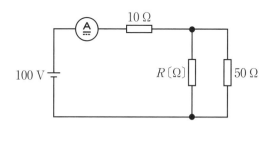

(1) 2　　(2) 10　　(3) 20　　(4) 100　　(5) 200

理論│直流回路

39 過渡現象

　図のように、三つの抵抗R_1〔Ω〕、R_2〔Ω〕、R_3〔Ω〕とインダクタンスL〔H〕のコイルと静電容量C〔F〕のコンデンサが接続されている回路にV〔V〕の直流電源が接続されている。定常状態において直流電源を流れる電流の大きさを表す式として、正しいものを次の(1)～(5)のうちから一つ選べ。

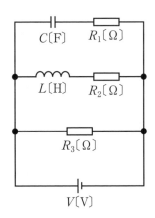

(1) $\dfrac{V}{R_3}$

(2) $\dfrac{V}{\dfrac{1}{R_1} + \dfrac{1}{R_2}}$

(3) $\dfrac{V}{\dfrac{1}{R_1} + \dfrac{1}{R_3}}$

(4) $\dfrac{V}{\dfrac{1}{R_2} + \dfrac{1}{R_3}}$

(5) $\dfrac{V}{\dfrac{1}{R_1} + \dfrac{1}{R_2} + \dfrac{1}{R_3}}$

40 電気抵抗と電力

次の文章は、抵抗器の許容電力に関する記述である。

許容電力$\frac{1}{4}$ W、抵抗値100 Ωの抵抗器A、及び許容電力$\frac{1}{8}$ W、抵抗値200 Ωの抵抗器Bがある。抵抗器Aと抵抗器Bとを直列に接続したとき、この直列抵抗に流すことのできる許容電流の値は　(ア)　mAである。また、直列抵抗全体に加えることのできる電圧の最大値は、抵抗器Aと抵抗器Bとを並列に接続したときに加えることのできる電圧の最大値の　(イ)　倍である。

上記の記述中の空白箇所(ア)及び(イ)に当てはまる数値の組合せとして、最も近いものを次の(1)~(5)のうちから一つ選べ。

	(ア)	(イ)
(1)	25.0	1.5
(2)	25.0	2.0
(3)	37.5	1.5
(4)	50.0	0.5
(5)	50.0	2.0

41 直流回路の電圧と電流

　図のように、直流電圧 $E = 10$ V の定電圧源、直流電流 $I = 2$ A の定電流源、スイッチ S、$r = 1$ Ω と R 〔Ω〕の抵抗からなる直流回路がある。この回路において、スイッチ S を閉じたとき、R 〔Ω〕の抵抗に流れる電流 I_R の値〔A〕が S を閉じる前に比べて 2 倍に増加した。R の値〔Ω〕として、最も近いものを次の(1)〜(5)のうちから一つ選べ。

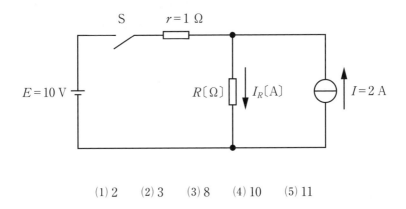

(1) 2　　(2) 3　　(3) 8　　(4) 10　　(5) 11

42 過渡現象

　静電容量が1Fで初期電荷が0Cのコンデンサがある。起電力が10Vで内部抵抗が0.5Ωの直流電源を接続してこのコンデンサを充電するとき、充電電流の時定数の値〔s〕として、最も近いものを次の(1)~(5)のうちから一つ選べ。

　　(1) 0.5　　(2) 1　　(3) 2　　(4) 5　　(5) 10

43 直流回路の電圧と電流

　図のように直流電源と4個の抵抗からなる回路がある。この回路において20 Ωの抵抗に流れる電流Iの値〔A〕として、最も近いものを次の(1)～(5)のうちから一つ選べ。

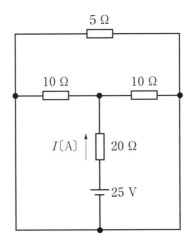

(1) 0.5　　(2) 0.8　　(3) 1.0　　(4) 1.2　　(5) 1.5

44 過渡現象

　図のように、電圧 E〔V〕の直流電源に、開いた状態のスイッチS、R_1〔Ω〕の抵抗、R_2〔Ω〕の抵抗及び電流が0Aのコイル（インダクタンス L〔H〕）を接続した回路がある。次の文章は、この回路に関する記述である。

1　スイッチSを閉じた瞬間（時刻 $t = 0$ s）に R_1〔Ω〕の抵抗に流れる電流は、　(ア)　〔A〕となる。

2　スイッチSを閉じて回路が定常状態とみなせるとき、R_1〔Ω〕の抵抗に流れる電流は、　(イ)　〔A〕となる。

　上記の記述中の空白箇所(ア)及び(イ)に当てはまる式の組合せとして、正しいものを次の(1)～(5)のうちから一つ選べ。

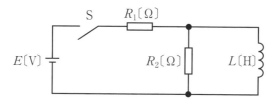

	(ア)	(イ)
(1)	$\dfrac{E}{R_1 + R_2}$	$\dfrac{E}{R_1}$
(2)	$\dfrac{R_2 E}{(R_1 + R_2) R_1}$	$\dfrac{E}{R_1}$
(3)	$\dfrac{E}{R_1}$	$\dfrac{E}{R_1 + R_2}$
(4)	$\dfrac{E}{R_1}$	$\dfrac{E}{R_1}$
(5)	$\dfrac{E}{R_1 + R_2}$	$\dfrac{E}{R_1 + R_2}$

45 電気抵抗と電力

　図のように、内部抵抗 $r = 0.1\ \Omega$、起電力 $E = 9\ \text{V}$ の電池4個を並列に接続した電源に抵抗 $R = 0.5\ \Omega$ の負荷を接続した回路がある。この回路において、抵抗 $R = 0.5\ \Omega$ で消費される電力の値〔W〕として、最も近いものを次の(1)〜(5)のうちから一つ選べ。

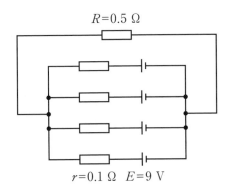

$R = 0.5\ \Omega$

$r = 0.1\ \Omega$　$E = 9\ \text{V}$

(1) 50　　(2) 147　　(3) 253　　(4) 820　　(5) 4050

46 直流回路の電圧と電流

　図のような抵抗の直並列回路に直流電圧 $E = 5$ V を加えたとき、電流比 $\dfrac{I_2}{I_1}$ の値として、最も近いものを次の(1)～(5)のうちから一つ選べ。

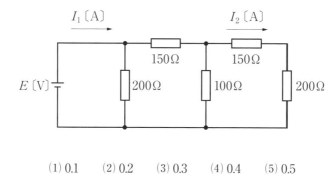

(1) 0.1　　(2) 0.2　　(3) 0.3　　(4) 0.4　　(5) 0.5

47 直流回路の電圧と電流

図のような直流回路において、直流電源の電圧が90 Vであるとき、抵抗R_1〔Ω〕、R_2〔Ω〕、R_3〔Ω〕の両端電圧はそれぞれ30 V、15 V、10 Vであった。抵抗R_1、R_2、R_3のそれぞれの値〔Ω〕の組合せとして、正しいものを次の(1)～(5)のうちから一つ選べ。

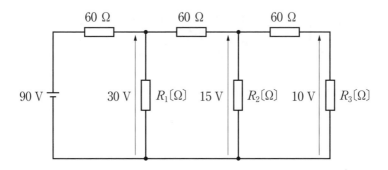

	R_1	R_2	R_3
(1)	30	90	120
(2)	80	60	120
(3)	30	90	30
(4)	60	60	30
(5)	40	90	120

48 直流回路の電圧と電流

図のように、抵抗とスイッチSを接続した直流回路がある。いま、スイッチS を開閉しても回路を流れる電流I〔A〕は、$I = 30$ Aで一定であった。このとき、抵抗R_4の値〔Ω〕として、最も近いものを次の(1)～(5)のうちから一つ選べ。

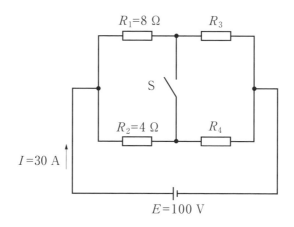

(1) 0.5　　(2) 1.0　　(3) 1.5　　(4) 2.0　　(5) 2.5

49 オームの法則と抵抗の接続

以下の記述で、誤っているものを次の(1)〜(5)のうちから一つ選べ。

(1) 直流電圧源と抵抗器、コンデンサが直列に接続された回路のコンデンサには、定常状態では電流が流れない。

(2) 直流電圧源と抵抗器、コイルが直列に接続された回路のコイルの両端の電位差は、定常状態では零である。

(3) 電線の抵抗値は、長さに比例し、断面積に反比例する。

(4) 並列に接続した二つの抵抗器 R_1、R_2 を一つの抵抗器に置き換えて考えると、合成抵抗の値は R_1、R_2 の抵抗値の逆数の和である。

(5) 並列に接続した二つのコンデンサ C_1、C_2 を一つのコンデンサに置き換えて考えると、合成静電容量は C_1、C_2 の静電容量の和である。

50 交流回路の電圧・電流と電力

次の文章は、RLC直列共振回路に関する記述である。

$R〔Ω〕$の抵抗、インダクタンス$L〔H〕$のコイル、静電容量$C〔F〕$のコンデンサを直列に接続した回路がある。

この回路に交流電圧を加え、その周波数を変化させると、特定の周波数$f_r〔Hz〕$のときに誘導性リアクタンス$= 2\pi f_r L〔Ω〕$と容量性リアクタンス$= \dfrac{1}{2\pi f_r C}〔Ω〕$の大きさが等しくなり、その作用が互いに打ち消し合って回路のインピーダンスが　(ア)　なり、　(イ)　電流が流れるようになる。この現象を直列共振といい、このときの周波数$f_r〔Hz〕$をその回路の共振周波数という。回路のリアクタンスは共振周波数$f_r〔Hz〕$より低い周波数では　(ウ)　となり、電圧より位相が　(エ)　電流が流れる。また、共振周波数$f_r〔Hz〕$より高い周波数では　(オ)　となり、電圧より位相が　(カ)　電流が流れる。

上記の記述中の空白箇所(ア)～(カ)に当てはまる組合せとして、正しいものを次の(1)～(5)のうちから一つ選べ。

	(ア)	(イ)	(ウ)	(エ)	(オ)	(カ)
(1)	大きく	小さな	容量性	進んだ	誘導性	遅れた
(2)	小さく	大きな	誘導性	遅れた	容量性	進んだ
(3)	小さく	大きな	容量性	進んだ	誘導性	遅れた
(4)	大きく	小さな	誘導性	遅れた	容量性	進んだ
(5)	小さく	大きな	容量性	遅れた	誘導性	進んだ

※H24A問題問7と同一問題

51 交流回路の電圧・電流と電力

　図のように、抵抗 $R〔Ω〕$ と誘導性リアクタンス $X_L〔Ω〕$ が直列に接続された交流回路がある。$\dfrac{R}{X_L} = \dfrac{1}{\sqrt{2}}$ の関係があるとき、この回路の力率 $\cos\phi$ の値として、最も近いものを次の(1)〜(5)のうちから一つ選べ。

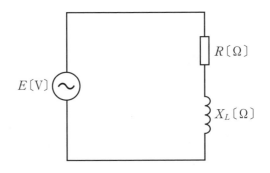

(1) 0.43　　(2) 0.50　　(3) 0.58　　(4) 0.71　　(5) 0.87

　　　　　　　　　　　　　　　※H14A問題問6と同一問題

52 正弦波交流

次の文章は、交流における波形率、波高率に関する記述である。

波形率とは、実効値の　(ア)　に対する比（波形率 ＝ $\dfrac{実効値}{(ア)}$ ）をいう。

波形率の値は波形によって異なり、正弦波と比較して、三角波のようにとがっていれば、波形率の値は　(イ)　なり、方形波のように平らであれば、波形率の値は　(ウ)　なる。

波高率とは、　(エ)　の実効値に対する比（波高率 ＝ $\dfrac{(エ)}{実効値}$ ）をいう。

波高率の値は波形によって異なり、正弦波と比較して、三角波のようにとがっていれば、波高率の値は　(オ)　なり、方形波のように平らであれば、波高率の値は　(カ)　なる。

上記の記述中の空白箇所(ア)～(カ)に当てはまる組合せとして、正しいものを次の(1)～(5)のうちから一つ選べ。

	(ア)	(イ)	(ウ)	(エ)	(オ)	(カ)
(1)	平均値	大きく	小さく	最大値	大きく	小さく
(2)	最大値	大きく	小さく	平均値	大きく	小さく
(3)	平均値	小さく	大きく	最大値	小さく	大きく
(4)	最大値	小さく	大きく	平均値	小さく	大きく
(5)	最大値	大きく	大きく	平均値	小さく	小さく

理論 | 交流回路

53 交流回路の電圧・電流と電力

R4下期 A問題 問9

　図のような*RC*交流回路がある。この回路に正弦波交流電圧 E〔V〕を加えたとき、容量性リアクタンス6Ωのコンデンサの端子間電圧の大きさは12Vであった。このとき、E〔V〕と図の破線で囲んだ回路で消費される電力 P〔W〕の値の組合せとして、正しいものを次の(1)〜(5)のうちから一つ選べ。

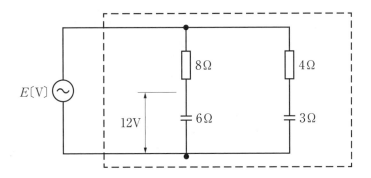

	E〔V〕	P〔W〕
(1)	20	32
(2)	20	96
(3)	28	120
(4)	28	168
(5)	40	309

※H16A問題問7と同一問題

54 交流の基本回路と性質

図1の回路において、図2のような波形の正弦波交流電圧 v〔V〕を抵抗5Ωに加えたとき、回路を流れる電流の瞬時値 i〔A〕を表す式として、正しいものを次の(1)～(5)のうちから一つ選べ。ただし、電源の周波数を50Hz、角周波数を ω〔rad/s〕、時間を t〔s〕とする。

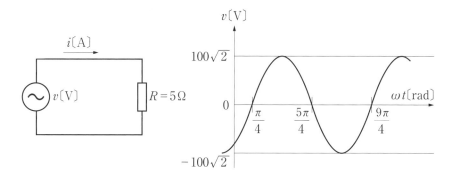

図1　　　　　　　　　　　　　　　　　図2

(1) $20\sqrt{2}\sin\left(50\pi t - \dfrac{\pi}{4}\right)$

(2) $20\sin\left(50\pi t + \dfrac{\pi}{4}\right)$

(3) $20\sin\left(100\pi t - \dfrac{\pi}{4}\right)$

(4) $20\sqrt{2}\sin\left(100\pi t + \dfrac{\pi}{4}\right)$

(5) $20\sqrt{2}\sin\left(100\pi t - \dfrac{\pi}{4}\right)$

55 交流回路の電圧・電流と電力

R3 A問題 問9

実効値 V 〔V〕、角周波数 ω 〔rad/s〕の交流電圧源、R 〔Ω〕の抵抗R、インダクタンス L 〔H〕のコイルL、静電容量 C 〔F〕のコンデンサCからなる共振回路に関する記述として、正しいものと誤りのものの組合せとして、正しいものを次の(1)～(5)のうちから一つ選べ。

(a) RLC直列回路の共振状態において、LとCの端子間電圧の大きさはともに0である。

(b) RLC並列回路の共振状態において、LとCに電流は流れない。

(c) RLC直列回路の共振状態において交流電圧源を流れる電流は、RLC並列回路の共振状態において交流電圧源を流れる電流と等しい。

	(a)	(b)	(c)
(1)	誤り	誤り	正しい
(2)	誤り	正しい	誤り
(3)	正しい	誤り	誤り
(4)	誤り	誤り	誤り
(5)	正しい	正しい	正しい

56 交流回路の電圧・電流と電力

　図のように、静電容量2μFのコンデンサ、R〔Ω〕の抵抗を直列に接続した。この回路に、正弦波交流電圧10V、周波数1000Hzを加えたところ、電流0.1Aが流れた。抵抗Rの値〔Ω〕として、最も近いものを次の(1)〜(5)のうちから一つ選べ。

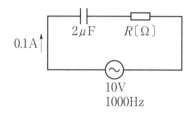

(1) 4.50　　(2) 20.4　　(3) 30.3　　(4) 60.5　　(5) 79.6

57 交流回路の電圧・電流と電力

　図のように、R〔Ω〕の抵抗、インダクタンスL〔H〕のコイル、静電容量C〔F〕のコンデンサと電圧$\dot{V}$〔V〕、角周波数ω〔rad/s〕の交流電源からなる二つの回路AとBがある。両回路においてそれぞれ$\omega^2 LC = 1$が成り立つとき、各回路における図中の電圧ベクトルと電流ベクトルの位相の関係として、正しいものの組合せを次の(1)～(5)のうちから一つ選べ。ただし、ベクトル図における進み方向は反時計回りとする。

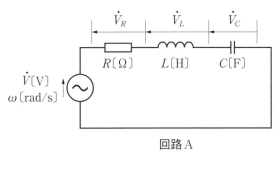

回路A

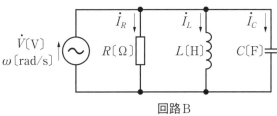

回路B

	回路A	回路B
(1)	$\dot{V}_L$ 上, $\dot{V}_R \rightarrow \dot{V}$, $\dot{V}_C$ 下	$\dot{I}_L$ 上, $\dot{I}_R \rightarrow \dot{V}$, $\dot{I}_C$ 下
(2)	$\dot{V}_L$ 上, $\dot{V}_R \rightarrow \dot{V}$, $\dot{V}_C$ 下	$\dot{I}_C$ 上, $\dot{I}_R \rightarrow \dot{V}$, $\dot{I}_L$ 下
(3)	$\dot{V}_C$ 上, $\dot{V}_R \rightarrow \dot{V}$, $\dot{V}_L$ 下	$\dot{I}_L$ 上, $\dot{I}_R \rightarrow \dot{V}$, $\dot{I}_C$ 下
(4)	$\dot{V}_C$ 上, $\dot{V}_L \rightarrow \dot{V}$, $\dot{V}_R$ 下	$\dot{I}_C$ 上, $\dot{I}_R \rightarrow \dot{V}$, $\dot{I}_L$ 下
(5)	$\dot{V}_C$ 上, $\dot{V}_R \rightarrow \dot{V}$, $\dot{V}_L$ 下	$\dot{I}_C$ 上, $\dot{I}_L \rightarrow \dot{V}$, $\dot{I}_R$ 下

58 交流回路の電圧・電流と電力

　図は、実効値が1Vで角周波数ω〔krad/s〕が変化する正弦波交流電源を含む回路である。いま、ωの値がω_1= 5 krad/s、ω_2= 10 krad/s、ω_3= 30 krad/s と3通りの場合を考え、$\omega = \omega_k$（k= 1、2、3）のときの電流i〔A〕の実効値をI_kと表すとき、I_1、I_2、I_3の大小関係として、正しいものを次の(1)〜(5)のうちから一つ選べ。

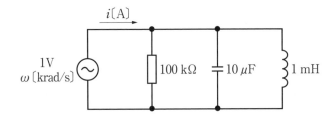

(1) $I_1 < I_2 < I_3$　　(2) $I_1 = I_2 < I_3$　　(3) $I_2 < I_1 < I_3$

(4) $I_2 < I_1 = I_3$　　(5) $I_3 < I_2 < I_1$

理論｜交流回路

59 交流回路の電圧・電流と電力

　図のように、角周波数 ω〔rad/s〕の交流電源と力率 $\dfrac{1}{\sqrt{2}}$ の誘導性負荷 $\dot{Z}$〔Ω〕との間に、抵抗値 R〔Ω〕の抵抗器とインダクタンス L〔H〕のコイルが接続されている。$R = \omega L$ とするとき、電源電圧 $\dot{V}_1$〔V〕と負荷の端子電圧 $\dot{V}_2$〔V〕との位相差の値〔°〕として、最も近いものを次の(1)～(5)のうちから一つ選べ。

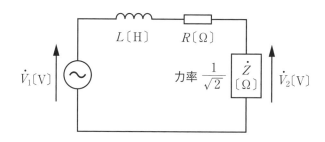

(1) 0 　　(2) 30 　　(3) 45 　　(4) 60 　　(5) 90

79

60 交流回路の電圧・電流と電力

次の文章は、図の回路に関する記述である。

交流電圧源の出力電圧を10Vに保ちながら周波数f〔Hz〕を変化させるとき、交流電圧源の電流の大きさが最小となる周波数は ┃ (ア) ┃Hzである。このとき、この電流の大きさは ┃ (イ) ┃Aであり、その位相は電源電圧を基準として ┃ (ウ) ┃。

ただし、電流の向きは図に示す矢印のとおりとする。

上記の記述中の空白箇所(ア)、(イ)及び(ウ)に当てはまる組合せとして、正しいものを次の(1)~(5)のうちから一つ選べ。

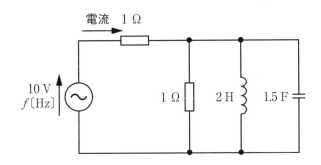

	(ア)	(イ)	(ウ)
(1)	$\dfrac{1}{\sqrt{3}\pi}$	5	同相である
(2)	$\dfrac{1}{\sqrt{3}\pi}$	10	$\dfrac{\pi}{2}$ radだけ進む
(3)	$\dfrac{1}{2\sqrt{3}\pi}$	5	同相である
(4)	$\dfrac{1}{2\sqrt{3}\pi}$	10	$\dfrac{\pi}{2}$ radだけ遅れる
(5)	$\dfrac{1}{2\sqrt{3}\pi}$	5	$\dfrac{\pi}{2}$ radだけ進む

61 交流回路の電圧・電流と電力

図のように、交流電圧 $E = 100$ V の電源、誘導性リアクタンス $X = 4$ Ω のコイル、R_1〔Ω〕、R_2〔Ω〕の抵抗からなる回路がある。いま、回路を流れる電流の値が $I = 20$ A であり、また、抵抗 R_1 に流れる電流 I_1〔A〕と抵抗 R_2 に流れる電流 I_2〔A〕との比が、$I_1 : I_2 = 1 : 3$ であった。このとき、抵抗 R_1 の値〔Ω〕として、最も近いものを次の(1)〜(5)のうちから一つ選べ。

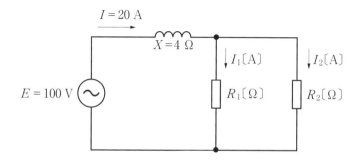

(1) 1.0　　(2) 3.0　　(3) 4.0　　(4) 9.0　　(5) 12

理論｜交流回路

62 交流回路の電圧・電流と電力

$R = 5\,\Omega$の抵抗に、ひずみ波交流電流

$$i = 6 \sin\omega t + 2 \sin 3\omega t\,\text{[A]}$$

が流れた。

このとき、抵抗$R = 5\,\Omega$で消費される平均電力Pの値〔W〕として、最も近いものを次の(1)～(5)のうちから一つ選べ。ただし、ω は角周波数〔rad/s〕、tは時刻〔s〕とする。

(1) 40　　(2) 90　　(3) 100　　(4) 180　　(5) 200

理論｜交流回路

63 交流回路の電圧・電流と電力

$R = 10\,\Omega$の抵抗と誘導性リアクタンスX〔Ω〕のコイルとを直列に接続し、100 Vの交流電源に接続した交流回路がある。いま、回路に流れる電流の値は$I = 5\,\text{A}$であった。このとき、回路の有効電力Pの値〔W〕として、最も近いものを次の(1)～(5)のうちから一つ選べ。

(1) 250　　(2) 289　　(3) 425　　(4) 500　　(5) 577

64 交流回路の電圧・電流と電力

　図のように、静電容量$C_1 = 10\,\mu\text{F}$、$C_2 = 900\,\mu\text{F}$、$C_3 = 100\,\mu\text{F}$、$C_4 = 900\,\mu\text{F}$のコンデンサからなる直並列回路がある。この回路に周波数$f = 50\,\text{Hz}$の交流電圧$V_{in}\,[\text{V}]$を加えたところ、C_4の両端の交流電圧は$V_{out}\,[\text{V}]$であった。このとき、$\dfrac{V_{out}}{V_{in}}$の値として、最も近いものを次の(1)～(5)のうちから一つ選べ。

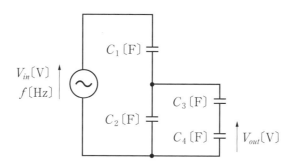

(1) $\dfrac{1}{1000}$　　(2) $\dfrac{9}{1000}$　　(3) $\dfrac{1}{100}$　　(4) $\dfrac{99}{1000}$　　(5) $\dfrac{891}{1000}$

図1の端子a－d間の合成静電容量について、次の(a)及び(b)の問に答えよ。

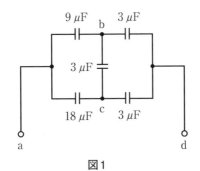

図1

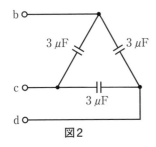

図2

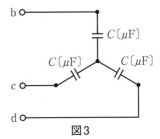

図3

(a) 端子b－c－d間は図2のように△結線で接続されている。これを図3のようにY結線に変換したとき、電気的に等価となるコンデンサCの値〔μF〕として、最も近いものを次の(1)～(5)のうちから一つ選べ。

    (1) 1.0   (2) 2.0   (3) 4.5   (4) 6.0   (5) 9.0

(b) 図3を用いて、図1の端子b－c－d間をY結線回路に変換したとき、図1の端子a－d間の合成静電容量C_0の値〔μF〕として、最も近いものを次の(1)～(5)のうちから一つ選べ。

    (1) 3.0   (2) 4.5   (3) 4.8   (4) 6.0   (5) 9.0

66 三相交流電源と負荷

図の平衡三相回路について、次の(a)及び(b)の問に答えよ。

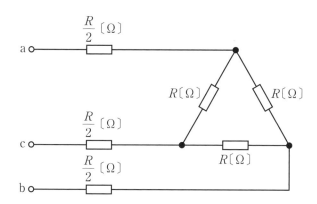

(a) 端子a、cに100Vの単相交流電源を接続したところ、回路の消費電力は200Wであった。抵抗Rの値〔Ω〕として、最も近いものを次の(1)〜(5)のうちから一つ選べ。

(1) 0.30　　(2) 30　　(3) 33　　(4) 50　　(5) 83

(b) 端子a、b、cに線間電圧200Vの対称三相交流電源を接続したときの全消費電力の値〔kW〕として、最も近いものを次の(1)〜(5)のうちから一つ選べ。

(1) 0.48　　(2) 0.80　　(3) 1.2　　(4) 1.6　　(5) 4.0

※H22B問題問15と同一問題

85

67 三相交流電源と負荷

　図のように、抵抗6Ωと誘導性リアクタンス8ΩをY結線し、抵抗r〔Ω〕をΔ結線した平衡三相負荷に、200Vの対称三相交流電源を接続した回路がある。抵抗6Ωと誘導性リアクタンス8Ωに流れる電流の大きさをI_1〔A〕、抵抗r〔Ω〕に流れる電流の大きさをI_2〔A〕とする。電流I_1〔A〕とI_2〔A〕の大きさが等しいとき、次の(a)及び(b)の問に答えよ。

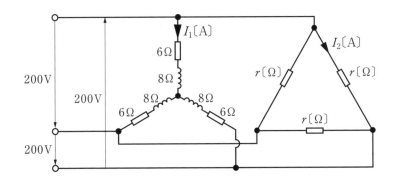

(a) 抵抗rの値〔Ω〕として、最も近いものを次の(1)～(5)のうちから一つ選べ。

(1) 6.0　　(2) 10.0　　(3) 11.5　　(4) 17.3　　(5) 19.2

(b) 図中の回路が消費する電力の値〔kW〕として、最も近いものを次の(1)～(5)のうちから一つ選べ。

(1) 2.4　　(2) 3.1　　(3) 4.0　　(4) 9.3　　(5) 10.9

68 三相交流電源と負荷

図のように、線間電圧200Vの対称三相交流電源に、三相負荷として誘導性リアクタンス$X = 9\,\Omega$の3個のコイルと$R\,[\Omega]$、20Ω、20Ω、60Ωの4個の抵抗を接続した回路がある。端子a、b、cから流入する線電流の大きさは等しいものとする。この回路について、次の(a)及び(b)の問に答えよ。

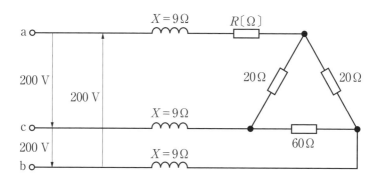

(a) 線電流の大きさが7.7A、三相負荷の無効電力が1.6kvarであるとき、三相負荷の力率の値として、最も近いものを次の(1)～(5)のうちから一つ選べ。

   (1) 0.5 (2) 0.6 (3) 0.7 (4) 0.8 (5) 1.0

(b) a相に接続されたRの値$[\Omega]$として、最も近いものを次の(1)～(5)のうちから一つ選べ。

   (1) 4 (2) 8 (3) 12 (4) 40 (5) 80

69 三相交流電源と負荷

　図のように、線間電圧400Vの対称三相交流電源に抵抗R〔Ω〕と誘導性リアクタンスX〔Ω〕からなる平衡三相負荷が接続されている。平衡三相負荷の全消費電力は6kWであり、これに線電流$I = 10$Aが流れている。電源と負荷との間には、変流比20：5の変流器がa相及びc相に挿入され、これらの二次側が交流電流計Ⓐを通して並列に接続されている。この回路について、次の(a)及び(b)の問に答えよ。

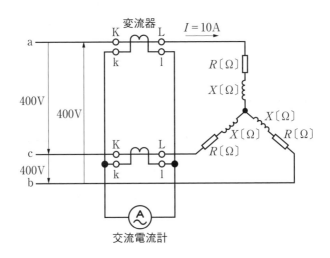

(a) 交流電流計Ⓐの指示値〔A〕として、最も近いものを次の(1)〜(5)のうちから一つ選べ。

　　　(1) 0　　(2) 2.50　　(3) 4.33　　(4) 5.00　　(5) 40.0

(b) 誘導性リアクタンスXの値〔Ω〕として、最も近いものを次の(1)〜(5)のうちから一つ選べ。

　　　(1) 11.5　　(2) 20.0　　(3) 23.1　　(4) 34.6　　(5) 60.0

70 三相交流電源と負荷

　図のように線間電圧200 V、周波数50 Hzの対称三相交流電源にRLC負荷が接続されている。$R = 10\,\Omega$、電源角周波数を$\omega\,[\mathrm{rad/s}]$として、$\omega L = 10\,\Omega$、$\dfrac{1}{\omega C} = 20\,\Omega$である。次の(a)及び(b)の問に答えよ。

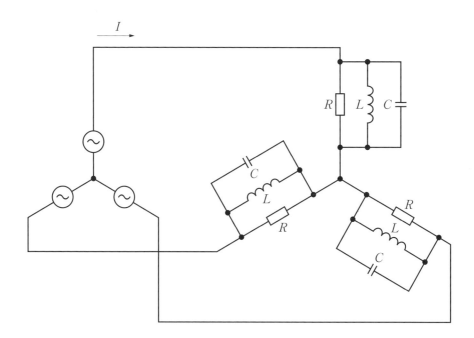

(a) 電源電流Iの値〔A〕として、最も近いものを次の(1)～(5)のうちから一つ選べ。

(1) 7　　(2) 10　　(3) 13　　(4) 17　　(5) 22

(b) 三相負荷の有効電力の値〔kW〕として、最も近いものを次の(1)～(5)のうちから一つ選べ。

(1) 1.3　　(2) 2.6　　(3) 3.6　　(4) 4.0　　(5) 12

71 三相交流と結線方式

図のように、起電力 $\dot{E}_a$〔V〕、$\dot{E}_b$〔V〕、$\dot{E}_c$〔V〕をもつ三つの定電圧源に、スイッチ S_1、S_2、$R_1 = 10\ \Omega$ 及び $R_2 = 20\ \Omega$ の抵抗を接続した交流回路がある。次の(a)及び(b)の問に答えよ。

ただし、$\dot{E}_a$〔V〕、$\dot{E}_b$〔V〕、$\dot{E}_c$〔V〕の正の向きはそれぞれ図の矢印のようにとり、これらの実効値は100 V、位相は $\dot{E}_a$〔V〕、$\dot{E}_b$〔V〕、$\dot{E}_c$〔V〕の順に $\dfrac{2}{3}\pi$〔rad〕ずつ遅れているものとする。

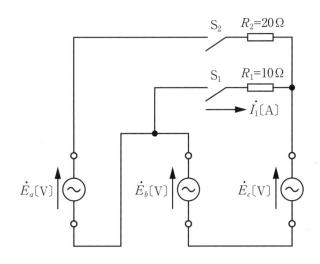

(a) スイッチ S_2 を開いた状態でスイッチ S_1 を閉じたとき、R_1〔Ω〕の抵抗に流れる電流 $\dot{I}_1$ の実効値〔A〕として、最も近いものを次の(1)～(5)のうちから一つ選べ。

    (1) 0   (2) 5.77   (3) 10.0   (4) 17.3   (5) 20.0

(b) スイッチ S_1 を開いた状態でスイッチ S_2 を閉じたとき、R_2〔Ω〕の抵抗で消費される電力の値〔W〕として、最も近いものを次の(1)～(5)のうちから一つ選べ。

    (1) 0   (2) 500   (3) 1500   (4) 2000   (5) 4500

72 三相交流電源と負荷

　図のように、線間電圧 V〔V〕、周波数 f〔Hz〕の対称三相交流電源に、R〔Ω〕の抵抗とインダクタンス L〔H〕のコイルからなる三相平衡負荷を接続した交流回路がある。この回路には、スイッチSを介して、負荷に静電容量 C〔F〕の三相平衡コンデンサを接続することができる。次の(a)及び(b)の問に答えよ。

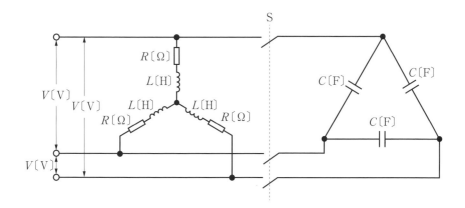

(a) スイッチSを開いた状態において、$V = 200$ V、$f = 50$ Hz、$R = 5$ Ω、$L = 5$ mHのとき、三相負荷全体の有効電力の値〔W〕と力率の値の組合せとして、最も近いものを次の(1)〜(5)のうちから一つ選べ。

	有効電力	力率
(1)	2.29×10^3	0.50
(2)	7.28×10^3	0.71
(3)	7.28×10^3	0.95
(4)	2.18×10^4	0.71
(5)	2.18×10^4	0.95

(b) スイッチSを閉じてコンデンサを接続したとき、電源からみた負荷側の力率が1になった。

　このとき、静電容量Cの値〔F〕を示す式として、正しいものを次の(1)～(5)のうちから一つ選べ。

　ただし、角周波数をω〔rad/s〕とする。

(1)　$C = \dfrac{L}{R^2 + \omega^2 L^2}$

(2)　$C = \dfrac{\omega L}{R^2 + \omega^2 L^2}$

(3)　$C = \dfrac{L}{\sqrt{3}\,(R^2 + \omega^2 L^2)}$

(4)　$C = \dfrac{L}{3\,(R^2 + \omega^2 L^2)}$

(5)　$C = \dfrac{\omega L}{3\,(R^2 + \omega^2 L^2)}$

理論｜電気計測

73 電気計器の動作原理と測定

R5上期 A問題 問14

図のように、線間電圧200Vの対称三相交流電源から三相平衡負荷に供給する電力を二電力計法で測定する。2台の電力計 W_1 及び W_2 を正しく接続したところ、電力計 W_2 の指針が逆振れを起こした。電力計 W_2 の電圧端子の極性を反転して接続した後、2台の電力計の指示値は、電力計 W_1 が490W、電力計 W_2 が25Wであった。このときの対称三相交流電源が三相平衡負荷に供給する電力の値〔W〕として、最も近いものを次の(1)～(5)のうちから一つ選べ。

ただし、三相交流電源の相回転はa、b、cの順とし、電力計の電力損失は無視できるものとする。

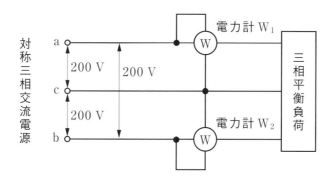

(1) 25　　(2) 258　　(3) 465　　(4) 490　　(5) 515

※H15A問題問13と同一問題

93

図のような回路において、抵抗Rの値〔Ω〕を電圧降下法によって測定した。この測定で得られた値は、電流計$I = 1.600$ A、電圧計$V = 50.00$ Vであった。次の(a)及び(b)の問に答えよ。

ただし、抵抗Rの真の値は31.21 Ωとし、直流電源、電圧計及び電流計の内部抵抗の影響は無視できるものである。また、抵抗Rの測定値は有効数字4桁で計算せよ。

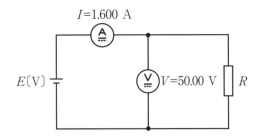

(a) 抵抗Rの絶対誤差〔Ω〕として、最も近いものを次の(1)〜(5)のうちから一つ選べ。

  (1) 0.004 (2) 0.04 (3) 0.14 (4) 0.4 (5) 1.4

(b) 絶対誤差の真の値に対する比率を相対誤差という。これを百分率で示した、抵抗Rの百分率誤差(誤差率)〔%〕として、最も近いものを次の(1)〜(5)のうちから一つ選べ。

  (1) 0.0013 (2) 0.03 (3) 0.13 (4) 0.3 (5) 1.3

75 電気計器の動作原理と測定

　目盛が正弦波交流に対する実効値になる整流形の電圧計（全波整流形）がある。この電圧計で図のような周期20 msの繰り返し波形電圧を測定した。

　このとき、電圧計の指示の値〔V〕として、最も近いものを次の(1)～(5)のうちから一つ選べ。

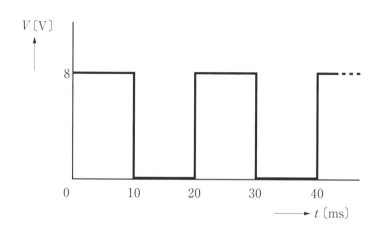

　　(1) 4.00　　(2) 4.44　　(3) 4.62　　(4) 5.14　　(5) 5.66

76 半導体に関する基礎知識

次の文章は、それぞれのダイオードについて述べたものである。

a. 可変容量ダイオードは、通信機器の同調回路などに用いられる。このダイオードは、pn接合に　(ア)　電圧を加えて使用するものである。

b. pn接合に　(イ)　電圧を加え、その値を大きくしていくと、降伏現象が起きる。この降伏電圧付近では、流れる電流が変化しても接合両端の電圧はほぼ一定に保たれる。定電圧ダイオードは、この性質を利用して所定の定電圧を得るようにつくられたダイオードである。

c. レーザダイオードは光通信や光情報機器の光源として利用され、pn接合に　(ウ)　電圧を加えて使用するものである。

上記の記述中の空白箇所(ア)〜(ウ)に当てはまる組合せとして、正しいものを次の(1)〜(5)のうちから一つ選べ。

	(ア)	(イ)	(ウ)
(1)	逆方向	順方向	逆方向
(2)	順方向	逆方向	順方向
(3)	逆方向	逆方向	逆方向
(4)	順方向	順方向	逆方向
(5)	逆方向	逆方向	順方向

77 電子に関する基礎知識

　真空中において、電子の運動エネルギーが400eVのときの速さが1.19×10^7m/sであった。電子の運動エネルギーが100eVのときの速さ〔m/s〕の値として、最も近いものを次の(1)〜(5)のうちから一つ選べ。

　ただし、電子の相対性理論効果は無視するものとする。

(1) 2.98×10^6　　　(2) 5.95×10^6　　　(3) 2.38×10^7　　　(4) 2.98×10^9　　　(5) 5.95×10^9

※ H20A問題問12と同一問題

78 各種効果と応用例

次の文章は、熱電対に関する記述である。

熱電対の二つの接合点に温度差を与えると、起電力が発生する。この現象を ▢ (ア) ▢ 効果といい、このとき発生する起電力を ▢ (イ) ▢ 起電力という。熱電対の接合点の温度の高いほうを ▢ (ウ) ▢ 接点、低いほうを ▢ (エ) ▢ 接点という。

上記の記述中の空白箇所(ア)～(エ)に当てはまる組合せとして、正しいものを次の(1)～(5)のうちから一つ選べ。

	(ア)	(イ)	(ウ)	(エ)
(1)	ゼーベック	熱	温	冷
(2)	ゼーベック	熱	高	低
(3)	ペルチェ	誘導	高	低
(4)	ペルチェ	熱	温	冷
(5)	ペルチェ	誘導	温	冷

次の文章は、可変容量ダイオード(バリキャップやバラクタダイオードともいう)に関する記述である。

可変容量ダイオードとは、図に示す原理図のように　(ア)　電圧 V〔V〕を加えると静電容量が変化するダイオードである。p形半導体とn形半導体を接合すると、p形半導体のキャリヤ(図中の●印)とn形半導体のキャリヤ(図中の○印)がpn接合面付近で拡散し、互いに結合すると消滅して　(イ)　と呼ばれるキャリヤがほとんど存在しない領域が生じる。可変容量ダイオードに　(ア)　電圧を印加し、その大きさを大きくすると、　(イ)　の領域の幅 d が　(ウ)　なり、静電容量の値は　(エ)　なる。この特性を利用して可変容量ダイオードは　(オ)　などに用いられている。

上記の記述中の空白箇所(ア)〜(オ)に当てはまる組合せとして、正しいものを次の(1)〜(5)のうちから一つ選べ。

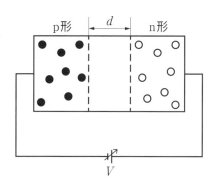

	（ア）	（イ）	（ウ）	（エ）	（オ）
(1)	逆方向	空乏層	広く	小さく	無線通信の同調回路
(2)	順方向	空乏層	狭く	小さく	光通信の受光回路
(3)	逆方向	空乏層	広く	大きく	光通信の受光回路
(4)	順方向	反転層	狭く	大きく	無線通信の変調回路
(5)	逆方向	反転層	広く	小さく	無線通信の同調回路

80 電子に関する基礎知識

図のように、極板間の距離 d〔m〕の平行板導体が真空中に置かれ、極板間に強さ E〔V/m〕の一様な電界が生じている。質量 m〔kg〕、電荷量 $q(>0)$〔C〕の点電荷が正極から放出されてから、極板間の中心 $\dfrac{d}{2}$〔m〕に達するまでの時間 t〔s〕を表す式として、正しいものを次の(1)～(5)のうちから一つ選べ。

ただし、点電荷の速度は光速より十分小さく、初速度は0m/sとする。また、重力の影響は無視できるものとし、平行板導体は十分大きいものとする。

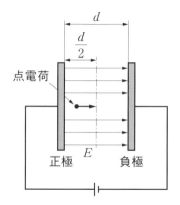

(1) $\sqrt{\dfrac{md}{qE}}$　　(2) $\sqrt{\dfrac{2md}{qE}}$　　(3) $\sqrt{\dfrac{qEd}{m}}$　　(4) $\sqrt{\dfrac{qE}{md}}$　　(5) $\sqrt{\dfrac{2qE}{md}}$

81 水車と比速度

次の文章は、水車に関する記述である。

水圧管の先端がノズルになっていると、有効落差は全て　(ア)　エネルギーとなり、水は噴流となって噴出し、ランナのバケットにあたってランナを回転させる。このような水の力で回転する水車を　(イ)　水車という。

代表的なものとして　(ウ)　水車があり、　(エ)　で、流量の比較的少ない場所に用いられ、比速度は　(オ)　。

上記の記述中の空白箇所(ア)～(オ)に当てはまる組合せとして、正しいものを次の(1)～(5)のうちから一つ選べ。

	(ア)	(イ)	(ウ)	(エ)	(オ)
(1)	運動	衝動	ペルトン	高落差	大きい
(2)	圧力	反動	フランシス	低落差	大きい
(3)	位置	反動	カプラン	高落差	大きい
(4)	圧力	衝動	フランシス	低落差	小さい
(5)	運動	衝動	ペルトン	高落差	小さい

82 水車と比速度

水力発電に関する記述として、誤っているものを次の(1)～(5)のうちから一つ選べ。

(1) 水車発電機の回転速度は、汽力発電と比べて小さいため、発電機の磁極数は多くなる。

(2) 水車発電機の電圧の大きさや周波数は、自動電圧調整器や調速機を用いて制御される。

(3) フランシス水車やペルトン水車などで用いられる吸出し管は、水車ランナと放水面までの落差を有効に利用し、水車の出力を増加する効果がある。

(4) 我が国の大部分の水力発電所において、水車や発電機の始動・運転・停止などの操作は遠隔監視制御方式で行われ、発電所は無人化されている。

(5) カプラン水車は、プロペラ水車の一種で、流量に応じて羽根の角度を調整することができるため部分負荷での効率の低下が少ない。

83 発電方式と諸設備

揚水発電所について、次の(a)及び(b)の問に答えよ。

ただし、水の密度を1000kg/m³、重力加速度を9.8m/s²とする。

(a) 揚程450m、ポンプ効率90%、電動機効率98%の揚水発電所がある。揚水により揚程及び効率は変わらないものとして、下池から1800000m³の水を揚水するのに電動機が要する電力量の値〔MW・h〕として、最も近いものを次の(1)～(5)のうちから一つ選べ。

(1) 1500 　(2) 1750 　(3) 2000 　(4) 2250 　(5) 2500

(b) この揚水発電所において、発電電動機が電動機入力300MWで揚水運転しているときの流量の値〔m³/s〕として、最も近いものを次の(1)～(5)のうちから一つ選べ。

(1) 50.0 　(2) 55.0 　(3) 60.0 　(4) 65.0 　(5) 70.0

84 発電方式と諸設備

次の文章は、水力発電所の種類に関する記述である。

水力発電所は　(ア)　を得る方法により分類すると、水路式、ダム式、ダム水路式があり、　(イ)　の利用方法により分類すると、流込み式、調整池式、貯水池式、揚水式がある。

一般的に、水路式はダム式、ダム水路式に比べ　(ウ)　。貯水ができないので発生電力の調整には適さない。ダム式発電では、ダムに水を蓄えることで　(イ)　の調整ができるので、電力需要が大きいときにあわせて運転することができる。

河川の自然の流れをそのまま利用して発電する方式を　(エ)　発電という。貯水池などを持たない水路式発電所がこれに相当する。

1日又は数日程度の河川流量を調整できる大きさを持つ池を持ち、電力需要が小さいときにその池に蓄え、電力需要が大きいときに放流して発電する方式を　(オ)　発電という。自然の湖や人工の湖などを用いてもっと長期間の需要変動に応じて河川流量を調整・使用する方式を貯水池式発電という。

上記の記述中の空白箇所(ア)～(オ)に当てはまる組合せとして、正しいものを次の(1)～(5)のうちから一つ選べ。

	(ア)	(イ)	(ウ)	(エ)	(オ)
(1)	落差	流速	建設期間が長い	調整池式	ダム式
(2)	流速	落差	建設期間が短い	調整池式	ダム式
(3)	落差	流量	高落差を得にくい	流込み式	揚水式
(4)	流量	落差	建設費が高い	流込み式	調整池式
(5)	落差	流量	建設費が安い	流込み式	調整池式

電力｜水力発電

85 水力学とベルヌーイの定理

　図で、水圧管内を水が充満して流れている。断面Aでは、内径2.2m、流速3m/s、圧力24kPaである。このとき、断面Aとの落差が30m、内径2mの断面Bにおける流速〔m/s〕と水圧〔kPa〕の最も近い値の組合せとして、正しいものを次の(1)～(5)のうちから一つ選べ。

　ただし、重力加速度は9.8m/s²、水の密度は1000kg/m³、円周率は3.14とする。

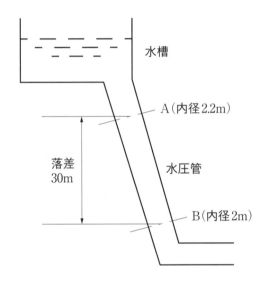

	流速〔m/s〕	水圧〔kPa〕
(1)	3.0	318
(2)	3.0	316
(3)	3.6	316
(4)	3.6	310
(5)	4.0	300

電力|水力発電

86 流量と落差

ある河川のある地点に貯水池を有する水力発電所を設ける場合の発電計画について、次の(a)及び(b)の問に答えよ。

(a) 流域面積を15000km²、年間降水量750mm、流出係数0.7とし、年間の平均流量の値〔m³/s〕として、最も近いものを次の(1)～(5)のうちから一つ選べ。

 (1) 25   (2) 100   (3) 175   (4) 250   (5) 325

(b) この水力発電所の最大使用水量を小問(a)で求めた流量とし、有効落差100m、水車と発電機の総合効率を80%、発電所の年間の設備利用率を60%としたとき、この発電所の年間発電電力量の値〔kW·h〕に最も近いものを次の(1)～(5)のうちから一つ選べ。

	年間発電電力量〔kW·h〕
(1)	100000000
(2)	400000000
(3)	700000000
(4)	1000000000
(5)	1300000000

次の文章は、水車の構造と特徴についての記述である。

　　（ア）　を持つ流水がランナに流入し、ここから出るときの反動力により回転する水車を反動水車という。　　（イ）　は、ケーシング（渦形室）からランナに流入した水がランナを出るときに軸方向に向きを変えるように水の流れをつくる水車である。一般に、落差40 m〜500 mの中高落差用に用いられている。

　プロペラ水車ではランナを通過する流水が軸方向である。ランナには扇風機のような羽根がついている。流量が多く低落差の発電所で使用される。　　（ウ）　はプロペラ水車の羽根を可動にしたもので、流量の変化に応じて羽根の角度を変えて効率がよい運転ができる。

　一方、水の落差による　　（ア）　を　　（エ）　に変えてその流水をランナに作用させる構造のものが衝動水車である。　　（オ）　は、水圧管路に導かれた流水が、ノズルから噴射されてランナバケットに当たり、このときの衝動力でランナが回転する水車である。高落差で流量の比較的少ない地点に用いられる。

　上記の記述中の空白箇所(ア)、(イ)、(ウ)、(エ)及び(オ)に当てはまる組合せとして、正しいものを次の(1)〜(5)のうちから一つ選べ。

	（ア）	（イ）	（ウ）	（エ）	（オ）
(1)	圧力水頭	フランシス水車	カプラン水車	速度水頭	ペルトン水車
(2)	速度水頭	ペルトン水車	フランシス水車	圧力水頭	カプラン水車
(3)	圧力水頭	カプラン水車	ペルトン水車	速度水頭	フランシス水車
(4)	速度水頭	フランシス水車	カプラン水車	圧力水頭	ペルトン水車
(5)	圧力水頭	ペルトン水車	フランシス水車	速度水頭	カプラン水車

88 水車と比速度

次の文章は、水車の比速度に関する記述である。

比速度とは、任意の水車の形(幾何学的形状)と運転状態(水車内の流れの状態)とを (ア) 変えたとき、 (イ) で単位出力(1 kW)を発生させる仮想水車の回転速度のことである。

水車では、ランナの形や特性を表すものとしてこの比速度が用いられ、水車の (ウ) ごとに適切な比速度の範囲が存在する。

水車の回転速度をn〔min^{-1}〕、有効落差をH〔m〕、ランナ1個当たり又はノズル1個当たりの出力をP〔kW〕とすれば、この水車の比速度n_sは、次の式で表される。

$$n_s = n \cdot \frac{P^{\frac{1}{2}}}{H^{\frac{5}{4}}}$$

通常、ペルトン水車の比速度は、フランシス水車の比速度より (エ) 。

比速度の大きな水車を大きな落差で使用し、吸出し管を用いると、放水速度が大きくなって、 (オ) やすくなる。そのため、各水車には、その比速度に適した有効落差が決められている。

上記の記述中の空白箇所(ア)、(イ)、(ウ)、(エ)及び(オ)に当てはまる組合せとして、正しいものを次の(1)~(5)のうちから一つ選べ。

109

	(ア)	(イ)	(ウ)	(エ)	(オ)
(1)	一定に保って 有効落差を	単位流量（$1\,\mathrm{m}^3/\mathrm{s}$）	出力	大きい	高い効率を得
(2)	一定に保って 有効落差を	単位落差（$1\,\mathrm{m}$）	種類	大きい	キャビテーションが 生じ
(3)	相似に保って 大きさを	単位流量（$1\,\mathrm{m}^3/\mathrm{s}$）	出力	大きい	高い効率を得
(4)	相似に保って 大きさを	単位落差（$1\,\mathrm{m}$）	種類	小さい	キャビテーションが 生じ
(5)	相似に保って 大きさを	単位流量（$1\,\mathrm{m}^3/\mathrm{s}$）	出力	小さい	高い効率を得

89 水車と比速度

次の文章は、水車のキャビテーションに関する記述である。

運転中の水車の流水経路中のある点で ▢（ア）▢ が低下し、そのときの ▢（イ）▢ 以下になると、その部分の水は蒸発して流水中に微細な気泡が発生する。その気泡が ▢（ア）▢ の高い箇所に到達すると押し潰され消滅する。このような現象をキャビテーションという。水車にキャビテーションが発生すると、ランナやガイドベーンの壊食、効率の低下、▢（ウ）▢ の増大など水車に有害な現象が現れる。

吸出し管の高さを ▢（エ）▢ することは、キャビテーションの防止のため有効な対策である。

上記の記述中の空白箇所（ア）、（イ）、（ウ）及び（エ）に当てはまる組合せとして、正しいものを次の(1)～(5)のうちから一つ選べ。

	（ア）	（イ）	（ウ）	（エ）
(1)	流　速	飽和水蒸気圧	吸出し管水圧	低　く
(2)	流　速	最低流速	吸出し管水圧	高　く
(3)	圧　力	飽和水蒸気圧	吸出し管水圧	低　く
(4)	圧　力	最低流速	振動や騒音	高　く
(5)	圧　力	飽和水蒸気圧	振動や騒音	低　く

90 発電方式と諸設備

下記の諸元の揚水発電所を、運転中の総落差が変わらず、発電出力、揚水入力ともに一定で運転するものと仮定する。この揚水発電所における発電出力の値〔kW〕、揚水入力の値〔kW〕、揚水所要時間の値〔h〕及び揚水総合効率の値〔%〕として、最も近い値の組合せを次の(1)〜(5)のうちから一つ選べ。

揚水発電所の諸元

総落差	$H_0 = 400$ m
発電損失水頭	$h_G = H_0$ の 3 %
揚水損失水頭	$h_P = H_0$ の 3 %
発電使用水量	$Q_G = 60$ m^3/s
揚水量	$Q_P = 50$ m^3/s
発電運転時の効率	発電機効率 η_G × 水車効率 η_T = 87 %
ポンプ運転時の効率	電動機効率 η_M × ポンプ効率 η_P = 85 %
発電運転時間	$T_G = 8$ h

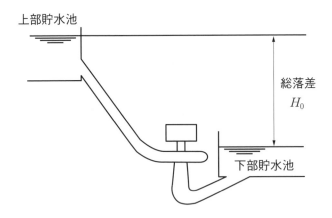

	発電出力〔kW〕	揚水入力〔kW〕	揚水所要時間〔h〕	揚水総合効率〔%〕
(1)	204600	230600	9.6	74.0
(2)	204600	230600	10.0	71.0
(3)	198500	237500	9.6	71.0
(4)	198500	237500	10.0	69.6
(5)	198500	237500	9.6	69.6

91 速度制御と速度調定率

　定格出力1000 MW、速度調定率5％のタービン発電機と、定格出力300 MW、速度調定率3％の水車発電機が周波数調整用に電力系統に接続されており、タービン発電機は80％出力、水車発電機は60％出力をとって、定格周波数(60 Hz)にてガバナフリー運転を行っている。

　系統の負荷が急変したため、タービン発電機と水車発電機は速度調定率に従って出力を変化させた。次の(a)及び(b)の問に答えよ。

　ただし、このガバナフリー運転におけるガバナ特性は直線とし、次式で表される速度調定率に従うものとする。また、この系統内で周波数調整を行っている発電機はこの2台のみとする。

$$速度調定率 = \frac{\dfrac{n_2 - n_1}{n_n}}{\dfrac{P_1 - P_2}{P_n}} \times 100 \ [\%]$$

P_1：初期出力〔MW〕　　　n_1：出力P_1における回転速度〔min^{-1}〕

P_2：変化後の出力〔MW〕　　n_2：変化後の出力P_2における回転速度〔min^{-1}〕

P_n：定格出力〔MW〕　　　　n_n：定格回転速度〔min^{-1}〕

(a) 出力を変化させ、安定した後のタービン発電機の出力は900 MWとなった。このときの系統周波数の値〔Hz〕として、最も近いものを次の(1)〜(5)のうちから一つ選べ。

(1) 59.5　　(2) 59.7　　(3) 60　　(4) 60.3　　(5) 60.5

(b) 出力を変化させ、安定した後の水車発電機の出力の値〔MW〕として、最も近いものを次の(1)〜(5)のうちから一つ選べ。

(1) 130　　(2) 150　　(3) 180　　(4) 210　　(5) 230

電力｜汽力発電

92 燃料と燃焼

R5上期 B問題 問15 ／／／

石炭火力発電所が1日を通して定格出力600MWで運転されるとき、燃料として使用される石炭消費量が150t/h、石炭発熱量が34300kJ/kgで一定の場合、次の(a)及び(b)の問に答えよ。

ただし、石炭の化学成分は重量比で炭素が70%、水素が5%、残りの灰分等は燃焼に影響しないものと仮定し、原子量は炭素12、酸素16、水素1とする。燃焼反応は次のとおりである。

$C + O_2 \rightarrow CO_2$

$2H_2 + O_2 \rightarrow 2H_2O$

(a) 発電端効率の値〔%〕として、最も近いものを次の(1)〜(5)のうちから一つ選べ。

    (1) 41.0   (2) 41.5   (3) 42.0   (4) 42.5   (5) 43.0

(b) 1日に発生する二酸化炭素の重量の値〔t〕として、最も近いものを次の(1)〜(5)のうちから一つ選べ。

    (1) 3.8×10^2 (2) 2.5×10^3 (3) 3.8×10^3 (4) 9.2×10^3 (5) 1.3×10^4

電力

汽力発電

115

93 汽力発電所の熱効率と向上対策

復水器での冷却に海水を使用する汽力発電所が出力600MWで運転しており、復水器冷却水量が24m³/s、冷却水の温度上昇が7℃であるとき、次の(a)及び(b)の問に答えよ。

ただし、海水の比熱を4.02kJ/(kg・K)、密度を1.02×10^3kg/m³、発電機効率を98%とする。

(a) 復水器で海水へ放出される熱量の値〔kJ/s〕として、最も近いものを次の(1)〜(5)のうちから一つ選べ。

(1) 4.25×10^4 (2) 1.71×10^5 (3) 6.62×10^5 (4) 6.89×10^5 (5) 8.61×10^5

(b) タービン室効率の値〔%〕として、最も近いものを次の(1)〜(5)のうちから一つ選べ。

ただし、条件を示していない損失は無視できるものとする。

(1) 41.5 (2) 46.5 (3) 47.0 (4) 47.5 (5) 48.0

※H18B問題問15と同一問題

94 タービン発電機

次の文章は、火力発電所のタービン発電機に関する記述である。

火力発電所のタービン発電機は、2極の回転界磁形三相 (ア) 発電機が広く用いられている。 (イ) 強度の関係から、回転子の構造は (ウ) で直径が (エ) 。発電機の大容量化に伴い冷却方式も工夫され、大容量タービン発電機の場合には密封形 (オ) 冷却方式が使われている。

上記の記述中の空白箇所(ア)〜(オ)に当てはまる組合せとして、正しいものを次の(1)〜(5)のうちから一つ選べ。

	(ア)	(イ)	(ウ)	(エ)	(オ)
(1)	同期	熱的	突極形	小さい	窒素
(2)	誘導	熱的	円筒形	大きい	水素
(3)	同期	機械的	円筒形	小さい	水素
(4)	誘導	機械的	突極形	大きい	窒素
(5)	同期	機械的	突極形	小さい	窒素

95 火力発電の概要

　汽力発電におけるボイラ設備に関する記述として、誤っているものを次の(1)～(5)のうちから一つ選べ。

(1)　ボイラを水の循環方式によって分けると、自然循環ボイラ、強制循環ボイラ、貫流ボイラがある。

(2)　蒸気ドラム内には汽水分離器が設置されており、蒸発管から送られてくる飽和蒸気と水を分離する。

(3)　空気予熱器は、煙道ガスの余熱を燃焼用空気に回収することによって、ボイラ効率を高めるための熱交換器である。

(4)　節炭器は、煙道ガスの余熱を利用してボイラ給水を加熱することによって、ボイラ効率を高めるためのものである。

(5)　再熱器は、高圧タービンで仕事をした蒸気をボイラに戻して再加熱し、再び高圧タービンで仕事をさせるためのもので、熱効率の向上とタービン翼の腐食防止のために用いられている。

96 汽力発電所の熱効率と向上対策

　ある火力発電所にて、定格出力350MWの発電機が下表に示すような運転を行ったとき、次の(a)及び(b)の問に答えよ。ただし、所内率は2％とする。

発電機の運転状態

時刻	発電機出力〔MW〕
0時〜7時	130
7時〜12時	350
12時〜13時	200
13時〜20時	350
20時〜24時	130

(a)　0時から24時の間の送電端電力量の値〔MW・h〕として、最も近いものを次の(1)〜(5)のうちから一つ選べ。

　　　(1) 4660　　(2) 5710　　(3) 5830　　(4) 5950　　(5) 8230

(b)　0時から24時の間に発熱量54.70MJ/kgのLNG（液化天然ガス）を770t消費したとすると、この間の発電端熱効率の値〔％〕として、最も近いものを次の(1)〜(5)のうちから一つ選べ。

　　　(1) 44　　(2) 46　　(3) 48　　(4) 50　　(5) 52

97 火力発電の概要

次の文章は、汽力発電所の復水器の機能に関する記述である。

　汽力発電所の復水器は蒸気タービン内で仕事を取り出した後の　(ア)　蒸気を冷却して凝縮させる装置である。復水器内部の真空度を　(イ)　保持してタービンの　(ア)　圧力を　(ウ)　させることにより、　(エ)　の向上を図ることができる。なお、復水器によるエネルギー損失は熱サイクルの中で最も　(オ)　。

　上記の記述中の空白箇所(ア)〜(オ)に当てはまる組合せとして、正しいものを次の(1)〜(5)のうちから一つ選べ。

	(ア)	(イ)	(ウ)	(エ)	(オ)
(1)	抽気	低く	上昇	熱効率	大きい
(2)	排気	高く	上昇	利用率	小さい
(3)	排気	高く	低下	熱効率	大きい
(4)	抽気	高く	低下	熱効率	小さい
(5)	排気	低く	停止	利用率	大きい

98 汽力発電所の熱効率と向上対策

R1 A問題 問3

　汽力発電所における熱効率向上方法として、正しいものを次の(1)～(5)のうちから一つ選べ。

(1)　タービン入口蒸気として、極力、温度が低く、圧力が低いものを採用する。

(2)　復水器の真空度を高くすることで蒸気はタービン内で十分に膨張して、タービンの羽根車に大きな回転力を与える。

(3)　節炭器を設置し、排ガス温度を上昇させる。

(4)　高圧タービンから出た湿り飽和蒸気をボイラで再熱させないようにする。

(5)　高圧及び低圧のタービンから蒸気を一部取り出し、給水加熱器に導いて給水を加熱させ、復水器に捨てる熱量を増加させる。

99 汽力発電所の熱効率と向上対策

　復水器の冷却に海水を使用し、運転している汽力発電所がある。このときの復水器冷却水流量は$30\,\mathrm{m^3/s}$、復水器冷却水が持ち去る毎時熱量は$3.1 \times 10^9\,\mathrm{kJ/h}$、海水の比熱容量は$4.0\,\mathrm{kJ/(kg \cdot K)}$、海水の密度は$1.1 \times 10^3\,\mathrm{kg/m^3}$、タービンの熱消費率は$8000\,\mathrm{kJ/(kW \cdot h)}$である。

　この運転状態について、次の(a)及び(b)の問に答えよ。

　ただし、復水器冷却水が持ち去る熱以外の損失は無視するものとする。

(a) タービン出力の値〔MW〕として、最も近いものを次の(1)～(5)のうちから一つ選べ。

(1) 350　　(2) 500　　(3) 700　　(4) 800　　(5) 1000

(b) 復水器冷却水の温度上昇の値〔K〕として、最も近いものを次の(1)～(5)のうちから一つ選べ。

(1) 3.3　　(2) 4.7　　(3) 5.3　　(4) 6.5　　(5) 7.9

100 タービン発電機

次の文章は、タービン発電機の水素冷却方式の特徴に関する記述である。

水素ガスは、空気に比べ ___(ア)___ が大きいため冷却効率が高く、また、空気に比べ ___(イ)___ が小さいため風損が小さい。

水素ガスは、___(ウ)___ であるため、絶縁物への劣化影響が少ない。水素ガス圧力を高めると大気圧の空気よりコロナ放電が生じ難くなる。

水素ガスと空気を混合した場合は、水素ガス濃度が一定範囲内になると爆発の危険性があるので、これを防ぐため自動的に水素ガス濃度を ___(エ)___ 以上に維持している。

通常運転中は、発電機内の水素ガスが軸に沿って機外に漏れないように軸受の内側に ___(オ)___ によるシール機能を備えており、機内からの水素ガスの漏れを防いでいる。

上記の記述中の空白箇所(ア)、(イ)、(ウ)、(エ)及び(オ)に当てはまる組合せとして、正しいものを次の(1)～(5)のうちから一つ選べ。

	(ア)	(イ)	(ウ)	(エ)	(オ)
(1)	比熱	比重	活性	90 %	窒素ガス
(2)	比熱	比重	活性	60 %	窒素ガス
(3)	比熱	比重	不活性	90 %	油膜
(4)	比重	比熱	活性	60 %	油膜
(5)	比重	比熱	不活性	90 %	窒素ガス

123

　次の文章は、発電所に用いられる同期発電機である水車発電機とタービン発電機の特徴に関する記述である。

　水力発電所に用いられる水車発電機は直結する水車の特性からその回転速度はおおむね$100 \ \mathrm{min^{-1}} \sim 1200 \ \mathrm{min^{-1}}$とタービン発電機に比べ低速である。したがって、商用周波数50/60 Hzを発生させるために磁極を多くとれる　（ア）　を用い、大形機では据付面積が小さく落差を有効に使用できる立軸形が用いられることが多い。タービン発電機に比べ、直径が大きく軸方向の長さが短い。

　一方、火力発電所に用いられるタービン発電機は原動機である蒸気タービンと直結し、回転速度が水車に比べ非常に高速なため2極機又は4極機が用いられ、大きな遠心力に耐えるように、直径が小さく軸方向に長い横軸形の　（イ）　を採用し、その回転子の軸及び鉄心は一体の鍛造軸材で作られる。

　水車発電機は、電力系統の安定度の面及び負荷遮断時の速度変動を抑える点から発電機の経済設計以上のはずみ車効果を要求される場合が多く、回転子直径がより大きくなり、鉄心の鉄量が多い、いわゆる鉄機械となる。

　一方、タービン発電機は、上述の構造のため界磁巻線を施す場所が制約され、大きな出力を得るためには電機子巻線の導体数が多い、すなわち銅量が多い、いわゆる銅機械となる。

　鉄機械は、体格が大きく重量が重く高価になるが、短絡比が　（ウ）　、同期インピーダンスが　（エ）　なり、電圧変動率が小さく、安定度が高く、　（オ）　が大きくなるといった利点をもつ。

　上記の記述中の空白箇所（ア）、（イ）、（ウ）、（エ）及び（オ）に当てはまる組合せとして、正しいものを次の(1)〜(5)のうちから一つ選べ。

	（ア）	（イ）	（ウ）	（エ）	（オ）
(1)	突極機	円筒機	大きく	小さく	線路充電容量
(2)	円筒機	突極機	大きく	小さく	線路充電容量
(3)	突極機	円筒機	大きく	小さく	部分負荷効率
(4)	円筒機	突極機	小さく	大きく	部分負荷効率
(5)	突極機	円筒機	小さく	大きく	部分負荷効率

102 汽力発電所の熱効率と向上対策

定格出力10000 kWの重油燃焼の汽力発電所がある。この発電所が30日間連続運転し、そのときの重油使用量は1100 t、送電端電力量は5000 MW・hであった。この汽力発電所のボイラ効率の値〔%〕として、最も近いものを次の(1)〜(5)のうちから一つ選べ。

なお、重油の発熱量は44000 kJ/kg、タービン室効率は47 %、発電機効率は98 %、所内率は5 %とする。

(1) 51   (2) 77   (3) 80   (4) 85   (5) 95

103 原子力発電

　1kgのウラン燃料に3.5%含まれるウラン235が核分裂し、0.09%の質量欠損が生じたときに発生するエネルギーと同量のエネルギーを、重油の燃焼で得る場合に必要な重油の量〔kL〕として、最も近いものを次の(1)〜(5)のうちから一つ選べ。

　ただし、計算上の熱効率を100%、使用する重油の発熱量は40000kJ/Lとする。

(1) 13　　(2) 17　　(3) 70　　(4) 1.3×10^3　　(5) 7.8×10^4

※ H24A問題問4と類似問題

104 原子力発電

次の文章は、原子炉の型と特性に関する記述である。

　軽水炉は、　(ア)　を原子燃料とし、冷却材と　(イ)　に軽水を用いた原子炉であり、我が国の商用原子力発電所に広く用いられている。この軽水炉には、蒸気を原子炉の中で直接発生する　(ウ)　原子炉と蒸気発生器を介して蒸気を作る　(エ)　原子炉とがある。

　軽水炉では、何らかの原因により原子炉の核分裂反応による熱出力が増加して、炉内温度が上昇した場合でも、燃料の温度上昇にともなってウラン238による中性子の吸収が増加する　(オ)　により、出力が抑制される。このような働きを原子炉の固有の安全性という。

　上記の記述中の空白箇所(ア)～(オ)に当てはまる組合せとして、正しいものを次の(1)～(5)のうちから一つ選べ。

	(ア)	(イ)	(ウ)	(エ)	(オ)
(1)	低濃縮ウラン	減速材	沸騰水型	加圧水型	ドップラー効果
(2)	高濃縮ウラン	減速材	沸騰水型	加圧水型	ボイド効果
(3)	プルトニウム	加速材	加圧水型	沸騰水型	ボイド効果
(4)	低濃縮ウラン	減速材	加圧水型	沸騰水型	ボイド効果
(5)	高濃縮ウラン	加速材	沸騰水型	加圧水型	ドップラー効果

105 原子力発電

　沸騰水型原子炉(BWR)に関する記述として、誤っているものを次の(1)～(5)のうちから一つ選べ。

(1)　燃料には低濃縮ウランを、冷却材及び減速材には軽水を使用する。

(2)　加圧水型原子炉(PWR)に比べて原子炉圧力が低く、蒸気発生器が無いので構成が簡単である。

(3)　出力調整は、制御棒の抜き差しと再循環ポンプの流量調節により行う。

(4)　制御棒は、炉心上部から燃料集合体内を上下することができる構造となっている。

(5)　タービン系統に放射性物質が持ち込まれるため、タービン等に遮へい対策が必要である。

106 原子力発電

原子力発電に関する記述として、誤っているものを次の(1)〜(5)のうちから一つ選べ。

(1) 原子力発電は、原子燃料の核分裂により発生する熱エネルギーで水を蒸気に変え、その蒸気で蒸気タービンを回し、タービンに連結された発電機で発電する。

(2) 軽水炉は、減速材に黒鉛、冷却材に軽水を使用する原子炉であり、原子炉圧力容器の中で直接蒸気を発生させる沸騰水型と、別置の蒸気発生器で蒸気を発生させる加圧水型がある。

(3) 軽水炉は、天然ウラン中のウラン235の濃度を3〜5％程度に濃縮した低濃縮ウランを原子燃料として用いる。

(4) 核分裂反応を起こさせるために熱中性子を用いる原子炉を熱中性子炉といい、軽水炉は熱中性子炉である。

(5) 沸騰水型原子炉の出力調整は、再循環ポンプによる冷却材再循環流量の調節と制御棒の挿入及び引き抜き操作により行われ、加圧水型原子炉の出力調整は、一次冷却材中のほう素濃度の調節と制御棒の挿入及び引き抜き操作により行われる。

107 原子力発電

次の文章は、原子燃料に関する記述である。

　核分裂は様々な原子核で起こるが、ウラン235などのように核分裂を起こし、連鎖反応を持続できる物質を　(ア)　といい、ウラン238のように中性子を吸収して　(ア)　になる物質を　(イ)　という。天然ウラン中に含まれるウラン235は約　(ウ)　％で、残りは核分裂を起こしにくいウラン238である。ここで、ウラン235の濃度が天然ウランの濃度を超えるものは、濃縮ウランと呼ばれており、濃縮度3％から5％程度の　(エ)　は原子炉の核燃料として使用される。

　上記の記述中の空白箇所(ア)～(エ)に当てはまる組合せとして、正しいものを次の(1)～(5)のうちから一つ選べ。

	(ア)	(イ)	(ウ)	(エ)
(1)	核分裂性物質	親物質	1.5	低濃縮ウラン
(2)	核分裂性物質	親物質	0.7	低濃縮ウラン
(3)	核分裂生成物	親物質	0.7	高濃縮ウラン
(4)	核分裂生成物	中間物質	0.7	低濃縮ウラン
(5)	放射性物質	中間物質	1.5	高濃縮ウラン

108 原子力発電

原子力発電に用いられる M〔g〕のウラン235を核分裂させたときに発生するエネルギーを考える。ここで想定する原子力発電所では、上記エネルギーの30 %を電力量として取り出すことができるものとし、この電力量をすべて使用して、揚水式発電所で揚水できた水量は90000 m³であった。このときの M の値〔g〕として、最も近い値を次の(1)〜(5)のうちから一つ選べ。

ただし、揚水式発電所の揚程は240 m、揚水時の電動機とポンプの総合効率は84 %とする。また、原子力発電所から揚水式発電所への送電で生じる損失は無視できるものとする。

なお、計算には必要に応じて次の数値を用いること。

核分裂時のウラン235の質量欠損0.09 %

ウランの原子番号92

真空中の光の速度3.0 × 10⁸ m/s

(1) 0.9　　(2) 3.1　　(3) 7.3　　(4) 8.7　　(5) 10.4

109　原子力発電

次の文章は、原子力発電における核燃料サイクルに関する記述である。

天然ウランには主に質量数235と238の同位体があるが、原子力発電所の燃料として有用な核分裂性物質のウラン235の割合は、全体の0.7 %程度にすぎない。そこで、採鉱されたウラン鉱石は製錬、転換されたのち、遠心分離法などによって、ウラン235の濃度が軽水炉での利用に適した値になるように濃縮される。その濃度は　　(ア)　　%程度である。さらに、その後、再転換、加工され、原子力発電所の燃料となる。

原子力発電所から取り出された使用済燃料からは、　　(イ)　　によってウラン、プルトニウムが分離抽出され、これらは再び燃料として使用することができる。プルトニウムはウラン238から派生する核分裂性物質であり、ウランとプルトニウムとを混合した　　(ウ)　　を軽水炉の燃料として用いることをプルサーマルという。

また、軽水炉の転換比は0.6程度であるが、高速中性子によるウラン238のプルトニウムへの変換を利用した　　(エ)　　では、消費される核分裂性物質よりも多くの量の新たな核分裂性物質を得ることができる。

上記の記述中の空白箇所(ア)、(イ)、(ウ)、及び(エ)に当てはまる組合せとして、正しいものを次の(1)～(5)のうちから一つ選べ。

	(ア)	(イ)	(ウ)	(エ)
(1)	3～5	再処理	MOX燃料	高速増殖炉
(2)	3～5	再処理	イエローケーキ	高速増殖炉
(3)	3～5	再加工	イエローケーキ	新型転換炉
(4)	10～20	再処理	イエローケーキ	高速増殖炉
(5)	10～20	再加工	MOX燃料	新型転換炉

110 その他の発電方式

　　排熱回収形コンバインドサイクル発電方式と同一出力の汽力発電方式とを比較した記述として、誤っているものを次の(1)～(5)のうちから一つ選べ。

(1)　コンバインドサイクル発電方式の方が、熱効率が高い。

(2)　汽力発電方式の方が、単位出力当たりの排ガス量が少ない。

(3)　コンバインドサイクル発電方式の方が、単位出力当たりの復水器の冷却水量が多い。

(4)　汽力発電方式の方が大形所内補機が多く、所内率が大きい。

(5)　コンバインドサイクル発電方式の方が、最大出力が外気温度の影響を受けやすい。

※H19A問題問3と同一問題

111 その他の発電方式

次の文章は、太陽光発電に関する記述である。

太陽光発電は、太陽電池の光電効果を利用して太陽光エネルギーを電気エネルギーに変換する。地球に降り注ぐ太陽光エネルギーは、$1m^2$当たり1秒間に約 (ア) kJに相当する。太陽電池の基本単位はセルと呼ばれ、 (イ) V程度の直流電圧が発生するため、これを直列に接続して電圧を高めている。太陽電池を系統に接続する際は、 (ウ) により交流の電力に変換する。

一部の地域では太陽光発電の普及によって (エ) に電力の余剰が発生しており、余剰電力は揚水発電の揚水に使われているほか、大容量蓄電池への電力貯蔵に活用されている。

上記の記述中の空白箇所(ア)〜(エ)に当てはまる組合せとして、正しいものを次の(1)〜(5)のうちから一つ選べ。

	(ア)	(イ)	(ウ)	(エ)
(1)	10	1	逆流防止ダイオード	日中
(2)	10	10	パワーコンディショナ	夜間
(3)	1	1	パワーコンディショナ	日中
(4)	10	1	パワーコンディショナ	日中
(5)	1	10	逆流防止ダイオード	夜間

112 その他の発電方式

　ロータ半径が30 mの風車がある。風車が受ける風速が10 m/sで、風車のパワー係数が50 %のとき、風車のロータ軸出力〔kW〕に最も近いものを次の(1)〜(5)のうちから一つ選べ。ただし、空気の密度を1.2 kg/m³とする。ここでパワー係数とは、単位時間当たりにロータを通過する風のエネルギーのうちで、風車が風から取り出せるエネルギーの割合である。

(1) 57　　(2) 85　　(3) 710　　(4) 850　　(5) 1700

113 その他の発電方式

　各種の発電に関する記述として、誤っているものを次の(1)～(5)のうちから一つ選べ。

(1)　燃料電池発電は、水素と酸素との化学反応を利用して直流の電力を発生させる。化学反応で発生する熱は給湯などに利用できる。

(2)　貯水池式発電は水力発電の一種であり、季節的に変動する河川流量を貯水して使用することができる。

(3)　バイオマス発電は、植物などの有機物から得られる燃料を利用した発電方式である。さとうきびから得られるエタノールや、家畜の糞から得られるメタンガスなどが燃料として用いられている。

(4)　風力発電は、風のエネルギーによって風車で発電機を駆動し発電を行う。風力発電で取り出せる電力は、損失を無視すると、風速の2乗に比例する。

(5)　太陽光発電は、太陽電池によって直流の電力を発生させる。需要地点で発電が可能、発生電力の変動が大きい、などの特徴がある。

114 変電所の設備

　定格値が一次電圧66kV、二次電圧6.6kV、容量30MV・Aの三相変圧器がある。一次側に換算した漏れリアクタンスの値が14.5Ωのとき、百分率リアクタンスの値〔%〕として、最も近いものを次の(1)～(5)のうちから一つ選べ。

(1) 3.3　　(2) 5.8　　(3) 10.0　　(4) 17.2　　(5) 30.0

次の文章は、変圧器の結線方式に関する記述である。

　変圧器の一次側、二次側の結線にY結線及びΔ結線を用いる方式は、結線の組合せにより四つのパターンがある。このうち、　(ア)　結線はひずみ波の原因となる励磁電流の第3高調波が環流し、吸収される効果が得られるが、一方で中性点の接地が必要となる場合は適さない。　(イ)　結線は一次側、二次側とも中性点接地が可能という特徴を有する。　(ウ)　結線及び　(エ)　結線は第3高調波の環流回路があり、一次側若しくは二次側の中性点接地が可能である。　(ウ)　結線は昇圧用に、　(エ)　結線は降圧用に用いられることが多い。

　特別高圧系統では変圧器中性点を各種の方法で接地することから、　(イ)　結線の変圧器が用いられるが、第3高調波の環流の効果を得る狙いから　(オ)　結線を用いた三次巻線を採用していることが多い。

　上記の記述中の空白箇所(ア)～(オ)に当てはまる組合せとして、正しいものを次の(1)～(5)のうちから一つ選べ。ただし、(ア)～(エ)の左側は一次側、右側は二次側の結線を表す。

	(ア)	(イ)	(ウ)	(エ)	(オ)
(1)	Y – Y	Δ – Δ	Y – Δ	Δ – Y	Δ
(2)	Δ – Δ	Y – Y	Δ – Y	Y – Δ	Δ
(3)	Δ – Δ	Y – Y	Y – Δ	Δ – Y	Δ
(4)	Y – Δ	Δ – Y	Δ – Δ	Y – Y	Y
(5)	Δ – Δ	Y – Y	Δ – Y	Y – Δ	Y

定格容量80MV・A、一次側定格電圧33kV、二次側定格電圧11kV、百分率インピーダンス18.3%（定格容量ベース）の三相変圧器T_Aがある。三相変圧器T_Aの一次側は33kVの電源に接続され、二次側は負荷のみが接続されている。電源の百分率内部インピーダンスは、1.5%（系統基準容量ベース）とする。ただし、系統基準容量は80MV・Aである。なお、抵抗分及びその他の定数は無視する。次の(a)及び(b)の問に答えよ。

(a) 将来の負荷変動等は考えないものとすると、変圧器T_Aの二次側に設置する遮断器の定格遮断電流の値〔kA〕として、最も適切なものを次の(1)〜(5)のうちから一つ選べ。

(1) 5　　(2) 8　　(3) 12.5　　(4) 20　　(5) 25

(b) 定格容量50MV・A、百分率インピーダンスが12.0%（定格容量ベース）の三相変圧器T_Bを三相変圧器T_Aと並列に接続した。40MWの負荷をかけて運転した場合、三相変圧器T_Aの負荷分担の値〔MW〕として、最も近いものを次の(1)〜(5)のうちから一つ選べ。ただし、三相変圧器群T_AとT_Bにはこの負荷のみが接続されているものとし、抵抗分及びその他の定数は無視する。

(1) 15.8　　(2) 19.5　　(3) 20.5　　(4) 24.2　　(5) 24.6

※H22B問題問16と同一問題

117 変電所の設備

次の文章は、変電所の計器用変成器に関する記述である。

計器用変成器は、　(ア)　と変流器とに分けられ、高電圧あるいは大電流の回路から計器や　(イ)　に必要な適切な電圧や電流を取り出すために設置される。変流器の二次端子には、常に　(ウ)　インピーダンスの負荷を接続しておく必要がある。また、一次端子のある変流器は、その端子を被測定線路に　(エ)　に接続する。

上記の記述中の空白箇所(ア)～(エ)に当てはまる組合せとして、正しいものを次の(1)～(5)のうちから一つ選べ。

	(ア)	(イ)	(ウ)	(エ)
(1)	主変圧器	避雷器	高	縦続
(2)	CT	保護継電器	低	直列
(3)	計器用変圧器	遮断器	中	並列
(4)	CT	遮断器	高	縦続
(5)	計器用変圧器	保護継電器	低	直列

118 変電所の設備

変電所の断路器に関する記述として、誤っているものを次の(1)～(5)のうちから一つ選べ。

(1) 断路器は消弧装置をもたないため、負荷電流の遮断を行うことはできない。

(2) 断路器は機器の点検や修理の際、回路を切り離すのに使用する。断路器で回路を開く前に、まず遮断器で故障電流や負荷電流を切る必要がある。

(3) 断路器を誤って開くと、接触子間にアークが発生し、焼損や短絡事故を生じることがある。

(4) 断路器の種類によっては、短い線路や母線の地絡電流の遮断が可能な場合がある。

(5) 断路器の誤操作防止のため、一般にインタロック装置が設けられている。

119 変電所の設備

定格容量20MV・A、一次側定格電圧77kV、二次側定格電圧6.6kV、百分率インピーダンス10.6%（基準容量20MV・A）の三相変圧器がある。三相変圧器の一次側は77kVの電源に接続され、二次側は負荷のみが接続されている。三相変圧器の一次側から見た電源の百分率インピーダンスは、1.1%（基準容量20MV・A）である。抵抗分及びその他の定数は無視する。三相変圧器の二次側に設置する遮断器の定格遮断電流の値〔kA〕として、最も近いものを次の(1)～(5)のうちから一つ選べ。

(1) 1.5 (2) 2.6 (3) 6.0 (4) 20.0 (5) 260.0

120 変電所の設備

次の文章は、避雷器に関する記述である。

避雷器は、雷又は回路の開閉などに起因する過電圧の （ア） がある値を超えた場合、放電により過電圧を抑制して、電気施設の絶縁を保護する装置である。特性要素としては （イ） が広く用いられ、その （ウ） の抵抗特性により、過電圧に伴う電流のみを大地に放電させ、放電後は （エ） を遮断することができる。発変電所用避雷器では、 （イ） の優れた電圧－電流特性を利用し、放電耐量が大きく、放電遅れのない （オ） 避雷器が主に使用されている。

上記の記述中の空白箇所(ア)～(オ)に当てはまる組合せとして、正しいものを次の(1)～(5)のうちから一つ選べ。

	(ア)	(イ)	(ウ)	(エ)	(オ)
(1)	波頭長	SF_6	非線形	続流	直列ギャップ付き
(2)	波高値	ZnO	非線形	続流	ギャップレス
(3)	波高値	SF_6	線形	制限電圧	直列ギャップ付き
(4)	波高値	ZnO	線形	続流	直列ギャップ付き
(5)	波頭長	ZnO	非線形	制限電圧	ギャップレス

ガス絶縁開閉装置に関する記述として、誤っているものを次の(1)〜(5)のうちから一つ選べ。

(1)　ガス絶縁開閉装置の充電部を支持するスペーサにはエポキシ等の樹脂が用いられる。

(2)　ガス絶縁開閉装置の絶縁ガスは、大気圧以下のSF_6ガスである。

(3)　ガス絶縁開閉装置の金属容器内部に、金属異物が混入すると、絶縁性能が低下することがあるため、製造時や据え付け時には、金属異物が混入しないよう、細心の注意が払われる。

(4)　我が国では、ガス絶縁開閉装置の保守や廃棄の際、絶縁ガスの大部分は回収されている。

(5)　絶縁性能の高いガスを用いることで装置を小形化でき、気中絶縁の装置を用いた変電所と比較して、変電所の体積と面積を大幅に縮小できる。

122 変電所の設備

変圧器のV結線方式に関する記述として、誤っているものを次の(1)〜(5)のうちから一つ選べ。

(1) 単相変圧器2台で三相が得られる。

(2) 同一の変圧器2台を使用して三相平衡負荷に供給している場合、Δ結線変圧器と比較して、出力は$\dfrac{\sqrt{3}}{2}$倍となる。

(3) 同一の変圧器2台を使用して三相平衡負荷に供給している場合、変圧器の利用率は$\dfrac{\sqrt{3}}{2}$となる。

(4) 電灯動力共用方式の場合、共用変圧器には電灯と動力の電流が加わって流れるため、一般に動力専用変圧器の容量と比較して共用変圧器の容量の方が大きい。

(5) 単相変圧器を用いたΔ結線方式と比較して、変圧器の電柱への設置が簡素化できる。

次の文章は、変圧器のY－Y結線方式の特徴に関する記述である。

一般に、変圧器のY－Y結線は、一次、二次側の中性点を接地でき、1線地絡などの故障に伴い発生する　(ア)　の抑制、電線路及び機器の絶縁レベルの低減、地絡故障時の　(イ)　の確実な動作による電線路や機器の保護等、多くの利点がある。

一方、相電圧は　(ウ)　を含むひずみ波形となるため、中性点を接地すると、　(ウ)　電流が線路の静電容量を介して大地に流れることから、通信線への　(エ)　障害の原因となる等の欠点がある。このため、　(オ)　による三次巻線を設けて、これらの欠点を解消する必要がある。

上記の記述中の空白箇所(ア)、(イ)、(ウ)、(エ)及び(オ)に当てはまる組合せとして、正しいものを次の(1)～(5)のうちから一つ選べ。

	(ア)	(イ)	(ウ)	(エ)	(オ)
(1)	異常電流	避雷器	第二調波	静電誘導	Δ結線
(2)	異常電圧	保護リレー	第三調波	電磁誘導	Y結線
(3)	異常電圧	保護リレー	第三調波	電磁誘導	Δ結線
(4)	異常電圧	避雷器	第三調波	電磁誘導	Δ結線
(5)	異常電流	保護リレー	第二調波	静電誘導	Y結線

124 変電所の設備

　一次側定格電圧と二次側定格電圧がそれぞれ等しい変圧器Aと変圧器Bがある。変圧器Aは、定格容量S_A = 5000 kV・A、パーセントインピーダンス$\%Z_A$ = 9.0 %（自己容量ベース）、変圧器Bは、定格容量S_B = 1500 kV・A、パーセントインピーダンス$\%Z_B$ = 7.5 %（自己容量ベース）である。この変圧器2台を並行運転し、6000 kV・Aの負荷に供給する場合、過負荷となる変圧器とその変圧器の過負荷運転状態〔%〕（当該変圧器が負担する負荷の大きさをその定格容量に対する百分率で表した値）の組合せとして、正しいものを次の(1)〜(5)のうちから一つ選べ。

	過負荷となる変圧器	過負荷運転状態〔%〕
(1)	変圧器A	101.5
(2)	変圧器B	105.9
(3)	変圧器A	118.2
(4)	変圧器B	137.5
(5)	変圧器A	173.5

次の文章は、避雷器とその役割に関する記述である。

避雷器とは、大地に電流を流すことで雷又は回路の開閉などに起因する（ア）を抑制して、電気施設の絶縁を保護し、かつ、（イ）を短時間のうちに遮断して、系統の正常な状態を乱すことなく、原状に復帰する機能をもつ装置である。

避雷器には、炭化けい素(SiC)素子や酸化亜鉛(ZnO)素子などが用いられるが、性能面で勝る酸化亜鉛素子を用いた酸化亜鉛形避雷器が、現在、電力設備や電気設備で広く用いられている。なお、発変電所用避雷器では、酸化亜鉛形（ウ）避雷器が主に使用されているが、配電用避雷器では、酸化亜鉛形（エ）避雷器が多く使用されている。

電力系統には、変圧器をはじめ多くの機器が接続されている。これらの機器を異常時に保護するための絶縁強度の設計は、最も経済的かつ合理的に行うとともに、系統全体の信頼度を向上できるよう考慮する必要がある。これを（オ）という。このため、異常時に発生する（ア）を避雷器によって確実にある値以下に抑制し、機器の保護を行っている。

上記の記述中の空白箇所(ア)、(イ)、(ウ)、(エ)及び(オ)に当てはまる組合せとして、正しいものを次の(1)〜(5)のうちから一つ選べ。

	(ア)	(イ)	(ウ)	(エ)	(オ)
(1)	過電圧	続流	ギャップレス	直列ギャップ付き	絶縁協調
(2)	過電流	電圧	直列ギャップ付き	ギャップレス	電流協調
(3)	過電圧	電圧	直列ギャップ付き	ギャップレス	保護協調
(4)	過電流	続流	ギャップレス	直列ギャップ付き	絶縁協調
(5)	過電圧	続流	ギャップレス	直列ギャップ付き	保護協調

次に示す配電用機材(ア)〜(エ)とそれに関係の深い語句(a)〜(e)とを組み合わせたものとして、正しいものを次の(1)〜(5)のうちから一つ選べ。

配電用機材	語句
(ア) ギャップレス避雷器 (イ) ガス開閉器 (ウ) CVケーブル (エ) 柱上変圧器	(a) 水トリー (b) 鉄損 (c) 酸化亜鉛(ZnO) (d) 六ふっ化硫黄(SF_6) (e) ギャロッピング

(1)	(ア) – (c)	(イ) – (d)	(ウ) – (e)	(エ) – (a)
(2)	(ア) – (c)	(イ) – (d)	(ウ) – (a)	(エ) – (e)
(3)	(ア) – (c)	(イ) – (d)	(ウ) – (a)	(エ) – (b)
(4)	(ア) – (d)	(イ) – (c)	(ウ) – (a)	(エ) – (b)
(5)	(ア) – (d)	(イ) – (c)	(ウ) – (e)	(エ) – (a)

※ H18A問題問9と同一問題

電力 | 送配電

127 電力系統

R5上期 A問題 問10

地中送電線路の線路定数に関する記述として、誤っているものを次の(1)～(5)のうちから一つ選べ。

(1) 架空送電線路の場合と同様、一般に、導体抵抗、インダクタンス、静電容量を考える。
(2) 交流の場合の導体の実効抵抗は、表皮効果及び近接効果のため直流に比べて小さくなる。
(3) 導体抵抗は、温度上昇とともに大きくなる。
(4) インダクタンスは、架空送電線路に比べて小さい。
(5) 静電容量は、架空送電線路に比べてかなり大きい。

※H10A問題問8と同一問題

電力 | 送配電

128 配電線路

R5上期 A問題 問12

こう長2kmの三相3線式配電線路が、遅れ力率85％の平衡三相負荷に電力を供給している。負荷の端子電圧を6.6kVに保ったまま、線路の電圧降下率が5.0％を超えないようにするための負荷電力〔kW〕の最大値として、最も近いものを次の(1)～(5)のうちから一つ選べ。

ただし、1km1線当たりの抵抗は0.45Ω、リアクタンスは0.25Ωとし、その他の条件は無いものとする。なお、本問では送電端電圧と受電端電圧との相差角が小さいとして得られる近似式を用いて解答すること。

(1) 1023 (2) 1799 (3) 2117 (4) 3117 (5) 3600

※H26A問題問7と同一問題

129 短絡電流と地絡電流

　図のように、定格電圧66kVの電源から三相変圧器を介して二次側に遮断器が接続された系統がある。この三相変圧器は定格容量10MV・A、変圧比66/6.6kV、百分率インピーダンスが自己容量基準で7.5%である。変圧器一次側から電源側をみた百分率インピーダンスを基準容量100MV・Aで5%とするとき、次の(a)及び(b)の問に答えよ。

変圧器
10MV・A、7.5%

電源
66kV

100MV・A、5%

遮断器　　A点

(a) 基準容量を10MV・Aとして、変圧器二次側から電源側をみた百分率インピーダンスの値〔%〕として、最も近いものを次の(1)～(5)のうちから一つ選べ。

(1) 2.5　　(2) 5.0　　(3) 7.0　　(4) 8.0　　(5) 12.5

(b) 図のA点で三相短絡事故が発生したとき、事故電流を遮断できる遮断器の定格遮断電流の最小値〔kA〕として、最も近いものを次の(1)～(5)のうちから一つ選べ。ただし、変圧器二次側からA点までのインピーダンスは無視するものとする。

(1) 8　　(2) 12.5　　(3) 16　　(4) 20　　(5) 25

※H16B問題問16と同一問題

130 電力系統

交流三相3線式1回線の送電線路があり、受電端に遅れ力率角 θ〔rad〕の負荷が接続されている。送電端の線間電圧を V_s〔V〕、受電端の線間電圧を V_r〔V〕、その間の相差角は δ〔rad〕である。

受電端の負荷に供給されている三相有効電力〔W〕を表す式として、正しいものを次の(1)～(5)のうちから一つ選べ。

ただし、送電端と受電端の間における電線1線当たりの誘導性リアクタンスは X〔Ω〕とし、線路の抵抗、静電容量は無視するものとする。

(1) $\dfrac{V_s V_r}{X} \sin\delta$　　(2) $\dfrac{\sqrt{3}\,V_s V_r}{X} \cos\theta$　　(3) $\dfrac{\sqrt{3}\,V_s V_r}{X} \sin\delta$

(4) $\dfrac{V_s V_r}{X} \cos\delta$　　(5) $\dfrac{V_s V_r}{X\sin\delta} \cos\theta$

※H21A問題問7と同一問題

131 単相3線式配電線路

　図のように配電用変圧器二次側の単相3線式低圧配電線路に負荷A及び負荷B
が接続されている場合について、次の(a)及び(b)の問に答えよ。ただし、変圧
器は、励磁電流、内部電圧降下及び内部損失などを無視できる理想変圧器で、一
次電圧は6600V、二次電圧は110/220Vで一定であるものとする。また、低圧配
電線路及び中性線の電線1線当たりの抵抗は0.06Ω、負荷A及び負荷Bは純抵抗
負荷とし、これら以外のインピーダンスは考慮しないものとする。

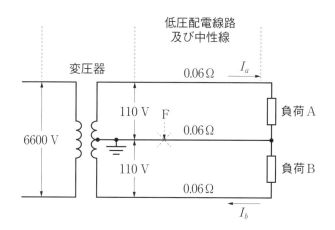

(a) 変圧器の電流を測定したところ、一次電流が5A、二次電流I_aとI_bの比が2：
　　3であった。二次側低圧配電線路及び中性線における損失の合計値〔kW〕とし
　　て、最も近いものを次の(1)～(5)のうちから一つ選べ。

　　　　(1) 2.59　　(2) 2.81　　(3) 3.02　　(4) 5.83　　(5) 8.21

(b) 低圧配電線路の中性線が点Fで断線した場合に負荷Aにかかる電圧の値〔V〕
　　として、最も近いものを次の(1)～(5)のうちから一つ選べ。

　　　　(1) 88　　(2) 106　　(3) 123　　(4) 127　　(5) 138

153

電力|送配電

132 送電線路

　受電端電圧が20kVの三相3線式の送電線路において、受電端での電力が2000kW、力率が0.9（遅れ）である場合、この送電線路での抵抗による全電力損失の値〔kW〕として、最も近いものを次の(1)～(5)のうちから一つ選べ。

　ただし、送電線1線当たりの抵抗値は9Ωとし、線路のインダクタンスは無視するものとする。

　　(1) 12.3　　(2) 37.0　　(3) 64.2　　(4) 90.0　　(5) 111

電力|送配電

133 送電線路

　送電線路のフェランチ効果に関する記述として、誤っているものを次の(1)～(5)のうちから一つ選べ。

(1)　受電端電圧の方が送電端電圧よりも高くなる現象である。

(2)　短距離送電線路よりも、長距離送電線路の方が発生しやすい。

(3)　無負荷や軽負荷の場合よりも、負荷が重い場合に発生しやすい。

(4)　フェランチ効果発生時の線路電流の位相は、電圧に対して進んでいる。

(5)　分路リアクトルの運転により防止している。

134 配電線路

　単相3線式配電方式は、1線の中性線と、中性線から見て互いに逆位相の電圧である2線の電圧線との3線で供給する方式であり、主に低圧配電線路に用いられる。100/200V単相3線式配電方式に関する記述として、誤っているものを次の(1)～(5)のうちから一つ選べ。

(1)　電線1線当たりの抵抗が等しい場合、中性線と各電圧線の間に負荷を分散させることにより、単相2線式と比べて配電線の電圧降下を小さくすることができる。

(2)　中性線と各電圧線の間に接続する各負荷の容量が不平衡な状態で中性線が切断されると、容量が大きい側の負荷にかかる電圧は低下し、反対に容量が小さい側の負荷にかかる電圧は高くなる。

(3)　中性線と各電圧線の間に接続する各負荷の容量が不平衡であると、平衡している場合に比べて電力損失が増加する。

(4)　単相100V及び単相200Vの2種類の負荷に同時に供給することができる。

(5)　許容電流の大きさが等しい電線を使用した場合、電線1線当たりの供給可能な電力は、単相2線式よりも小さい。

135 架空送電線路

架空送電線路に関連する設備に関する記述として、誤っているものを次の(1)〜(5)のうちから一つ選べ。

(1) 電線に一様な微風が吹くと、電線の背後に空気の渦が生じて電線が上下に振動するサブスパン振動が発生する。振動エネルギーを吸収するダンパを電線に取り付けることで、この振動による電線の断線防止が図られている。

(2) 超高圧の架空送電線では、スペーサを用いた多導体化により、コロナ放電の抑制が図られている。スペーサはギャロッピングの防止にも効果的である。

(3) 架空送電線を鉄塔などに固定する絶縁体としてがいしが用いられている。アークホーンをがいしと併設することで、雷撃等をきっかけに発生するアーク放電からがいしを保護することができる。

(4) 架空送電線への雷撃を防止するために架空地線が設けられており、遮へい角が小さいほど電撃防止の効果が大きい。

(5) 鉄塔又は架空地線に直撃雷があると、鉄塔から送電線へ逆フラッシオーバが起こることがある。埋設地線等により鉄塔の接地抵抗を小さくすることで、逆フラッシオーバの抑制が図られている。

136 配電線路

次の文章は、スポットネットワーク方式に関する記述である。

スポットネットワーク方式は、22kV又は33kVの特別高圧地中配電系統から2回線以上で受電する方式の一つであり、負荷密度が極めて高い都心部の高層ビルや大規模工場などの大口需要家の受電設備に適用される信頼度の高い方式である。

スポットネットワーク方式の一般的な受電系統構成を特別高圧地中配電系統側から順に並べると、 (ア) ・ (イ) ・ (ウ) ・ (エ) ・ (オ) となる。

上記の記述中の空白箇所(ア)～(オ)に当てはまる組合せとして、正しいものを次の(1)～(5)のうちから一つ選べ。

	(ア)	(イ)	(ウ)	(エ)	(オ)
(1)	断路器	ネットワーク母線	プロテクタ遮断器	プロテクタヒューズ	ネットワーク変圧器
(2)	ネットワーク母線	ネットワーク変圧器	プロテクタヒューズ	プロテクタ遮断器	断路器
(3)	プロテクタ遮断器	プロテクタヒューズ	ネットワーク変圧器	ネットワーク母線	断路器
(4)	断路器	プロテクタ遮断器	プロテクタヒューズ	ネットワーク変圧器	ネットワーク母線
(5)	断路器	ネットワーク変圧器	プロテクタヒューズ	プロテクタ遮断器	ネットワーク母線

137 架空送電線路

次の文章は、コロナ損に関する記述である。

送電線に高電圧が印加され、　(ア)　がある程度以上になると、電線からコロナ放電が発生する。コロナ放電が発生するとコロナ損と呼ばれる電力損失が生じる。そこで、コロナ放電の発生を抑えるために、電線の実効的な直径を　(イ)　するために　(ウ)　する、線間距離を　(エ)　する、などの対策がとられている。コロナ放電は、気圧が　(オ)　なるほど起こりやすくなる。

上記の記述中の空白箇所(ア)、(イ)、(ウ)、(エ)及び(オ)に当てはまる組合せとして、正しいものを次の(1)〜(5)のうちから一つ選べ。

	(ア)	(イ)	(ウ)	(エ)	(オ)
(1)	電流密度	大きく	単導体化	大きく	低く
(2)	電線表面の電界強度	大きく	多導体化	大きく	低く
(3)	電流密度	小さく	単導体化	小さく	高く
(4)	電線表面の電界強度	小さく	単導体化	大きく	低く
(5)	電線表面の電界強度	大きく	多導体化	小さく	高く

138 地中送電線路

我が国の電力ケーブルの布設方式に関する記述として、誤っているものを次の(1)～(5)のうちから一つ選べ。

(1) 直接埋設式には、掘削した地面の溝に、コンクリート製トラフなどの防護物を敷き並べて、防護物内に電力ケーブルを引き入れてから埋設する方式がある。

(2) 管路式には、あらかじめ管路及びマンホールを埋設しておき、電力ケーブルをマンホールから管路に引き入れ、マンホール内で電力ケーブルを接続して布設する方式がある。

(3) 暗きょ式には、地中に洞道を構築し、床上や棚上あるいはトラフ内に電力ケーブルを引き入れて布設する方式がある。電力、電話、ガス、上下水道などの地下埋設物を共同で収容するための共同溝に電力ケーブルを布設する方式も暗きょ式に含まれる。

(4) 直接埋設式は、管路式、暗きょ式と比較して、工事期間が短く、工事費が安い。そのため、将来的な電力ケーブルの増設を計画しやすく、ケーブル線路内での事故発生に対して復旧が容易である。

(5) 管路式、暗きょ式は、直接埋設式と比較して、電力ケーブル条数が多い場合に適している。一方、管路式では、電力ケーブルを多条数布設すると送電容量が著しく低下する場合があり、その場合には電力ケーブルの熱放散が良好な暗きょ式が採用される。

139 配電線路

　配電線路に用いられる電気方式に関する記述として、誤っているものを次の(1)〜(5)のうちから一つ選べ。

(1)　単相2線式は、一般住宅や商店などに配電するのに用いられ、低圧側の1線を接地する。

(2)　単相3線式は、変圧器の低圧巻線の両端と中点から合計3本の線を引き出して低圧巻線の両端から引き出した線の一方を接地する。

(3)　単相3線式は、変圧器の低圧巻線の両端と中点から3本の線で2種類の電圧を供給する。

(4)　三相3線式は、高圧配電線路と低圧配電線路のいずれにも用いられる方式で、電源用変圧器の結線には一般的にΔ結線とV結線のいずれかが用いられる。

(5)　三相4線式は、電圧線の3線と接地した中性線の4本の線を用いる方式である。

140 配電線路

　三相3線式配電線路の受電端に遅れ力率0.8の三相平衡負荷60 kW（一定）が接続されている。次の(a)及び(b)の問に答えよ。

　ただし、三相負荷の受電端電圧は6.6 kV一定とし、配電線路のこう長は2.5 km、電線1線当たりの抵抗は0.5 Ω/km、リアクタンスは0.2 Ω/kmとする。なお、送電端電圧と受電端電圧の位相角は十分小さいものとして得られる近似式を用いて解答すること。また、配電線路こう長が短いことから、静電容量は無視できるものとする。

(a) この配電線路での抵抗による電力損失の値〔W〕として、最も近いものを次の(1)～(5)のうちから一つ選べ。

$$(1) 22 \quad (2) 54 \quad (3) 65 \quad (4) 161 \quad (5) 220$$

(b) 受電端の電圧降下率を2.0％以内にする場合、受電端でさらに増設できる負荷電力（最大）の値〔kW〕として、最も近いものを次の(1)～(5)のうちから一つ選べ。ただし、負荷の力率（遅れ）は変わらないものとする。

$$(1) 476 \quad (2) 536 \quad (3) 546 \quad (4) 1280 \quad (5) 1340$$

141 配電線路

　図のように、単相の変圧器3台を一次側、二次側ともにΔ結線し、三相対称電源とみなせる配電系統に接続した。変圧器の一次側の定格電圧は6600 V、二次側の定格電圧は210 Vである。二次側に三相平衡負荷を接続したときに、一次側の線電流20 A、二次側の線間電圧200 Vであった。負荷に供給されている電力〔kW〕として、最も近いものを次の(1)～(5)のうちから一つ選べ。ただし、負荷の力率は0.8とする。なお、変圧器は理想変圧器とみなすことができ、線路のインピーダンスは無視することができる。

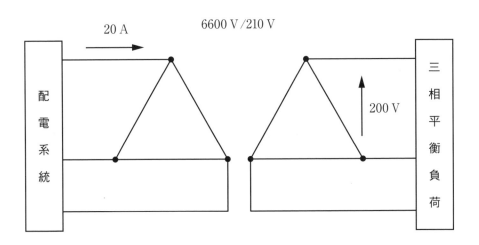

(1) 58　　(2) 101　　(3) 174　　(4) 218　　(5) 302

電力｜送配電

142 架空送電線路

H30 A問題 問9

電力

送配電

次の文章は、架空送電線の多導体方式に関する記述である。

送電線において、1相に複数の電線を　(ア)　を用いて適度な間隔に配置したものを多導体と呼び、主に超高圧以上の送電線に用いられる。多導体を用いることで、電線表面の電位の傾きが　(イ)　なるので、コロナ開始電圧が　(ウ)　なり、送電線のコロナ損失、雑音障害を抑制することができる。

多導体は合計断面積が等しい単導体と比較すると、表皮効果が　(エ)　。また、送電線の　(オ)　が減少するため、送電容量が増加し系統安定度の向上につながる。

上記の記述中の空白箇所(ア)、(イ)、(ウ)、(エ)及び(オ)に当てはまる組合せとして、正しいものを次の(1)～(5)のうちから一つ選べ。

	(ア)	(イ)	(ウ)	(エ)	(オ)
(1)	スペーサ	大きく	低く	大きい	インダクタンス
(2)	スペーサ	小さく	高く	小さい	静電容量
(3)	シールドリング	大きく	高く	大きい	インダクタンス
(4)	スペーサ	小さく	高く	小さい	インダクタンス
(5)	シールドリング	小さく	低く	大きい	静電容量

163

143 配電線路

　三相3線式高圧配電線で力率 $\cos\phi_1 = 0.76$（遅れ）、負荷電力 P_1〔kW〕の三相平衡負荷に電力を供給している。三相平衡負荷の電力が P_2〔kW〕、力率が $\cos\phi_2$（遅れ）に変化したが線路損失は変わらなかった。P_1 が P_2 の0.8倍であったとき、負荷電力が変化した後の力率 $\cos\phi_2$（遅れ）の値として、最も近いものを次の(1)～(5)のうちから一つ選べ。ただし、負荷の端子電圧は変わらないものとする。

$$(1)\,0.61 \qquad (2)\,0.68 \qquad (3)\,0.85 \qquad (4)\,0.90 \qquad (5)\,0.95$$

図のように、抵抗を無視できる一回線短距離送電線路のリアクタンスと送電電力について、次の(a)及び(b)の問に答えよ。ただし、一相分のリアクタンスX = 11 Ω、受電端電圧V_rは66 kVで常に一定とする。

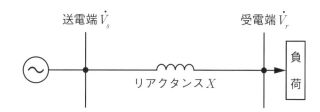

(a) 基準容量を100 MV·A、基準電圧を受電端電圧V_rとしたときの送電線路のリアクタンスをパーセント法で示した値〔%〕として、最も近いものを次の(1)～(5)のうちから一つ選べ。

(1) 0.4　　(2) 2.5　　(3) 25　　(4) 40　　(5) 400

(b) 送電電圧V_sを66 kV、相差角(送電端電圧$\dot{V}_s$と受電端電圧$\dot{V}_r$の位相差)δを30°としたとき、送電電力P_sの値〔MW〕として、最も近いものを次の(1)～(5)のうちから一つ選べ。

(1) 22　　(2) 40　　(3) 198　　(4) 343　　(5) 3960

支持点間が180 m、たるみが3.0 mの架空電線路がある。

いま架空電線路の支持点間を200 mにしたとき、たるみを4.0 mにしたい。電線の最低点における水平張力をもとの何〔%〕にすればよいか。最も近いものを次の(1)～(5)のうちから一つ選べ。

ただし、支持点間の高低差はなく、電線の単位長当たりの荷重は変わらないものとし、その他の条件は無視するものとする。

  (1) 83.3 (2) 92.6 (3) 108.0 (4) 120.0 (5) 148.1

146 架空送電線路

次の文章は、架空送電に関する記述である。

鉄塔などの支持物に電線を固定する場合、電線と支持物は絶縁する必要がある。その絶縁体として代表的なものに懸垂がいしがあり、　(ア)　に応じて連結数が決定される。

送電線への雷の直撃を避けるために設置される　(イ)　を架空地線という。架空地線に直撃雷があった場合、鉄塔から電線への逆フラッシオーバを起こすことがある。これを防止するために、鉄塔の　(ウ)　を小さくする対策がとられている。

発電所や変電所などの架空電線の引込口や引出口には避雷器が設置される。避雷器に用いられる酸化亜鉛素子は　(エ)　抵抗特性を有し、雷サージなどの異常電圧から機器を保護する。

上記の記述中の空白箇所(ア)、(イ)、(ウ)及び(エ)に当てはまる組合せとして、正しいものを次の(1)～(5)のうちから一つ選べ。

	(ア)	(イ)	(ウ)	(エ)
(1)	送電電圧	裸電線	接地抵抗	非線形
(2)	送電電圧	裸電線	設置間隔	線　形
(3)	許容電流	絶縁電線	設置間隔	線　形
(4)	許容電流	絶縁電線	接地抵抗	非線形
(5)	送電電圧	絶縁電線	接地抵抗	非線形

回路図のような単相2線式及び三相4線式のそれぞれの低圧配電方式で、抵抗負荷に送電したところ送電電力が等しかった。

　このときの三相4線式の線路損失は単相2線式の何〔%〕となるか。最も近いものを次の(1)～(5)のうちから一つ選べ。

　ただし、三相4線式の結線はY結線で、電源は三相対称、負荷は三相平衡であり、それぞれの低圧配電方式の1線当たりの線路抵抗r、回路図に示す電圧Vは等しいものとする。また、線路インダクタンスは無視できるものとする。

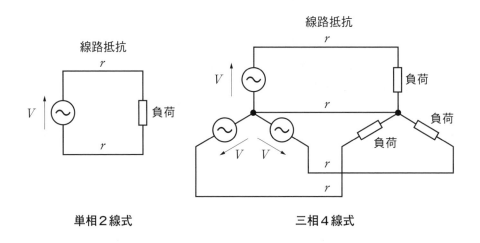

単相2線式　　　　　　　　　三相4線式

(1) 16.7　　(2) 33.3　　(3) 50.0　　(4) 57.8　　(5) 66.7

148 地中送電線路

　図に示すように、対地静電容量 C_e〔F〕、線間静電容量 C_m〔F〕からなる定格電圧 E〔V〕の三相1回線のケーブルがある。

　今、受電端を開放した状態で、送電端で三つの心線を一括してこれと大地間に定格電圧 E〔V〕の $\dfrac{1}{\sqrt{3}}$ 倍の交流電圧を加えて充電すると全充電電流は90Aであった。

　次に、二つの心線の受電端・送電端を接地し、受電端を開放した残りの心線と大地間に定格電圧 E〔V〕の $\dfrac{1}{\sqrt{3}}$ 倍の交流電圧を送電端に加えて充電するとこの心線に流れる充電電流は45 Aであった。

　次の(a)及び(b)の問に答えよ。

　ただし、ケーブルの鉛被は接地されているとする。また、各心線の抵抗とインダクタンスは無視するものとする。なお、定格電圧及び交流電圧の周波数は、一定の商用周波数とする。

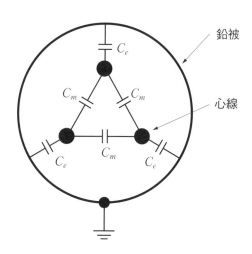

(a) 対地静電容量 C_e〔F〕と線間静電容量 C_m〔F〕の比 $\dfrac{C_e}{C_m}$ として、最も近いものを次の(1)～(5)のうちから一つ選べ。

   (1) 0.5 (2) 1.0 (3) 1.5 (4) 2.0 (5) 4.0

(b) このケーブルの受電端を全て開放して定格の三相電圧を送電端に加えたときに1線に流れる充電電流の値〔A〕として、最も近いものを次の(1)～(5)のうちから一つ選べ。

   (1) 52.5 (2) 75 (3) 105 (4) 120 (5) 135

電力｜送配電

149 配電線路

特別高圧三相3線式専用1回線で、6000 kW（遅れ力率90 %）の負荷Aと3000 kW（遅れ力率95 %）の負荷Bに受電している需要家がある。

次の(a)及び(b)の問に答えよ。

(a) 需要家全体の合成力率を100 %にするために必要な力率改善用コンデンサの総容量の値〔kvar〕として、最も近いものを次の(1)～(5)のうちから一つ選べ。

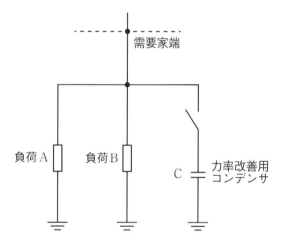

(1) 1430　　(2) 2900　　(3) 3550　　(4) 3900　　(5) 4360

(b) 力率改善用コンデンサの投入・開放による電圧変動を一定値に抑えるために力率改善用コンデンサを分割して設置・運用する。下図のように分割設置する力率改善用コンデンサのうちの 1 台(C1)は容量が1000 kvarである。C1を投入したとき、投入前後の需要家端Dの電圧変動率が0.8%であった。需要家端Dから電源側を見たパーセントインピーダンスの値〔%〕(10 MV・Aベース)として、最も近いものを次の(1)〜(5)のうちから一つ選べ。

ただし、線路インピーダンスXはリアクタンスのみとする。また、需要家構内の線路インピーダンスは無視する。

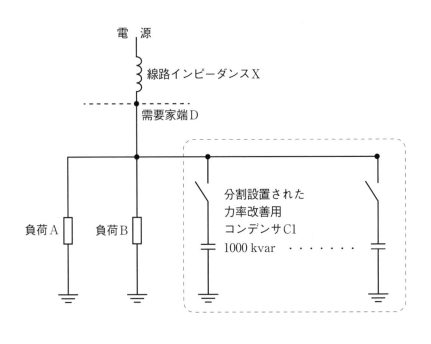

(1) 1.25 　　 (2) 8.00 　　 (3) 10.0 　　 (4) 12.5 　　 (5) 15.0

172

150 架空送電線路

図のように、こう長5kmの三相3線式1回線の送電線路がある。この送電線路における送電端線間電圧が22200 V、受電端線間電圧が22000 V、負荷力率が85％（遅れ）であるとき、負荷の有効電力〔kW〕として、最も近いものを次の(1)～(5)のうちから一つ選べ。

ただし、1km当たりの電線1線の抵抗は0.182 Ω、リアクタンスは0.355 Ωとし、その他の条件はないものとする。なお、本問では、送電端線間電圧と受電端線間電圧との位相角は小さいとして得られる近似式を用いて解答すること。

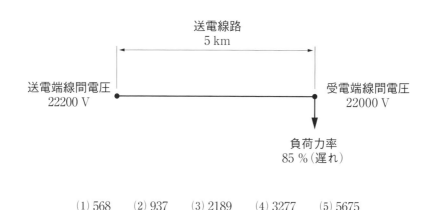

送電線路
5 km

送電端線間電圧
22200 V

受電端線間電圧
22000 V

負荷力率
85 %（遅れ）

(1) 568　　(2) 937　　(3) 2189　　(4) 3277　　(5) 5675

151 配電線路

次の文章は、低圧配電系統の構成に関する記述である。

放射状方式は、　（ア）　ごとに低圧幹線を引き出す方式で、構成が簡単で保守が容易なことから我が国では最も多く用いられている。

バンキング方式は、同一の特別高圧又は高圧幹線に接続されている2台以上の配電用変圧器の二次側を低圧幹線で並列に接続する方式で、低圧幹線の　（イ）　、電力損失を減少でき、需要の増加に対し融通性がある。しかし、低圧側に事故が生じ、1台の変圧器が使用できなくなった場合、他の変圧器が過負荷となりヒューズが次々と切れ広範囲に停電を引き起こす　（ウ）　という現象を起こす可能性がある。この現象を防止するためには、連系箇所に設ける区分ヒューズの動作時間が変圧器一次側に設けられる高圧カットアウトヒューズの動作時間より　（エ）　なるよう保護協調をとる必要がある。

低圧ネットワーク方式は、複数の特別高圧又は高圧幹線から、ネットワーク変圧器及びネットワークプロテクタを通じて低圧幹線に供給する方式である。特別高圧又は高圧幹線側が1回線停電しても、低圧の需要家側に無停電で供給できる信頼度の高い方式であり、大都市中心部で実用化されている。

上記の記述中の空白箇所(ア)、(イ)、(ウ)及び(エ)に当てはまる組合せとして、正しいものを次の(1)～(5)のうちから一つ選べ。

	(ア)	(イ)	(ウ)	(エ)
(1)	配電用変電所	電圧降下	ブラックアウト	長　く
(2)	配電用変電所	フェランチ効果	ブラックアウト	長　く
(3)	配電用変圧器	電圧降下	カスケーディング	短　く
(4)	配電用変圧器	フェランチ効果	カスケーディング	長　く
(5)	配電用変圧器	フェランチ効果	ブラックアウト	短　く

152 短絡電流と地絡電流

　図に示すように、発電機、変圧器と公称電圧66 kVで運転される送電線からなる系統があるとき、次の(a)及び(b)の問に答えよ。ただし、中性点接地抵抗は図の変圧器のみに設置され、その値は300 Ωとする。

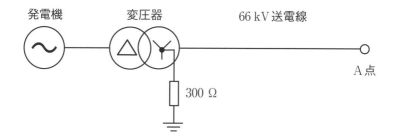

(a) A点で100 Ωの抵抗を介して一線地絡事故が発生した。このときの地絡電流の値〔A〕として、最も近いものを次の(1)～(5)のうちから一つ選べ。

　　ただし、発電機、発電機と変圧器間、変圧器及び送電線のインピーダンスは無視するものとする。

　　　　(1) 95　　(2) 127　　(3) 165　　(4) 381　　(5) 508

(b) A点で三相短絡事故が発生した。このときの三相短絡電流の値〔A〕として、最も近いものを次の(1)～(5)のうちから一つ選べ。

　　ただし、発電機の容量は10000 kV・A、出力電圧6.6 kV、三相短絡時のリアクタンスは自己容量ベースで25 %、変圧器容量は10000 kV・A、変圧比は6.6 kV/66 kV、リアクタンスは自己容量ベースで10 %、66 kV送電線のリアクタンスは、10000 kV・Aベースで5 %とする。なお、発電機と変圧器間のインピーダンスは無視する。また、発電機、変圧器及び送電線の抵抗は無視するものとする。

　　　　(1) 33　　(2) 219　　(3) 379　　(4) 656　　(5) 3019

153 架空送電線路

次の文章は、架空送電線の振動に関する記述である。

多導体の架空送電線において、風速が数〜20 m/sで発生し、10 m/sを超えると振動が激しくなることを ___(ア)___ 振動という。

また、架空電線が、電線と直角方向に穏やかで一様な空気の流れを受けると、電線の背後に空気の渦が生じ、電線が上下に振動を起こすことがある。この振動を防止するために ___(イ)___ を取り付けて振動エネルギーを吸収させることが効果的である。この振動によって電線が断線しないように ___(ウ)___ が用いられている。

その他、架空送電線の振動には、送電線に氷雪が付着した状態で強い風を受けたときに発生する ___(エ)___ や、送電線に付着した氷雪が落下したときにその反動で電線が跳ね上がる現象などがある。

上記の記述中の空白箇所(ア)、(イ)、(ウ)及び(エ)に当てはまる組合せとして、正しいものを次の(1)〜(5)のうちから一つ選べ。

	(ア)	(イ)	(ウ)	(エ)
(1)	コロナ	スパイラルロッド	スペーサ	スリートジャンプ
(2)	サブスパン	ダンパ	スペーサ	スリートジャンプ
(3)	コロナ	ダンパ	アーマロッド	ギャロッピング
(4)	サブスパン	スパイラルロッド	スペーサ	スリートジャンプ
(5)	サブスパン	ダンパ	アーマロッド	ギャロッピング

154 地中送電線路

電圧66 kV、周波数50 Hz、こう長5 kmの交流三相3線式地中電線路がある。ケーブルの心線1線当たりの静電容量が0.43 μF/km、誘電正接が0.03 %であるとき、このケーブル心線3線合計の誘電体損の値〔W〕として、最も近いものを次の(1)〜(5)のうちから一つ選べ。

(1) 141　　(2) 294　　(3) 883　　(4) 1324　　(5) 2648

次の文章は、地中配電線路の得失に関する記述である。

地中配電線路は、架空配電線路と比較して、 (ア) が良くなる、台風等の自然災害発生時において (イ) による事故が少ない等の利点がある。

一方で、架空配電線路と比較して、地中配電線路は高額の建設費用を必要とするほか、掘削工事を要することから需要増加に対する (ウ) が容易ではなく、またケーブルの対地静電容量による (エ) の影響が大きい等の欠点がある。

上記の記述中の空白箇所(ア)、(イ)、(ウ)及び(エ)に当てはまる組合せとして、正しいものを次の(1)〜(5)のうちから一つ選べ。

	(ア)	(イ)	(ウ)	(エ)
(1)	都市の景観	他物接触	設備増強	フェランチ効果
(2)	都市の景観	操業者過失	保護協調	フェランチ効果
(3)	需要率	他物接触	保護協調	電圧降下
(4)	都市の景観	他物接触	設備増強	電圧降下
(5)	需要率	操業者過失	設備増強	フェランチ効果

156 配電線路

　三相３線式と単相２線式の低圧配電方式について、三相３線式の最大送電電力は、単相２線式のおよそ何％となるか。最も近いものを次の(1)～(5)のうちから一つ選べ。

　ただし、三相３線式の負荷は平衡しており、両低圧配電方式の線路こう長、低圧配電線に用いられる導体材料や導体量、送電端の線間電圧、力率は等しく、許容電流は導体の断面積に比例するものとする。

(1) 67　　(2) 115　　(3) 133　　(4) 173　　(5) 260

図に示すように、線路インピーダンスが異なるA、B回線で構成される154 kV系統があったとする。A回線側にリアクタンス5％の直列コンデンサが設置されているとき、次の(a)及び(b)の問に答えよ。なお、系統の基準容量は、10 MV・Aとする。

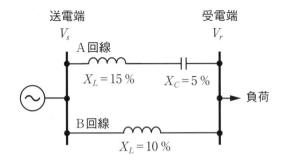

送電端と受電端の電圧位相差
δ

(a) 図に示す系統の合成線路インピーダンスの値〔％〕として、最も近いものを次の(1)～(5)のうちから一つ選べ。

  (1) 3.3 (2) 5.0 (3) 6.0 (4) 20.0 (5) 30.0

(b) 送電端と受電端の電圧位相差δが30度であるとき、この系統での送電電力Pの値〔MW〕として、最も近いものを次の(1)～(5)のうちから一つ選べ。
  ただし、送電端電圧V_s、受電端電圧V_rは、それぞれ154 kVとする。

  (1) 17 (2) 25 (3) 83 (4) 100 (5) 152

158 磁性材料

アモルファス鉄心材料を使用した柱上変圧器の特徴に関する記述として、誤っているものを次の(1)～(5)のうちから一つ選べ。

(1) けい素鋼帯を使用した同容量の変圧器に比べて、鉄損が大幅に少ない。

(2) アモルファス鉄心材料は結晶構造である。

(3) アモルファス鉄心材料は高硬度で、加工性があまり良くない。

(4) アモルファス鉄心材料は比較的高価である。

(5) けい素鋼帯を使用した同容量の変圧器に比べて、磁束密度が高くできないので、大形になる。

※H15A問題問14と同一問題

159 絶縁材料

次の文章は、絶縁油の性質に関する記述である。

絶縁油は変圧器やOFケーブルなどに使用されており、一般に絶縁破壊電圧は同じ圧力の空気と比べて高く、誘電正接が　(ア)　絶縁油を用いることで絶縁油中の　(イ)　を抑えることができる。電力用機器の絶縁油として古くから　(ウ)　が一般的に用いられてきたが、より優れた低損失性や信頼性が求められる場合には　(エ)　が採用されている。

上記の記述中の空白箇所(ア)～(エ)に当てはまる組合せとして、正しいものを次の(1)～(5)のうちから一つ選べ。

	(ア)	(イ)	(ウ)	(エ)
(1)	大きい	部分放電	植物油	鉱油
(2)	小さい	発熱	鉱油	合成油
(3)	大きい	発熱	植物油	鉱油
(4)	小さい	部分放電	鉱油	合成油
(5)	小さい	発熱	植物油	合成油

160 絶縁材料

我が国の電力用設備に使用される SF_6 ガスに関する記述として、誤っているものを次の(1)～(5)のうちから一つ選べ。

(1) SF_6 ガスは、大気中に排出されると、オゾン層への影響は無視できるガスであるが、地球温暖化に及ぼす影響が大きいガスである。

(2) SF_6 ガスは、圧力を高めることで絶縁破壊強度を高めることができ、同じ圧力の空気と比較して絶縁破壊強度が高い。

(3) SF_6 ガスは、液体、固体の絶縁媒体と比較して誘電率及び誘電正接が小さいため、誘電損が小さい。

(4) SF_6 ガスは、遮断器による電流遮断の際に、電極間でアーク放電を発生させないため、消弧能力に優れ、ガス遮断器の消弧媒体として使用されている。

(5) SF_6 ガスは、ガス絶縁開閉装置やガス絶縁変圧器の絶縁媒体として使用され、変電所の小型化の実現に貢献している。

161 変圧器の基礎

三相変圧器の並行運転に関する記述として、誤っているものを次の(1)～(5)のうちから一つ選べ。

(1) 各変圧器の極性が一致していないと、大きな循環電流が流れて巻線の焼損を引き起こす。

(2) 各変圧器の変圧比が一致していないと、負荷の有無にかかわらず循環電流が流れて巻線の過熱を引き起こす。

(3) 一次側と二次側との誘導起電力の位相変位（角変位）が各変圧器で等しくないと、その程度によっては、大きな循環電流が流れて巻線の焼損を引き起こす。したがって、Δ-YとY-Yとの並行運転はできるが、Δ-ΔとΔ-Yとの並行運転はできない。

(4) 各変圧器の巻線抵抗と漏れリアクタンスとの比が等しくないと、各変圧器の二次側に流れる電流に位相差が生じ取り出せる電力は各変圧器の出力の和より小さくなり、出力に対する銅損の割合が大きくなって利用率が悪くなる。

(5) 各変圧器の百分率インピーダンス降下が等しくないと、各変圧器が定格容量に応じた負荷を分担することができない。

※H24A問題問8と同一問題

162 単巻変圧器

定格一次電圧3000V、定格二次電圧が3300Vの単相単巻変圧器について、次の(a)及び(b)の問に答えよ。なお、巻線のインピーダンス、鉄損は無視できるものとする。

(a) この単相単巻変圧器の二次側に負荷を接続したところ、一次電圧は3000V、一次電流は100Aであった。この変圧器の直列巻線に流れる電流値〔A〕として、最も近いものを次の(1)～(5)のうちから一つ選べ。

    (1) 9.09   (2) 10.0   (3) 30.9   (4) 90.9   (5) 110

(b) この変圧器の自己容量〔kV・A〕として、最も近いものを次の(1)～(5)のうちから一つ選べ。

    (1) 15.8   (2) 27.3   (3) 30.0   (4) 47.3   (5) 81.9

機械

変圧器

単相変圧器がある。定格二次電圧200Vにおいて、二次電流が250Aのときの全損失が1525Wであり、同様に二次電圧200Vにおいて、二次電流が150Aのときの全損失が1125Wであった。この変圧器の無負荷損の値〔W〕として、最も近いものを(1)〜(5)のうちから一つ選べ。

(1) 400　　(2) 525　　(3) 576　　(4) 900　　(5) 1000

機械 | 変圧器

164 変圧器の特性

R4上期 A問題 問8

　単相変圧器の一次側に電流計、電圧計及び電力計を接続して、短絡試験を行う。二次側を短絡し、一次側に定格周波数の電圧を供給し、電流計が40Aを示すように一次側の電圧を調整したところ、電圧計は80V、電力計は1000Wを示した。この変圧器の一次側からみた漏れリアクタンスの値〔Ω〕として、最も近いものを次の(1)〜(5)のうちから一つ選べ。

　ただし、変圧器の励磁回路のインピーダンスは無視し、電流計、電圧計及び電力計は理想的な計器であるものとする。

(1) 0.63　　(2) 1.38　　(3) 1.90　　(4) 2.00　　(5) 2.10

機械

変圧器

165 変圧器の特性

定格容量500kV・Aの三相変圧器がある。負荷力率が1.0のときの全負荷銅損が6kWであった。このときの電圧変動率の値〔%〕として、最も近いものを次の(1)～(5)のうちから一つ選べ。ただし、鉄損及び励磁電流は小さく無視できるものとし、簡単のために用いられる電圧変動率の近似式を利用して解答すること。

(1) 0.7　　(2) 1.0　　(3) 1.2　　(4) 2.5　　(5) 3.6

166 変圧器の特性

定格容量が10kV・Aで、全負荷における銅損と鉄損の比が2：1の単相変圧器がある。力率1.0の全負荷における効率が97%であるとき、次の(a)及び(b)の問に答えよ。ただし、定格容量とは出力側で見る値であり、鉄損と銅損以外の損失は全て無視するものとする。

(a) 全負荷における銅損は何〔W〕になるか、最も近いものを次の(1)～(5)のうちから一つ選べ。

(1) 357　　(2) 206　　(3) 200　　(4) 119　　(5) 115

(b) 負荷の電圧と力率が一定のまま負荷を変化させた。このとき、変圧器の効率が最大となる負荷は全負荷の何〔%〕か、最も近いものを(1)～(5)のうちから一つ選べ。

(1) 25.0　　(2) 50.0　　(3) 70.7　　(4) 100　　(5) 141

167 変圧器の基礎

　一次線間電圧が66kV、二次線間電圧が6.6kV、三次線間電圧が3.3kVの三相三巻線変圧器がある。一次巻線には線間電圧66kVの三相交流電源が接続されている。二次巻線に力率0.8、8000kV・Aの三相誘導性負荷を接続し、三次巻線に4800kV・Aの三相コンデンサを接続した。一次電流の値〔A〕として、最も近いものを次の(1)～(5)のうちから一つ選べ。ただし、変圧器の漏れインピーダンス、励磁電流及び損失は無視できるほど小さいものとする。

(1) 42.0　　(2) 56.0　　(3) 70.0　　(4) 700.0　　(5) 840.0

168 変圧器の基礎

　2台の単相変圧器があり、それぞれ、巻数比(一次巻数／二次巻数)が30.1、30.0、二次側に換算した巻線抵抗及び漏れリアクタンスからなるインピーダンスが(0.013+j0.022) Ω、(0.010+j0.020) Ωである。この2台の変圧器を並列接続し二次側を無負荷として、一次側に6600Vを加えた。この2台の変圧器の二次巻線間を循環して流れる電流の値〔A〕として、最も近いものを次の(1)～(5)のうちから一つ選べ。ただし、励磁回路のアドミタンスの影響は無視するものとする。

(1) 4.1　　(2) 11.2　　(3) 15.3　　(4) 30.6　　(5) 61.3

定格一次電圧6000 V、定格二次電圧6600 Vの単相単巻変圧器がある。消費電力200 kW、力率0.8(遅れ)の単相負荷に定格電圧で電力を供給する。単巻変圧器として必要な自己容量の値〔kV・A〕として、最も近いものを次の(1)～(5)のうちから一つ選べ。ただし、巻線のインピーダンス、鉄心の励磁電流及び鉄心の磁気飽和は無視できる。

(1) 22.7　　(2) 25.0　　(3) 160　　(4) 200　　(5) 250

170 変圧器の基礎

無負荷で一次電圧 6600 V、二次電圧 200 V の単相変圧器がある。一次巻線抵抗 $r_1 = 0.6\ \Omega$、一次巻線漏れリアクタンス $x_1 = 3\ \Omega$、二次巻線抵抗 $r_2 = 0.5\ \text{m}\Omega$、二次巻線漏れリアクタンス $x_2 = 3\ \text{m}\Omega$ である。計算に当たっては、二次側の諸量を一次側に換算した簡易等価回路を用い、励磁回路は無視するものとして、次の(a)及び(b)の問に答えよ。

(a) この変圧器の一次側に換算したインピーダンスの大きさ〔Ω〕として、最も近いものを次の(1)～(5)のうちから一つ選べ。

      (1) 1.15   (2) 3.60   (3) 6.27   (4) 6.37   (5) 7.40

(b) この変圧器の二次側を 200 V に保ち、容量 200 kV・A、力率 0.8（遅れ）の負荷を接続した。このときの一次電圧の値〔V〕として、最も近いものを次の(1)～(5)のうちから一つ選べ。

      (1) 6600   (2) 6700   (3) 6740   (4) 6800   (5) 6840

機械 | 変圧器
171 変圧器の特性

定格容量50 kV・Aの単相変圧器において、力率1の負荷で全負荷運転したときに、銅損が1000 W、鉄損が250 Wとなった。力率1を維持したまま負荷を調整し、最大効率となる条件で運転した。銅損と鉄損以外の損失は無視できるものとし、この最大効率となる条件での効率の値〔%〕として、最も近いものを次の(1)～(5)のうちから一つ選べ。

(1) 95.2　　(2) 96.0　　(3) 97.6　　(4) 98.0　　(5) 99.0

機械 | 変圧器
172 変圧器の特性

変圧器の規約効率を計算する場合、巻線の抵抗値を75℃の基準温度の値に補正する。

ある変圧器の巻線の温度と抵抗値を測ったら、20℃のとき1.0 Ωであった。この変圧器の75℃における巻線抵抗値〔Ω〕として、最も近いものを次の(1)～(5)のうちから一つ選べ。

ただし、巻線は銅導体であるものとし、T〔℃〕とt〔℃〕の抵抗値の比は、

$(235 + T) : (235 + t)$

である。

(1) 0.27　　(2) 0.82　　(3) 1.22　　(4) 3.75　　(5) 55.0

173 変圧器の基礎

　三相電源に接続する変圧器に関する記述として、誤っているものを次の(1)〜(5)のうちから一つ選べ。

(1)　変圧器鉄心の磁気飽和現象やヒステリシス現象は、正弦波の電圧、又は正弦波の磁束による励磁電流高調波の発生要因となる。変圧器のΔ結線は、励磁電流の第3次高調波を、巻線内を循環電流として流す働きを担っている。

(2)　Δ結線がないY－Y結線の変圧器は、第3次高調波の流れる回路がないため、相電圧波形がひずみ、これが原因となって、近くの通信線に雑音などの障害を与える。

(3)　Δ－Y結線又はY－Δ結線は、一次電圧と二次電圧との間に角変位又は位相変位と呼ばれる位相差45°がある。

(4)　三相の磁束が重畳して通る部分の鉄心を省略し、鉄心材料を少なく済ませている三相内鉄形変圧器は、単相変圧器3台に比べて据付け面積の縮小と軽量化が可能である。

(5)　スコット結線変圧器は、三相3線式の電源を直交する二つの単相(二相)に変換し、大容量の単相負荷に電力を供給する場合に用いる。三相のうち一相からの単相負荷電力供給は、三相電源に不平衡を生じるが、三相を二相に相数変換して二相側の負荷を平衡させると、三相側の不平衡を緩和できる。

174 変圧器の基礎

一次側の巻数がN_1、二次側の巻数がN_2で製作された、同一仕様3台の単相変圧器がある。これらを用いて一次側をΔ結線、二次側をY結線として抵抗負荷、一次側に三相発電機を接続した。発電機を電圧440 V、出力100 kW、力率1.0で運転したところ、二次電流は三相平衡の17.5 Aであった。この単相変圧器の巻数比$\dfrac{N_1}{N_2}$の値として、最も近いものを次の(1)～(5)のうちから一つ選べ。

ただし、変圧器の励磁電流、インピーダンス及び損失は無視するものとする。

  (1) 0.13 (2) 0.23 (3) 0.40 (4) 4.3 (5) 7.5

175 三相誘導電動機の特性

次の文章は、三相誘導電動機の誘導起電力に関する記述である。

三相誘導電動機で固定子巻線に電流が流れると　(ア)　が生じ、これが回転子巻線を切るので回転子巻線に起電力が誘導され、この起電力によって回転子巻線に電流が流れることでトルクが生じる。この回転子巻線の電流によって生じる起磁力を　(イ)　ように固定子巻線に電流が流れる。

回転子が停止しているときは、固定子巻線に流れる電流によって生じる　(ア)　は、固定子巻線を切るのと同じ速さで回転子巻線を切る。このことは原理的に変圧器と同じであり、固定子巻線は変圧器の　(ウ)　巻線に相当し、回転子巻線は　(エ)　巻線に相当する。回転子巻線の各相には変圧器と同様に　(エ)　誘導起電力を生じる。

回転子が回転しているときは、電動機の滑りをsとすると、　(エ)　誘導起電力の大きさは、回転子が停止しているときの　(オ)　倍となる。

上記の記述中の空白箇所(ア)～(オ)に当てはまる組合せとして、正しいものを次の(1)～(5)のうちから一つ選べ。

	(ア)	(イ)	(ウ)	(エ)	(オ)
(1)	交番磁界	打ち消す	二次	一次	$1-s$
(2)	回転磁界	打ち消す	一次	二次	$\dfrac{1}{s}$
(3)	回転磁界	増加させる	二次	一次	s
(4)	交番磁界	増加させる	二次	一次	$\dfrac{1}{s}$
(5)	回転磁界	打ち消す	一次	二次	s

※ H28A 問題問 3 と同一問題

機械 | 誘導機

176 三相誘導電動機の特性

R5上期 A問題 問4

　定格出力36kW、定格周波数60Hz、8極のかご形三相誘導電動機があり、滑り4%で定格運転している。このとき、電動機のトルク〔N・m〕の値として、最も近いものを次の(1)～(5)のうちから一つ選べ。ただし、機械損は無視できるものとする。

(1) 382　　(2) 398　　(3) 428　　(4) 458　　(5) 478

※H16A問題問4と同一問題

三相誘導電動機が滑り2.5%で運転している。このとき、電動機の二次銅損が188Wであるとすると、電動機の軸出力〔kW〕の値として、最も近いものを次の(1)〜(5)のうちから一つ選べ。ただし、機械損は0.2kWとし、負荷に無関係に一定とする。

(1) 7.1　　(2) 7.3　　(3) 7.5　　(4) 8.0　　(5) 8.5

178 三相誘導電動機の原理と構造

次の文章は、三相誘導電動機の構造に関する記述である。

三相誘導電動機は、 (ア) 磁界を作る固定子及び回転する回転子からなる。回転子は、 (イ) 回転子と (ウ) 回転子との2種類に分類される。

(イ) 回転子では、回転子溝に導体を納めてその両端が (エ) で接続される。

(ウ) 回転子では、二次電流を (オ) 、ブラシを通じて外部回路に流すことができる。

上記の記述中の空白箇所(ア)～(オ)に当てはまる組合せとして、正しいものを次の(1)～(5)のうちから一つ選べ。

	(ア)	(イ)	(ウ)	(エ)	(オ)
(1)	回転	かご形	巻線形	スリップリング	整流子
(2)	交番	かご形	巻線形	端絡環	スリップリング
(3)	回転	巻線形	かご形	スリップリング	整流子
(4)	回転	かご形	巻線形	端絡環	スリップリング
(5)	交番	巻線形	かご形	スリップリング	整流子

※H21A問題問3と同一問題

Δ結線された三相誘導電動機がある。この電動機に対し、Δ結線の状態で拘束試験を実施したところ、下表の結果が得られた。この電動機をY結線に切り替え、220Vの三相交流電源に接続して始動するときの始動電流の値〔A〕として、最も近いものを次の(1)～(5)のうちから一つ選べ。ただし、磁気飽和による漏れリアクタンスの低下は無視できるものとする。

一次電圧（線間電圧）	43.0V
一次電流（線電流）	9.00A

(1) 15.3　　(2) 26.6　　(3) 46.0　　(4) 79.8　　(5) 138

180 三相誘導電動機の特性

一定電圧、一定周波数の電源で運転される三相誘導電動機の特性に関する記述として、誤っているものを次の(1)～(5)のうちから一つ選べ。

(1) かご形誘導電動機では、回転子の導体に用いる棒の材料を銅から銅合金に変更すれば、等価回路の二次抵抗の値が増大するので、定格負荷時の効率が低下する。

(2) 巻線形誘導電動機では、トルクの比例推移により、二次抵抗の値を大きくすると、最大トルク(停動トルク)を発生する滑りが小さくなり、始動特性が良くなる。

(3) 巻線形誘導電動機では、外部の可変抵抗器で二次抵抗値を変化させ、大きな始動トルクと定格負荷時高効率の両方を実現することができる。

(4) 二重かご形誘導電動機では、始動時に回転子スロット入口に近い断面積が小さい高抵抗の導体に、定格負荷時には回転子内部の断面積が大きい低抵抗の導体に主要な二次電流を流し、大きな始動トルクと定格負荷時高効率の両方を実現することができる。

(5) 深溝かご形誘導電動機では、幅が狭い平たい二次導体の表皮効果による抵抗値の変化を利用し、大きな始動トルクと定格負荷時高効率の両方を実現することができる。

181 三相誘導電動機の特性

定格出力45kW、定格周波数60Hz、極数4、定格運転時の滑りが0.02である三相誘導電動機について、次の(a)及び(b)の問に答えよ。

(a) この誘導電動機の定格運転時の二次入力(同期ワット)の値〔kW〕として、最も近いものを次の(1)～(5)のうちから一つ選べ。

(1) 43　　(2) 44　　(3) 45　　(4) 46　　(5) 47

(b) この誘導電動機を、電源周波数50Hzにおいて、60Hz運転時の定格出力トルクと同じ出力トルクで連続して運転する。この50Hzでの運転において、滑りが50Hzを基準として0.05であるときの誘導電動機の出力の値〔kW〕として、最も近いものを次の(1)～(5)のうちから一つ選べ。

(1) 36　　(2) 38　　(3) 45　　(4) 54　　(5) 56

182 三相誘導電動機の等価回路

4極の三相誘導電動機が60 Hzの電源に接続され、出力5.75 kW、回転速度1656 min^{-1}で運転されている。このとき、一次銅損、二次銅損及び鉄損の三つの損失の値が等しかった。このときの誘導電動機の効率の値〔%〕として、最も近いものを次の(1)～(5)のうちから一つ選べ。

ただし、その他の損失は無視できるものとする。

  (1) 76.0 (2) 77.8 (3) 79.3 (4) 80.6 (5) 88.5

183 三相誘導電動機の特性

定格出力11.0 kW、定格電圧220 Vの三相かご形誘導電動機が定トルク負荷に接続されており、定格電圧かつ定格負荷において滑り3.0 %で運転されていたが、電源電圧が低下し滑りが6.0 %で一定となった。滑りが一定となったときの負荷トルクは定格電圧のときと同じであった。このとき、二次電流の値は定格電圧のときの何倍となるか。最も近いものを次の(1)～(5)のうちから一つ選べ。ただし、電源周波数は定格値で一定とする。

  (1) 0.50 (2) 0.97 (3) 1.03 (4) 1.41 (5) 2.00

184 三相誘導電動機の特性

三相誘導電動機の始動においては、十分な始動トルクを確保し、始動電流は抑制し、かつ定常運転時の特性を損なわないように適切な方法を選定することが必要である。次の文章はその選定のために一般に考慮される特徴の幾つかを述べたものである。誤っているものを次の(1)～(5)のうちから一つ選べ。

(1)　全電圧始動法は、直入れ始動法とも呼ばれ、かご形誘導電動機において電動機の出力が電源系統の容量に対して十分小さい場合に用いられる。始動電流は定格電流の数倍程度の値となる。

(2)　二重かご形誘導電動機は、回転子に二重のかご形導体を設けたものであり、始動時には電流が外側導体に偏り始動特性が改善されるので、普通かご形誘導電動機と比較して大きな容量まで全電圧始動法を用いることができる。

(3)　Y－Δ始動法は、一次巻線を始動時のみY結線とすることにより始動電流を抑制する方法であり、定格出力が5～15 kW程度のかご形誘導電動機に用いられる。始動トルクはΔ結線における始動時の$\dfrac{1}{\sqrt{3}}$倍となる。

(4)　始動補償器法は、三相単巻変圧器を用い、使用する変圧器のタップを切り換えることによって低電圧で始動し運転時には全電圧を加える方法であり、定格出力が15 kW程度より大きなかご形誘導電動機に用いられる。

(5)　巻線形誘導電動機の始動においては、始動抵抗器を用いて始動時に二次抵抗を大きくすることにより始動電流を抑制しながら始動トルクを増大させる方法がある。これは誘導電動機のトルクの比例推移を利用したものである。

185 三相誘導電動機の等価回路

次の文章は、誘導機に関する記述である。

誘導機の二次入力は　(ア)　とも呼ばれ、トルクに比例する。二次入力における機械出力と二次銅損の比は、誘導機の滑りをsとして　(イ)　の関係にある。この関係を用いると、二次銅損は常に正であることから、sが-1から0の間の値をとるとき機械出力は　(ウ)　となり、誘導機は　(エ)　として運転される。

上記の記述中の空白箇所(ア)、(イ)、(ウ)及び(エ)に当てはまる組合せとして、正しいものを次の(1)〜(5)のうちから一つ選べ。

	(ア)	(イ)	(ウ)	(エ)
(1)	同期ワット	$(1-s):s$	負	発電機
(2)	同期ワット	$(1+s):s$	負	発電機
(3)	トルクワット	$(1+s):s$	正	電動機
(4)	同期ワット	$(1-s):s$	負	電動機
(5)	トルクワット	$(1-s):s$	正	電動機

186 三相誘導電動機の特性

　定格出力15 kW、定格電圧400 V、定格周波数60 Hz、極数4の三相誘導電動機がある。この誘導電動機が定格電圧、定格周波数で運転されているとき、次の(a)及び(b)の問に答えよ。

(a) 軸出力が15 kW、効率と力率がそれぞれ90 %で運転されているときの一次電流の値〔A〕として、最も近いものを次の(1)〜(5)のうちから一つ選べ。

　　　(1) 22　　(2) 24　　(3) 27　　(4) 33　　(5) 46

(b) この誘導電動機が巻線形であり、全負荷時の回転速度が1746 min^{-1}であるものとする。二次回路の各相に抵抗を追加して挿入したところ、全負荷時の回転速度が1455 min^{-1}となった。ただし、負荷トルクは回転速度によらず一定とする。挿入した抵抗の値は元の二次回路の抵抗の値の何倍であるか。最も近いものを次の(1)〜(5)のうちから一つ選べ。

　　　(1) 1.2　　(2) 2.2　　(3) 5.4　　(4) 6.4　　(5) 7.4

定格周波数50 Hz、6極のかご形三相誘導電動機があり、トルク200 N·m、機械出力20 kWで定格運転している。このときの二次入力(同期ワット)の値[kW]として、最も近いものを次の(1)～(5)のうちから一つ選べ。

(1) 19　　(2) 20　　(3) 21　　(4) 25　　(5) 27

188 三相誘導電動機の特性

誘導機に関する記述として、誤っているものを次の(1)～(5)のうちから一つ選べ。

(1) 三相かご形誘導電動機の回転子は、積層鉄心のスロットに棒状の導体を差し込み、その両端を太い導体環で短絡して作られる。これらの導体に誘起される二次誘導起電力は、導体の本数に応じた多相交流である。

(2) 三相巻線形誘導電動機は、二次回路にスリップリングを通して接続した抵抗を加減し、トルクの比例推移を利用して滑りを変えることで速度制御ができる。

(3) 単相誘導電動機はそのままでは始動できないので、始動の仕組みの一つとして、固定子の主巻線とは別の始動巻線にコンデンサ等を直列に付加することによって回転磁界を作り、回転子を回転させる方法がある。

(4) 深溝かご形誘導電動機は、回転子の深いスロットに幅の狭い平たい導体を押し込んで作られる。このような構造とすることで、回転子導体の電流密度は定常時に比べて始動時は導体の外側（回転子表面側）と内側（回転子中心側）で不均一の度合いが増加し、等価的に二次導体のインピーダンスが増加することになり、始動トルクが増加する。

(5) 二重かご形誘導電動機は回転子に内外二重のスロットを設け、それぞれに導体を埋め込んだものである。内側（回転子中心側）の導体は外側（回転子表面側）の導体に比べて抵抗値を大きくすることで、大きな始動トルクを得られるようにしている。

定格出力15 kW、定格電圧220 V、定格周波数60 Hz、6極の三相巻線形誘導電動機がある。二次巻線は星形(Y)結線でスリップリングを通して短絡されており、各相の抵抗値は0.5 Ωである。この電動機を定格電圧、定格周波数の電源に接続して定格出力(このときの負荷トルクをT_nとする)で運転しているときの滑りは5 ％であった。

　計算に当たっては、L形簡易等価回路を採用し、機械損及び鉄損は無視できるものとして、次の(a)及び(b)の問に答えよ。

(a) 速度を変えるために、この電動機の二次回路の各相に0.2 Ωの抵抗を直列に挿入し、上記と同様に定格電圧、定格周波数の電源に接続して上記と同じ負荷トルクT_nで運転した。このときの滑りの値〔％〕として、最も近いものを次の(1)～(5)のうちから一つ選べ。

(1) 3.0　　(2) 3.6　　(3) 5.0　　(4) 7.0　　(5) 10.0

(b) 電動機の二次回路の各相に上記(a)と同様に0.2 Ωの抵抗を直列に挿入したままで、電源の周波数を変えずに電圧だけを200 Vに変更したところ、ある負荷トルクで安定に運転した。このときの滑りは上記(a)と同じであった。

　この安定に運転したときの負荷トルクの値〔N・m〕として、最も近いものを次の(1)～(5)のうちから一つ選べ。

(1) 99　　(2) 104　　(3) 106　　(4) 109　　(5) 114

190 直流機の原理と構造

次の文章は、直流機の構造に関する記述である。

直流機の構造は、固定子と回転子とからなる。固定子は、 （ア） 、継鉄などによって、また、回転子は、 （イ） 、整流子などによって構成されている。

電機子鉄心は、 （ウ） 磁束が通るため、 （エ） が用いられている。また、電機子巻線を収めるための多数のスロットが設けられている。

六角形（亀甲形）の形状の電機子巻線は、そのコイル辺を電機子鉄心のスロットに挿入する。各コイル相互のつなぎ方には、 （オ） と波巻とがある。直流機では、同じスロットにコイル辺を上下に重ねて2個ずつ入れた二層巻としている。

上記の記述中の空白箇所（ア）～（オ）に当てはまる組合せとして、正しいものを次の(1)～(5)のうちから一つ選べ。

	（ア）	（イ）	（ウ）	（エ）	（オ）
(1)	界磁	電機子	交番	積層鉄心	重ね巻
(2)	界磁	電機子	交番	鋳鉄	直列巻
(3)	界磁	電機子	一定の	積層鉄心	直列巻
(4)	電機子	界磁	交番	鋳鉄	重ね巻
(5)	電機子	界磁	一定の	積層鉄心	直列巻

※H24A問題問1と同一問題

191 直流機の原理と構造

直流機の構造に関する記述として、誤っているものを次の(1)～(5)のうちから一つ選べ。

(1) 直流機は固定子と回転子からなる。界磁は固定子にあり、電機子及び整流子は回転子にある。

(2) 電機子鉄心には、交番磁束による渦電流損を少なくするため、電磁鋼板を層状に重ねた積層鉄心が用いられる。

(3) 直流発電機には他励式と自励式がある。他励式には、分巻発電機、直巻発電機などがある。

(4) 電機子電流による起磁力がエアギャップの磁束分布に影響を与える作用を電機子反作用といい、この影響を防ぐために補償巻線や補極が用いられる。

(5) 直流電動機に生じる電機子反作用の向きは発電機の場合とは反対であるが、電機子電流の向きが反対であるので補償巻線や補極の接続方法は発電機の場合と同じでよい。

192 直流電動機の種類と特性

次の文章は、直流電動機の運転に関する記述である。

分巻電動機では始動時の過電流を防止するために始動抵抗が ［ (ア) ］回路に直列に接続されている。

直流電動機の速度制御法には界磁制御法・抵抗制御法・電圧制御法がある。静止レオナード方式は ［ (イ) ］制御法の一種であり、主に他励電動機に用いられ、広範囲の速度制御ができるという利点がある。

直流電動機の回転の向きを変えることを逆転といい、一般的には、応答が速い ［ (ウ) ］電流の向きを変える方法が用いられている。

電車が勾配を下るような場合に、電動機を発電機として運転し、電車のもつ運動エネルギーを電源に送り返す方法を ［ (エ) ］制動という。

上記の記述中の空白箇所(ア)〜(エ)に当てはまる組合せとして、正しいものを次の(1)〜(5)のうちから一つ選べ。

	(ア)	(イ)	(ウ)	(エ)
(1)	界磁	抵抗	界磁	発電
(2)	界磁	抵抗	電機子	発電
(3)	界磁	電圧	界磁	回生
(4)	電機子	電圧	電機子	回生
(5)	電機子	電圧	界磁	回生

193 直流電動機の種類と特性

　次の文章は、直流電動機に関する記述である。ただし、鉄心の磁気飽和、電機子反作用、電機子抵抗やブラシの接触による電圧降下は無視できるものとする。

　分巻電動機と直巻電動機はいずれも界磁電流を電機子と同一の電源から供給できる電動機である。分巻電動機において端子電圧と界磁抵抗を一定にすれば、負荷電流が増加したとき界磁磁束は　(ア)　、トルクは負荷電流に　(イ)　する。直巻電動機においては負荷電流が増加したとき界磁磁束は　(ウ)　、トルクは負荷電流の　(エ)　に比例する。

　　上記の記述中の空白箇所(ア)～(エ)に当てはまる組合せとして、正しいものを次の(1)～(5)のうちから一つ選べ。

	(ア)	(イ)	(ウ)	(エ)
(1)	一定で	比例	増加し	2乗
(2)	一定で	反比例	一定で	1乗
(3)	一定で	比例	一定で	2乗
(4)	増加し	反比例	減少し	1乗
(5)	増加し	反比例	増加し	2乗

194 直流電動機の理論

　ある直流分巻電動機を端子電圧220V、電機子電流100Aで運転したときの出力が18.5kWであった。

　この電動機の端子電圧と界磁抵抗とを調節して、端子電圧200V、電機子電流110A、回転速度720min^{-1}で運転する。このときの電動機の発生トルクの値〔N・m〕として、最も近いものを次の(1)～(5)のうちから一つ選べ。

　ただし、ブラシの接触による電圧降下及び電機子反作用は無視でき、電機子抵抗の値は上記の二つの運転において等しく、一定であるものとする。

(1) 212　　(2) 236　　(3) 245　　(4) 260　　(5) 270

195 直流電動機の種類と特性

次の文章は、直流他励電動機の制御に関する記述である。ただし、鉄心の磁気飽和と電機子反作用は無視でき、また、電機子抵抗による電圧降下は小さいものとする。

a 他励電動機は、　(ア)　と　(イ)　を独立した電源で制御できる。磁束は　(ア)　に比例する。

b 磁束一定の条件で　(イ)　を増減すれば、　(イ)　に比例するトルクを制御できる。

c 磁束一定の条件で　(ウ)　を増減すれば、　(ウ)　に比例する回転数を制御できる。

d 　(ウ)　一定の条件で磁束を増減すれば、ほぼ磁束に反比例する回転数を制御できる。回転数の　(エ)　のために　(ア)　を弱める制御がある。

このように広い速度範囲で速度とトルクを制御できるので、直流他励電動機は圧延機の駆動などに広く使われてきた。

上記の記述中の空白箇所(ア)～(エ)に当てはまる組合せとして、正しいものを次の(1)～(5)のうちから一つ選べ。

	(ア)	(イ)	(ウ)	(エ)
(1)	界磁電流	電機子電流	電機子電圧	上昇
(2)	電機子電流	界磁電流	電機子電圧	上昇
(3)	電機子電圧	電機子電流	界磁電流	低下
(4)	界磁電流	電機子電圧	電機子電流	低下
(5)	電機子電圧	電機子電流	界磁電流	上昇

機械 直流機

196 直流発電機の種類と特性

　界磁に永久磁石を用いた小形直流発電機がある。回転軸が回らないよう固定し、電機子に3Vの電圧を加えると、定格電流と同じ1Aの電機子電流が流れた。次に、電機子回路を開放した状態で、回転子を定格回転数で駆動すると、電機子に15Vの電圧が発生した。この小形直流発電機の定格運転時の効率の値〔%〕として、最も近いものを次の(1)〜(5)のうちから一つ選べ。

　ただし、ブラシの接触による電圧降下及び電機子反作用は無視できるものとし、損失は電機子巻線の銅損しか存在しないものとする。

(1) 70　　(2) 75　　(3) 80　　(4) 85　　(5) 90

機械

直流機

機械 直流機

197 直流電動機の理論

　直流電源に接続された永久磁石界磁の直流電動機に一定トルクの負荷がつながっている。電機子抵抗が$1.00\ \Omega$である。回転速度が$1000\ \mathrm{min}^{-1}$のとき、電源電圧は$120\ \mathrm{V}$、電流は$20\ \mathrm{A}$であった。

　この電源電圧を$100\ \mathrm{V}$に変化させたときの回転速度の値〔min^{-1}〕として、最も近いものを次の(1)〜(5)のうちから一つ選べ。

　ただし、電機子反作用及びブラシ、整流子における電圧降下は無視できるものとする。

(1) 200　　(2) 400　　(3) 600　　(4) 800　　(5) 1000

198 直流電動機の種類と特性

界磁磁束を一定に保った直流電動機において、0.5 Ωの抵抗値をもつ電機子巻線と直列に始動抵抗(可変抵抗)が接続されている。この電動機を内部抵抗が無視できる電圧200 Vの直流電源に接続した。静止状態で電源に接続した直後の電機子電流は100 Aであった。

この電動機の始動後、徐々に回転速度が上昇し、電機子電流が50 Aまで減少した。トルクも半分に減少したので、電機子電流を100 Aに増やすため、直列可変抵抗の抵抗値をR_1〔Ω〕からR_2〔Ω〕に変化させた。R_1及びR_2の値の組合せとして、正しいものを次の(1)〜(5)のうちから一つ選べ。

ただし、ブラシによる電圧降下、始動抵抗を調整する間の速度変化、電機子反作用及びインダクタンスの影響は無視できるものとする。

	R_1	R_2
(1)	2.0	1.0
(2)	4.0	2.0
(3)	1.5	1.0
(4)	1.5	0.5
(5)	3.5	1.5

199 直流電動機の理論

　界磁に永久磁石を用いた小形直流電動機があり、電源電圧は定格の12 V、回転を始める前の静止状態における始動電流は4 A、定格回転数における定格電流は1 Aである。定格運転時の効率の値〔%〕として、最も近いものを次の(1)～(5)のうちから一つ選べ。

　ただし、ブラシの接触による電圧降下及び電機子反作用は無視できるものとし、損失は電機子巻線による銅損しか存在しないものとする。

(1) 60　　(2) 65　　(3) 70　　(4) 75　　(5) 80

電機子巻線抵抗が0.2Ωである直流分巻電動機がある。この電動機では界磁抵抗器が界磁巻線に直列に接続されており界磁電流を調整することができる。また、この電動機には定トルク負荷が接続されており、その負荷が要求するトルクは定常状態においては回転速度によらない一定値となる。

この電動機を、負荷を接続した状態で端子電圧を100Vとして運転したところ、回転速度は1500 min^{-1} であり、電機子電流は50Aであった。この状態から、端子電圧を115Vに変化させ、界磁電流を端子電圧が100Vのときと同じ値に調整したところ、回転速度が変化し最終的にある値で一定となった。この電動機の最終的な回転速度の値[min^{-1}]として、最も近いものを次の(1)～(5)のうちから一つ選べ。

ただし、電機子電流の最終的な値は端子電圧が100Vのときと同じである。また、電機子反作用及びブラシによる電圧降下は無視できるものとする。

(1) 1290　　(2) 1700　　(3) 1730　　(4) 1750　　(5) 1950

201 直流電動機の理論

4極の直流電動機が電機子電流250 A、回転速度1200 min⁻¹で一定の出力で運転されている。電機子導体は波巻であり、全導体数が258、1極当たりの磁束が0.020 Wbであるとき、この電動機の出力の値〔kW〕として、最も近いものを次の(1)～(5)のうちから一つ選べ。

ただし、波巻の並列回路数は2である。また、ブラシによる電圧降下は無視できるものとする。

(1) 8.21　　(2) 12.9　　(3) 27.5　　(4) 51.6　　(5) 55.0

202 同期発電機の原理と特性

三相同期発電機の短絡比に関する記述として、誤っているものを次の(1)～(5)のうちから一つ選べ。

(1) 短絡比を小さくすると、発電機の外形寸法が小さくなる。

(2) 短絡比を小さくすると、発電機の安定度が悪くなる。

(3) 短絡比を小さくすると、電圧変動率が小さくなる。

(4) 短絡比が小さい発電機は、銅機械と呼ばれる。

(5) 短絡比が小さい発電機は、同期インピーダンスが大きい。

※H15A問題問5と同一問題

203 同期電動機の原理と特性

次の文章は、三相同期電動機の位相特性に関する記述である。

　図は三相同期電動機の位相特性曲線（V曲線）の一例である。同期電動機は、界磁電流を変えると、電機子電流の端子電圧に対する位相が変わり、さらに、電機子電流の大きさも変わる。図の曲線の最低点は力率が1となる点で、図の破線より右側は　（ア）　電流、左側は　（イ）　電流の範囲となる。また、電動機の出力を大きくするにつれて、曲線は　（ウ）　→B→　（エ）　の順に変化する。

　この位相特性を利用して、三相同期電動機を需要家機器と並列に接続して無負荷運転し、需要家機器の端子電圧を調整することができる。このような目的で用いる三相同期電動機を　（オ）　という。

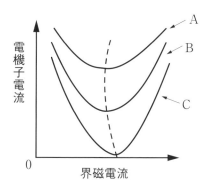

上記の記述中の空白箇所（ア）～（オ）に当てはまる組合せとして、正しいものを次の(1)～(5)のうちから一つ選べ。

	（ア）	（イ）	（ウ）	（エ）	（オ）
(1)	遅れ	進み	A	C	静止形無効電力補償装置
(2)	遅れ	進み	C	A	静止形無効電力補償装置
(3)	遅れ	進み	A	C	同期調相機
(4)	進み	遅れ	C	A	同期調相機
(5)	進み	遅れ	A	C	同期調相機

定格出力8000kV・A、定格電圧6600Vの三相同期発電機がある。この発電機の同期インピーダンスが4.73Ωのとき、短絡比の値として、最も近いものを次の(1)～(5)のうちから一つ選べ。

　(1) 0.384　　(2) 0.665　　(3) 1.15　　(4) 1.50　　(5) 2.61

205 同期発電機の並行運転

次の文章は、三相同期発電機の並行運転に関する記述である。

ある母線に同期発電機Aを接続して運転しているとき、同じ母線に同期発電機Bを並列に接続するには、同期発電機A、Bの　(ア)　の大きさが等しくそれらの位相が一致していることが必要である。　(ア)　の大きさを等しくするにはBの　(イ)　電流を、位相を一致させるにはBの原動機の　(ウ)　を調整する。位相が一致しているかどうかの確認には　(エ)　が用いられる。

並行運転中に両発電機間で　(ア)　の位相が等しく大きさが異なるとき、両発電機間を　(オ)　横流が循環する。これは電機子巻線の抵抗損を増加させ、巻線を加熱させる原因となる。

上記の記述中の空白箇所(ア)～(オ)に当てはまる組合せとして、正しいものを次の(1)～(5)のうちから一つ選べ。

	(ア)	(イ)	(ウ)	(エ)	(オ)
(1)	起電力	界磁	極数	位相検定器	有効
(2)	起電力	界磁	回転速度	同期検定器	無効
(3)	起電力	電機子	極数	位相検定器	無効
(4)	有効電力	界磁	回転速度	位相検定器	有効
(5)	有効電力	電機子	極数	同期検定器	無効

206 同期発電機の原理と特性

　定格出力1500kV・A、定格電圧3300Vの三相同期発電機がある。無負荷時に定格電圧となる界磁電流に対する三相短絡電流（持続短絡電流）は、310Aであった。この同期発電機の短絡比の値として、最も近いものを次の(1)〜(5)のうちから一つ選べ。

(1) 0.488　　(2) 0.847　　(3) 1.18　　(4) 1.47　　(5) 2.05

207 同期発電機の原理と特性

定格出力3000kV・A、定格電圧6000Vの星形結線三相同期発電機の同期インピーダンスが6.90Ωのとき、百分率同期インピーダンス〔%〕はいくらか、最も近いものを次の(1)〜(5)のうちから一つ選べ。

(1) 19.2　　(2) 28.8　　(3) 33.2　　(4) 57.5　　(5) 99.6

208 同期電動機の原理と特性

図はある三相同期電動機の1相分の等価回路である。ただし、電機子巻線抵抗は無視している。相電圧$\dot{V}$の大きさは$V = 200$V、同期リアクタンスは$x_s = 8$Ωである。この電動機を運転して力率が1になるように界磁電流を調整したところ、電機子電流$\dot{I}$の大きさIが10Aになった。このときの誘導起電力Eの値〔V〕として、最も近いものを次の(1)〜(5)のうちから一つ選べ。

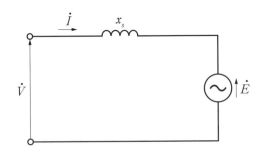

(1) 120　　(2) 140　　(3) 183　　(4) 215　　(5) 280

209 同期発電機の並行運転

　並行運転しているA及びBの2台の三相同期発電機がある。それぞれの発電機の負荷分担が同じ7300 kWであり、端子電圧が6600 Vのとき、三相同期発電機Aの負荷電流I_Aが1000 A、三相同期発電機Bの負荷電流I_Bが800 Aであった。損失は無視できるものとして、次の(a)及び(b)の問に答えよ。

(a) 三相同期発電機Aの力率の値〔%〕として、最も近いものを次の(1)〜(5)のうちから一つ選べ。

(1) 48 　(2) 64 　(3) 67 　(4) 77 　(5) 80

(b) 2台の発電機の合計の負荷が調整の前後で変わらずに一定に保たれているものとして、この状態から三相同期発電機A及びBの励磁及び駆動機の出力を調整し、三相同期発電機Aの負荷電流は調整前と同じ1000 Aとし、力率は100%とした。このときの三相同期発電機Bの力率の値〔%〕として、最も近いものを次の(1)〜(5)のうちから一つ選べ。

　　ただし、端子電圧は変わらないものとする。

(1) 22 　(2) 50 　(3) 71 　(4) 87 　(5) 100

機械

同期機

210 同期発電機の原理と特性

　定格容量 P〔kV・A〕、定格電圧 V〔V〕の星形結線の三相同期発電機がある。電機子電流が定格電流の40 %、負荷力率が遅れ86.6 %（$\cos 30° = 0.866$）、定格電圧でこの発電機を運転している。このときのベクトル図を描いて、負荷角 δ の値〔°〕として、最も近いものを次の(1)～(5)のうちから一つ選べ。

　ただし、この発電機の電機子巻線の1相当たりの同期リアクタンスは単位法で0.915 p.u.、1相当たりの抵抗は無視できるものとし、同期リアクタンスは磁気飽和等に影響されず一定であるとする。

(1) 0　　(2) 15　　(3) 30　　(4) 45　　(5) 60

211 同期発電機の並行運転

次の文章は、三相同期発電機の並行運転に関する記述である。

既に同期発電機Aが母線に接続されて運転しているとき、同じ母線に同期発電機Bを並列に接続するために必要な条件又は操作として、誤っているものを次の(1)〜(5)のうちから一つ選べ。

(1) 母線電圧と同期発電機Bの端子電圧の相回転方向が一致していること。同期発電機Bの設置後又は改修後の最初の運転時に相回転方向の一致を確認すれば、その後は母線への並列のたびに相回転方向を確認する必要はない。

(2) 母線電圧と同期発電機Bの端子電圧の位相を合わせるために、同期発電機Bの駆動機の回転速度を調整する。

(3) 母線電圧と同期発電機Bの端子電圧の大きさを等しくするために、同期発電機Bの励磁電流の大きさを調整する。

(4) 母線電圧と同期発電機Bの端子電圧の波形をほぼ等しくするために、同期発電機Bの励磁電流の大きさを変えずに励磁電圧の大きさを調整する。

(5) 母線電圧と同期発電機Bの端子電圧の位相の一致を検出するために、同期検定器を使用するのが一般的であり、位相が一致したところで母線に並列する遮断器を閉路する。

212 同期発電機の原理と特性

　定格出力 10 MV・A、定格電圧 6.6 kV、百分率同期インピーダンス 80 %の三相同期発電機がある。三相短絡電流 700 A を流すのに必要な界磁電流が 50 A である場合、この発電機の定格電圧に等しい無負荷端子電圧を発生させるのに必要な界磁電流の値〔A〕として、最も近いものを次の(1)～(5)のうちから一つ選べ。

　ただし、百分率同期インピーダンスの抵抗分は無視できるものとする。

　　　(1) 50.0　　(2) 62.5　　(3) 78.1　　(4) 86.6　　(5) 135.3

213 同期電動機の原理と特性

次の文章は、同期電動機の特性に関する記述である。記述中の空白箇所の記号は、図中の記号と対応している。

図は同期電動機の位相特性曲線を示している。形がVの字のようになっているのでV曲線とも呼ばれている。横軸は ［ (ア) ］、縦軸は ［ (イ) ］ で、負荷が増加するにつれ曲線は上側へ移動する。図中の破線は、各負荷における力率 ［ (ウ) ］ の動作点を結んだ線であり、この破線の左側の領域は ［ (エ) ］ 力率、右側の領域は ［ (オ) ］ 力率の領域である。

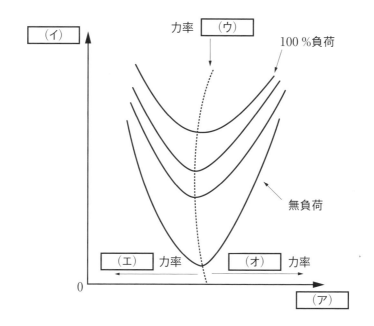

上記の記述中の空白箇所(ア)、(イ)、(ウ)、(エ)及び(オ)に当てはまる組合せとして、正しいものを次の(1)～(5)のうちから一つ選べ。

	(ア)	(イ)	(ウ)	(エ)	(オ)
(1)	電機子電流	界磁電流	1	遅 れ	進 み
(2)	界磁電流	電機子電流	1	遅 れ	進 み
(3)	界磁電流	電機子電流	1	進 み	遅 れ
(4)	電機子電流	界磁電流	0	進 み	遅 れ
(5)	界磁電流	電機子電流	0	遅 れ	進 み

H27 A問題 問5

　図は、同期発電機の無負荷飽和曲線(A)と短絡曲線(B)を示している。図中でV_n〔V〕は端子電圧(星形相電圧)の定格値、I_n〔A〕は定格電流、I_s〔A〕は無負荷で定格電圧を発生するときの界磁電流と等しい界磁電流における短絡電流である。この発電機の百分率同期インピーダンスz_s〔%〕を示す式として、正しいものを次の(1)～(5)のうちから一つ選べ。

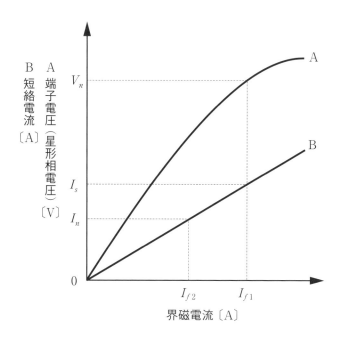

(1) $\dfrac{I_s}{I_n} \times 100$　　(2) $\dfrac{V_n}{I_n} \times 100$　　(3) $\dfrac{I_n}{I_{f2}} \times 100$　　(4) $\dfrac{V_n}{I_{f1}} \times 100$　　(5) $\dfrac{I_{f2}}{I_{f1}} \times 100$

215 機械一般

　図に示すように、電動機が減速機と組み合わされて負荷を駆動している。このときの電動機の回転速度 n_m が1150min^{-1}、トルク T_m が100N・mであった。減速機の減速比が8、効率が0.95のとき、負荷の回転速度 n_L 〔min^{-1}〕、軸トルク T_L 〔N・m〕及び軸入力 P_L 〔kW〕の値として、最も近いものを組み合わせたのは次のうちどれか。

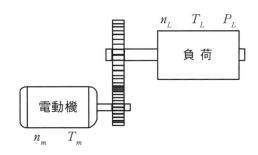

	n_L〔min^{-1}〕	T_L〔N・m〕	P_L〔kW〕
(1)	136.6	11.9	11.4
(2)	143.8	760	11.4
(3)	9200	760	6992
(4)	143.8	11.9	11.4
(5)	9200	11.9	6992

※ H20A問題問11と同一問題

216 機械一般

電動機で駆動するポンプを用いて、毎時80m³の水をパイプへ通して揚程40mの高さに持ち上げる。ポンプの効率は72%、電動機の効率は93%で、パイプの損失水頭は0.4mであり、他の損失水頭は無視できるものとする。このとき必要な電動機入力〔kW〕の値として、最も近いものを次の(1)〜(5)のうちから一つ選べ。ただし、水の密度は1.00×10^3kg/m³、重力加速度は9.8m/s²とする。

  (1) 0.013 (2) 0.787 (3) 4.83 (4) 13.1 (5) 80.4

217 機械一般

　電源電圧一定の下、トルク一定の負荷を負って回転している各種電動機の性質に関する記述として、正しいものと誤りのものの組合せとして、正しいものを次の(1)～(5)のうちから一つ選べ。

（ア）巻線形誘導電動機の二次抵抗を大きくすると、滑りは増加する。

（イ）力率1.0で運転している同期電動機の界磁電流を小さくすると、電機子電流の位相は電源電圧に対し、進みとなる。

（ウ）他励直流電動機の界磁電流を大きくすると、回転速度は上昇する。

（エ）かご形誘導電動機の電源周波数を高くすると励磁電流は増加する。

	（ア）	（イ）	（ウ）	（エ）
(1)	誤り	誤り	正しい	正しい
(2)	正しい	正しい	誤り	誤り
(3)	誤り	正しい	正しい	正しい
(4)	正しい	誤り	誤り	正しい
(5)	正しい	誤り	誤り	誤り

218 機械一般

　電源の電圧や周波数が一定の条件下、各種電動機では、始動電流を抑制するための種々の工夫がされている。

a．直流分巻電動機

　　電機子回路に　(ア)　抵抗を接続して電源電圧を加え始動電流を制限する。回転速度が上昇するに従って抵抗値を減少させる。

b．三相かご形誘導電動機

　　(イ)　結線の一次巻線を　(ウ)　結線に接続を変えて電源電圧を加え始動電流を制限する。回転速度が上昇すると　(イ)　結線に戻す。

c．三相巻線形誘導電動機

　　(エ)　回路に抵抗を接続して電源電圧を加え始動電流を制限する。回転速度が上昇するに従って抵抗値を減少させる。

d．三相同期電動機

　　無負荷で始動電動機(誘導電動機や直流電動機)を用いて同期速度付近まで加速する。次に、界磁を励磁して　(オ)　発電機として、三相電源との並列運転状態を実現する。そののち、始動用電動機の電源を遮断して同期電動機として運転する。

　上記の記述中の空白箇所(ア)～(オ)に当てはまる組合せとして、正しいものを次の(1)～(5)のうちから一つ選べ。

	(ア)	(イ)	(ウ)	(エ)	(オ)
(1)	直列	Δ	Y	二次	同期
(2)	並列	Y	Δ	一次	誘導
(3)	直列	Y	Δ	二次	誘導
(4)	並列	Y	Δ	一次	同期
(5)	直列	Δ	Y	二次	誘導

巻上機によって質量1000kgの物体を毎秒0.5mの一定速度で巻き上げているときの電動機出力の値〔kW〕として、最も近いものを次の(1)～(5)のうちから一つ選べ。ただし、機械効率は90％、ロープの質量及び加速に要する動力については考慮しないものとする。

(1) 0.6　　(2) 4.4　　(3) 4.9　　(4) 5.5　　(5) 6.0

220 機械一般

電動機と負荷の特性を、回転速度を横軸、トルクを縦軸に描く、トルク対速度曲線で考える。電動機と負荷の二つの曲線が、どのように交わるかを見ると、その回転数における運転が、安定か不安定かを判定することができる。誤っているものを次の(1)～(5)のうちから一つ選べ。

(1) 負荷トルクよりも電動機トルクが大きいと回転は加速し、反対に電動機トルクよりも負荷トルクが大きいと回転は減速する。回転速度一定の運転を続けるには、負荷と電動機のトルクが一致する安定な動作点が必要である。

(2) 巻線形誘導電動機では、回転速度の上昇とともにトルクが減少するように、二次抵抗を大きくし、大きな始動トルクを発生させることができる。この電動機に回転速度の上昇とともにトルクが増える負荷を接続すると、両曲線の交点が安定な動作点となる。

(3) 電源電圧を一定に保った直流分巻電動機は、回転速度の上昇とともにトルクが減少する。一方、送風機のトルクは、回転速度の上昇とともにトルクが増大する。したがって、直流分巻電動機は、安定に送風機を駆動することができる。

(4) かご形誘導電動機は、回転トルクが小さい時点から回転速度を上昇させるとともにトルクが増大、最大トルクを超えるとトルクが減少する。この電動機に回転速度でトルクが変化しない定トルク負荷を接続すると、電動機と負荷のトルク曲線が2点で交わる場合がある。この場合、加速時と減速時によって安定な動作点が変わる。

(5) かご形誘導電動機は、最大トルクの速度より高速な領域では回転速度の上昇とともにトルクが減少する。一方、送風機のトルクは、回転速度の上昇とともにトルクが増大する。したがって、かご形誘導電動機は、安定に送風機を駆動することができる。

221 機械一般

次の文章は、電気機器の損失に関する記述である。

a　コイルの電流とコイルの抵抗によるジュール熱が　(ア)　であり、この損失を低減するため、コイルを構成する電線の断面積を大きくする。

　　交流電流が並列コイルに分かれて流れると、並列コイル間の電流不平衡からこの損失が増加する。この損失を低減するため、並列回路を構成する各コイルの鎖交磁束と抵抗値、すなわち、各コイルのインピーダンスを等しくする。

b　鉄心に交流磁束が通ると損失が発生する。その成分は　(イ)　と　(ウ)　の二つに分類される。前者は、交流磁束によって誘導された電流が鉄心を流れてジュール熱として発生する。そこで、電気抵抗が高い強磁性材料や、表面を絶縁膜で覆った薄い鉄板を積層した積層鉄心を磁気回路に用いて、電流の経路を断つことで損失を低減する。後者は、鉄心の磁束が磁界の履歴に依存するために発生する。この　(ウ)　を低減するために電磁鋼板が磁気回路に広く用いられている。

c　上記の電磁気要因の損失のほか、電動機や発電機では、回転子の運動による軸受け摩擦損や冷却ファンの空気抵抗による損失などの　(エ)　がある。

　　上記の記述中の空白箇所(ア)、(イ)、(ウ)及び(エ)に当てはまる組合せとして、正しいものを次の(1)～(5)のうちから一つ選べ。

	(ア)	(イ)	(ウ)	(エ)
(1)	銅損	渦電流損	ヒステリシス損	機械損
(2)	鉄損	抵抗損	ヒステリシス損	銅損
(3)	銅損	渦電流損	インダクタンス損	機械損
(4)	鉄損	機械損	ヒステリシス損	銅損
(5)	銅損	抵抗損	インダクタンス損	機械損

222 機械一般

次の文章は、太陽光発電システムに関する記述である。

太陽光発電システムは、太陽電池アレイ、パワーコンディショナ、これらを接続する接続箱、交流側に設置する交流開閉器などで構成される。

太陽電池アレイは、複数の太陽電池 （ア） を通常は直列に接続して構成される太陽電池 （イ） をさらに直並列に接続したものである。パワーコンディショナは、直流を交流に変換する （ウ） と、連系保護機能を実現する系統連系用保護装置などで構成されている。

太陽電池アレイの出力は、日射強度や太陽電池の温度によって変動する。これらの変動に対し、太陽電池アレイから常に （エ） の電力を取り出す制御は、MPPT(Maximum Power Point Tracking)制御と呼ばれている。

上記の記述中の空白箇所(ア)、(イ)、(ウ)及び(エ)に当てはまる組合せとして、正しいものを次の(1)～(5)のうちから一つ選べ。

	(ア)	(イ)	(ウ)	(エ)
(1)	モジュール	セル	整流器	最小
(2)	ユニット	セル	インバータ	最大
(3)	ユニット	モジュール	インバータ	最小
(4)	セル	ユニット	整流器	最小
(5)	セル	モジュール	インバータ	最大

貯水池に集められた雨水を、毎分300 m³の排水量で、全揚程10 mを揚水して河川に排水する。このとき、100 kWの電動機を用いた同一仕様のポンプを用いるとすると、必要なポンプの台数は何台か。最も近いものを次の(1)〜(5)のうちから一つ選べ。ただし、ポンプの効率は80 %、設計製作上の余裕係数は1.1とし、複数台のポンプは排水を均等に分担するものとする。

(1) 1　　(2) 2　　(3) 6　　(4) 7　　(5) 9

224 機械一般

次の文章は、一般的な電気機器(変圧器、直流機、誘導機、同期機)の共通点に関する記述である。

a　　　(ア)　　と　　(イ)　　は、磁束の大きさ一定、電源電圧(交流機では周波数も)一定のとき回転速度の変化でトルクが変化する。

b　一次巻線に負荷電流と励磁電流を重畳して流す　(イ)　と　(ウ)　は、特性計算に用いる等価回路がよく似ている。

c　負荷電流が電機子巻線を流れる　(ア)　と　(エ)　は、界磁磁束と電機子反作用磁束のベクトル和の磁束に比例する誘導起電力が発生する。

上記の記述中の空白箇所(ア)、(イ)、(ウ)及び(エ)に当てはまる組合せとして、正しいものを次の(1)～(5)のうちから一つ選べ。

	(ア)	(イ)	(ウ)	(エ)
(1)	誘導機	直流機	変圧器	同期機
(2)	同期機	直流機	変圧器	誘導機
(3)	直流機	誘導機	変圧器	同期機
(4)	同期機	直流機	誘導機	変圧器
(5)	直流機	誘導機	同期機	変圧器

次の文章は、電源電圧一定（交流機の場合は多相交流巻線に印加する電源電圧の周波数も一定。）の条件下における各種電動機において、空回しの無負荷から、負荷の増大とともにトルクを発生する現象に関する記述である。

　無負荷条件の直流分巻電動機では、回転速度に比例する　　（ア）　　と　　（イ）　　とがほぼ等しく、電機子電流がほぼ零となる。この状態から負荷が掛かって回転速度が低下すると、電機子電流が増大してトルクが発生する。

　無負荷条件の誘導電動機では、周波数及び極数で決まる　　（ウ）　　と回転速度とがほぼ等しく、　　（エ）　　がほぼ零となる。この状態から負荷が掛かって回転速度が低下すると、　　（エ）　　が増大してトルクが発生する。

　無負荷条件の同期電動機では、界磁単独の磁束と電機子反作用を考慮した電機子磁束との位相差がほぼ零となる。この状態から負荷が掛かっても回転速度の低下はないが、上記両磁束の位相差、すなわち　　（オ）　　が増大してトルクが発生する。

　上記の記述中の空白箇所（ア）、（イ）、（ウ）、（エ）及び（オ）に当てはまる組合せとして、正しいものを次の(1)〜(5)のうちから一つ選べ。

	（ア）	（イ）	（ウ）	（エ）	（オ）
(1)	逆起電力	電源電圧	同期速度	滑　り	負荷角
(2)	誘導起電力	逆起電力	回転磁界	二次抵抗	負荷角
(3)	逆起電力	電源電圧	定格速度	二次抵抗	力率角
(4)	誘導起電力	逆起電力	同期速度	滑　り	負荷角
(5)	逆起電力	電源電圧	回転磁界	滑　り	力率角

機械 | 機械一般その他

226 機械一般

かごの質量が200 kg、定格積載質量が1000 kgのロープ式エレベータにおいて、釣合いおもりの質量は、かごの質量に定格積載質量の40 %を加えた値とした。このエレベータで、定格積載質量を搭載したかごを一定速度90 m/minで上昇させるときに用いる電動機の出力の値〔kW〕として、最も近いものを次の(1)～(5)のうちから一つ選べ。ただし、機械効率は75 %、加減速に要する動力及びロープの質量は無視するものとする。

    (1) 1.20   (2) 8.82   (3) 11.8   (4) 23.5   (5) 706

機械 | 機械一般その他

227 機械一般

毎分5 m³の水を実揚程10 mのところにある貯水槽に揚水する場合、ポンプを駆動するのに十分と計算される電動機出力Pの値[kW]として、最も近いものを次の(1)～(5)のうちから一つ選べ。

ただし、ポンプの効率は80 %、ポンプの設計、工作上の誤差を見込んで余裕をもたせる余裕係数は1.1とし、さらに全揚程は実揚程の1.05倍とする。また、重力加速度は9.8 m/s²とする。

    (1) 1.15   (2) 1.20   (3) 9.43   (4) 9.74   (5) 11.8

228 照明

次の文章は、光の基本量に関する記述である。

光源の放射束のうち人の目に光として感じるエネルギーを光束といい単位には ____(ア)____ を用いる。

照度は、光を受ける面の明るさの程度を示し、1 ____(イ)____ とは被照射面積 $1m^2$ に光束1 ____(ア)____ が入射しているときの、その面の照度である。

光源の各方向に出ている光の強さを示すものが光度である。光度 I ____(ウ)____ は、立体角 ω〔sr〕から出る光束を F ____(ア)____ とすると $I = \dfrac{F}{\omega}$ で示される。

物体の単位面積から発散する光束の大きさを光束発散度 M ____(エ)____ といい、ある面から発散する光束を F、その面積を A〔m^2〕とすると $M = \dfrac{F}{A}$ で示される。

光源の発光面及び反射面の輝きの程度を示すのが輝度であり、単位には ____(オ)____ を用いる。

上記の記述中の空白箇所(ア)～(オ)に当てはまる組合せとして、正しいものを次の(1)～(5)のうちから一つ選べ。

	(ア)	(イ)	(ウ)	(エ)	(オ)
(1)	〔lx〕	〔lm〕	〔cd〕	〔lx/m^2〕	〔lx/sr〕
(2)	〔lm〕	〔lx〕	〔lm/sr〕	〔lm/m^2〕	〔cd〕
(3)	〔lm〕	〔lx〕	〔cd〕	〔lm/m^2〕	〔cd/m^2〕
(4)	〔cd〕	〔lx〕	〔lm〕	〔cd/m^2〕	〔lm/m^2〕
(5)	〔cd〕	〔lm〕	〔cd/sr〕	〔cd/m^2〕	〔lx〕

229 照明

　どの方向にも光度が等しい均等放射の点光源がある。この点光源の全光束は3000lmである。この点光源を図のように配置した。水平面から点光源までの高さは2mであり、点光源の直下の点AとBとの距離は1.5mである。次の(a)及び(b)の問に答えよ。

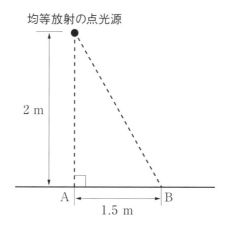

均等放射の点光源

2 m

A
1.5 m
B

(a) この点光源の平均光度〔cd〕として、最も近いものを次の(1)〜(5)のうちから一つ選べ。

(1) 191 　(2) 239 　(3) 318 　(4) 477 　(5) 955

(b) 水平面B点における水平面照度の値〔lx〕として、最も近いものを次の(1)〜(5)のうちから一つ選べ。

(1) 10 　(2) 24 　(3) 31 　(4) 61 　(5) 122

消費電力1.00kWのヒートポンプ式電気給湯器を6時間運転して、温度20.0℃、体積0.370m³の水を加熱した。ここで用いられているヒートポンプユニットの成績係数(COP)は4.5である。次の(a)及び(b)の問に答えよ。

ただし、水の比熱容量と密度は、それぞれ、4.18×10^3J/(kg·K)と1.00×10^3kg/m³とし、水の温度に関係なく一定とする。ヒートポンプ式電気給湯器の貯湯タンク、ヒートポンプユニット、配管などの加熱に必要な熱エネルギーは無視し、それらからの熱損失もないものとする。また、ヒートポンプユニットの消費電力及びCOPは、いずれも加熱の開始から終了まで一定とする。

(a) このときの水の加熱に用いた熱エネルギーの値〔MJ〕として、最も近いものを次の(1)～(5)のうちから一つ選べ。

        (1) 21.6   (2) 48.6   (3) 72.9   (4) 81.0   (5) 97.2

(b) 加熱後の水の温度〔℃〕として、最も近いものを次の(1)～(5)のうちから一つ選べ。

        (1) 34.0   (2) 51.4   (3) 67.1   (4) 72.4   (5) 82.8

231 照明

　教室の平均照度を500 lx以上にしたい。ただし、その時の光源一つの光束は2400 lm、この教室の床面積は15m×10mであり、照明率は60%、保守率は70%とする。必要最小限の光源数として、最も近いものを次の(1)〜(5)のうちから一つ選べ。

(1) 30　　(2) 40　　(3) 75　　(4) 115　　(5) 150

232 電熱

熱の伝導は電気の伝導によく似ている。下記は、電気系の量と熱系の量の対応表である。

電気系と熱系の対応表

電気系の量	熱系の量
電圧 V〔V〕	（ア）　〔K〕
電気量 Q〔C〕	熱量 Q〔J〕
電流 I〔A〕	（イ）　〔W〕
導電率 σ〔S/m〕	熱伝導率 λ〔W/(m·K)〕
電気抵抗 R〔Ω〕	熱抵抗 R_T　（ウ）
静電容量 C〔F〕	熱容量 C　（エ）

上記の記述中の空白箇所（ア）～（エ）に当てはまる組合せとして、正しいものを次の(1)～(5)のうちから一つ選べ。

	（ア）	（イ）	（ウ）	（エ）
(1)	熱流 Φ	温度差 θ	〔J/K〕	〔K/W〕
(2)	温度差 θ	熱流 Φ	〔K/W〕	〔J/K〕
(3)	温度差 θ	熱流 Φ	〔K/J〕	〔J/K〕
(4)	熱流 Φ	温度差 θ	〔J/K〕	〔J/W〕
(5)	温度差 θ	熱流 Φ	〔K/W〕	〔J/W〕

233 電熱

　誘導加熱に関する記述として、誤っているものを次の(1)～(5)のうちから一つ選べ。

(1)　産業用では金属の溶解や金属部品の熱処理などに用いられ、民生用では調理加熱に用いられている。

(2)　金属製の被加熱物を交番磁界内に置くことで発生するジュール熱によって被加熱物自体が発熱する。

(3)　被加熱物の透磁率が高いものほど加熱されやすい。

(4)　被加熱物に印加する交番磁界の周波数が高いほど、被加熱物の内部が加熱されやすい。

(5)　被加熱物として、銅、アルミよりも、鉄、ステンレスの方が加熱されやすい。

234 電気化学

電池に関する記述として、誤っているものを次の(1)～(5)のうちから一つ選べ。

(1) 充電によって繰り返し使える電池は二次電池と呼ばれている。

(2) 電池の充放電時に起こる化学反応において、イオンは電解液の中を移動し、電子は外部回路を移動する。

(3) 電池の放電時には正極では還元反応が、負極では酸化反応が起こっている。

(4) 出力インピーダンスの大きな電池ほど大きな電流を出力できる。

(5) 電池の正極と負極の物質のイオン化傾向の差が大きいほど開放電圧が高い。

235 照明

図に示すように、LED 1個が、床面から高さ2.4 mの位置で下向きに取り付けられ、点灯している。このLEDの直下方向となす角（鉛直角）をθとすると、このLEDの配光特性（θ方向の光度$I(\theta)$）は、LED直下方向光度$I(0)$を用いて$I(\theta)=I(0)\cos\theta$で表されるものとする。次の(a)及び(b)の問に答えよ。

(a) 床面A点における照度が20 lxであるとき、A点がつくる鉛直角θ_Aの方向の光度$I(\theta_A)$の値〔cd〕として、最も近いものを次の(1)〜(5)のうちから一つ選べ。

　　ただし、このLED以外に光源はなく、天井や壁など、周囲からの反射光の影響もないものとする。

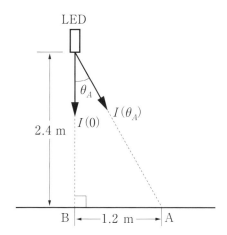

(1) 60　　(2) 119　　(3) 144　　(4) 160　　(5) 319

(b) このLED直下の床面B点の照度の値〔lx〕として、最も近いものを次の(1)〜(5)のうちから一つ選べ。

(1) 25　　(2) 28　　(3) 31　　(4) 49　　(5) 61

236 自動制御

　図は、出力信号 y を入力信号 x に一致させるように動作するフィードバック制御系のブロック線図である。次の(a)及び(b)の問に答えよ。

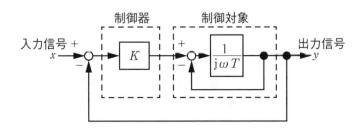

(a) 図において、$K = 5$、$T = 0.1$ として、入力信号からフィードバック信号までの一巡伝達関数(開ループ伝達関数)を表す式を計算し、正しいものを次の(1)～(5)から一つ選べ。

(1) $\dfrac{5}{1 - j\omega 0.1}$

(2) $\dfrac{5}{1 + j\omega 0.1}$

(3) $\dfrac{1}{6 + j\omega 0.1}$

(4) $\dfrac{5}{6 - j\omega 0.1}$

(5) $\dfrac{5}{6 + j\omega 0.1}$

(b) (a)で求めた一巡伝達関数において、ωを変化させることで得られるベクトル軌跡はどのような曲線を描くか、最も近いものを次の(1)～(5)のうちから一つ選べ。

(1)

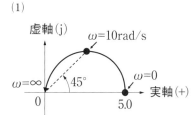

(2)

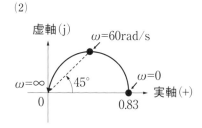

(3)

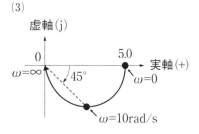

(4)

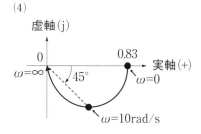

(5)

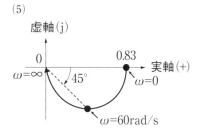

237 自動制御

図1に示すR－L回路において、端子a－a′間に5Vの階段状のステップ電圧 $v_1(t)$〔V〕を加えたとき、抵抗R_2〔Ω〕に発生する電圧を$v_2(t)$〔V〕とすると、$v_2(t)$ は図2のようになった。この回路のR_1〔Ω〕、R_2〔Ω〕及びL〔H〕の値と、入力を $v_1(t)$、出力を$v_2(t)$としたときの周波数伝達関数$G(\mathrm{j}\omega)$の式として、正しいものを次の(1)～(5)のうちから一つ選べ。

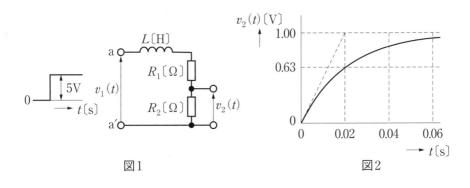

図1   図2

	R_1	R_2	L	$G(\mathrm{j}\omega)$
(1)	80	20	0.2	$\dfrac{0.5}{1+\mathrm{j}0.2\,\omega}$
(2)	40	10	1.0	$\dfrac{0.5}{1+\mathrm{j}0.02\,\omega}$
(3)	8	2	0.1	$\dfrac{0.2}{1+\mathrm{j}0.2\,\omega}$
(4)	4	1	0.1	$\dfrac{0.2}{1+\mathrm{j}0.02\,\omega}$
(5)	0.8	0.2	1.0	$\dfrac{0.2}{1+\mathrm{j}0.2\,\omega}$

238 情報伝送・処理

2進数 A と B がある。それらの和が $A + B = (101010)_2$、差が $A - B = (1100)_2$ であるとき、B の値として、正しいものを次の(1)〜(5)のうちから一つ選べ。

(1) $(1110)_2$　(2) $(1111)_2$　(3) $(10011)_2$　(4) $(10101)_2$　(5) $(11110)_2$

図のようなブロック線図で示す制御系がある。出力信号 $C(\mathrm{j}\omega)$ の入力信号 $R(\mathrm{j}\omega)$ に対する比、すなわち $\dfrac{C(\mathrm{j}\omega)}{R(\mathrm{j}\omega)}$ を示す式として、正しいものを次の(1)〜(5)のうちから一つ選べ。

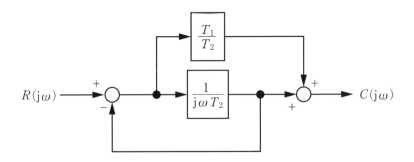

(1) $\dfrac{T_1 + \mathrm{j}\omega}{T_2 + \mathrm{j}\omega}$　　(2) $\dfrac{T_2 + \mathrm{j}\omega}{T_1 + \mathrm{j}\omega}$　　(3) $\dfrac{\mathrm{j}\omega\,T_1}{1 + \mathrm{j}\omega\,T_2}$

(4) $\dfrac{1 + \mathrm{j}\omega\,T_1}{1 + \mathrm{j}\omega\,T_2}$　　(5) $\dfrac{1 + \mathrm{j}\omega\,\dfrac{T_1}{T_2}}{1 + \mathrm{j}\omega\,T_2}$

240 自動制御

次の文章は、フィードバック制御における三つの基本的な制御動作に関する記述である。

目標値と制御量の差である偏差に　（ア）　して操作量を変化させる制御動作を　（ア）　動作という。この動作の場合、制御動作が働いて目標値と制御量の偏差が小さくなると操作量も小さくなるため、制御量を目標値に完全に一致させることができず、　（イ）　が生じる欠点がある。

一方、偏差の　（ウ）　値に応じて操作量を変化させる制御動作を　（ウ）　動作という。この動作は偏差の起こり始めに大きな操作量を与える動作をするので、偏差を早く減衰させる効果があるが、制御のタイミング（位相）によっては偏差を増幅し不安定になることがある。

また、偏差の　（エ）　値に応じて操作量を変化させる制御動作を　（エ）　動作という。この動作は偏差が零になるまで制御動作が行われるので、　（イ）　を無くすことができる。

上記の記述中の空白箇所（ア）、（イ）、（ウ）及び（エ）に当てはまる組合せとして、正しいものを次の(1)～(5)のうちから一つ選べ。

	（ア）	（イ）	（ウ）	（エ）
(1)	積　分	目標偏差	微　分	比　例
(2)	比　例	定常偏差	微　分	積　分
(3)	微　分	目標偏差	積　分	比　例
(4)	比　例	定常偏差	積　分	微　分
(5)	微　分	定常偏差	比　例	積　分

241 電気事業法と電気工作物

次のa)～c)の文章は、主任技術者に関する記述である。

その記述内容として、「電気事業法」に基づき、適切なものと不適切なものの組合せについて、正しいものを次の(1)～(5)のうちから一つ選べ。

a) 事業用電気工作物（小規模事業用電気工作物を除く。以下同じ。）を設置する者は、事業用電気工作物の工事、維持及び運用に関する保安の監督をさせるため、主務省令で定めるところにより、主任技術者免状の交付を受けている者のうちから、主任技術者を選任しなければならない。

b) 主任技術者は、事業用電気工作物の工事、維持及び運用に関する保安の監督の職務を誠実に行わなければならない。

c) 事業用電気工作物の工事、維持又は運用に従事する者は、主任技術者がその保安のためにする指示に従わなければならない。

	a)	b)	c)
(1)	不適切	適切	適切
(2)	不適切	不適切	適切
(3)	適切	不適切	不適切
(4)	適切	適切	適切
(5)	適切	適切	不適切

※ H25A問題問1と類似問題

242 電気関係報告規則

次の文章は、「電気関係報告規則」に基づく事故の定義及び事故報告に関する記述である。

a) 「電気火災事故」とは、漏電、短絡、　(ア)　、その他の電気的要因により建造物、車両その他の工作物(電気工作物を除く。)、山林等に火災が発生することをいう。

b) 「破損事故」とは、電気工作物の変形、損傷若しくは破壊、火災又は絶縁劣化若しくは絶縁破壊が原因で、当該電気工作物の機能が低下又は喪失したことにより、　(イ)　、その運転が停止し、若しくはその運転を停止しなければならなくなること又はその使用が不可能となり、若しくはその使用を中止することをいう。

c) 「供給支障事故」とは、破損事故又は電気工作物の誤　(ウ)　若しくは電気工作物を　(ウ)　しないことにより電気の使用者(当該電気工作物を管理する者を除く。)に対し、電気の供給が停止し、又は電気の使用を緊急に制限することをいう。ただし、電路が自動的に再閉路されることにより電気の供給の停止が終了した場合を除く。

d) 感電により人が病院　(エ)　した場合は事故報告をしなければならない。

上記の記述中の空白箇所(ア)〜(エ)に当てはまる組合せとして、正しいものを次の(1)〜(5)のうちから一つ選べ。

	(ア)	(イ)	(ウ)	(エ)
(1)	せん絡	直ちに	停止	で治療
(2)	絶縁低下	制御できず	操作	に入院
(3)	せん絡	制御できず	停止	で治療
(4)	せん絡	直ちに	操作	に入院
(5)	絶縁低下	制御できず	停止	で治療

243 電気工事士法、電気工事業法

「電気工事業の業務の適正化に関する法律」に基づく記述として、誤っているものを次の(1)～(5)のうちから一つ選べ。

(1) 電気工事業とは、電気事業法に規定する電気工事を行う事業であって、その事業を営もうとする者は、経済産業大臣の事業許可を受けなければならない。

(2) 登録電気工事業者の登録には有効期間がある。

(3) 電気工事業者は、その営業所ごとに、絶縁抵抗計その他の経済産業省令で定める器具を備えなければならない。

(4) 電気工事業者は、その営業所及び電気工事の施工場所ごとに、その見やすい場所に、氏名又は名称、登録番号その他の経済産業省令で定める事項を記載した標識を掲げなければならない。

(5) 電気工事業者は、その営業所ごとに帳簿を備え、その業務に関し経済産業省令で定める事項を記載し、これを保存しなければならない。

244 電気事業法と電気工作物

次の文章は、「電気事業法」及び「電気事業法施行規則」に基づく主任技術者に関する記述である。

a　主任技術者は、事業用電気工作物の工事、維持及び運用に関する保安の　(ア)　の職務を誠実に行わなければならない。

b　事業用電気工作物の工事、維持及び運用に　(イ)　する者は、主任技術者がその保安のためにする指示に従わなければならない。

c　第3種電気主任技術者免状の交付を受けている者が保安について　(ア)　をすることができる事業用電気工作物の工事、維持及び運用の範囲は、一部の水力設備、火力設備等を除き、電圧　(ウ)　万V未満の事業用電気工作物(出力　(エ)　kW以上の発電所を除く。)とする。

上記の記述中の空白箇所(ア)～(エ)に当てはまる組合せとして、正しいものを次の(1)～(5)のうちから一つ選べ。

	(ア)	(イ)	(ウ)	(エ)
(1)	作業、検査等	従事	5	5000
(2)	監督	関係	3	2000
(3)	作業、検査等	関係	3	2000
(4)	監督	従事	5	5000
(5)	作業、検査等	従事	3	2000

245 電気事業法と電気工作物

　自家用電気工作物の事故が発生したとき、その自家用電気工作物を設置する者は、「電気関係報告規則」に基づき、自家用電気工作物の設置の場所を管轄する産業保安監督部長に報告しなければならない。次の文章は、かかる事故報告に関する記述である。

a　感電又は電気工作物の破損若しくは電気工作物の誤操作若しくは電気工作物を操作しないことにより人が死傷した事故（死亡又は病院若しくは診療所　(ア)　した場合に限る。）が発生したときは、報告をしなければならない。

b　電気工作物の破損又は電気工作物の誤操作若しくは電気工作物を操作しないことにより、　(イ)　に損傷を与え、又はその機能の全部又は一部を損なわせた事故が発生したときは、報告をしなければならない。

c　上記a又はbの報告は、事故の発生を知ったときから　(ウ)　時間以内可能な限り速やかに電話等の方法により行うとともに、事故の発生を知った日から起算して30日以内に報告書を提出して行わなければならない。

　上記の記述中の空白箇所(ア)～(ウ)に当てはまる組合せとして、正しいものを次の(1)～(5)のうちから一つ選べ。

	(ア)	(イ)	(ウ)
(1)	に入院	公共の財産	24
(2)	で治療	他の物件	48
(3)	に入院	公共の財産	48
(4)	に入院	他の物件	24
(5)	で治療	公共の財産	48

246 電気事業法と電気工作物

次のa、b及びcの文章は、「電気事業法」に基づく自家用電気工作物に関する記述である。

a　事業用電気工作物とは、　(ア)　電気工作物以外の電気工作物をいう。

b　自家用電気工作物とは、次に掲げる事業の用に供する電気工作物及び　(イ)　電気工作物以外の電気工作物をいう。

① 一般送配電事業

② 送電事業

③ 配電事業

④ 特定送配電事業

⑤ 　(ウ)　事業であって、その事業の用に供する　(ウ)　等用電気工作物が主務省令で定める要件に該当するもの

c　自家用電気工作物を設置する者は、その自家用電気工作物の　(エ)　、その旨を主務大臣に届け出なければならない。ただし、工事計画に係る認可又は届出に係る自家用電気工作物を使用する場合、設置者による事業用電気工作物の自己確認に係る届出に係る自家用電気工作物を使用する場合及び主務省令で定める場合は、この限りでない。

上記の記述中の空白箇所(ア)、(イ)、(ウ)及び(エ)に当てはまる組合せとして、正しいものを次の(1)～(5)のうちから一つ選べ。

	(ア)	(イ)	(ウ)	(エ)
(1)	一般用	事業用	配電	使用前自主検査を実施し
(2)	一般用	一般用	発電	使用の開始の後、遅滞なく
(3)	自家用	事業用	配電	使用の開始の後、遅滞なく
(4)	自家用	一般用	発電	使用の開始の後、遅滞なく
(5)	一般用	一般用	配電	使用前自主検査を実施し

247 電気事業法と電気工作物

　次の文章は、「電気事業法」における事業用電気工作物の技術基準への適合に関する記述の一部である。

a　事業用電気工作物を設置する者は、事業用電気工作物を主務省令で定める技術基準に適合するように　　(ア)　　しなければならない。

b　上記aの主務省令で定める技術基準では、次に掲げるところによらなければならない。

①　事業用電気工作物は、人体に危害を及ぼし、又は物件に損傷を与えないようにすること。

②　事業用電気工作物は、他の電気的設備その他の物件の機能に電気的又は　　(イ)　　的な障害を与えないようにすること。

③　事業用電気工作物の損壊により一般送配電事業者の電気の供給に著しい支障を及ぼさないようにすること。

④　事業用電気工作物が一般送配電事業の用に供される場合にあっては、その事業用電気工作物の損壊によりその一般送配電事業に係る電気の供給に著しい支障を生じないようにすること。

c　主務大臣は、事業用電気工作物が上記aの主務省令で定める技術基準に適合していないと認めるときは、事業用電気工作物を設置する者に対し、その技術基準に適合するように事業用電気工作物を修理し、改造し、若しくは移転し、若しくはその使用を　　(ウ)　　すべきことを命じ、又はその使用を制限することができる。

　上記の記述中の空白箇所(ア)、(イ)及び(ウ)に当てはまる組合せとして、正しいものを次の(1)～(5)のうちから一つ選べ。

	（ア）	（イ）	（ウ）
(1)	設　置	磁　気	一時停止
(2)	維　持	熱	禁　止
(3)	設　置	熱	禁　止
(4)	維　持	磁　気	一時停止
(5)	設　置	熱	一時停止

248 電気工事士法、電気工事業法

次の文章は、「電気工事士法」及び「電気工事士法施行規則」に基づく、同法の目的、特殊電気工事及び簡易電気工事に関する記述である。

a　この法律は、電気工事の作業に従事する者の資格及び義務を定め、もつて電気工事の　（ア）　による　（イ）　の発生の防止に寄与することを目的とする。

b　この法律における自家用電気工作物に係る電気工事のうち特殊電気工事（ネオン工事又は　（ウ）　をいう。）については、当該特殊電気工事に係る特種電気工事資格者認定証の交付を受けている者でなければ、その作業（特種電気工事資格者が従事する特殊電気工事の作業を補助する作業を除く。）に従事することができない。

c　この法律における自家用電気工作物（電線路に係るものを除く。以下同じ。）に係る電気工事のうち電圧　（エ）　V以下で使用する自家用電気工作物に係る電気工事については、認定電気工事従事者認定証の交付を受けている者は、その作業に従事することができる。

上記の記述中の空白箇所（ア）、（イ）、（ウ）及び（エ）に当てはまる組合せとして、正しいものを次の(1)～(5)のうちから一つ選べ。

	（ア）	（イ）	（ウ）	（エ）
(1)	不良	災害	内燃力発電装置設置工事	600
(2)	不良	事故	内燃力発電装置設置工事	400
(3)	欠陥	事故	非常用予備発電装置工事	400
(4)	欠陥	災害	非常用予備発電装置工事	600
(5)	欠陥	事故	内燃力発電装置設置工事	400

249 電気事業法と電気工作物

次の文章は、「電気事業法施行規則」に基づく自家用電気工作物を設置する者が保安規程に定めるべき事項の一部に関しての記述である。

a　自家用電気工作物の工事、維持又は運用に関する業務を管理する者の　(ア)　に関すること。

b　自家用電気工作物の工事、維持又は運用に従事する者に対する　(イ)　に関すること。

c　自家用電気工作物の工事、維持及び運用に関する保安のための　(ウ)　及び検査に関すること。

d　自家用電気工作物の運転又は操作に関すること。

e　発電所の運転を相当期間停止する場合における保全の方法に関すること。

f　災害その他非常の場合に採るべき　(エ)　に関すること。

g　自家用電気工作物の工事、維持及び運用に関する保安についての　(オ)　に関すること。

上記の記述中の空白箇所(ア)、(イ)、(ウ)、(エ)及び(オ)に当てはまる組合せとして、正しいものを次の(1)～(5)のうちから一つ選べ。

	(ア)	(イ)	(ウ)	(エ)	(オ)
(1)	権限及び義務	勤務体制	巡視、点検	指揮命令	記　録
(2)	職務及び組織	勤務体制	整備、補修	措　置	届　出
(3)	権限及び義務	保安教育	整備、補修	指揮命令	届　出
(4)	職務及び組織	保安教育	巡視、点検	措　置	記　録
(5)	権限及び義務	勤務体制	整備、補修	指揮命令	記　録

250 電気事業法と電気工作物

次の文章は、「電気事業法」に規定される自家用電気工作物に関する説明である。

自家用電気工作物とは、一般送配電、送電、配電、特定送配電及び発電事業の用に供する電気工作物及び一般用電気工作物以外の電気工作物であって、次のものが該当する。

a．　(ア)　以外の発電用の電気工作物と同一の構内（これに準ずる区域内を含む。以下同じ。）に設置するもの

b．他の者から　(イ)　電圧で受電するもの

c．構内以外の場所（以下「構外」という。）にわたる電線路を有するものであって、受電するための電線路以外の電線路により　(ウ)　の電気工作物と電気的に接続されているもの

d．火薬類取締法に規定される火薬類（煙火を除く。）を製造する事業場に設置するもの

e．鉱山保安法施行規則が適用される石炭坑に設置するもの

上記の記述中の空白箇所(ア)、(イ)及び(ウ)に当てはまる組合せとして、正しいものを次の(1)～(5)のうちから一つ選べ。

	(ア)	(イ)	(ウ)
(1)	小規模発電設備	600 V を超え 7000 V 未満の	需要場所
(2)	再生可能エネルギー発電設備	600 V を超える	構　内
(3)	小規模発電設備	600 V 以上 7000 V 以下の	構　内
(4)	再生可能エネルギー発電設備	600 V 以上の	構　外
(5)	小規模発電設備	600 V を超える	構　外

251 電気用品安全法

次の文章は、「電気用品安全法」に基づく電気用品の電線に関する記述である。

a. ［　（ア）　］電気用品は、構造又は使用方法その他の使用状況からみて特に危険又は障害が発生するおそれが多い電気用品であって、具体的な電線については電気用品安全法施行令で定めるものをいう。

b. 定格電圧が［　（イ）　］V以上600 V以下のコードは、導体の公称断面積及び線心の本数に関わらず、［　（ア）　］電気用品である。

c. 電気用品の電線の製造又は［　（ウ）　］の事業を行う者は、その電線を製造し又は［　（ウ）　］する場合においては、その電線が経済産業省令で定める技術上の基準に適合するようにしなければならない。

d. 電気工事士は、電気工作物の設置又は変更の工事に［　（ア）　］電気用品の電線を使用する場合、経済産業省令で定める方式による記号がその電線に表示されたものでなければ使用してはならない。［　（エ）　］はその記号の一つである。

上記の記述中の空白箇所(ア)、(イ)、(ウ)及び(エ)に当てはまる組合せとして、正しいものを次の(1)～(5)のうちから一つ選べ。

	（ア）	（イ）	（ウ）	（エ）
(1)	特　定	30	販　売	JIS
(2)	特　定	30	販　売	＜PS＞E
(3)	甲　種	60	輸　入	＜PS＞E
(4)	特　定	100	輸　入	＜PS＞E
(5)	甲　種	100	販　売	JIS

「電気設備技術基準」では、過電流からの電線及び電気機械器具の保護対策について、次のように規定している。

　　(ア) の必要な箇所には、過電流による (イ) から電線及び電気機械器具を保護し、かつ、 (ウ) の発生を防止できるよう、過電流遮断器を施設しなければならない。

　上記の記述中の空白箇所(ア)～(ウ)に当てはまる組合せとして、正しいものを次の(1)～(5)のうちから一つ選べ。

	(ア)	(イ)	(ウ)
(1)	幹線	過熱焼損	感電事故
(2)	配線	温度上昇	感電事故
(3)	電路	電磁力	変形
(4)	配線	温度上昇	火災
(5)	電路	過熱焼損	火災

※H13A問題問1と同一問題

253 電気使用場所の施設

次の文章は、「電気設備技術基準」における、電気使用場所での配線の使用電線に関する記述である。

a) 配線の使用電線（　(ア)　及び特別高圧で使用する　(イ)　を除く。）には、感電又は火災のおそれがないよう、施設場所の状況及び　(ウ)　に応じ、使用上十分な強度及び絶縁性能を有するものでなければならない。

b) 配線には、　(ア)　を使用してはならない。ただし、施設場所の状況及び　(ウ)　に応じ、使用上十分な強度を有し、かつ、絶縁性がないことを考慮して、配線が感電又は火災のおそれがないように施設する場合は、この限りでない。

c) 特別高圧の配線には、　(イ)　を使用してはならない。

上記の記述中の空白箇所(ア)〜(ウ)に当てはまる組合せとして、正しいものを次の(1)〜(5)のうちから一つ選べ。

	(ア)	(イ)	(ウ)
(1)	接触電線	移動電線	施設方法
(2)	接触電線	裸電線	使用目的
(3)	接触電線	裸電線	電圧
(4)	裸電線	接触電線	使用目的
(5)	裸電線	接触電線	電圧

※ H25A問題問3と同一問題

254 電気設備技術基準の総則

次の文章は、「電気設備技術基準」における高圧又は特別高圧の電気機械器具の危険の防止に関する記述である。

a) 高圧又は特別高圧の電気機械器具は、 (ア) 以外の者が容易に触れるおそれがないように施設しなければならない。ただし、接触による危険のおそれがない場合は、この限りでない。

b) 高圧又は特別高圧の開閉器、遮断器、避雷器その他これらに類する器具であって、動作時に (イ) を生ずるものは、火災のおそれがないよう、木製の壁又は天井その他の (ウ) の物から離して施設しなければならない。ただし、 (エ) の物で両者の間を隔離した場合は、この限りでない。

上記の記述中の空白箇所(ア)〜(エ)に当てはまる組合せとして、正しいものを次の(1)〜(5)のうちから一つ選べ。

	(ア)	(イ)	(ウ)	(エ)
(1)	取扱者	過電圧	可燃性	難燃性
(2)	技術者	アーク	可燃性	耐火性
(3)	取扱者	過電圧	耐火性	難燃性
(4)	技術者	アーク	耐火性	難燃性
(5)	取扱者	アーク	可燃性	耐火性

255 電気の供給のための電気設備の施設

R4下期 A問題 問4

次の文章は、「電気設備技術基準」及び「電気設備技術基準の解釈」に基づく電気供給のための電気設備の施設に関する記述である。

架空電線、架空電力保安通信線及び架空電車線は、 ⎡ （ア） ⎤ 又は ⎡ （イ） ⎤ による感電のおそれがなく、かつ、交通に支障を及ぼすおそれがない高さに施設しなければならない。

低圧架空電線又は高圧架空電線の高さは、道路(車両の往来がまれであるもの及び歩行の用にのみ供される部分を除く。)を横断する場合、路面上 ⎡ （ウ） ⎤ m 以上にしなければならない。

上記の記述中の空白箇所(ア)～(ウ)に当てはまる組合せとして、正しいものを次の(1)～(5)のうちから一つ選べ。

	（ア）	（イ）	（ウ）
(1)	通電	アーク	6
(2)	接触	誘導作用	6
(3)	通電	誘導作用	5
(4)	接触	誘導作用	5
(5)	通電	アーク	5

次の文章は、「電気設備技術基準」におけるサイバーセキュリティの確保に関する記述である。

　　(ア)　電気工作物（小規模事業用電気工作物を除く。）の運転を管理する　(イ)　は、当該電気工作物が人体に危害を及ぼし、又は物件に損傷を与えるおそれ及び　(ウ)　又は配電事業に係る電気の供給に著しい支障を及ぼすおそれがないよう、サイバーセキュリティ（サイバーセキュリティ基本法（平成26年法律第104号）第2条に規定するサイバーセキュリティをいう。）を確保しなければならない。

　上記の記述中の空白箇所(ア)～(ウ)に当てはまる組合せとして、正しいものを次の(1)～(5)のうちから一つ選べ。

	(ア)	(イ)	(ウ)
(1)	事業用	電子計算機	一般送配電事業
(2)	一般用	制御装置	電気使用場所
(3)	一般用	電子計算機	一般送配電事業
(4)	事業用	制御装置	電気使用場所
(5)	一般用	電子計算機	電気使用場所

257 電気使用場所の施設

／／／

次の文章は、「電気設備技術基準」における無線設備への障害の防止に関する記述である。

電気使用場所に施設する電気機械器具又は　(ア)　は、　(イ)　、高周波電流等が発生することにより、無線設備の機能に　(ウ)　かつ重大な障害を及ぼすおそれがないように施設しなければならない。

上記の記述中の空白箇所(ア)～(ウ)に当てはまる組合せとして、正しいものを次の(1)～(5)のうちから一つ選べ。

	(ア)	(イ)	(ウ)
(1)	接触電線	高調波	継続的
(2)	屋内配線	電波	一時的
(3)	接触電線	高調波	一時的
(4)	屋内配線	高調波	継続的
(5)	接触電線	電波	継続的

法規｜電気設備技術基準

258 電気の供給のための電気設備の施設

次の文章は、「電気設備技術基準」の電気機械器具等からの電磁誘導作用による人の健康影響の防止における記述の一部である。

変圧器、開閉器その他これらに類するもの又は電線路を発電所、変電所、開閉所及び需要場所以外の場所に施設する場合に当たっては、通常の使用状態において、当該電気機械器具等からの電磁誘導作用により人の健康に影響を及ぼすおそれがないよう、当該電気機械器具等のそれぞれの付近において、人によって占められる空間に相当する空間の　(ア)　の平均値が、　(イ)　において　(ウ)　以下になるように施設しなければならない。ただし、田畑、山林その他の人の　(エ)　場所において、人体に危害を及ぼすおそれがないように施設する場合は、この限りでない。

上記の記述中の空白箇所(ア)～(エ)に当てはまる組合せとして、正しいものを次の(1)～(5)のうちから一つ選べ。

	(ア)	(イ)	(ウ)	(エ)
(1)	磁束密度	全周波数	$200\mu T$	居住しない
(2)	磁界の強さ	商用周波数	$100A/m$	往来が少ない
(3)	磁束密度	商用周波数	$100\mu T$	居住しない
(4)	磁束密度	商用周波数	$200\mu T$	往来が少ない
(5)	磁界の強さ	全周波数	$200A/m$	往来が少ない

259 電気設備技術基準の総則

次の文章は、「電気設備技術基準」及び「電気設備技術基準の解釈」に基づく引込線に関する記述である。

a　引込線とは、　(ア)　及び需要場所の造営物の側面等に施設する電線であって、当該需要場所の　(イ)　に至るもの

b　(ア)　とは、架空電線路の支持物から　(ウ)　を経ずに需要場所の　(エ)　に至る架空電線

c　(オ)　とは、引込線のうち一需要場所の引込線から分岐して、支持物を経ないで他の需要場所の　(イ)　に至る部分の電線

上記の記述中の空白箇所(ア)～(オ)に当てはまる組合せとして、正しいものを次の(1)～(5)のうちから一つ選べ。

	(ア)	(イ)	(ウ)	(エ)	(オ)
(1)	架空引込線	引込口	他の需要場所	取付け点	連接引込線
(2)	連接引込線	引込口	他の需要場所	取付け点	架空引込線
(3)	架空引込線	引込口	他の支持物	取付け点	連接引込線
(4)	連接引込線	取付け点	他の需要場所	引込口	架空引込線
(5)	架空引込線	取付け点	他の支持物	引込口	連接引込線

次の文章は、「電気設備技術基準」に基づく支持物の倒壊の防止に関する記述の一部である。

架空電線路又は架空電車線路の支持物の材料及び構造（支線を施設する場合は、当該支線に係るものを含む。）は、その支持物が支持する電線等による　(ア)　、風速　(イ)　m/sの風圧荷重及び当該設置場所において通常想定される　(ウ)　の変化、振動、衝撃その他の外部環境の影響を考慮し、倒壊のおそれがないよう、安全なものでなければならない。ただし、人家が多く連なっている場所に施設する架空電線路にあっては、その施設場所を考慮して施設する場合は、風速　(イ)　m/sの風圧荷重の　(エ)　の風圧荷重を考慮して施設することができる。

上記の記述中の空白箇所(ア)、(イ)、(ウ)及び(エ)に当てはまる組合せとして、正しいものを次の(1)～(5)のうちから一つ選べ。

	(ア)	(イ)	(ウ)	(エ)
(1)	引張荷重	60	温度	3分の2
(2)	重量荷重	60	気象	3分の2
(3)	引張荷重	40	気象	2分の1
(4)	重量荷重	60	温度	2分の1
(5)	重量荷重	40	気象	2分の1

261 電気の供給のための電気設備の施設

次の文章は、「電気設備技術基準」における（地中電線等による他の電線及び工作物への危険の防止）及び（地中電線路の保護）に関する記述である。

a　地中電線、屋側電線及びトンネル内電線その他の工作物に固定して施設する電線は、他の電線、弱電流電線等又は管（以下、「他の電線等」という。）と　(ア)　し、又は交さする場合には、故障時の　(イ)　により他の電線等を損傷するおそれがないように施設しなければならない。ただし、感電又は火災のおそれがない場合であって、　(ウ)　場合は、この限りでない。

b　地中電線路は、車両その他の重量物による圧力に耐え、かつ、当該地中電線路を埋設している旨の表示等により掘削工事からの影響を受けないように施設しなければならない。

c　地中電線路のうちその内部で作業が可能なものには、　(エ)　を講じなければならない。

上記の記述中の空白箇所（ア）、（イ）、（ウ）及び（エ）に当てはまる組合せとして、正しいものを次の(1)〜(5)のうちから一つ選べ。

	（ア）	（イ）	（ウ）	（エ）
(1)	接触	短絡電流	取扱者以外の者が容易に触れることがない	防火措置
(2)	接近	アーク放電	他の電線等の管理者の承諾を得た	防火措置
(3)	接近	アーク放電	他の電線等の管理者の承諾を得た	感電防止措置
(4)	接触	短絡電流	他の電線等の管理者の承諾を得た	防火措置
(5)	接近	短絡電流	取扱者以外の者が容易に触れることがない	感電防止措置

次の文章は、「電気設備技術基準」における公害等の防止に関する記述の一部である。

a　発電用 （ア） 設備に関する技術基準を定める省令の公害の防止についての規定は、変電所、開閉所若しくはこれらに準ずる場所に設置する電気設備又は電力保安通信設備に附属する電気設備について準用する。

b　中性点 （イ） 接地式電路に接続する変圧器を設置する箇所には、絶縁油の構外への流出及び地下への浸透を防止するための措置が施されていなければならない。

c　急傾斜地の崩壊による災害の防止に関する法律の規定により指定された急傾斜地崩壊危険区域内に施設する発電所又は変電所、開閉所若しくはこれらに準ずる場所の電気設備、電線路又は電力保安通信設備は、当該区域内の急傾斜地の崩壊 （ウ） するおそれがないように施設しなければならない。

d　ポリ塩化ビフェニルを含有する （エ） を使用する電気機械器具及び電線は、電路に施設してはならない。

上記の記述中の空白箇所(ア)、(イ)、(ウ)及び(エ)に当てはまる組合せとして、正しいものを次の(1)～(5)のうちから一つ選べ。

	（ア）	（イ）	（ウ）	（エ）
(1)	電　気	直　接	による損傷が発生	冷却材
(2)	火　力	抵　抗	を助長し又は誘発	絶縁油
(3)	電　気	直　接	を助長し又は誘発	冷却材
(4)	電　気	抵　抗	による損傷が発生	絶縁油
(5)	火　力	直　接	を助長し又は誘発	絶縁油

次の文章は、「電気設備技術基準」及び「電気設備技術基準の解釈」に基づく移動電線の施設に関する記述である。

a　移動電線を電気機械器具と接続する場合は、接続不良による感電又は　(ア)　のおそれがないように施設しなければならない。

b　高圧の移動電線に電気を供給する電路には、　(イ)　が生じた場合に、当該高圧の移動電線を保護できるよう、　(イ)　遮断器を施設しなければならない。

c　高圧の移動電線と電気機械器具とは　(ウ)　その他の方法により堅ろうに接続すること。

d　特別高圧の移動電線は、充電部分に人が触れた場合に人に危険を及ぼすおそれがない電気集じん応用装置に附属するものを　(エ)　に施設する場合を除き、施設しないこと。

上記の記述中の空白箇所(ア)、(イ)、(ウ)及び(エ)に当てはまる組合せとして、正しいものを次の(1)～(5)のうちから一つ選べ。

	(ア)	(イ)	(ウ)	(エ)
(1)	火災	地絡	差込み接続器使用	屋内
(2)	断線	過電流	ボルト締め	屋外
(3)	火災	過電流	ボルト締め	屋内
(4)	断線	地絡	差込み接続器使用	屋外
(5)	断線	過電流	差込み接続器使用	屋外

264 電気の供給のための電気設備の施設

次の文章は、「電気設備技術基準」における、電気機械器具等からの電磁誘導作用による影響の防止に関する記述の一部である。

変電所又は開閉所は、通常の使用状態において、当該施設からの電磁誘導作用により　(ア)　の　(イ)　に影響を及ぼすおそれがないよう、当該施設の付近において、　(ア)　によって占められる空間に相当する空間の　(ウ)　の平均値が、商用周波数において　(エ)　以下になるように施設しなければならない。

上記の記述中の空白箇所(ア)、(イ)、(ウ)及び(エ)に当てはまる組合せとして、正しいものを次の(1)～(5)のうちから一つ選べ。

	(ア)	(イ)	(ウ)	(エ)
(1)	通信設備	機　能	磁界の強さ	200 A/m
(2)	人	健　康	磁界の強さ	100 A/m
(3)	無線設備	機　能	磁界の強さ	100 A/m
(4)	人	健　康	磁束密度	200 μT
(5)	通信設備	機　能	磁束密度	200 μT

265 電気の供給のための電気設備の施設

次の文章は、「電気設備技術基準」における高圧及び特別高圧の電路の避雷器等の施設についての記述である。

雷電圧による電路に施設する電気設備の損壊を防止できるよう、当該電路中次の各号に掲げる箇所又はこれに近接する箇所には、避雷器の施設その他の適切な措置を講じなければならない。ただし、雷電圧による当該電気設備の損壊のおそれがない場合は、この限りでない。

a. 発電所又は ［ (ア) ］ 若しくはこれに準ずる場所の架空電線引込口及び引出口

b. 架空電線路に接続する ［ (イ) ］ であって、 ［ (ウ) ］ の設置等の保安上の保護対策が施されているものの高圧側及び特別高圧側

c. 高圧又は特別高圧の架空電線路から ［ (エ) ］ を受ける ［ (オ) ］ の引込口

上記の記述中の空白箇所(ア)、(イ)、(ウ)、(エ)及び(オ)に当てはまる組合せとして、正しいものを次の(1)〜(5)のうちから一つ選べ。

	(ア)	(イ)	(ウ)	(エ)	(オ)
(1)	開閉所	配電用変圧器	開閉器	引込み	需要設備
(2)	変電所	配電用変圧器	過電流遮断器	供給	需要場所
(3)	変電所	配電用変圧器	開閉器	供給	需要設備
(4)	受電所	受電用設備	過電流遮断器	引込み	使用場所
(5)	開閉所	受電用設備	過電圧継電器	供給	需要場所

266 用語の定義・電線および電路の絶縁と接地

次の文章は、「電気設備技術基準の解釈」に基づく太陽電池モジュールの絶縁性能に関する記述の一部である。

太陽電池モジュールは、最大使用電圧の1.5倍の直流電圧又は　(ア)　倍の交流電圧(　(イ)　V未満となる場合は、　(イ)　V)を充電部分と大地との間に連続して　(ウ)　分間加えたとき、これに耐える性能を有すること。

上記の記述中の空白箇所(ア)～(ウ)に当てはまる組合せとして、正しいものを次の(1)～(5)のうちから一つ選べ。

	(ア)	(イ)	(ウ)
(1)	1	500	10
(2)	1	300	10
(3)	1.1	500	1
(4)	1.1	600	1
(5)	1.1	300	1

※H18A問題問6と同一問題

267 電線路

　次の文章は、「電気設備技術基準の解釈」に基づく低高圧架空電線等の併架に関する記述の一部である。

　低圧架空電線と高圧架空電線とを同一支持物に施設する場合は、次のいずれかによること。

a)　次により施設すること。

　　①低圧架空電線を高圧架空電線の　(ア)　に施設すること。

　　②低圧架空電線と高圧架空電線は、別個の　(イ)　に施設すること。

　　③低圧架空電線と高圧架空電線との離隔距離は、　(ウ)　m以上であること。ただし、かど柱、分岐柱等で混触のおそれがないように施設する場合は、この限りでない。

b)　高圧架空電線にケーブルを使用するとともに、高圧架空電線と低圧架空電線との離隔距離を　(エ)　m以上とすること。

　上記の記述中の空白箇所(ア)～(エ)に当てはまる組合せとして、正しいものを次の(1)～(5)のうちから一つ選べ。

	(ア)	(イ)	(ウ)	(エ)
(1)	上	支持物	0.5	0.5
(2)	上	支持物	0.5	0.3
(3)	下	支持物	0.5	0.5
(4)	下	腕金類	0.5	0.3
(5)	下	腕金類	0.3	0.5

287

R4下期 A問題 問6

次の文章は、「電気設備技術基準の解釈」に基づく高圧屋内配線に関する記述である。

高圧屋内配線は、 （ア） 工事（乾燥した場所であって展開した場所に限る。）又はケーブル工事により施設すること。

ケーブル工事による高圧屋内配線で、防護装置としての金属管にケーブルを収めて施設する場合には、その管に （イ） 接地工事を施すこと。ただし、接触防護措置（金属製のものであって、防護措置を施す設備と電気的に接続するおそれがあるもので防護する方法を除く。）を施す場合は、D種接地工事によることができる。

高圧屋内配線が、他の高圧屋内配線、低圧屋内配線、管灯回路の配線、弱電流電線等又は水管、ガス管若しくはこれらに類するもの（以下この問において「他の屋内電線等」という。）と接近又は交差する場合は、次のa）、b）のいずれかによること。

a）　高圧屋内配線と他の屋内電線等との離隔距離は、 （ウ） （ （ア） 工事により施設する低圧屋内電線が裸電線である場合は、30cm）以上であること。

b）　高圧屋内配線をケーブル工事により施設する場合においては、次のいずれかによること。

　①ケーブルと他の屋内電線等との間に （エ） のある堅ろうな隔壁を設けること。

　②ケーブルを （エ） のある堅ろうな管に収めること。

　③他の高圧屋内配線の電線がケーブルであること。

上記の記述中の空白箇所（ア）～（エ）に当てはまる組合せとして、正しいものを次の(1)～(5)のうちから一つ選べ。

	（ア）	（イ）	（ウ）	（エ）
(1)	がいし引き	A種	15cm	耐火性
(2)	合成樹脂管	C種	25cm	耐火性
(3)	がいし引き	C種	15cm	難燃性
(4)	合成樹脂管	A種	25cm	難燃性
(5)	がいし引き	A種	15cm	難燃性

269 分散型電源の系統連系設備

次の文章は、「電気設備技術基準の解釈」に基づく分散型電源の系統連系設備に関する記述である。

a) 逆変換装置を用いて分散型電源を電力系統に連系する場合は、逆変換装置から直流が電力系統へ流出することを防止するために、受電点と逆変換装置との間に変圧器(単巻変圧器を除く)を施設すること。ただし、次の①及び②に適合する場合は、この限りでない。

①逆変換装置の交流出力側で直流を検出し、かつ、直流検出時に交流出力を (ア) する機能を有すること。

②次のいずれかに適合すること。

・逆変換装置の直流側電路が (イ) であること。

・逆変換装置に (ウ) を用いていること。

b) 分散型電源の連系により、一般送配電事業者が運用する電力系統の短絡容量が、当該分散型電源設置者以外の者が設置する遮断器の遮断容量又は電線の瞬時許容電流等を上回るおそれがあるときは、分散型電源設置者において、限流リアクトルその他の短絡電流を制限する装置を施設すること。ただし、 (エ) の電力系統に逆変換装置を用いて分散型電源を連系する場合は、この限りでない。

上記の記述中の空白箇所(ア)～(エ)に当てはまる組合せとして、正しいものを次の(1)～(5)のうちから一つ選べ

	(ア)	(イ)	(ウ)	(エ)
(1)	停止	中性点接地式電路	高周波変圧器	低圧
(2)	抑制	中性点接地式電路	高周波チョッパ	高圧
(3)	停止	非接地式電路	高周波変圧器	高圧
(4)	停止	非接地式電路	高周波変圧器	低圧
(5)	抑制	非接地式電路	高周波チョッパ	低圧

高圧架空電線において、電線に硬銅線を使用して架設する場合、電線の設計に伴う許容引張荷重と弛度について、次の(a)及び(b)の問に答えよ。

　ただし、径間 S〔m〕、電線の引張強さ T〔kN〕、電線の重量による垂直荷重と風圧による水平荷重の合成荷重が W〔kN/m〕とする。

(a)「電気設備技術基準の解釈」によれば、規定する荷重が加わる場合における電線の引張強さに対する安全率が、R 以上となるような弛度に施設しなければならない。この場合 R の値として、正しいものを次の(1)～(5)のうちから一つ選べ。

(1) 1.5　　(2) 1.8　　(3) 2.0　　(4) 2.2　　(5) 2.5

(b) 弛度の計算において、最小の弛度を求める場合の許容引張荷重〔kN〕として、正しい式を次の(1)～(5)のうちから一つ選べ。

(1) $\dfrac{T}{R}$　　(2) $T \times R$　　(3) $S \times \dfrac{W}{R}$　　(4) $S \times W \times R$　　(5) $\dfrac{T + S \times W}{R}$

法

規

電気設備技術基準の解釈

291

高圧架空電線路に施設された機械器具等の接地工事の事例として、「電気設備技術基準の解釈」の規定上、不適切なものを次の(1)～(5)のうちから一つ選べ。

(1)　高圧架空電線路に施設した避雷器(以下「LA」という。)の接地工事を14mm^{2}の軟銅線を用いて施設した。

(2)　高圧架空電線路に施設された柱上気中開閉器(以下「PAS」という。)の制御装置(定格制御電圧AC100V)の金属製外箱の接地端子に5.5mm^{2}の軟銅線を接続し、D種接地工事を施した。

(3)　高圧架空電線路にPAS(VT・LA内蔵形)が施設されている。この内蔵されているLAの接地線及び高圧計器用変成器(零相変流器)の2次側電路は、PASの金属製外箱の接地端子に接続されている。この接地端子にD種接地工事(接地抵抗値70Ω)を施した。なお、VTとは計器用変圧器である。

(4)　高圧架空電線路から電気の供給を受ける受電電力が750kWの需要場所の引込口に施設したLAにA種接地工事を施した。

(5)　木柱の上であって人が触れるおそれがない高さの高圧架空電線路に施設されたPASの金属製外箱の接地端子にA種接地工事を施した。なお、このPASにLAは内蔵されていない。

272 電線路

次の文章は、「電気設備技術基準の解釈」に基づく電線路の接近状態に関する記述である。

a) 第1次接近状態とは、架空電線が他の工作物と接近する場合において、当該架空電線が他の工作物の　(ア)　において、水平距離で　(イ)　以上、かつ、架空電線路の支持物の地表上の高さに相当する距離以内に施設されることにより、架空電線路の電線の　(ウ)　、支持物の　(エ)　等の際に、当該電線が他の工作物に　(オ)　おそれがある状態をいう。

b) 第2次接近状態とは、架空電線が他の工作物と接近する場合において、当該架空電線が他の工作物の　(ア)　において水平距離で　(イ)　未満に施設される状態をいう。

上記の記述中の空白箇所(ア)～(オ)に当てはまる組合せとして、正しいものを次の(1)～(5)のうちから一つ選べ。

	(ア)	(イ)	(ウ)	(エ)	(オ)
(1)	上方、下方又は側方	3m	振動	傾斜	損害を与える
(2)	上方又は側方	3m	切断	倒壊	接触する
(3)	上方又は側方	3m	切断	傾斜	接触する
(4)	上方、下方又は側方	2m	切断	倒壊	接触する
(5)	上方、下方又は側方	2m	振動	傾斜	損害を与える

273 保安原則と保護対策

「電気設備技術基準の解釈」に基づく高圧及び特別高圧の電路に施設する避雷器に関する記述として、誤っているものを次の(1)～(5)のうちから一つ選べ。ただし、いずれの場合も掲げる箇所に直接接続する電線は短くないものとする。

(1) 発電所、蓄電所又は変電所若しくはこれに準ずる場所では、架空電線の引込口(需要場所の引込口を除く。)又はこれに近接する箇所には避雷器を施設しなければならない。

(2) 発電所、蓄電所又は変電所若しくはこれに準ずる場所では、架空電線の引出口又はこれに近接する箇所には避雷器を施設することを要しない。

(3) 高圧架空電線路から電気の供給を受ける受電電力が50kWの需要場所の引込口又はこれに近接する箇所には避雷器を施設することを要しない。

(4) 高圧架空電線路から電気の供給を受ける受電電力が500kWの需要場所の引込口又はこれに近接する箇所には避雷器を施設しなければならない。

(5) 使用電圧が60000V以下の特別高圧架空電線路から電気の供給を受ける需要場所の引込口又はこれに近接する箇所には避雷器を施設しなければならない。

274 分散型電源の系統連系設備

次の文章は、「電気設備技術基準の解釈」における分散型電源の低圧連系時及び高圧連系時の施設要件に関する記述である。

a) 単相3線式の低圧の電力系統に分散型電源を連系する場合において、　(ア)　の不平衡により中性線に最大電流が生じるおそれがあるときは、分散型電源を施設した構内の電路であって、負荷及び分散型電源の並列点よりも　(イ)　に、3極に過電流引き外し素子を有する遮断器を施設すること。

b) 低圧の電力系統に逆変換装置を用いずに分散型電源を連系する場合は、　(ウ)　を生じさせないこと。

c) 高圧の電力系統に分散型電源を連系する場合は、分散型電源を連系する配電用変電所の　(エ)　において、逆向きの潮流を生じさせないこと。ただし、当該配電用変電所に保護装置を施設する等の方法により分散型電源と電力系統との協調をとることができる場合は、この限りではない。

上記の記述中の空白箇所(ア)～(エ)に当てはまる組合せとして、正しいものを次の(1)～(5)のうちから一つ選べ。

	(ア)	(イ)	(ウ)	(エ)
(1)	負荷	系統側	逆潮流	配電用変圧器
(2)	負荷	負荷側	逆潮流	引出口
(3)	負荷	系統側	逆充電	配電用変圧器
(4)	電源	負荷側	逆充電	引出口
(5)	電源	系統側	逆潮流	配電用変圧器

295

275 電線路

　図のように既設の高圧架空電線路から、高圧架空電線を高低差なく径間30m延長することにした。

　新設支持物にA種鉄筋コンクリート柱を使用し、引留支持物とするため支線を電線路の延長方向4mの地点に図のように設ける。電線と支線の支持物への取付け高さはともに8mであるとき、次の(a)及び(b)の問に答えよ。

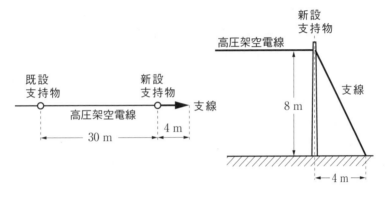

(a) 電線の水平張力が15kNであり、その張力を支線で全て支えるものとしたとき、支線に生じる引張荷重の値〔kN〕として、最も近いものを次の(1)～(5)のうちから一つ選べ。

(1)7　　(2)15　　(3)30　　(4)34　　(5)67

(b) 支線の安全率を1.5とした場合、支線の最少素線条数として、最も近いものを次の(1)～(5)のうちから一つ選べ。

　　ただし、支線の素線には、直径2.9mmの亜鉛めっき鋼より線(引張強さ1.23kN/mm^2)を使用し、素線のより合わせによる引張荷重の減少係数は無視するものとする。

(1)3　　(2)5　　(3)7　　(4)9　　(5)19

「電気設備技術基準の解釈」に基づく地中電線路の施設に関する記述として、誤っているものを次の(1)〜(5)のうちから一つ選べ。

(1)　地中電線路を管路式により施設する際、電線を収める管は、これに加わる車両その他の重量物の圧力に耐えるものとした。

(2)　高圧地中電線路を公道の下に管路式により施設する際、地中電線路の物件の名称、管理者名及び許容電流を2mの間隔で表示した。

(3)　地中電線路を暗きょ式により施設する際、暗きょは、車両その他の重量物の圧力に耐えるものとした。

(4)　地中電線路を暗きょ式により施設する際、地中電線に耐燃措置を施した。

(5)　地中電線路を直接埋設式により施設する際、車両の圧力を受けるおそれがある場所であるため、地中電線の埋設深さを1.5mとし、堅ろうなトラフに収めた。

277 電気使用場所の施設

次の文章は、「電気設備技術基準の解釈」における配線器具の施設に関する記述の一部である。

低圧用の配線器具は、次により施設すること。

a 　（ア）　ように施設すること。ただし、取扱者以外の者が出入りできないように措置した場所に施設する場合は、この限りでない。

b 湿気の多い場所又は水気のある場所に施設する場合は、防湿装置を施すこと。

c 配線器具に電線を接続する場合は、ねじ止めその他これと同等以上の効力のある方法により、堅ろうに、かつ、電気的に完全に接続するとともに、接続点に　（イ）　が加わらないようにすること。

d 屋外において電気機械器具に施設する開閉器、接続器、点滅器その他の器具は、　（ウ）　おそれがある場合には、これに堅ろうな防護装置を施すこと。

上記の記述中の空白箇所(ア)～(ウ)に当てはまる組合せとして、正しいものを次の(1)～(5)のうちから一つ選べ。

	(ア)	(イ)	(ウ)
(1)	充電部分が露出しない	張力	感電の
(2)	取扱者以外の者が容易に開けることができない	異常電圧	損傷を受ける
(3)	取扱者以外の者が容易に開けることができない	張力	感電の
(4)	取扱者以外の者が容易に開けることができない	異常電圧	感電の
(5)	充電部分が露出しない	張力	損傷を受ける

278 用語の定義・電線および電路の絶縁と接地

　次の文章は、接地工事に関する工事例である。「電気設備技術基準の解釈」に基づき正しいものを次の(1)～(5)のうちから一つ選べ。

(1)　C種接地工事を施す金属体と大地との間の電気抵抗値が80Ωであったので、C種接地工事を省略した。

(2)　D種接地工事の接地抵抗値を測定したところ1200Ωであったので、低圧電路において地絡を生じた場合に0.5秒以内に当該電路を自動的に遮断する装置を施設することとした。

(3)　D種接地工事に使用する接地線に直径1.2 mmの軟銅線を使用した。

(4)　鉄骨造の建物において、当該建物の鉄骨を、D種接地工事の接地極に使用するため、建物の鉄骨の一部を地中に埋設するとともに、等電位ボンディングを施した。

(5)　地中に埋設され、かつ、大地との間の電気抵抗値が5Ω以下の値を保っている金属製水道管路を、C種接地工事の接地極に使用した。

図は三相3線式高圧電路に変圧器で結合された変圧器低圧側電路を示したものである。低圧側電路の一端子にはB種接地工事が施されている。この電路の一相当たりの対地静電容量をCとし接地抵抗をR_Bとする。

　低圧側電路の線間電圧200 V、周波数50 Hz、対地静電容量Cは0.1 μFとして、次の(a)及び(b)の問に答えよ。

　ただし、

（ア）　変圧器の高圧電路の1線地絡電流は5 Aとする。

（イ）　高圧側電路と低圧側電路との混触時に低圧電路の対地電圧が150 Vを超えた場合は1.3秒で自動的に高圧電路を遮断する装置が設けられているものとする。

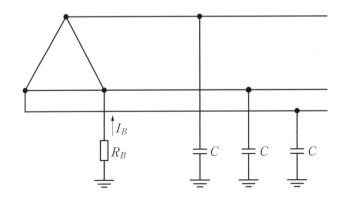

(a) 変圧器に施された、接地抵抗R_Bの抵抗値について「電気設備技術基準の解釈」で許容されている上限の抵抗値〔Ω〕として、最も近いものを次の(1)～(5)のうちから一つ選べ。

　　　(1) 20　　(2) 30　　(3) 40　　(4) 60　　(5) 100

（b）接地抵抗R_Bの抵抗値を$10\,\Omega$としたときに、R_Bに常時流れる電流I_Bの値〔mA〕として、最も近いものを次の(1)～(5)のうちから一つ選べ。

　　ただし、記載以外のインピーダンスは無視するものとする。

(1) 11 　　(2) 19 　　(3) 33 　　(4) 65 　　(5) 192

280 用語の定義・電線および電路の絶縁と接地

次の文章は、「電気設備技術基準の解釈」に基づく接地工事の種類及び施工方法に関する記述である。

B種接地工事の接地抵抗値は次の表に規定する値以下であること。

接地工事を施す変圧器の種類		当該変圧器の高圧側又は特別高圧側の電路と低圧側の電路との（ア）により、低圧電路の対地電圧が（イ）Vを超えた場合に、自動的に高圧又は特別高圧の電路を遮断する装置を設ける場合の遮断時間	接地抵抗値（Ω）
下記以外の場合			（イ）/I
高圧又は35000 V以下の特別高圧の電路と低圧電路を結合するもの	1秒を超え2秒以下		300/I
	1秒以下		（ウ）/I

(備考)Iは、当該変圧器の高圧側又は特別高圧側の電路の（エ）電流（単位：A）

上記の記述中の空白箇所(ア)、(イ)、(ウ)及び(エ)に当てはまる組合せとして、正しいものを次の(1)〜(5)のうちから一つ選べ。

	(ア)	(イ)	(ウ)	(エ)		(ア)	(イ)	(ウ)	(エ)
(1)	混触	150	600	1線地絡	(4)	接近	150	400	許容
(2)	接近	200	600	許容	(5)	混触	150	400	許容
(3)	混触	200	400	1線地絡					

281 分散型電源の系統連系設備

「電気設備技術基準の解釈」に基づく分散型電源の系統連系設備に関する記述として、誤っているものを次の(1)～(5)のうちから一つ選べ。

(1) 逆潮流とは、分散型電源設置者の構内から、一般送配電事業者が運用する電力系統側へ向かう有効電力の流れをいう。

(2) 単独運転とは、分散型電源が、連系している電力系統から解列された状態において、当該分散型電源設置者の構内負荷にのみ電力を供給している状態のことをいう。

(3) 単相3線式の低圧の電力系統に分散型電源を連系する際、負荷の不平衡により中性線に最大電流が生じるおそれがあるため、分散型電源を施設した構内の電路において、負荷及び分散型電源の並列点よりも系統側の3極に過電流引き外し素子を有する遮断器を施設した。

(4) 低圧の電力系統に分散型電源を連系する際、異常時に分散型電源を自動的に解列するための装置を施設した。

(5) 高圧の電力系統に分散型電源を連系する際、分散型電源設置者の技術員駐在箇所と電力系統を運用する一般送配電事業者の事業所との間に、停電時においても通話可能なものであること等の一定の要件を満たした電話設備を施設した。

282 発電所、蓄電所並びに変電所、開閉所および これらに準ずる場所の施設

次の文章は、「電気設備技術基準の解釈」に基づく発電所等への取扱者以外の者の立入の防止に関する記述である。

高圧又は特別高圧の機械器具及び母線等（以下、「機械器具等」という。）を屋外に施設する発電所、蓄電所又は変電所、開閉所若しくはこれらに準ずる場所は、次により構内に取扱者以外の者が立ち入らないような措置を講じること。ただし、土地の状況により人が立ち入るおそれがない箇所については、この限りでない。

a　さく、へい等を設けること。

b　特別高圧の機械器具等を施設する場合は、上記 a のさく、へい等の高さと、さく、へい等から充電部分までの距離との和は、表に規定する値以上とすること。

充電部分の使用電圧の区分	さく、へい等の高さと、さく、へい等から充電部分までの距離との和
35000 V 以下	（ア） m
35000 V を超え 160000 V 以下	（イ） m

c　出入口に立入りを　（ウ）　する旨を表示すること。

d　出入口に　（エ）　装置を施設して　（エ）　する等、取扱者以外の者の出入りを制限する措置を講じること。

上記の記述中の空白箇所（ア）、（イ）、（ウ）及び（エ）に当てはまる組合せとして、正しいものを次の(1)〜(5)のうちから一つ選べ。

	（ア）	（イ）	（ウ）	（エ）		（ア）	（イ）	（ウ）	（エ）
(1)	5	6	禁止	施錠	(4)	4	5	禁止	施錠
(2)	5	6	禁止	監視	(5)	4	5	確認	監視
(3)	4	5	確認	施錠					

283 電線路

次の文章は、「電気設備技術基準の解釈」における架空電線路の支持物の昇塔防止に関する記述である。

架空電線路の支持物に取扱者が昇降に使用する足場金具等を施設する場合は、地表上 　(ア)　 m以上に施設すること。ただし、次のいずれかに該当する場合はこの限りでない。

a　足場金具等が 　(イ)　 できる構造である場合

b　支持物に昇塔防止のための装置を施設する場合

c　支持物の周囲に取扱者以外の者が立ち入らないように、さく、へい等を施設する場合

d　支持物を山地等であって人が 　(ウ)　 立ち入るおそれがない場所に施設する場合

上記の記述中の空白箇所(ア)、(イ)及び(ウ)に当てはまる組合せとして、正しいものを次の(1)～(5)のうちから一つ選べ。

	(ア)	(イ)	(ウ)
(1)	2.0	内部に格納	頻繁に
(2)	2.0	取り外し	頻繁に
(3)	2.0	内部に格納	容易に
(4)	1.8	取り外し	頻繁に
(5)	1.8	内部に格納	容易に

284 電気使用場所の施設

　次の文章は、「電気設備技術基準の解釈」における低圧幹線の施設に関する記述の一部である。

　低圧幹線の電源側電路には、当該低圧幹線を保護する過電流遮断器を施設すること。ただし、次のいずれかに該当する場合は、この限りでない。

a　低圧幹線の許容電流が、当該低圧幹線の電源側に接続する他の低圧幹線を保護する過電流遮断器の定格電流の55％以上である場合

b　過電流遮断器に直接接続する低圧幹線又は上記aに掲げる低圧幹線に接続する長さ　　（ア）　　m以下の低圧幹線であって、当該低圧幹線の許容電流が、当該低圧幹線の電源側に接続する他の低圧幹線を保護する過電流遮断器の定格電流の35％以上である場合

c　過電流遮断器に直接接続する低圧幹線又は上記a若しくは上記bに掲げる低圧幹線に接続する長さ　　（イ）　　m以下の低圧幹線であって、当該低圧幹線の負荷側に他の低圧幹線を接続しない場合

d　低圧幹線に電気を供給する電源が　　（ウ）　　のみであって、当該低圧幹線の許容電流が、当該低圧幹線を通過する　　（エ）　　電流以上である場合

　上記の記述中の空白箇所(ア)、(イ)、(ウ)及び(エ)に当てはまる組合せとして、正しいものを次の(1)～(5)のうちから一つ選べ。

	(ア)	(イ)	(ウ)	(エ)
(1)	10	5	太陽電池	最大短絡
(2)	8	5	太陽電池	定格出力
(3)	10	5	燃料電池	定格出力
(4)	8	3	太陽電池	最大短絡
(5)	8	3	燃料電池	定格出力

285 保安原則と保護対策

次の文章は、「電気設備技術基準の解釈」に基づく電路に係る部分に接地工事を施す場合の、接地点に関する記述である。

a　電路の保護装置の確実な動作の確保、異常電圧の抑制又は対地電圧の低下を図るために必要な場合は、次の各号に掲げる場所に接地を施すことができる。

① 電路の中性点（　(ア)　電圧が300 V以下の電路において中性点に接地を施し難いときは、電路の一端子）

② 特別高圧の　(イ)　電路

③ 燃料電池の電路又はこれに接続する　(イ)　電路

b　高圧電路又は特別高圧電路と低圧電路とを結合する変圧器には、次の各号によりB種接地工事を施すこと。

① 低圧側の中性点

② 低圧電路の　(ア)　電圧が300 V以下の場合において、接地工事を低圧側の中性点に施し難いときは、低圧側の1端子

c　高圧計器用変成器の2次側電路には、　(ウ)　接地工事を施すこと。

d　電子機器に接続する　(ア)　電圧が　(エ)　V以下の電路、その他機能上必要な場所において、電路に接地を施すことにより、感電、火災その他の危険を生じることのない場合には、電路に接地を施すことができる。

上記の記述中の空白箇所(ア)、(イ)、(ウ)及び(エ)に当てはまる組合せとして、正しいものを次の(1)～(5)のうちから一つ選べ。

	(ア)	(イ)	(ウ)	(エ)
(1)	使　用	直　流	A　種	300
(2)	対　地	交　流	A　種	150
(3)	使　用	直　流	D　種	150
(4)	対　地	交　流	D　種	300
(5)	使　用	交　流	A　種	150

286 保安原則と保護対策

次の文章は、高圧の機械器具(これに附属する高圧電線であってケーブル以外のものを含む。)の施設(発電所又は変電所、開閉所若しくはこれらに準ずる場所に施設する場合を除く。)の工事例である。その内容として、「電気設備技術基準の解釈」に基づき、不適切なものを次の(1)～(5)のうちから一つ選べ。

(1) 機械器具を屋内であって、取扱者以外の者が出入りできないように措置した場所に施設した。

(2) 工場等の構内において、人が触れるおそれがないように、機械器具の周囲に適当なさく、へい等を設けた。

(3) 工場等の構内以外の場所において、機械器具に充電部が露出している部分があるので、簡易接触防護措置を施して機械器具を施設した。

(4) 機械器具に附属する高圧電線にケーブルを使用し、機械器具を人が触れるおそれがないように地表上5mの高さに施設した。

(5) 充電部分が露出しない機械器具を温度上昇により、又は故障の際に、その近傍の大地との間に生じる電位差により、人若しくは家畜又は他の工作物に危険のおそれがないように施設した。

287 用語の定義・電線および電路の絶縁と接地

次の文章は、「電気設備技術基準の解釈」に基づく太陽電池モジュールの絶縁性能及び太陽電池発電所に施設する電線に関する記述の一部である。

a 太陽電池モジュールは、最大使用電圧の　（ア）　倍の直流電圧又は　（イ）　倍の交流電圧（500 V未満となる場合は、500 V）を充電部分と大地との間に連続して　（ウ）　分間加えたとき、これに耐える性能を有すること。

b 太陽電池発電所に施設する高圧の直流電路の電線（電気機械器具内の電線を除く。）として、取扱者以外の者が立ち入らないような措置を講じた場所において、太陽電池発電設備用直流ケーブルを使用する場合、使用電圧は直流　（エ）　V以下であること。

上記の記述中の空白箇所（ア）、（イ）、（ウ）及び（エ）に当てはまる組合せとして、正しいものを次の(1)〜(5)のうちから一つ選べ。

	（ア）	（イ）	（ウ）	（エ）
(1)	1.5	1	1	1000
(2)	1.5	1	10	1500
(3)	2	1	10	1000
(4)	2	1.5	10	1000
(5)	2	1.5	1	1500

次の文章は、「電気設備技術基準の解釈」における地中電線と他の地中電線等との接近又は交差に関する記述の一部である。

低圧地中電線と高圧地中電線とが接近又は交差する場合、又は低圧若しくは高圧の地中電線と特別高圧地中電線とが接近又は交差する場合は、次の各号のいずれかによること。ただし、地中箱内についてはこの限りでない。

a 低圧地中電線と高圧地中電線との離隔距離が、　(ア)　m以上であること。

b 低圧又は高圧の地中電線と特別高圧地中電線との離隔距離が、　(イ)　m以上であること。

c 地中電線相互の間に堅ろうな　(ウ)　の隔壁を設けること。

d 　(エ)　の地中電線が、次のいずれかに該当するものである場合は、地中電線相互の離隔距離が、0 m以上であること。

① 不燃性の被覆を有すること。

② 堅ろうな不燃性の管に収められていること。

e 　(オ)　の地中電線が、次のいずれかに該当するものである場合は、地中電線相互の離隔距離が、0 m以上であること。

① 自消性のある難燃性の被覆を有すること。

② 堅ろうな自消性のある難燃性の管に収められていること。

上記の記述中の空白箇所(ア)、(イ)、(ウ)、(エ)及び(オ)に当てはまる組合せとして、正しいものを次の(1)〜(5)のうちから一つ選べ。

	(ア)	(イ)	(ウ)	(エ)	(オ)
(1)	0.15	0.3	耐火性	いずれか	それぞれ
(2)	0.15	0.3	耐火性	それぞれ	いずれか
(3)	0.1	0.2	耐圧性	いずれか	それぞれ
(4)	0.1	0.2	耐圧性	それぞれ	いずれか
(5)	0.1	0.3	耐火性	いずれか	それぞれ

289 電気使用場所の施設

次の文章は、「電気設備技術基準の解釈」における、分散型電源の系統連系設備に係る用語の定義の一部である。

a. 「解列」とは、　(ア)　から切り離すことをいう。

b. 「逆潮流」とは、分散型電源設置者の構内から、一般送配電事業者が運用する　(ア)　側へ向かう　(イ)　の流れをいう。

c. 「単独運転」とは、分散型電源を連系している　(ア)　が事故等によって系統電源と切り離された状態において、当該分散型電源が発電を継続し、線路負荷に　(イ)　を供給している状態をいう。

d. 「　(ウ)　的方式の単独運転検出装置」とは、分散型電源の有効電力出力又は無効電力出力等に平時から変動を与えておき、単独運転移行時に当該変動に起因して生じる周波数等の変化により、単独運転状態を検出する装置をいう。

e. 「　(エ)　的方式の単独運転検出装置」とは、単独運転移行時に生じる電圧位相又は周波数等の変化により、単独運転状態を検出する装置をいう。

上記の記述中の空白箇所(ア)、(イ)、(ウ)及び(エ)に当てはまる組合せとして、正しいものを次の(1)～(5)のうちから一つ選べ。

	(ア)	(イ)	(ウ)	(エ)
(1)	母　線	皮相電力	能　動	受　動
(2)	電力系統	無効電力	能　動	受　動
(3)	電力系統	有効電力	能　動	受　動
(4)	電力系統	有効電力	受　動	能　動
(5)	母　線	無効電力	受　動	能　動

290 電線路

　図のように既設の高圧架空電線路から、電線に硬銅より線を使用した電線路を高低差なく径間40 m延長することにした。

　新設支持物にA種鉄筋コンクリート柱を使用し、引留支持物とするため支線を電線路の延長方向10 mの地点に図のように設ける。電線と支線の支持物への取付け高さはともに10 mであるとき、次の(a)及び(b)の問に答えよ。

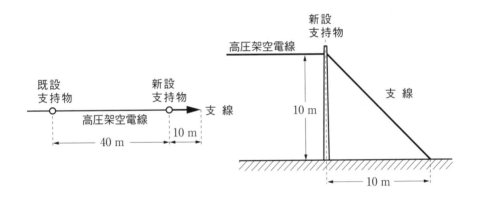

(a) 電線の水平張力を13 kNとして、その張力を支線で全て支えるものとする。支線の安全率を1.5としたとき、支線に要求される引張強さの最小の値〔kN〕として、最も近いものを次の(1)～(5)のうちから一つ選べ。

$$(1)\ 6.5 \quad (2)\ 10.7 \quad (3)\ 19.5 \quad (4)\ 27.6 \quad (5)\ 40.5$$

(b) 電線の引張強さを28.6 kN、電線の重量と風圧荷重との合成荷重を18 N/mとし、高圧架空電線の引張強さに対する安全率を2.2としたとき、この延長した電線の弛度(たるみ)の値〔m〕は、いくら以上としなければならないか。最も近いものを次の(1)～(5)のうちから一つ選べ。

$$(1)\ 0.14 \quad (2)\ 0.28 \quad (3)\ 0.49 \quad (4)\ 0.94 \quad (5)\ 1.97$$

291 発電用風力設備技術基準

次の文章は、「発電用風力設備に関する技術基準を定める省令」に基づく風車に関する記述である。

風車は、次により施設しなければならない。

a) 負荷を (ア) したときの最大速度に対し、構造上安全であること。

b) 風圧に対して構造上安全であること。

c) 運転中に風車に損傷を与えるような (イ) がないように施設すること。

d) 通常想定される最大風速においても取扱者の意図に反して風車が (ウ) することのないように施設すること。

e) 運転中に他の工作物、植物等に接触しないように施設すること。

上記の記述中の空白箇所(ア)～(ウ)に当てはまる組合せとして、正しいものを次の(1)～(5)のうちから一つ選べ。

	(ア)	(イ)	(ウ)
(1)	遮断	振動	停止
(2)	連系	振動	停止
(3)	遮断	雷撃	停止
(4)	連系	雷撃	起動
(5)	遮断	振動	起動

ある事業所内におけるA工場及びB工場の、それぞれのある日の負荷曲線は図のようであった。それぞれの工場の設備容量が、A工場では400kW、B工場では700kWであるとき、次の(a)及び(b)の問に答えよ。

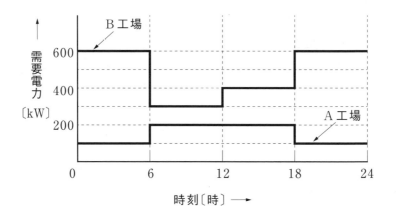

(a) A工場及びB工場を合わせた需要率の値〔%〕として、最も近いものを次の(1)～(5)のうちから一つ選べ。

　　　(1) 54.5　　(2) 56.8　　(3) 63.6　　(4) 89.3　　(5) 90.4

(b) A工場及びB工場を合わせた総合負荷率の値〔%〕として、最も近いものを次の(1)～(5)のうちから一つ選べ。

　　　(1) 56.8　　(2) 63.6　　(3) 78.1　　(4) 89.3　　(5) 91.6

※H26B問題問12と同一問題

293 電気施設管理

　有効落差80mの調整池式水力発電所がある。調整池に取水する自然流量は10m³/s一定であるとし、図のように1日のうち12時間は発電せずに自然流量の全量を貯水する。残り12時間のうち2時間は自然流量と同じ10m³/sの使用水量で発電を行い、他の10時間は自然流量より多いQ_p〔m³/s〕の使用水量で発電して貯水分全量を使い切るものとする。このとき、次の(a)及び(b)の問に答えよ。

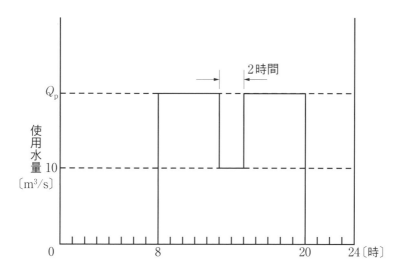

(a) 運用に最低限必要な有効貯水量の値〔m³〕として、最も近いものを次の(1)~(5)のうちから一つ選べ。

(1) 220×10^3　　(2) 240×10^3　　(3) 432×10^3　　(4) 792×10^3　　(5) 864×10^3

(b) 使用水量 Q_p〔m³/s〕で運転しているときの発電機出力の値〔kW〕として、最も近いものを次の(1)~(5)のうちから一つ選べ。ただし、運転中の有効落差は変わらず、水車効率、発電機効率はそれぞれ90%、95%で一定とし、溢水（いっすい）はないものとする。

(1) 12400　　(2) 14700　　(3) 16600　　(4) 18800　　(5) 20400

294 電気施設管理

需要家A〜Cにのみ電力を供給している変電所がある。

各需要家の設備容量と、ある1日（0〜24時）の需要率、負荷率及び需要家A〜Cの不等率を表に示す値とする。表の記載に基づき、次の(a)及び(b)の問に答えよ。

需要家	設備容量〔kW〕	需要率〔%〕	負荷率〔%〕	不等率
A	800	55	50	
B	500	60	70	1.25
C	600	70	60	

(a) 3需要家A〜Cの1日の需要電力量を合計した総需要電力量の値〔kW・h〕として、最も近いものを次の(1)〜(5)のうちから一つ選べ。

    (1) 10480　　(2) 16370　　(3) 20460　　(4) 26650　　(5) 27840

(b) 変電所から見た総合負荷率の値〔%〕として、最も近いものを次の(1)〜(5)のうちから一つ選べ。ただし、送電損失、需要家受電設備損失は無視するものとする。

    (1) 42　　(2) 59　　(3) 62　　(4) 73　　(5) 80

295 電気施設管理

　図に示すように、高調波発生機器と高圧進相コンデンサ設備を設置した高圧需要家が配電線インピーダンス Z_s を介して6.6kV配電系統から受電しているとする。

　コンデンサ設備は直列リアクトルSR及びコンデンサSCで構成されているとし、高調波発生機器からは第5次高調波電流 I_5 が発生するものとして、次の(a)及び(b)の問に答えよ。

　ただし、Z_s、SR、SCの基本波周波数に対するそれぞれのインピーダンス $\dot{Z}_{S1}$、$\dot{Z}_{SR1}$、$\dot{Z}_{SC1}$ の値は次のとおりとする。

　$\dot{Z}_{S1} = j4.4\Omega$、$\dot{Z}_{SR1} = j33\Omega$、$\dot{Z}_{SC1} = -j545\Omega$

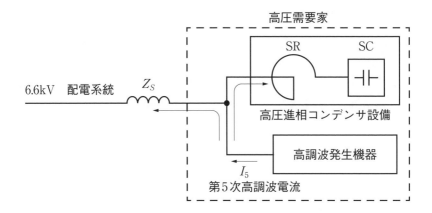

(a) 系統に流出する高調波電流は高調波に対するコンデンサ設備インピーダンス
　　と配電線インピーダンスの値により決まる。

　　$\dot{Z}_s$、SR、SCの第5次高調波に対するそれぞれのインピーダンス$\dot{Z}_{S5}$、$\dot{Z}_{SR5}$、
　　$\dot{Z}_{SC5}$の値〔Ω〕の組合せとして、最も近いものを次の(1)～(5)のうちから一つ選べ。

	$\dot{Z}_{S5}$	$\dot{Z}_{SR5}$	$\dot{Z}_{SC5}$
(1)	$j22$	$j165$	$-j2725$
(2)	$j9.8$	$j73.8$	$-j1218.7$
(3)	$j9.8$	$j73.8$	$-j243.7$
(4)	$j110$	$j825$	$-j21.8$
(5)	$j22$	$j165$	$-j109$

(b) 「高圧又は特別高圧で受電する需要家の高調波抑制対策ガイドライン」では需
　　要家から系統に流出する高調波電流の上限値が示されており、6.6kV系統への
　　第5次高調波の流出電流上限値は契約電力1kW当たり3.5mAとなっている。

　　　今、需要家の契約電力が250kWとし、上記ガイドラインに従うものとする。

　　このとき、高調波発生機器から発生する第5次高調波電流I_5の上限値(6.6kV
　　配電系統換算値)の値〔A〕として、最も近いものを次の(1)～(5)のうちから一つ
　　選べ。

　　ただし、高調波発生機器からの高調波は第5次高調波電流のみとし、その他
　　の高調波及び記載以外のインピーダンスは無視するものとする。

　　なお、上記ガイドラインの実際の適用に当たっては、需要形態による適用緩
　　和措置、高調波発生機器の種類、稼働率などを考慮する必要があるが、ここで
　　はこれらは考慮せず流出電流上限値のみを適用するものとする。

　　　　　(1) 0.6　　　(2) 0.8　　　(3) 1.0　　　(4) 1.2　　　(5) 2.2

296 電気施設管理

次の文章は、電力の需給に関する記述である。

電気は　（ア）　とが同時的であるため、不断の供給を使命とする電気事業においては、常に変動する需要に対処しうる供給力を準備しなければならない。

しかし、発電設備は事故発生の可能性があり、また、水力発電所の供給力は河川流量の豊渇水による影響で変化する。一方、太陽光発電、風力発電などの供給力は天候により変化する。さらに、原子力発電所や火力発電所も定期検査などの補修作業のため一定期間の停止を必要とする。このように供給力は変動する要因が多い。他方、需要も予想と異なるおそれもある。

したがって、不断の供給を維持するためには、想定される　（イ）　に見合う供給力を保有することに加え、常に適量の　（ウ）　を保持しなければならない。

電気事業法に基づき設立された電力広域的運営推進機関は毎年、各供給区域（エリア）及び全国の供給力について需給バランス評価を行い、この評価を踏まえてその後の需給の状況を監視し、対策の実施状況を確認する役割を担っている。

上記の記述中の空白箇所（ア）、（イ）及び（ウ）に当てはまる組合せとして、正しいものを次の(1)～(5)のうちから一つ選べ。

	（ア）	（イ）	（ウ）
(1)	発生と消費	最大電力	送電容量
(2)	発電と蓄電	使用電力量	送電容量
(3)	発生と消費	最大電力	供給予備力
(4)	発電と蓄電	使用電力量	供給予備力
(5)	発生と消費	使用電力量	供給予備力

R1 B問題 問12

　三相3線式の高圧電路に300 kW、遅れ力率0.6の三相負荷が接続されている。この負荷と並列に進相コンデンサ設備を接続して力率改善を行うものとする。進相コンデンサ設備は図に示すように直列リアクトル付三相コンデンサとし、直列リアクトルSRのリアクタンスX_L〔Ω〕は、三相コンデンサSCのリアクタンスX_C〔Ω〕の6%とするとき、次の(a)及び(b)の問に答えよ。

　ただし、高圧電路の線間電圧は6600 Vとし、無効電力によって電圧は変動しないものとする。

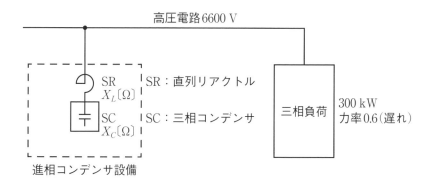

高圧電路6600 V

SR　X_L〔Ω〕　SR：直列リアクトル
SC　X_C〔Ω〕　SC：三相コンデンサ

三相負荷　300 kW　力率0.6（遅れ）

進相コンデンサ設備

(a) 進相コンデンサ設備を高圧電路に接続したときに三相コンデンサSCの端子電圧の値〔V〕として、最も近いものを次の(1)～(5)のうちから一つ選べ。

　　　(1) 6410　　(2) 6795　　(3) 6807　　(4) 6995　　(5) 7021

(b) 進相コンデンサ設備を負荷と並列に接続し、力率を遅れ0.6から遅れ0.8に改善した。このとき、この設備の三相コンデンサSCの容量の値〔kvar〕として、最も近いものを次の(1)～(5)のうちから一つ選べ。

　　　(1) 170　　(2) 180　　(3) 186　　(4) 192　　(5) 208

298 電気施設管理

　図のように電源側S点から負荷点Aを経由して負荷点Bに至る線路長L〔km〕の三相3線式配電線路があり、A点、B点で図に示す負荷電流が流れているとする。S点の線間電圧を6600 V、配電線路の1線当たりの抵抗を0.32 Ω/km、リアクタンスを0.2 Ω/kmとするとき、次の(a)及び(b)の問に答えよ。

　ただし、計算においてはS点、A点及びB点における電圧の位相差が十分小さいとの仮定に基づき適切な近似式を用いるものとする。

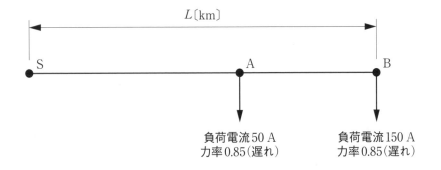

(a) A－B間の線間電圧降下をS点線間電圧の1％としたい。このときのA－B間の線路長の値〔km〕として、最も近いものを次の(1)～(5)のうちから一つ選べ。

(1) 0.39　　(2) 0.67　　(3) 0.75　　(4) 1.17　　(5) 1.30

(b) A－B間の線間電圧降下をS点線間電圧の1％とし、B点線間電圧をS点線間電圧の96％としたときの線路長Lの値〔km〕として、最も近いものを次の(1)～(5)のうちから一つ選べ。

(1) 2.19　　(2) 2.44　　(3) 2.67　　(4) 3.79　　(5) 4.22

図に示す自家用電気設備で変圧器二次側(210 V側) F点において三相短絡事故が発生した。次の(a)及び(b)の問に答えよ。

　ただし、高圧配電線路の送り出し電圧は6.6 kVとし、変圧器の仕様及び高圧配電線路のインピーダンスは表のとおりとする。なお、変圧器二次側からF点までのインピーダンス、その他記載の無いインピーダンスは無視するものとする。

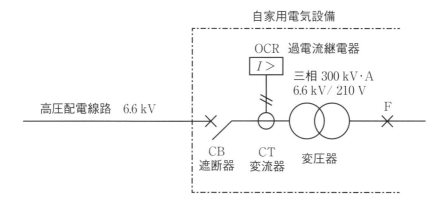

表

変圧器定格容量/相数	300 kV・A/三相
変圧器定格電圧	一次6.6 kV/二次210 V
変圧器百分率抵抗降下	2 %(基準容量300 kV・A)
変圧器百分率リアクタンス降下	4 %(基準容量300 kV・A)
高圧配電線路百分率抵抗降下	20 %(基準容量10 MV・A)
高圧配電線路百分率リアクタンス降下	40 %(基準容量10 MV・A)

(a) F点における三相短絡電流の値〔kA〕として、最も近いものを次の(1)～(5)のうちから一つ選べ。

　　　(1) 1.2　　(2) 1.7　　(3) 5.2　　(4) 11.7　　(5) 14.2

(b) 変圧器一次側（6.6 kV 側）に変流器CTが接続されており、CT二次電流が過電流継電器OCRに入力されているとする。三相短絡事故発生時のOCR入力電流の値〔A〕として、最も近いものを次の(1)～(5)のうちから一つ選べ。

　　ただし、CTの変流比は75 A/5 Aとする。

　　　(1) 12　　(2) 18　　(3) 26　　(4) 30　　(5) 42

300 電気施設管理

　自家用水力発電所をもつ工場があり、電力系統と常時系統連系している。

　ここでは、自家用水力発電所の発電電力は工場内において消費させ、同電力が工場の消費電力よりも大きくなり余剰が発生した場合、その余剰分は電力系統に逆潮流（送電）させる運用をしている。

　この工場のある日（0時～24時）の消費電力と自家用水力発電所の発電電力はそれぞれ図1及び図2のように推移した。次の(a)及び(b)の問に答えよ。

　なお、自家用水力発電所の所内電力は無視できるものとする。

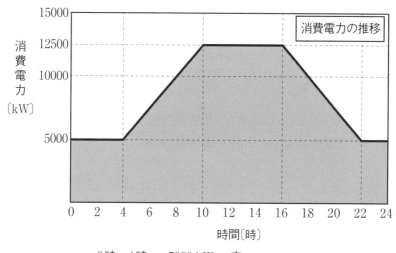

0時～4時	5000 kW 一定
4時～10時	5000 kW から 12500 kW まで直線的に増加
10時～16時	12500 kW 一定
16時～22時	12500 kW から 5000 kW まで直線的に減少
22時～24時	5000 kW 一定

図1

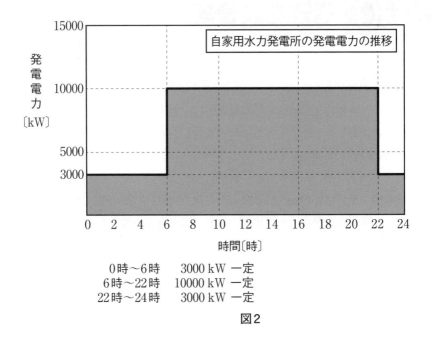

0時～6時　　3000 kW 一定
6時～22時　10000 kW 一定
22時～24時　3000 kW 一定

図2

(a) この日の電力系統への送電電力量の値〔MW·h〕と電力系統からの受電電力量の値〔MW·h〕の組合せとして、最も近いものを次の(1)～(5)のうちから一つ選べ。

	送電電力量〔MW·h〕	受電電力量〔MW·h〕
(1)	12.5	26.0
(2)	12.5	38.5
(3)	26.0	38.5
(4)	38.5	26.0
(5)	26.0	12.5

(b) この日、自家用水力発電所で発電した電力量のうち、工場内で消費された電力量の比率〔%〕として、最も近いものを次の(1)～(5)のうちから一つ選べ。

(1) 18.3　　(2) 32.5　　(3) 81.7　　(4) 87.6　　(5) 93.2

MEMO

●法改正・正誤等の情報につきましては、下記「ユーキャンの本」
　ウェブサイト内「追補（法改正・正誤）」をご覧ください。
　https://www.u-can.co.jp/book/information

●本書の内容についてお気づきの点は
　・「ユーキャンの本」ウェブサイト内「よくあるご質問」をご参照ください。
　　https://www.u-can.co.jp/book/faq
　・郵送・FAX でのお問い合わせをご希望の方は、書名・発行年月日・お客様のお名前・
　　ご住所・FAX 番号をお書き添えの上、下記までご連絡ください。
　【郵送】〒 169-8682 東京都新宿北郵便局 郵便私書箱第 2005 号
　　　　　ユーキャン学び出版 電験三種資格書籍編集部
　【FAX】03-3378-2232
　◎より詳しい解説や解答方法についてのお問い合わせ、他社の書籍の記載内容等に関して
　　は回答いたしかねます。

●お電話でのお問い合わせ・質問指導は行っておりません。

2024年版 ユーキャンの電験三種 最短合格への過去問300

2018年 4 月20日	初　版 第 1 刷発行	編　者	ユーキャン電験三種
2023年12月25日	第 6 版 第 1 刷発行		試験研究会
		発行者	品川泰一
		発行所	株式会社 ユーキャン 学び出版
			〒151-0053
			東京都渋谷区代々木1-11-1
			Tel 03-3378-1400
		発売元	株式会社 自由国民社
			〒171-0033
			東京都豊島区高田3-10-11
			Tel 03-6233-0781 （営業部）

印刷・製本　カワセ印刷株式会社

別冊「解答解説」 目次

1 静電容量と コンデンサ

R5上期 A問題 問1

P.18

（ア）それぞれの平行平板コンデンサ内の電界は平等電界であり、電極板間隔d〔m〕の電極間にV_0〔V〕の直流電圧が加わるので、それぞれのコンデンサの電界の強さは、

$$E_1 = \frac{V_0}{d} \text{〔V/m〕（答）、}$$

$$E_2 = \frac{V_0}{d} \text{〔V/m〕（答）}$$

となる。

（イ）誘電体の誘電率ε〔F/m〕は、誘電体の比誘電率をε_r、真空の誘電率をε_0〔F/m〕とすれば、

$$\varepsilon = \varepsilon_0 \varepsilon_r \text{〔F/m〕}$$

の関係がある。また、電束密度D〔C/m^2〕と電界の強さE〔V/m〕の間には、

$$D = \varepsilon E \text{〔C/m}^2\text{〕}$$

の関係があるので、それぞれのコンデンサの電束密度は、

$$D_1 = \varepsilon_0 \varepsilon_{r1} E_1 = \frac{\varepsilon_0 \varepsilon_{r1}}{d} V_0 \text{〔C/m}^2\text{〕（答）、}$$

$$D_2 = \varepsilon_0 \varepsilon_{r2} E_2 = \frac{\varepsilon_0 \varepsilon_{r2}}{d} V_0 \text{〔C/m}^2\text{〕（答）}$$

となる。

（ウ）それぞれのコンデンサの静電容量は、

$$C_1 = \frac{\varepsilon_0 \varepsilon_{r1}}{d} S \text{〔F〕、} \quad C_2 = \frac{\varepsilon_0 \varepsilon_{r2}}{d} S \text{〔F〕}$$

であり、それぞれのコンデンサには電圧V_0が加わるので、$Q = CV$の関係式を利用して、それぞれのコンデンサに蓄えられる電荷は、

$$Q_1 = \frac{\varepsilon_0 \varepsilon_{r1}}{d} SV_0 \text{〔C〕（答）、}$$

$$Q_2 = \frac{\varepsilon_0 \varepsilon_{r2}}{d} SV_0 \text{〔C〕（答）}$$

となる。

解答：　（4）

必須ポイント

●平行平板コンデンサの公式

$$C = \frac{\varepsilon S}{d} \text{〔F〕}$$

$$Q = CV \text{〔C〕} \quad \text{「柿はシブイ」と覚える}$$

$$E = \frac{V}{d} \text{〔V/m〕}$$

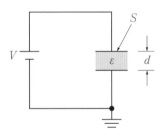

V：直流電圧〔V〕
S：電極板面積〔m^2〕
d：電極板間隔〔m〕
ε_0：真空の誘電率〔F/m〕
ε_r：誘電体の比誘電率
$\varepsilon = \varepsilon_0 \varepsilon_r$：誘電体の誘電率〔F/m〕

2 静電容量とコンデンサ

P.20

R4下期 A問題 問6

(1) **正しい。** 図1の回路（並列接続）のコンデンサの合成静電容量 C_1 は、$C_1 = 2C$〔F〕

図2の回路（直列接続）のコンデンサの合成静電容量 C_2 は、

$$C_2 = \frac{C \times C}{C + C} = \frac{C^2}{C + C} = \frac{1}{2}C \text{〔F〕}$$

よって、$C_1 = 4C_2$

(2) **正しい。** 図1の回路の電界のエネルギー W_1 は、

$$W_1 = \frac{1}{2}C_1 \cdot E^2 = \frac{1}{2} \times 2C \times E^2$$

$$= CE^2 \text{〔J〕}$$

図2の回路の電界のエネルギー W_2 は、

$$W_2 = \frac{1}{2}C_2 \cdot E^2 = \frac{1}{2} \times \frac{1}{2}C \times E^2$$

$$= \frac{1}{4}CE^2 \text{〔J〕}$$

よって、$W_1 > W_2$

(3) **誤り。** 4つのコンデンサの直列回路の電界のエネルギー W_3 は、合成静電容量が $\frac{1}{4}C$〔F〕となることから、

$$W_3 = \frac{1}{2} \times \frac{1}{4}C \times E^2 = \frac{1}{8}CE^2$$

よって、$W_3 \neq W_1$

合成静電容量 $= \dfrac{1}{\dfrac{1}{C} + \dfrac{1}{C} + \dfrac{1}{C} + \dfrac{1}{C}} = \dfrac{1}{4}C\text{〔F〕}$

(4) **正しい。** 図2の回路の電源電圧を $2E$〔V〕にすると、電界のエネルギー W_4 は電源電圧の2乗に比例することから、

$$W_4 = \frac{1}{2}C_2 \cdot (2E)^2$$

$$= \frac{1}{2} \times \frac{1}{2}C \times 4E^2$$

$$= CE^2 \text{〔J〕}$$

よって、$W_4 = W_1$

(5) **正しい。** 図1のコンデンサ1つ当たりに蓄えられる電荷 Q_1 は、$Q_1 = CE$〔C〕

図2のコンデンサ1つ当たりに蓄えられる電荷 Q_2 は、

$$Q_2 = C \times \frac{1}{2}E = \frac{1}{2}CE \text{〔C〕}$$

よって、$Q_1 = 2Q_2$

解答：	(3)

3 電界と電位

P.21

R4上期 A問題 問1

問題の円形平行板コンデンサを図aに示す。

(1) **正しい。**

図aに示すように、誘電体内の等電位面は電気力線と直交するので、電極板と誘電体の境界面に対して平行である。

(2) **正しい。**

コンデンサに蓄えられる電荷量 Q は、静電容量を C〔F〕とすると次式で表される。

$$Q = CV = \frac{\varepsilon S}{d}V \text{〔C〕} \quad \therefore C = \frac{\varepsilon S}{d} \text{〔F〕}$$

よって、Q は誘電率 ε〔F/m〕に比例するので、Q は ε が大きいほど大きくなる（ただし、S、d、V は一定とする）。

(3) **誤り。**

3

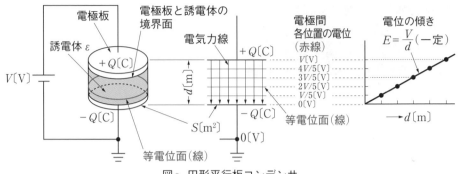

図a 円形平行板コンデンサ

誘電体内の電界の大きさ（電位の傾き）E は、$E = \dfrac{V}{d}$〔V/m〕で表され、ε の大きさに無関係に一定である。

(4) 正しい。

電束は $+Q$〔C〕の電荷から Q〔C〕が出る。誘電体内の単位面積当たりの電束の数を電束密度 D〔C/m²〕という。誘電体内の電束密度の大きさは、電極板に蓄えられた単位面積当たりの電荷量の大きさに等しくなる。

(5) 正しい。

静電エネルギー W は次式で表される。

$$W = \frac{1}{2} C V^2$$

$$= \frac{1}{2} \cdot \frac{\varepsilon S}{d} \cdot V^2 \text{〔J〕}$$

よって、W は S に比例するので、S を大きくすると W は増大する（ただし、ε、d、V は一定とする）。

| 解答： | (3) |

4 静電容量とコンデンサ

P.22

R4上期 A問題 問10

1.スイッチSが開いているとき

C_1 のコンデンサが持っている静電エネルギー（電気エネルギー）W_1 は、コンデンサの両端電圧を V_1〔V〕とすると、

$$W_1 = \frac{1}{2} C_1 V_1^2 = \frac{1}{2} C_1 \left(\frac{Q_1}{C_1} \right)^2$$

$Q = CV$ を変形

$$= \frac{1}{2} \cdot \frac{Q_1^2}{C_1}$$

$$= \frac{1}{2} \times \frac{0.3^2}{4 \times 10^{-3}}$$

$$= 11.25 \text{〔J〕}$$

$4\text{mF} = 4 \times 10^{-3}$

C_2 のコンデンサが持っている静電エネルギー W_2 は、電荷 $Q_2 = 0$〔C〕であるから、

$$W_2 = \frac{1}{2} \cdot \frac{Q_2^2}{C_2} = \frac{1}{2} \times \frac{0^2}{2 \times 10^{-3}}$$

$$= 0 \text{〔J〕}$$

静電エネルギーの合計 W は、

$$W = W_1 + W_2 = 11.25 \text{〔J〕}$$

となる。

2.スイッチを閉じて、時間が十分経過したとき

C_1 のコンデンサが持っていた電荷 $Q_1 = 0.3$ 〔C〕の一部 ΔQ 〔C〕が C_2 のコンデンサに移動し（＝電流 i が流れて）、両コンデンサの端子電圧が V 〔V〕と等しくなったとき、過渡現象が終了し電荷の移動は止まる。

このときの回路を図aに、等価回路を図bに示す。

等価回路を描くとき、i は流れていないのでこの抵抗 R は無視（短絡）してよい。

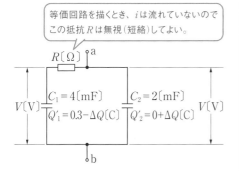

図a 過渡現象終了時の回路

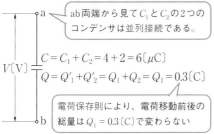

ab両端から見て C_1 と C_2 の2つのコンデンサは並列接続である。

$C = C_1 + C_2 = 4 + 2 = 6$ 〔μC〕

$Q = Q'_1 + Q'_2 = Q_1 + Q_2 = Q_1 = 0.3$ 〔C〕

電荷保存則により、電荷移動前後の総量は $Q_1 = 0.3$ 〔C〕で変わらない

図b 過渡現象終了時の等価回路

図bの等価回路より、過渡現象終了時の静電エネルギーを W' とすると、

$$W' = \frac{1}{2} \cdot \frac{Q^2}{C} = \frac{1}{2} \times \frac{0.3^2}{6 \times 10^{-3}}$$

$$= 7.5 \text{〔J〕}$$

3. R 〔Ω〕で消費された電気エネルギーを求める

スイッチSが開いているときの静電エネルギーの合計 W 〔J〕と、Sを閉じて十分時間が経過して過渡現象が終了したときの静電エネルギーの合計 W' 〔J〕の差が、R 〔Ω〕に電流が流れ熱エネルギーとして消費された電気エネルギー W_R となる。

$$W_R = W - W' = 11.25 - 7.5 = 3.75 \text{〔J〕（答）}$$

解答: （3）

必須ポイント

●静電エネルギー W

$$W = \frac{1}{2} C V^2$$

$$= \frac{1}{2} \cdot \frac{Q^2}{C} \quad (\because Q = CV)$$

●電荷保存則

問題図のような回路で電荷の移動があっても、**電荷移動前後で電荷の総量は変わらない**。ただし、静電エネルギーは減少する。減少の量は抵抗 R の大きさに無関係（R が大きいと過渡現象が長くなる）。R が明示されない出題もあるが、このときは、配線の抵抗によるジュール熱損失を想定する。

5 電界と電位

R3 A問題 問2

P.23

2つの導体小球の電荷がそれぞれ Q_1、Q_2 で、周囲の媒質が誘電率 $\varepsilon = \varepsilon_0 \varepsilon_r$ であるとき、2つの小球間に作用する静電力の大きさは、クーロンの法則により次式で表される。

$$F = \frac{Q_1 Q_2}{4\pi\varepsilon r^2} = \frac{Q_1 Q_2}{4\pi\varepsilon_0 \varepsilon_r r^2}$$

ただし、ε_0：真空の誘電率、ε_r：媒質の比誘電率、r：小球間の距離

Q_1、Q_2 の正負が同種電荷であるとき、

静電力の向きは反発力、異種電荷であるときは吸引力となる。

a. 小球間の空間が真空であるとき、静電力の大きさF_aは、$\varepsilon = \varepsilon_0$（$\varepsilon_r = 1$）であるから、

$$F_a = \frac{Q_1 Q_2}{4\pi\varepsilon_0 r^2} \quad \cdots\cdots ①$$

静電力の向きは、例えば、Q_1、Q_2が正電荷のとき反発力になる。

b. 小球間の空間が比誘電率$\varepsilon_r = 2$の液体で満たされているとき、静電力の大きさF_bは、$\varepsilon = \varepsilon_0 \varepsilon_r = 2\varepsilon_0$（$\varepsilon_r = 2$）であるから、

$$F_b = \frac{Q_1 Q_2}{4\pi\varepsilon_0 \varepsilon_r r^2} = \frac{Q_1 Q_2}{4\pi \cdot 2\varepsilon_0 r^2} \quad \cdots\cdots ②$$

$$\frac{F_b}{F_a} = \frac{\dfrac{Q_1 Q_2}{4\pi \cdot 2\varepsilon_0 r^2}}{\dfrac{Q_1 Q_2}{4\pi\varepsilon_0 r^2}} = \frac{1}{2}$$

$F_b = \dfrac{1}{2}F_a$…**静電力の大きさは$\dfrac{1}{2}$倍になる。**（答）

また、Q_1、Q_2の電荷の大きさと正負は、液体で満たしても変わらないので、**静電力の向きは変わらない。**（答）

解答：	(3)

必須ポイント

●**静電気に関するクーロンの法則**

電荷と電荷の間には次のような力が働き、この力を**静電力**または**クーロン力**という。

・同種の電荷間には、互いに**反発力**（斥力{りょく}）が働く。

（正電荷どうし、負電荷どうし）

・異種の電荷間には、互いに**吸引力**が働

く。

（正電荷と負電荷）

2つの電荷間に働く力は、それぞれの電荷の積に比例し、距離の2乗に反比例する。また、力の方向は両電荷を結ぶ直線上に沿う。これを**静電気に関するクーロンの法則**という。

いま、それぞれの電荷をQ_1〔C〕、Q_2〔C〕、電荷間の距離をr〔m〕とすると、比誘電率ε_rの媒質中において静電力Fは、次のようになる。

$$F = \frac{Q_1 Q_2}{4\pi\varepsilon r^2} = \frac{Q_1 Q_2}{4\pi\varepsilon_0 \varepsilon_r r^2} \quad 〔N〕$$

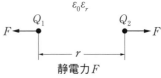

静電力F

ただし、

ε：媒質（ある物質）の誘電率〔F/m〕

ε_0：真空の誘電率8.854×10^{-12}〔F/m〕

ε_r：媒質（ある物質）の比誘電率、単位なし

なお、媒質とは電荷を取り巻く物質で、力など物理的作用を仲介する。

●**誘電率と比誘電率**

ある物質の誘電率εは次のように表す。

ある物質の誘電率$\varepsilon = \varepsilon_0 \cdot \varepsilon_r$〔F/m〕

ここで、ε_rをある物質の**比誘電率**という。つまり、比誘電率ε_rとは、真空の誘電率ε_0の何倍かを表す定数である。真空の比誘電率は基準であるから$\varepsilon_r = 1$、空気の比誘電率は$\varepsilon_r \fallingdotseq 1$である。

空気の誘電率$\varepsilon = \varepsilon_0 \cdot \varepsilon_r \fallingdotseq \varepsilon_0$〔F/m〕

となる。

6 静電容量とコンデンサ

P.24

R3 B問題 問17

真空中において極板間の厚さd〔m〕、表面積S〔m²〕の平行板コンデンサを考える。このコンデンサの静電容量は、$C_0 = \varepsilon_0 \dfrac{S}{d}$〔F〕となる。

設問(a)、(b)において、このC_0を基準の静電容量とする。

(a) コンデンサAは図aに示すように、コンデンサA_1、A_2、A_3の直列回路と等価になる。

コンデンサA_1、A_2、A_3の静電容量C_{A1}、C_{A2}、C_{A3}は、

> 2はコンデンサA_1の誘電体の比誘電率

$$C_{A1} = 2\varepsilon_0 \frac{S}{\dfrac{d}{6}} = \frac{12\varepsilon_0 S}{d} = 12C_0 \,\text{〔F〕}$$

> $C_0 = \varepsilon_0 \dfrac{S}{d}$

$$C_{A2} = 3\varepsilon_0 \frac{S}{\dfrac{d}{3}} = \frac{9\varepsilon_0 S}{d} = 9C_0 \,\text{〔F〕}$$

$$C_{A3} = 6\varepsilon_0 \frac{S}{\dfrac{d}{2}} = \frac{12\varepsilon_0 S}{d} = 12C_0 \,\text{〔F〕}$$

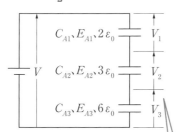

図a コンデンサAの等価回路

> コンデンサの直列回路なので、各コンデンサに蓄えられる電荷Qは等しい。
> $Q = CV$、$V = \dfrac{Q}{C}$より、分担電圧はCに反比例する。

各コンデンサに加わる電圧は静電容量に反比例して分担されるので、

$$V_1 = \frac{\dfrac{1}{C_{A1}}}{\dfrac{1}{C_{A1}} + \dfrac{1}{C_{A2}} + \dfrac{1}{C_{A3}}} \times V$$

> 分子、分母を36倍する

$$= \frac{\dfrac{1}{12C_0}}{\dfrac{1}{12C_0} + \dfrac{1}{9C_0} + \dfrac{1}{12C_0}} \times V$$

$$= \frac{3}{3+4+3} \times V$$

$$= \frac{3}{10} V$$

$$V_2 = \frac{\dfrac{1}{C_{A2}}}{\dfrac{1}{C_{A1}} + \dfrac{1}{C_{A2}} + \dfrac{1}{C_{A3}}} \times V$$

$$= \frac{\dfrac{1}{9C_0}}{\dfrac{1}{12C_0} + \dfrac{1}{9C_0} + \dfrac{1}{12C_0}} \times V$$

$$= \frac{4}{10} V$$

> $C_{A3} = C_{A1}$

$$V_3 = \frac{\dfrac{1}{C_{A3}}}{\dfrac{1}{C_{A1}} + \dfrac{1}{C_{A2}} + \dfrac{1}{C_{A3}}} \times V$$

$$= V_1 = \frac{3}{10} V$$

各誘電体内部の電界の強さは、電位差を距離(厚さ)で割ればよいので、

$$E_{A1} = \frac{V_1}{\dfrac{d}{6}} = \frac{\dfrac{3V}{10}}{\dfrac{d}{6}} = \frac{9V}{5d} \,\text{〔V/m〕}$$

$$E_{A2} = \frac{V_2}{\dfrac{d}{3}} = \frac{\dfrac{4V}{10}}{\dfrac{d}{3}} = \frac{6V}{5d} \,\text{〔V/m〕}$$

$$E_{A3} = \frac{V_3}{\frac{d}{2}} = \frac{\frac{3V}{10}}{\frac{d}{2}} = \frac{3V}{5d} \, [\mathrm{V/m}]$$

よって、電界の強さの大小関係とその中の最大値は、

$$E_{A1} > E_{A2} > E_{A3}, \quad \frac{9V}{5d} \, (答)$$

解答：(a)—(4)

(b) コンデンサAの合成静電容量 C_A は、

$$C_A = \cfrac{1}{\cfrac{1}{C_{A1}} + \cfrac{1}{C_{A2}} + \cfrac{1}{C_{A3}}}$$

$$= \cfrac{1}{\cfrac{1}{12C_0} + \cfrac{1}{9C_0} + \cfrac{1}{12C_0}}$$

$$= \cfrac{1}{\cfrac{3+4+3}{36C_0}}$$

$$= \frac{36}{10}C_0 = \frac{18}{5}C_0$$

コンデンサA全体の蓄積エネルギー W_A は、

$$W_A = \frac{1}{2} \cdot C_A \cdot V^2 = \frac{1}{2} \cdot \frac{18}{5}C_0 \cdot V^2 \, [\mathrm{J}]$$

コンデンサBは図bに示すように、コンデンサ B_1、B_2、B_3 の並列回路と等価になる。

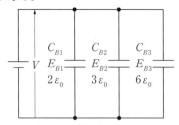

コンデンサ B_1、B_2、B_3 の静電容量 C_{B1}、C_{B2}、C_{B3} は、

$$C_{B1} = 2\varepsilon_0 \frac{\frac{S}{6}}{d} = \frac{2\varepsilon_0 S}{6d} = \frac{1}{3}C_0 \, [\mathrm{F}]$$

$$\boxed{C_0 = \varepsilon_0 \frac{S}{d}}$$

$$C_{B2} = 3\varepsilon_0 \frac{\frac{S}{3}}{d} = \frac{3\varepsilon_0 S}{3d} = C_0 \, [\mathrm{F}]$$

$$C_{B3} = 6\varepsilon_0 \frac{\frac{S}{2}}{d} = \frac{6\varepsilon_0 S}{2d} = 3C_0 \, [\mathrm{F}]$$

合成静電容量 C_B は、

$$C_B = C_{B1} + C_{B2} + C_{B3}$$

$$= \frac{1}{3}C_0 + C_0 + 3C_0$$

$$= \frac{C_0 + 3C_0 + 9C_0}{3} = \frac{13}{3}C_0 \, [\mathrm{F}]$$

コンデンサB全体の蓄積エネルギー W_B は、

$$W_B = \frac{1}{2} \cdot C_B \cdot V^2 = \frac{1}{2} \cdot \frac{13}{3}C_0 \cdot V^2 \, [\mathrm{J}]$$

よって、求める $\dfrac{W_A}{W_B}$ は、

$$\frac{W_A}{W_B} = \cfrac{\frac{1}{2} \cdot \frac{18}{5}C_0 \cdot V^2}{\frac{1}{2} \cdot \frac{13}{3}C_0 \cdot V^2}$$

$$\boxed{W_A \text{は} W_B \text{の0.83倍}}$$

$$= \cfrac{\frac{18}{5}}{\frac{13}{3}} \fallingdotseq 0.83 \, (答)$$

解答：(b)—(2)

必須ポイント

●平行板コンデンサの公式

静電容量 $C = \varepsilon_0 \varepsilon_r \dfrac{S}{d} \, [\mathrm{F}]$

電荷 $Q = CV \, [\mathrm{C}]$ ◁ 「柿はシブイ」と覚える

$$静電エネルギー W = \frac{1}{2}CV^2 \,〔J〕$$

$$電界の強さ E = \frac{V}{d} \,〔V/m〕$$

7 電界と電位

R2 A問題 問2　P.26

電気力線は電界の様子を表す仮想線で、正電荷から始まって負電荷で終わる連続線である。

問題図①の電荷は題意より、**電気量+Q〔C/m〕の正電荷**であり、①から出た電気力線は負電荷に向かう。よって、**問題図③、④は電気量−Q〔C/m〕の負電荷である**。また、③、④の負電荷には②からも電気力線が入り込んでいるので、**問題図②は電気量+Q〔C/m〕の正電荷である**。

電気力線の向きを示せば、図aのようになる。

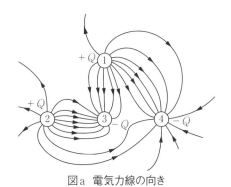

図a　電気力線の向き

| 解答：　(2) |

必須ポイント

●電気力線の性質

a．電気力線は、正電荷から始まって負電荷で終わる連続線である。

b．電気力線の接線方向が、電界の方向を表す。

c．電気力線の密度（単位面積1〔m²〕当たりの電気力線数）が、電界の強さを表す。

d．真空中において、1〔C〕の電荷から$\frac{1}{\varepsilon_0}$〔本〕の電気力線が、Q〔C〕の電荷から$\frac{Q}{\varepsilon_0}$〔本〕の電気力線が出る。

電気力線による電界の様子を図bに示す。

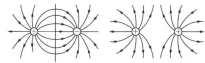

(a) 正負2個の電荷　　(b) 2個の正電荷

図b　電気力線の図

8 静電容量とコンデンサ

R2 B問題 問17　P.27

(a)　平行板コンデンサの電界の強さEは、印加電圧をV、極板間距離（厚さ）をdとすると、

$$E = \frac{V}{d} \,〔V/m〕$$

となり、**EはVに比例しdに反比例する**。

①～③の各平行板コンデンサに印加する電圧Vは同じなので、極板間距離dの小さいほうが電界の強さEは大きい。

①のコンデンサは、d = 4.0〔mm〕

②のコンデンサは、d = 1.0〔mm〕

③のコンデンサは、$d = 0.5$〔mm〕
であるから、電界の強さEを大きい順に
並べると、③＞②＞①（答）

解答：(a)—(5)

(b) 平行板コンデンサが絶縁破壊を起こす
印加電圧をV〔kV〕、絶縁破壊電界をE
〔kV/mm〕、極板間距離(厚さ)をd〔mm〕
とすると、

$V = Ed$〔kV〕

となる。

①のコンデンサの絶縁破壊電界をE_1
$= 10$〔kV/mm〕、極板間距離を$d_1 = 4.0$
〔mm〕とすると、絶縁破壊電圧V_1は、

$V_1 = E_1 d_1 = 10 \times 4.0 = 40$〔kV〕

②のコンデンサの絶縁破壊電界をE_2
$= 20$〔kV/mm〕、極板間距離を$d_2 = 1.0$
〔mm〕とすると、絶縁破壊電圧V_2は、

$V_2 = E_2 d_2 = 20 \times 1.0 = 20$〔kV〕

③のコンデンサの絶縁破壊電界をE_3
$= 50$〔kV/mm〕、極板間距離を$d_3 = 0.5$
〔mm〕とすると、絶縁破壊電圧V_3は、

$V_3 = E_3 d_3 = 50 \times 0.5 = 25$〔kV〕

よって、絶縁破壊電圧を大きい順に並
べると、①＞③＞②（答）

解答：(b)—(2)

必須ポイント

●平行平板コンデンサの公式

$$C = \frac{\varepsilon S}{d}$$〔F〕

$$E = \frac{V}{d}$$〔V/m〕、$V = Ed$〔V〕

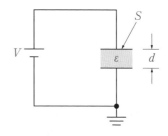

E：(絶縁破壊)電界の強さ〔V/m〕
V：(絶縁破壊)印加電圧〔V〕
S：極板面積〔m^2〕
d：極板間距離〔m〕
ε_0：真空の誘電率〔F/m〕
ε_r：誘電体の比誘電率
$\varepsilon = \varepsilon_0 \varepsilon_r$：誘電体の誘電率〔F/m〕

9 電界と電位

R1 A問題 問2

P.28

問題図左列のコンデ
ンサの静電容量をそれ
ぞれ上からC_A、C_1、C_2
とすると、

C_A E_A V_A
C_1
10kV
C_2

$$C_A = \varepsilon_0 \varepsilon_r \frac{S}{d}$$

$$= \varepsilon_0 \times 3 \times \frac{S}{2}$$

$$C_1 = \varepsilon_0 \times 3 \times \frac{S}{3}$$

$$C_2 = \varepsilon_0 \times 3 \times \frac{S}{5}$$

ただし、ε_0は真空の誘電率、
Sは極板面積

各静電容量の比は、

$$C_A : C_1 : C_2 = \frac{1}{2} : \frac{1}{3} : \frac{1}{5}$$

各静電容量の逆比は、

$$\frac{1}{C_A} : \frac{1}{C_1} : \frac{1}{C_2} = 2 : 3 : 5$$

3つのコンデンサの直列回路に加わる電圧10kVは、各コンデンサの静電容量に逆比例して配分されるので、C_A に加わる電圧 V_A は、

$$V_A = \frac{\dfrac{1}{C_A}}{\dfrac{1}{C_A} + \dfrac{1}{C_1} + \dfrac{1}{C_2}} \times 10$$

$$= \frac{2}{2 + 3 + 5} \times 10 = 2 \, (\mathrm{kV})$$

よって、求める電界の強さ E_A は、

$$E_A = \frac{V_A}{d} = \frac{2}{2} = 1 \, (\mathrm{kV/mm}) \,(答)$$

同様に、問題図中央列のコンデンサの静電容量を C_B, C_3 とすると、

$$C_B = \varepsilon_0 \varepsilon_r \frac{S}{d}$$

$$= \varepsilon_0 \times 2 \times \frac{S}{4}$$

$$C_3 = \varepsilon_0 \times 2 \times \frac{S}{6}$$

各静電容量の比は、

$$C_B : C_3 = \frac{1}{4} : \frac{1}{6}$$

各静電容量の逆比は、

$$\frac{1}{C_B} : \frac{1}{C_3} = 4 : 6$$

C_B に加わる電圧 V_B は、

$$V_B = \frac{\dfrac{1}{C_B}}{\dfrac{1}{C_B} + \dfrac{1}{C_3}} \times 10 = \frac{4}{4 + 6} \times 10$$

$$= 4 \, (\mathrm{kV})$$

よって、求める電界の強さ E_B は、

$$E_B = \frac{V_B}{d} = \frac{4}{4} = 1 \, (\mathrm{kV/mm}) \,(答)$$

解答: (3)

別 解

　静電容量 C は、極板間距離 d に逆比例する。コンデンサ直列回路の分担電圧 V は、静電容量 C に逆比例する。したがって、**分担電圧 V は極板間距離 d に比例する。**

　問題図左列の d は上から2mm、3mm、5mmなので、分担電圧 V は2〔kV〕、3〔kV〕、5〔kV〕となる。

$V_A = 2 \, (\mathrm{kV})$、よって

$$E_A = \frac{V_A}{d} = \frac{2}{2} = 1 \, (\mathrm{kV/mm})$$

　問題図中央列の d は4mm、6mmなので、分担電圧 V は4〔kV〕、6〔kV〕となる。

$V_B = 4 \, (\mathrm{kV})$、よって

$$E_B = \frac{V_B}{d} = \frac{4}{4} = 1 \, (\mathrm{kV/mm})$$

　ただし、各直列回路の ε_r が等しいという条件が必要である。

10 静電容量とコンデンサ

P.29

H30 A問題 問2

　文字式のまま解くと大変面倒な問題である。そこで題意を満たすよう、設問（ア）に

11

ついては、挿入する固体誘電体の厚さd_1〔m〕を$\dfrac{d_0}{2}$〔m〕とする。

つまり、固体誘電体挿入後の空気ギャップの厚さと固体誘電体の厚さを同じ厚さ$\dfrac{d_0}{2}$〔m〕として計算する。また、固体誘電体の比誘電率ε_rを、$\varepsilon_r = 3$として計算する。同様に設問（イ）についても、挿入する導体の厚さd_2〔m〕を$\dfrac{d_0}{2}$〔m〕とする。

図aのように、固体誘電体または導体を挿入する前の空気ギャップの電界の強さE_0は、極板間電圧をV〔V〕とすると、

$$E_0 = \frac{V}{d_0} \; \text{〔V/m〕}$$

で表される。

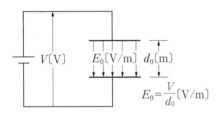

$$E_0 = \frac{V}{d_0} \; \text{〔V/m〕}$$

図a 平行板空気コンデンサ

（ア）固体誘電体を挿入後は、図bに示すように、空気ギャップのコンデンサC_1と固体誘電体のコンデンサC_2の直列回路となる。空気ギャップの電界の強さE_1を求める。

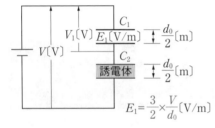

$$E_1 = \frac{3}{2} \times \frac{V}{d_0} \; \text{〔V/m〕}$$

図b 固体誘電体（比誘電率ε_r）挿入

空気ギャップのコンデンサの静電容量C_1は、

$$C_1 = \frac{\varepsilon_0 \cdot S}{\dfrac{d_0}{2}} = \frac{2\varepsilon_0 \cdot S}{d_0}$$

固体誘電体のコンデンサの静電容量C_2は、$\varepsilon_r = 3$としているので、

$$C_2 = \frac{\varepsilon_0 \cdot \varepsilon_r \cdot S}{\dfrac{d_0}{2}} = \frac{3\varepsilon_0 \cdot S}{\dfrac{d_0}{2}}$$

$$= \frac{6\varepsilon_0 \cdot S}{d_0}$$

C_1とC_2の比は、

$$C_1 : C_2 = \frac{2\varepsilon_0 \cdot S}{d_0} : \frac{6\varepsilon_0 \cdot S}{d_0} = 1 : 3$$

コンデンサの直列回路において、電圧Vは静電容量に反比例して配分されるので、C_1に加わる電圧V_1は、

$$V_1 = \frac{C_2}{C_1 + C_2} \times V = \frac{3}{1+3} \times V$$

$$= \frac{3V}{4}$$

空気ギャップの電界の強さE_1は、

$$E_1 = \frac{\dfrac{3V}{4}}{\dfrac{d_0}{2}} = \frac{6}{4} \times \frac{V}{d_0}$$

$$= \frac{3}{2} \times \frac{V}{d_0} \; \text{〔V/m〕}$$

固体誘電体を挿入する前の空気ギャップの電界の強さ

$$E_0 = \frac{V}{d_0} \; \text{〔V/m〕と比較すると、}$$

$$E_1 > E_0$$

したがって、固体誘電体挿入後の空気

ギャップの電界の強さ E_1 は、固体誘電体を挿入する前の値 E_0 と比べて(ア)強くなる。

(イ)厚さ $d_2 = \dfrac{d_0}{2}$ 〔m〕の導体を挿入後は、導体は導線と同じなので図cのようになる。

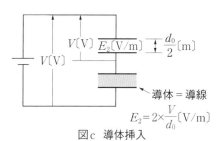

$E_2 = 2 \times \dfrac{V}{d_0}$ 〔V/m〕

図c 導体挿入

空気ギャップの電界の強さ E_2 は、

$$E_2 = \frac{V}{\dfrac{d_0}{2}} = 2 \times \frac{V}{d_0}\ \text{〔V/m〕}$$

導体を挿入する前の空気ギャップの電界の強さ

$E_0 = \dfrac{V}{d_0}$〔V/m〕と比較すると、

$$E_2 > E_0$$

したがって、導体挿入後の空気ギャップの電界の強さ E_2 は、導体を挿入する前の値 E_0 と比べて(イ)強くなる。

解答: (1)

必須ポイント

●誘電体挿入等価回路

誘電体を極板の中間に挿入した場合でも、片側の極板に寄せた回路と等価になる。

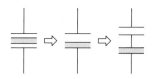

●平行平板コンデンサの公式

$$C = \frac{\varepsilon S}{d}\ \text{〔F〕}$$

$$E = \frac{V}{d}\ \text{〔V/m〕}$$

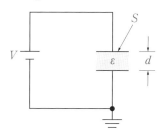

E：電界の強さ〔V/m〕
V：直流電圧〔V〕
S：電極板面積〔m²〕
d：電極板間隔〔m〕
ε_0：真空の誘電率〔F/m〕
ε_r：誘電体の比誘電率
$\varepsilon = \varepsilon_0 \varepsilon_r$：誘電体の誘電率〔F/m〕

●コンデンサ直列接続の合成静電容量と電圧分担

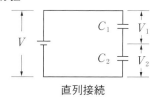

直列接続

$$\text{合成静電容量}\ C = \frac{C_1 C_2}{C_1 + C_2} = \frac{\text{積}}{\text{和}}$$

$$電圧分担\ V_1 = \frac{C_2}{C_1 + C_2}\ V$$

$$V_2 = \frac{C_1}{C_1 + C_2}\ V$$

電圧 V は C_1、C_2 に反比例して配分される。
※分子が相手側の記号となる。

11 電界と電位
H29 A問題 問1　P.30

(1)、(3)、(4)、(5)の記述は**正しい**。

(2)　**誤り**。電気力線は正の電荷から出て負の電荷に入る。したがって、正負が逆である(2)の記述は誤りである。

解 答：　(2)

必須ポイント

●**電気力線の性質**

　（問題文および解説文参照）

●**電気力線による電界の様子**

　真空中において 1 〔C〕の電荷から $\frac{1}{\varepsilon_0}$ 〔本〕の電気力線が、Q〔C〕の電荷から $\frac{Q}{\varepsilon_0}$ 〔本〕の電気力線が出る。

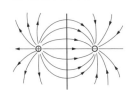

(a) 正負2個の電荷

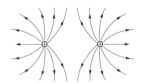

(b) 2個の正電荷

電気力線の図

誘電率 $\varepsilon = \varepsilon_0 \cdot \varepsilon_r$ の媒質中においては、1〔C〕の電荷から $\frac{1}{\varepsilon_0 \cdot \varepsilon_r}$〔本〕の電気力線が、$Q$〔C〕の電荷から $\frac{Q}{\varepsilon_0 \cdot \varepsilon_r}$〔本〕の電気力線が出る。

12 静電容量とコンデンサ
P.31　H28 A問題 問2

　平行板コンデンサの電界の強さは極板間のどの位置でも一定で、このような電界を**平等電界**という。

　また、電極間の**電位 V** と**電界の強さ E** の関係は図aのようになり、次式が成立する。この図から分かるように、電界の強さ E は**電位の傾き**（電位傾度）とも呼ばれる。

$$E = \frac{V}{d}\ 〔\mathrm{V/m}〕$$

　上記を踏まえ、各設問を検討する。

a．**誤り**。極板Aからの距離を x〔m〕とすると、極板B（電位0V）からの距離は $(d-x)$〔m〕。したがって、この点の電位 V_x は $(d-x)$ に比例し、

$$V_x = E \cdot (d-x) = \frac{V}{d}(d-x)$$

$$= \frac{d-x}{d}\ V 〔\mathrm{V}〕$$

となる。V_x は x には反比例せず、図bのように直線的に変化する。

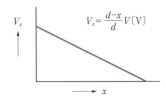

図b　V_x と x の関係

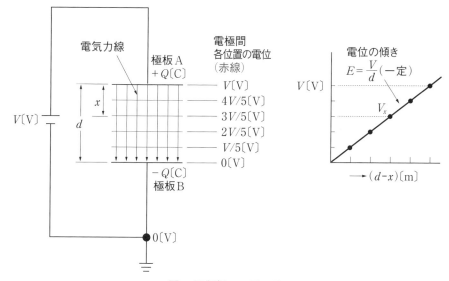

図a 平行板コンデンサ

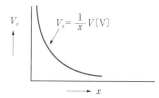

図c 仮にV_xとxが反比例した場合の曲線

　なお、仮に反比例するとすれば、図c
のようになる。

b．**正しい**。電界の強さEは、極板間のど
の位置でも一定で$E = \dfrac{V}{d}$〔m〕となる。
（極板Aからの距離に無関係）

c．**正しい**。図aの赤線が電位の等しい点
を結んだ等電位線である。等電位線は極
板に対して平行である。

d．**正しい**。等電位線は、電気力線と直交
するので極板に対して垂直である。

　　以上のことから、b、c、dが正しい。

解答:	(4)

H28 A問題 問7

　コンデンサ並列部分の合成静電容量C_2
は、2つの静電容量の和となるので2〔μF〕
となり、等価回路は次図となる。

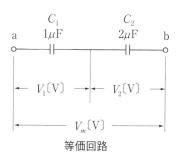

等価回路

　V_mはC_1、C_2に反比例して配分される。
また、題意の条件を入れると次式が成立す
る。

① $V_1 = \dfrac{C_2}{C_1 + C_2} \times V_m$

$\quad = \dfrac{2}{1 + 2} = \dfrac{2}{3} V_m \leqq 500$

$V_m \leqq 750 \,(\text{V})$

② $V_2 = \dfrac{C_1}{C_1 + C_2} \times V_m$

$\quad = \dfrac{1}{1 + 2} = \dfrac{1}{3} V_m \leqq 500$

$V_m \leqq 1500 \,(\text{V})$

　①の最大電圧 $V_m = 750\,(\text{V})$、②の最大電圧 $V_m = 1500\,(\text{V})$ である。したがって、V_m を徐々に上昇させていくと、C_1 の分担電圧 V_1 が先に制限の $500\,(\text{V})$ に達する。このときの V_m の値は $750\,(\text{V})$ である。

解 答： **(3)**

必須ポイント

●コンデンサ直列接続の合成静電容量と電圧分担

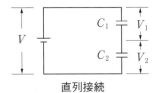

直列接続

合成静電容量 $C = \dfrac{C_1 C_2}{C_1 + C_2} = \dfrac{積}{和}$

電圧分担 $V_1 = \dfrac{C_2}{C_1 + C_2}\ V$

$\qquad\qquad V_2 = \dfrac{C_1}{C_1 + C_2}\ V$

電圧 V は C_1、C_2 に反比例して配分される。
※分子が相手側の記号となる。

●コンデンサ並列接続の合成静電容量

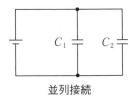

並列接続

合成静電容量 $C = C_1 + C_2$

14 静電容量とコンデンサ　P.33

H27 A問題 問1

　平行平板コンデンサにおいて、誘電率を ε、極板面積を S とすれば次式が成り立つ。

$C = \dfrac{\varepsilon S}{d} \cdots\cdots(1)$

$Q = CV \cdots\cdots(2)$

$E = \dfrac{V}{d} \cdots\cdots(3)$

(1)　**正しい。** 式(1)より、C は d に反比例するため、d を大きくすると C は減少する。なお、Q には無関係。

(2)　**誤り。**

$E = \dfrac{V}{d}$

上式の V に、$V = \dfrac{Q}{C}$ を代入

$E = \dfrac{Q}{Cd}$、

d は一定ではないので、この式の C に、$C = \dfrac{\varepsilon S}{d}$ を代入、d は消去される。

$E = \dfrac{Q}{Cd} = \dfrac{Q}{\left(\dfrac{\varepsilon S}{d}\right) \times d} = \dfrac{Q}{\varepsilon S}$

題意より、Q は一定。また、ε、S も

一定。したがって、Eはdと無関係に一定。

(3) **正しい。** 式(1)より、Cはdに反比例するため、dを大きくするとCは減少する。また、$V = \dfrac{Q}{C}$より、Qが一定ならCが減少するとVは上昇する。

(4) **正しい。** $E = \dfrac{V}{d}$より、Vが一定でdが大きくなるとEは減少する。

(5) **正しい。** $Q = CV = \dfrac{\varepsilon SV}{d}$より、$Q$は$V$に比例し$d$に反比例する。$V$が一定で$d$を大きくすると$Q$は減少する。

解 答： (2)

15 電流による磁気作用 P.34

R5上期 A問題 問4

(1) **正しい。** 単位長（1 m）当たりの巻数Nの無限長ソレノイドに電流I〔A〕を流すと、ソレノイド内部には磁界$H = NI$〔A/m〕が生じ、磁界の大きさはソレノイドの寸法や内部に存在する物質の種類に影響されない。ただし、磁束密度$B = \mu H$〔T〕は、物質の種類により透磁率μ〔H/m〕が異なるので影響を受ける。

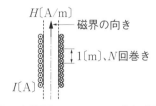

図a　無限長ソレノイドの内部磁界

(2) **正しい。** 磁束密度B〔T〕の均一磁界中に、磁界と直角に置かれた長さl〔m〕の

直線状導体に直流電流I〔A〕を流すと、直線導体には$F = BIl$〔N〕の電磁力が働く。FはIに比例する。

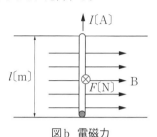

図b　電磁力

(3) **誤り。** 真空中に距離r〔m〕離れた無限長の平行導線にそれぞれ電流I_1、I_2が流れているとき、平行導線間に単位長さ1〔m〕当たりに働く電磁力Fは、

$$F = \frac{\mu_0 I_1 I_2}{2\pi r} \text{〔N/m〕}$$

ただし、μ_0：真空の透磁率〔H/m〕

I_1、I_2が反対向きならFは反発力、同じ向きなら吸収力となる。上記より、導体には導体間距離r（の1乗）に反比例した反発力が働く。「導体間距離rの2乗に反比例した反発力が働く」という記述は誤りである。

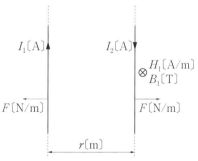

図c　平行導線間に働く電磁力

(4) **正しい。** フレミングの左手の法則は、

磁界中に置かれた電流が流れる導体に働く電磁力の向きを表す。図dのように左手の親指、人差指、中指を直角に開き、人差指を磁界の方向、中指を電流の方向にとれば、親指が電磁力（導体に働く力）の方向になる。

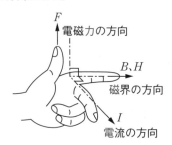

図d フレミングの左手の法則

(5) 正しい。

物質の長さをl〔m〕、断面積をS〔m²〕、導電率をσ〔S/m〕とすれば、物質の電気抵抗Rは、

$$R = \frac{l}{\sigma S}〔\Omega〕$$

物質の透磁率をμ〔H/m〕とすれば、物質の磁気抵抗R_mは、

$$R_m = \frac{l}{\mu S}〔H^{-1}〕$$

上式より、電気回路における導電率は、磁気回路における透磁率に対応する。また、電気回路における電流は、磁気回路における磁束に対応する。

解答： (3)

必須ポイント

●無限長ソレノイドの内部磁界

$$H = NI〔A/m〕$$

ただし、N：単位長（1m）当たりの巻数

●磁界と直角に置かれた直線導体に働く電磁力

$$F = IBl〔N〕$$

（方向はフレミングの左手の法則に従う）

●電流が流れている無限長平行導線間に働く電磁力

$$F = \frac{\mu_0 I_1 I_2}{2\pi r}〔N/m〕$$

I_1、I_2が同方向→吸引力

I_1、I_2が反対方向→反発力

●フレミングの法則

左手の法則→電動機の原理

右手の法則→発電機の原理

いずれも下の指から電・磁・力（電流・磁界・力）

●電気回路と磁気回路の対応

解説文(5)参照

16 電流による磁気作用
R4下期 A問題 問4　P.35

各導体に流れる電流$I = 7$〔A〕は同一方向（⊗方向）であるから、各導体1〔m〕当たりに働く力の大きさF〔N/m〕は図aのように吸引力となる。F〔N/m〕は題意の式及び数値により、次のように求めることができる。

$$F = \frac{2I^2}{r} \times 10^{-7}$$

$$= \frac{2 \times 7^2}{0.1} \times 10^{-7} \quad （10cm→0.1m）$$

$$= 980 \times 10^{-7}〔N/m〕$$

必須ポイント

●力のベクトル合成の例

1点に働く2つの力に60°の差がある場合(本問題に該当)

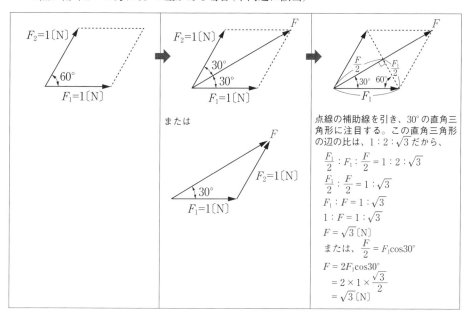

点線の補助線を引き、30°の直角三角形に注目する。この直角三角形の辺の比は、$1:2:\sqrt{3}$ だから、

$$\frac{F_1}{2}:F_1:\frac{F}{2}=1:2:\sqrt{3}$$

$$\frac{F_1}{2}:\frac{F}{2}=1:\sqrt{3}$$

$$F_1:F=1:\sqrt{3}$$

$$1:F=1:\sqrt{3}$$

$$F=\sqrt{3}\,[\mathrm{N}]$$

または、$\dfrac{F}{2}=F_1\cos30°$

$$F=2F_1\cos30°$$
$$=2\times1\times\frac{\sqrt{3}}{2}$$
$$=\sqrt{3}\,[\mathrm{N}]$$

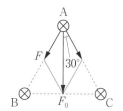

A、B、C各導体に働く力 F_0 は同一式となる

図a　力のベクトル合成

各導体1[m]当たりに働く力の大きさ F_0 [N/m]は、力のベクトル合成により図aのようになり、次式で求めることができる。

$$F_0 = 2F\cos30°$$
$$= 2\times980\times10^{-7}\times\frac{\sqrt{3}}{2}$$
$$\fallingdotseq 1.70\times10^{-4}\,[\mathrm{N/m}]\,(\text{答})$$

解答：　(3)

---

17 インダクタンス

P.36

R4上期 A問題 問3

コイルの端子2と3を接続し、端子1から4へ電流 I を流したときに各コイルに生じる磁束 ϕ_{12}、ϕ_{34} の向きを図aに示す。鉄心中において、それぞれのコイルが作る磁束の向きは右手親指の法則(俗称)により同じ向きとなるため、コイルは和動接続となる。

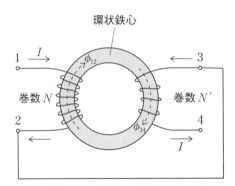

環状鉄心

1 I → ϕ_{12} ← 3

巻数 N 巻数 N'

2 ← ϕ_{34} 4 I

図a 端子2と端子3を接続したときに
コイルに生じる磁束の向き

このとき、端子1-2間の自己インダクタンスをL_1、端子3-4間の自己インダクタンスをL_2、端子1-4間の合成インダクタンスをL、L_1とL_2の相互インダクタンスをMとすれば、次式が成立する。

$$L = L_1 + L_2 + 2M$$

上式を変形し、$L=86$〔mH〕、$L_1=40$〔mH〕、$L_2=10$〔mH〕を代入すれば、相互インダクタンスM〔mH〕は、

$$2M = L - (L_1 + L_2)$$
$$= 86 - (40 + 10) = 36$$
$$M = 18\,〔mH〕$$

相互インダクタンスM〔mH〕、各自己インダクタンスL_1〔mH〕、L_2〔mH〕の間には、結合係数をkとすれば次式が成立する。

$$M = k\sqrt{L_1 L_2}\,〔mH〕$$

> M、L_1、L_2の単位は〔mH〕のままでよい。〔H〕に変換する必要なし。

上式を変形し、結合係数kを求める。

$$k = \frac{M}{\sqrt{L_1 L_2}} = \frac{18}{\sqrt{40 \times 10}} = 0.90 \,(答)$$

解答: (2)

必須ポイント

●**右手親指の法則（俗称）**

右手の親指以外の4本の指をコイルに流れる電流の向きにとると、親指の向きがコイル内を貫通する磁束の向きとなる。本質は右ネジの法則である。

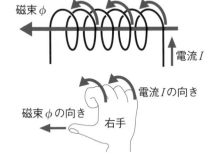

磁束 ϕ

電流I

電流Iの向き

磁束ϕの向き 右手

図b 右手親指の法則

●**和動接続と差動接続**

インダクタンスL_1〔H〕とインダクタンスL_2〔H〕の2つのコイルを直列接続する場合、磁束の向きが同じ接続（和動接続）と、逆になる接続（差動接続）がある。

2つのコイルの相互インダクタンスをM〔H〕とすると、合成インダクタンスLは、それぞれ次のようになる。

和動接続 $L = L_1 + L_2 + 2M$〔H〕
差動接続 $L = L_1 + L_2 - 2M$〔H〕

●**結合係数**

自己インダクタンスと、相互インダクタンスの間には、次式の関係がある。

$$M = k\sqrt{L_1 L_2}\,〔H〕$$

ここで、$k\,(0 \leqq k \leqq 1)$はコイル間の結合の度合いを表す係数で、**結合係数**という。漏れ磁束がない場合、$k = 1$となる。

18 電磁誘導現象
R4上期 A問題 問4
P.37

問題図1に示すように、磁束密度$B = 0.02$〔T〕の一様な磁界の中に、長さ$l = 0.5$〔m〕の直線状導体が磁界の方向と直角に置かれている。この導体を磁束を横切るように移動させることで、導体には起電力を生じる。

問題図2に示すように、この導体が磁界と直角を維持しつつ磁界に対して$60°$の角度で、速さ$v = 0.5$〔m/s〕で移動したときに生じる起電力e〔V〕は、次のようになる。

$$e = Blv\sin 60° = 0.02 \times 0.5 \times 0.5 \times \frac{\sqrt{3}}{2}$$

$$\fallingdotseq 4.3 \times 10^{-3}〔V〕\rightarrow 4.3〔mV〕（答）$$

解答: (3)

必須ポイント

●フレミングの右手の法則

図a(a)に示すように、磁束密度B〔T〕の磁界中に長さl〔m〕の導体が垂直に置かれているとき、導体を磁界と垂直に上向きに速度v〔m/s〕で動かすと、導体に誘導起電力eがこの紙面の裏側から表側へ向かう方向（◉方向）に発生する。誘導起電力eの大きさは次式で表される。

$$e = Blv〔V〕$$

また、導体を図a(b)に示すように磁界の向きに対してθ〔°〕斜めに動かすと、この導体に発生する誘導起電力eの大きさは速度の磁界に対する垂直成分が$v\sin\theta$〔m/s〕となるので、次式で表される。

$$e = Blv\sin\theta〔V〕$$

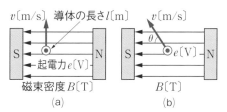

図a　導体が磁束を切ることによる誘導起電力

注　意

テキストや問題によっては$\sin\theta$ではなく、$\cos\theta$と書かれている場合があるが、これはθの基準位置を変えただけのことで内容は全く一緒である。

誘導起電力の向きは、導体の移動方向と横切る磁束の方向によって決まる。このとき右手の親指、人差し指、中指を直角に開き、親指を導体の移動方向、人差し指を磁束の方向にとれば、中指が起電力の方向になる。これを**フレミングの右手の法則**という。

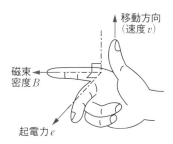

図b　フレミングの右手の法則

19 電磁誘導現象
R3 A問題 問4
P.38

1．コイルに磁石のN極を近づけると、コイル内を右から左へ貫く磁束数が増える。

すると、レンツの法則により、この磁束の増加を妨げるようにコイルに誘導起動力が発生し、(ア)②の向きに誘導電流が流れる。

(磁極Nによる磁束の増加を妨げる方向、すなわち、コイル内を左から右へ向かう磁束を発生する電流の向きは、俗称「右手親指の法則」により、②の向きである)

2. コイルの巻数$N=200$で、磁束の増加$\Delta\phi$は$10\text{mWb} \rightarrow 10\times10^{-3}\text{Wb}$であるから、磁束鎖交数の変化は$N\phi=200\times10\times10^{-3}$=(イ)$2\text{Wb}$である。

また、この磁束$\Delta\phi$の増加が$\Delta t=0.5\text{s}$の間に起こっているので、この間にコイルに発生する誘導起電力の大きさeは、

$$e = N\frac{\Delta\phi}{\Delta t} = 200\times\frac{10\times10^{-3}}{0.5} = (ウ)4\text{V}$$

となる。

解答: (4)

必須ポイント

●ファラデーの法則

検流計が接続された**コイル**に、**磁石**を近づけたり遠ざけたりすると、コイルに**起電力**が発生し、**電流**が流れる。この現象を**電磁誘導**という。

図aのように磁石のN極をコイルに近づけると、コイル内部には左向きの磁束が増加する。レンツの法則より、**誘導起電力**はこの磁束の変化を妨げる方向、つまり、コイル内部に右向きの磁束が増加するような向きに発生するので、**誘導電流**の向きは俗称「右手親指の法則」により図aのようになる。

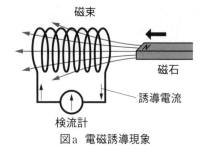

図a 電磁誘導現象

「**電磁誘導によってコイルに誘導される起電力eは、そのコイルと鎖交する磁束の時間変化の割合に比例する**」

これを**ファラデーの法則**といい、**コイルの巻数をN**とすると、次式で表される。$N\phi$を磁束鎖交数という。

$$e = -N\frac{\Delta\phi}{\Delta t}\text{〔V〕}$$

eの大きさだけを問題とするときは負号は不要

$\Delta\phi$：磁束の変化
Δt：時間変化

●レンツの法則

①磁石とコイルが遠く離れているときは、コイルと鎖交する磁束ϕはない(0本)ので、コイルに誘導起電力eは発生せず、抵抗Rに誘導電流iも流れない(図①参照)。

②次に、磁石をコイルに近づけると、コイルと鎖交する磁束ϕが0本から2本に増加する。一方、コイルは、磁束の増加を妨げる方向(図②の⇨の方向)に誘導起電力eを発生させ、同時に抵抗Rに誘導電流iを流す。これは、誘導電流iにより⇨方向の磁束ϕ'を発生させるということなので、誘導電流iと⇨方向の磁束ϕ'の関係は、アンペア

の右ねじの法則、または、俗称「右手親指の法則」に従う。

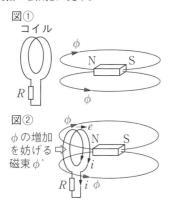

図①
コイル
N　S
ϕ
R
ϕ

図②
ϕの増加を妨げる磁束ϕ'
ϕ
e
N　S
i
R　i　ϕ

なお、回路が閉回路となっていない場合(例えばR開放の場合)、誘導電流iは流れず、⇨方向の磁束ϕ'も発生しないが、誘導起電力eは発生する。

●**右手親指の法則**(俗称)

右手の親指以外の4本の指を、コイルに流れる電流の向きとすると、親指の向きがコイルを貫通する磁束の向きとなる。

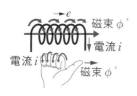

e　磁束ϕ'
電流i
電流i　磁束ϕ'

20 磁石の性質と働き
R2 A問題 問4　　P.39

(1)、(2)、(3)、(5)の記述は**正しい**。

(4)　**誤り**。

「磁力線の密度は、その点の磁界の強さを表す」、また「磁束の密度は、その点

の磁束密度を表す」。したがって、「磁力線の密度は、その点の磁束密度を表す」という(4)の記述は誤りである。

解答：　(4)

必須ポイント

●**磁力線とは**

磁界の様子を表す仮想線を**磁力線**という。磁力線には、次のような性質がある。

a.　磁力線は、N極から始まってS極で終わる連続線である。

b.　磁力線の接線方向が、磁界の方向を表す。

c.　磁力線の密度(単位面積(1$[m^2]$)当たりの磁力線数)が、磁界の強さを表す。

> 磁極$m[Wb]$から$r[m]$離れた仮想球面の表面積が$4\pi r^2[m^2]$である。したがって、真空中において磁力線密度は、
> $$\frac{m}{\mu_0} \div 4\pi r^2$$
> $$= \frac{m}{4\pi \mu_0 r^2}$$
> $$[本/m^2 = A/m]$$
> となり、これは磁界の強さを表している。

d.　真空中において、1$[Wb]$の磁極から$\frac{1}{\mu_0}[本]$の磁力線が、$m[Wb]$の磁極から$\frac{m}{\mu_0}[本]$の磁力線が出る。

> 透磁率$\mu = \mu_0 \mu_r$の媒質中においては、1$[Wb]$の磁極から$\frac{1}{\mu_0 \mu_r}[本]$の磁力線が、$m[Wb]$の磁極から$\frac{m}{\mu_0 \mu_r}[本]$の磁力線が出る。

e.　磁力線は引っ張られたゴムひもの性質を持ち、磁力線どうしは交わらない。

23

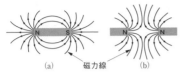

図a 磁力線の図

●磁束とは

　磁極から出る磁力線の本数は、媒質の透磁率によって変わる。そこで、媒質によらずm〔Wb〕の磁極からm〔Wb〕が出ると考えた仮想線を**磁束**といい、量記号Φで表し、単位には磁極と同じ〔Wb〕を使用する。また、1〔m²〕当たりの磁束を**磁束密度**といい、量記号Bで表し、単位には〔T〕を使用する。

　真空中において、磁束密度Bと磁界の強さH〔A/m〕の間には、次式の関係がある。

$$B = \mu_0 H \text{〔T〕}$$

21 電流による磁気作用　P.40

R1 A問題 問4

　鉄心中の磁界の強さをH〔A/m〕とすると、起磁力NIは、

$NI = Hl$〔A〕

$$H = \frac{NI}{l} = \frac{8000 \times 0.1}{0.2} = 4000 \text{〔A/m〕}$$

$B = \mu H$〔T〕より

$$\mu = \frac{B}{H} = \frac{1.28}{4000} = 3.2 \times 10^{-4} \text{〔H/m〕（答）}$$

解答： **(5)**

●環状ソレノイドの公式

$$NI = Hl \text{〔A〕}$$

●BとHの関係

　透磁率$\mu = \mu_0 \cdot \mu_r$の媒質中において

$$B = \mu H = \mu_0 \cdot \mu_r H \text{〔T〕}$$

22 磁石の性質と働き　P.41

H30 A問題 問3

　点Aの磁界の強さHは、点Aに単位の正磁荷($+1$Wb)を置いたとき、この磁荷に働く磁気力の大きさで表す。真空中に置かれた磁荷m〔Wb〕の磁極から距離r〔m〕離れた点Aに$+1$〔Wb〕の磁荷を置いたとき、この磁荷に働く磁気力Fはクーロンの法則より、

$$F = \frac{m \times 1}{4\pi\mu_0 r^2} \text{〔N〕}$$

　上式は定義により磁界の強さHを表すので、

$$H = \frac{m}{4\pi\mu_0 r^2} \text{〔A/m〕}$$

　磁界の強さはベクトル量であるから、複数の磁荷による磁界の強さはベクトル和で求められる。

　同種磁荷(正磁荷どうしまたは負磁荷どうし)間には反発力、異種磁荷(正磁荷と負磁荷)間には吸引力が働く。図aにおいて点A−点B間に働く磁気力F_{AB}は反発力で、その大きさは、

$$F_{AB} = \frac{m_B \times 1}{4\pi\mu_0 r^2}$$

$$= \frac{1 \times 10^{-4} \times 1}{4\pi \times 4\pi \times 10^{-7} \times 2^2}$$

$$\doteqdot 1.58 \,[\text{N}]$$

点A－点C間に働く磁気力F_{AC}は吸引力で、その大きさは、

$$F_{AC} = \frac{m_C \times 1}{4\pi\mu_0 r^2}$$

$$= \frac{-1 \times 10^{-4} \times 1}{4\pi \times 4\pi \times 10^{-7} \times 2^2}$$

$$\doteqdot -1.58 \,[\text{N}]$$

> マイナスの符号は吸引力を表す

F_{AB}とF_{AC}のベクトル和F_Aは、図aより F_{AB}と等しいので、

> F_A、F_{AB}はともに 正三角形の一辺である

$$F_A = 1.58 \,[\text{N}]$$

よって、点Aの

磁界の大きさH_Aは、

$$H_A = 1.58 \,[\text{A/m}] \,（答）$$

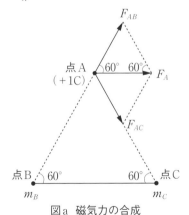

図a　磁気力の合成

解答：	(4)

必須ポイント

●真空中において$m\,[\text{Wb}]$の磁極から$r\,[\text{m}]$ 離れた点Pの磁界の強さHは、

$$H = \frac{m}{4\pi\mu_0 r^2} \,[\text{A/m}]$$

ただし、$\mu_0 = 4\pi \times 10^{-7}\,[\text{H/m}]$は真空の透磁率

※**磁界の強さ**とは、磁界の大きさと方向を表し、**磁界の大きさ**とは、大きさだけを表す。

23 インダクタンス
H29 A問題 問3　　P.42

問題図の回路に電流Iを流し、コイル内を貫通する磁束ϕを考える（「右手親指の法則」を使う）。

図aは磁束ϕ_1、ϕ_2が打ち消し合う差動接続なので、A－B間の合成インダクタンスL_{AB}は、

$$L_{AB} = L + L - 2M$$
$$1.2 = 2L - 2M$$
$$2(L - M) = 1.2$$
$$L - M = 0.6\,[\text{H}] \quad \cdots\cdots(1)$$

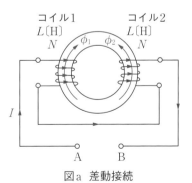

図a　差動接続

図bは磁束ϕ_1、ϕ_2が加わり合う和動接続なので、C－D間の合成インダクタンスL_{CD}は、

$$L_{CD} = L + L + 2M$$
$$2 = 2L + 2M$$
$$2(L + M) = 2$$
$$L + M = 1 \text{〔H〕} \cdots \cdots (2)$$

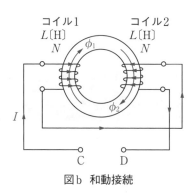

図b 和動接続

式(1)、(2)よりL、Mを求める。式(1)＋式(2)は、

$$
\begin{array}{r}
L - M = 0.6 \cdots \cdots (1) \\
+\ )\ \underline{L + M = 1\ \cdots \cdots (2)} \\
2L = 1.6 \\
L = 0.8 \text{〔H〕（答）}
\end{array}
$$

$L = 0.8$を式(2)に代入

$$0.8 + M = 1$$
$$M = 0.2 \text{〔H〕（答）}$$

解 答：	(2)

必須ポイント

●右手親指の法則（俗称）

右手の親指以外の4本の指をコイルに流れる電流の向きにとると、親指の向きがコイル内を貫通する磁束の向きとなる。本質は右ネジの法則である。

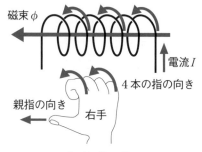

図c 右手親指の法則

●インダクタンスの直列接続

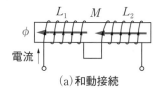

(a)和動接続

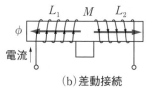

(b)差動接続

図d インダクタンスの和動接続と差動接続

インダクタンスL_1〔H〕とインダクタンスL_2〔H〕の2つのコイルを直列接続する場合、磁束の向きが同じ接続（和動接続）と、逆になる接続（差動接続）がある。

2つのコイルの相互インダクタンスをM〔H〕とすると、合成インダクタンスLは、

和動接続　$L = L_1 + L_2 + 2M$〔H〕
差動接続　$L = L_1 + L_2 - 2M$〔H〕

24 磁性体の磁化現象

H29 A問題 問4　P.43

1. 直交座標の横軸は（ア）**磁界の強さ**〔A/m〕、縦軸は磁束密度〔T〕である。

2. aは（イ）**残留磁気**、bは保磁力の大きさを表す。

3. 鉄心入りコイルに交流電流を流すと、鉄心内部の磁化の方向を変化させるために電気エネルギーが消費され、これが熱に変換される。このエネルギー損失をヒステリシス損といい、ヒステリシス曲線内の面積に（ウ）**比例**する。

4. 永久磁石材料としては、aの残留磁気とbの保磁力がともに（エ）**大きい磁性体**が適している。

　環状ソレノイドの中に強磁性体である鉄などを鉄心として入れ、電流をしだいに増加させ磁界を加えると、鉄心は磁化される。

　このとき、加える磁界の強さH〔A/m〕と鉄心内部の磁束密度B〔T〕の関係は、図aのような曲線になる。この曲線を**磁化曲線**または**BH曲線**という。

　磁化曲線の形は曲線0－PまでHの増加とともにBが増加し、Hがさらに大きくなるとBの変化は小さくなり、ついにはBが変化しなくなり飽和する。この状態を**磁気飽和**という。

　次に、磁界の強さHを減少させると、磁束密度BはHを増加させた場合の経路を通らず、図aの曲線P－Qのように変化し、Hを0にしても磁束密度B_rが残る。このB_rを**残留磁気**という。

磁束密度Bを0にするためには、逆向きにH_cを加える必要があり、このH_cを**保磁力**という。さらに反対向きにHを増加させると、磁性体は逆向きに飽和する。

　この特徴的なループを描く磁化曲線を**ヒステリシスループ**という。

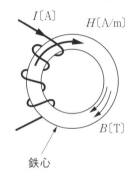

鉄心

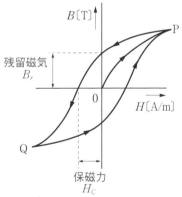

図a　磁性体の磁化曲線（BH曲線）

| 解答：　(5) |

必須ポイント

●鉄心材料と永久磁石材料に要求される性質

a．鉄心材料

　ヒステリシス損が小さい（ヒステリ

シスループの面積が小さい)ほうがよいので、**残留磁気と保磁力が小さいほうがよい**。

b．永久磁石材料

強い磁性が必要なので、**残留磁気と保磁力が大きいほうがよい**。

※上記のように、残留磁気と保磁力の大小が逆であることに注意！

25 電流による磁気作用 P.44
H28 A問題 問3

アンペアの右ねじの法則により、長い線状導体のうち直線導体は点Pに磁界を作らない。半円形導体が点Pに作る磁界の大きさHは、ビオ・サバールの法則により、次のように求める。

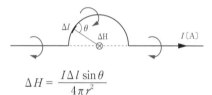

$$\Delta H = \frac{I\Delta l \sin\theta}{4\pi r^2}$$

$$\theta = \frac{\pi}{2} \text{ なので} \sin\theta = 1$$

$$\Delta H = \frac{I\Delta l}{4\pi r^2}$$

$$H = \Sigma\Delta H = \frac{I}{4\pi r^2}\Sigma\Delta l$$

$\Sigma\Delta l$は円周$2\pi r$の半分のπrなので

$$H = \frac{I}{4\pi r^2}\cdot\pi r = \frac{I}{4r}\,\text{[A/m]（答）}$$

解答： (2)

必須ポイント

●円形コイルが中心に作る磁界H

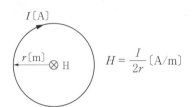

$$H = \frac{I}{2r}\,\text{[A/m]}$$

この公式はビオ・サバールの法則により導かれる。本問は、円形コイルの半分なので、磁界の大きさも半分の$\frac{I}{4r}$〔A/m〕と即答できる。

26 磁石の性質と働き P.45
H28 A問題 問4

N極 ―― S極

A

磁束ϕ

I

中空の球体鉄心を磁界中に置くと、磁束の大部分は磁気抵抗の小さい(ア)**鉄心中を通る**。中空の部分では磁気抵抗が大きく、磁束がほとんど通過しないので、磁束密度は極めて(イ)**低く**なる。このように、外部の磁界の影響を受けないようにすることを(ウ)**磁気遮へい**という。

解答： (2)

必須ポイント

●磁気回路のオームの法則

磁束 ϕ は、起磁力 NI に比例し、磁気抵抗 Rm に反比例する。

$$\phi = \frac{NI}{Rm} \text{〔Wb〕}$$

ただし、NI：起磁力〔A〕、N：コイルの巻数、I：コイルの電流〔A〕、Rm：磁気抵抗〔H^{-1}〕

●磁気回路の磁気抵抗 Rm

$$Rm = \frac{l}{\mu_0 \cdot \mu_r \cdot S} \text{〔H}^{-1}\text{〕}$$

ただし、l：磁路長〔m〕、S：磁路の断面積〔m^2〕、μ_0：真空の透磁率≒空気の透磁率〔H/m〕、μ_r：比透磁率

空気の比透磁率 $\mu_r ≒ 1$、鉄の比透磁率 $\mu_r ≒ 5000$

したがって、鉄の磁気抵抗は空気の1/5000程度である。

27 電磁誘導現象
H28 A問題 問8　P.46

(1) **誤り**。$I = \dfrac{V}{R}$、したがって I は V に比例する。

(2) **誤り**。$F = \dfrac{Q_1 Q_2}{4\pi\varepsilon r^2}$、したがって、静電力 F は、Q_1、Q_2 の積に比例し、r の2乗に反比例する。ただし、Q_1、Q_2 は電荷、ε は媒質の誘電率、r は電荷間の距離。

(3) **誤り**。$P = I^2 R$、したがって単位時間中に発生する熱量 P は、I の2乗と R に比例する。ただし、I は電流、R は抵抗。

(4) **誤り**。フレミングの右手の法則は、「人差し指を磁界の向き、親指を導体が移動

する向きに向けると、中指の向きは誘導起電力の向きと一致する」という法則である。

(5) **正しい**。

解答：　(5)

必須ポイント

●オームの法則

$$I = \frac{V}{R} \text{〔A〕}$$

知りたいものを指で隠すと式が表れる

●クーロンの法則

$$F = \frac{Q_1 Q_2}{4\pi\varepsilon r^2} \text{〔N〕}$$

●ジュールの法則

$$P = I^2 R \text{〔W〕} \quad \text{〔W = J/s〕}$$
$$W = I^2 R t \text{〔J〕} \quad \text{〔J = W·s〕}$$

●フレミングの右手の法則

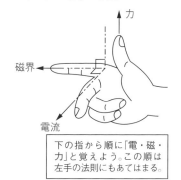

力

磁界

電流

下の指から順に「電・磁・力」と覚えよう。この順は左手の法則にもあてはまる。

●レンツの法則

コイル内の磁束 ϕ が増えてくれば、この磁束 ϕ の変化を妨げるように、すなわちこの磁束 ϕ を減らすようにコイルに起電力 e が発生する。この誘導起電力 e により、閉回路となっていればコイルには電流 I が流れ、ϕ を打ち消す ϕ' が発生する。

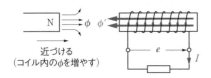

近づける
（コイル内のϕを増やす）

28 電気抵抗と電力
R5上期 A問題 問5

P.47

テブナンの定理により、$R = 10〔\Omega〕$を流れる電流$I〔A〕$を求め、消費電力$P = I^2R$〔W〕を求める。

テブナンの定理を適用するため、$10〔\Omega〕$の抵抗を取り去った図aの回路において、まず最初に、端子ab間の開放電圧E_0を求める。

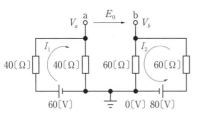

図a　$10〔\Omega〕$の抵抗を取り去った回路

電源の負側を基準電位の$0〔V〕$とすると、端子aの電位$V_a〔V〕$は、$60〔V〕$の電源電圧が$40〔\Omega〕$の抵抗と$40〔\Omega〕$の抵抗で分圧された電圧なので、$V_a = 30〔V〕$となる。同様に端子bの電位$V_b〔V〕$は、$80〔V〕$の電源電圧が$60〔\Omega〕$の抵抗と$60〔\Omega〕$の抵抗で分圧された電圧なので、$V_b = 40〔V〕$となる。したがって、開放電圧E_0は、

$$E_0 = V_b - V_a = 40 - 30 = 10〔V〕$$

V_a、V_bは次のように求めてもよい。

$$V_a = 60 - 40 \times I_1 = 60 - 40 \times \frac{60}{40 + 40} = 30〔V〕$$

$$V_b = 80 - 60 \times I_2 = 80 - 60 \times \frac{80}{60 + 60} = 40〔V〕$$

次に、端子abから見た回路の合成抵抗R_0を求める。図aから電圧源を取り去り、短絡した回路は図bに書き換えられるので、

$$R_0 = \frac{40 \times 40}{40 + 40} + \frac{60 \times 60}{60 + 60} = 20 + 30$$
$$= 50〔\Omega〕$$

「$40〔\Omega〕$の並列は半分の$20〔\Omega〕$になる」と暗算

「$60〔\Omega〕$の並列は半分の$30〔\Omega〕$になる」と暗算

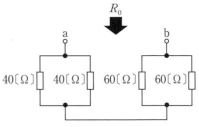

図b　$10〔\Omega〕$の抵抗と電圧源を取り去った回路

したがって、テブナン等価回路は図cのように表され、端子ab間に$R = 10〔\Omega〕$の抵抗を接続したときに流れる電流Iは、

$$I = \frac{E_0}{R_0 + R} = \frac{10}{50 + 10}$$

$$= \frac{1}{6} \fallingdotseq 0.167〔A〕$$

図c　テブナン等価回路

したがって、$R = 10 [\Omega]$で消費される電力Pは、

$$P = I^2R = 0.167^2 \times 10 \fallingdotseq \mathbf{0.28}\,[\mathrm{W}]\,(答)$$

解 答： (1)

本問は、キルヒホッフの法則や重ね合わせの理などでも解くことができるが、テブナンの定理で解く方法が最も速い。ぜひマスターしよう。

29 定電圧原と定電流原

R5上期 A問題 問6　P.48

電流源を電圧源に等価変換すると、図a の回路となる。

図a　問題図の等価回路

図aの回路より、求める電流Iは、

$$I = \frac{E_2 - E_1}{R_1 + R_2}$$

$$= \frac{10 - 4}{3 + 5}$$

$$= \frac{6}{8} = \frac{3}{4} = \mathbf{0.75}\,[\mathrm{A}]\,(答)$$

解 答： (5)

別 解

重ね合わせの理による方法

定電圧源だけの回路図bと定電流源だけの回路図cを作り、2つの回路を重ね合わせる。

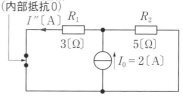

図b　定電圧源だけの回路

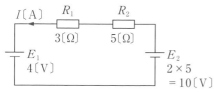

図c　定電流源だけの回路

図bの電流I'は、

$$I' = \frac{E_1}{R_1 + R_2}$$

$$= \frac{4}{3 + 5}$$

$$= \frac{4}{8} = 0.5\,[\mathrm{A}]$$

図cの電流I''は、

$$I'' = I_0 \times \frac{R_2}{R_1 + R_2}$$

$$= 2 \times \frac{5}{3 + 5}$$

$$= \frac{10}{8} = \frac{5}{4} = 1.25\,[\mathrm{A}]$$

$R_1 = 3\,[\Omega]$を流れる電流I'とI''を大きさと向きに注意して重ねると、求める電流Iは、

$$I = I'' - I' = 1.25 - 0.5 = \mathbf{0.75}\,[\mathrm{A}]\,(答)$$

●電圧源と電流源の等価交換

定電圧源Eは、次式で示される定電圧を発生する。

$$E = I \cdot r \, [\text{V}]$$

また、定電流源Iは、次式で示される定電流を発生する。

$$I = \frac{E}{r} \, [\text{A}]$$

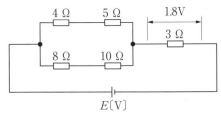

(a) 電圧源　　　　　(b) 電流源

図d　電圧源と電流源

●重ね合わせの理

起電力が複数ある回路の電流は、起電力が1個だけの回路の電流の和に等しい。電流だけでなく、コンデンサの電荷、電圧についても成り立つ。

起電力が複数ある回路から起電力が1個だけの回路を作るとき、電圧源は取り除き短絡、電流源は取り除き開放する。

30 直流回路の電圧と電流 P.49

R4下期 A問題 問5

問題図左側の5個の抵抗のブリッジ回路に注目すると、対角線同士の抵抗の積が$5 \times 8 = 4 \times 10 = 40 \, [\Omega]$と等しいので、ブリッジは平衡していることがわかる。よって、問題図の回路は、12Ωの抵抗を取り外して図aのように書くことができる。

図a　12Ωの抵抗を取り外した回路

さらに、図aを図b、図cのように変形する。

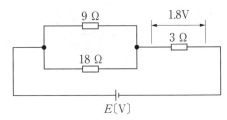

図b　変形回路1

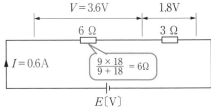

図c　変形回路2

図cの回路において、回路を流れる電流Iは、

$$I = \frac{1.8 \, [\text{V}]}{3 \, [\Omega]} = 0.6 \text{A}$$

6Ωの抵抗の両端電圧Vは、

$$V = 6 \times I = 6 \times 0.6 = 3.6 \text{ V}$$

Vは次のように求めてもよい。

3Ωの抵抗に1.8V加わっているので、6Ωの抵抗には3.6V加わる。

$$\frac{1.8}{3} = \frac{V}{6}, \quad V = 3.6 \text{V}$$

よって、求める電源電圧 E は、

$E = 3.6 + 1.8 = 5.4 \,[\mathrm{V}]$（答）

解答: (3)

31 電気抵抗と電力

R4下期 A問題 問7　P.50

●20〔℃〕の並列抵抗値 r_{20}

20〔℃〕における抵抗器 A、B の並列抵抗値 r_{20} は、次のように表される。

$$r_{20} = \frac{R_1 R_2}{R_1 + R_2} \,[\Omega]$$

●21〔℃〕の並列抵抗値 r_{21}

21〔℃〕における抵抗器 A、B の抵抗値 R_1'、R_2' は、次のように表される。

$$R_1' = R_1\{1 + \alpha_1(21 - 20)\}$$
$$= R_1(1 + \alpha_1)\,[\Omega]$$
$$R_2' = R_2\{1 + \alpha_2(21 - 20)\}$$
$$= R_2(1 + \alpha_2)$$
$$= R_2\,[\Omega]\ (\because \alpha_2 = 0)$$

$\alpha_2 = 0$ とは、温度上昇による抵抗の変化がないことを意味する

21〔℃〕における抵抗器 A、B の並列抵抗値は、次のように表される。

$$r_{21} = \frac{R_1' R_2'}{R_1' + R_2'} = \frac{R_1(1 + \alpha_1) \cdot R_2}{R_1(1 + \alpha_1) + R_2}$$
$$= \frac{R_1 R_2(1 + \alpha_1)}{R_1 + R_2 + \alpha_1 R_1}\,[\Omega]$$

●求める変化率

上記で求めた並列抵抗値 r_{20} と r_{21} を問題に示されている変化率の式に代入すると、

$$\frac{r_{21} - r_{20}}{r_{20}} = \frac{r_{21}}{r_{20}} - 1$$

$$= \frac{\dfrac{R_1 R_2(1 + \alpha_1)}{R_1 + R_2 + \alpha_1 R_1}}{\dfrac{R_1 R_2}{R_1 + R_2}} - 1$$

$$= \frac{(R_1 + R_2)(1 + \alpha_1)}{R_1 + R_2 + \alpha_1 R_1} - 1$$

$$= \frac{R_1 + R_2 + \alpha_1 R_1 + \alpha_1 R_2}{R_1 + R_2 + \alpha_1 R_1} - 1$$

$$= \frac{R_1 + R_2 + \alpha_1 R_1 + \alpha_1 R_2 - R_1 - R_2 - \alpha_1 R_1}{R_1 + R_2 + \alpha_1 R_1}$$

$$= \frac{\alpha_1 R_2}{R_1 + R_2 + \alpha_1 R_1}\ （答）$$

解答: (2)

必須ポイント

●抵抗温度係数 α

温度 T〔℃〕における抵抗値 R_T〔Ω〕は、温度 t〔℃〕における抵抗値を R_t〔Ω〕、温度 t〔℃〕における抵抗温度係数を α_t〔℃⁻¹〕とすると、次式で表される。

$$R_T = R_t\{1 + \alpha_t(T - t)\}\,[\Omega]$$

32 直流回路の電圧と電流

R4上期 A問題 問5　P.51

テブナンの定理を利用した解法を図 a に示す。

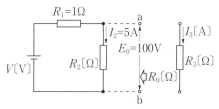

図a テブナンの定理を利用した解法

端子ab間の開放電圧E_0は、問題文で与えられているように$E_0 = 100$〔V〕である。

次に、端子ab間から見た合成抵抗R_0〔Ω〕を求める。R_2に流れる電流$I_2 = 5$〔A〕、R_2の両端の電圧が100Vであることから、R_2の値は、

$$R_2 = \frac{E_0}{I_2} = \frac{100}{5} = 20\text{〔Ω〕}$$

また、電源を短絡したときに端子abから見た回路は、R_1とR_2が並列接続されているので、合成抵抗R_0は、

$$R_0 = \frac{R_1 R_2}{R_1 + R_2} = \frac{1 \times 20}{1 + 20} = \frac{20}{21}\text{〔Ω〕}$$

したがって、端子ab間にR_3を接続したとき、$R_3 = 5$〔Ω〕を流れる電流I_3は、テブナンの定理より、

$$I_3 = \frac{E_0}{R_0 + R_3} = \frac{100}{\dfrac{20}{21} + 5}$$

分子、分母に21を乗じる

$$= \frac{100}{\dfrac{20}{21} + \dfrac{105}{21}} = \frac{100}{\dfrac{125}{21}} = \frac{100 \times 21}{125}$$

$$= 16.8\text{〔A〕(答)}$$

解 答： (2)

別 解

テブナンの定理を利用しない解法

問題図1において、R_2に流れる電流$I_2 = 5$〔A〕、R_2の両端の電圧が100〔V〕であることから、R_2の値は、

$$R_2 = \frac{E_0}{I_2} = \frac{100}{5} = 20\text{〔Ω〕}$$

また、$I_2 = 5$〔A〕は、R_1を流れることから、R_1に加わる電圧V_1は、

$$V_1 = R_1 I_2 = 1 \times 5 = 5\text{〔V〕}$$

したがって、直流電源の電圧Vは、

$$V = V_1 + 100 = 5 + 100 = 105\text{〔V〕}$$

問題図2において、回路の合成抵抗Rは、

$$R = R_1 + \frac{R_2 R_3}{R_2 + R_3} = 1 + \frac{20 \times 5}{20 + 5} = 5\text{〔Ω〕}$$

上記より、問題図2において、電源から流れ出る電流Iは、

$$I = \frac{V}{R} = \frac{105}{5} = 21\text{〔A〕}$$

上記の電流は、$R_2 = 20$〔Ω〕と$R_3 = 5$〔Ω〕に分流するので、R_3を流れる電流I_3は、

$$I_3 = \frac{R_2}{R_2 + R_3} I = \frac{20}{20 + 5} \times 21$$

$$= 16.8\text{〔A〕(答)}$$

33 直流回路の電圧と電流　P.52

R4上期 A問題 問7

問題図の変形回路を図a(a)に示す。この回路の端子ab間に電圧を印加したとき、点cの電位および点dの電位は、いずれも1〔Ω〕の抵抗と2〔Ω〕の抵抗で分圧された電位となるため、同電位となる。したがって、両点間に接続された2〔Ω〕の抵抗には電流が流れないので、この抵抗は接続されていないものと見なすことができ、図a(b)と等価になる。（ブリッジの対辺同士の抵抗の積が、$1 \times 2 = 1 \times 2 = 2$〔Ω〕と等しいので、このブリッジは平衡している。よって、点cとdは同電位であり、cd間は開放してもかまわない）

図a(b)において、直列に接続された抵抗

を合成抵抗で置き換えれば、図a(c)が得られる。図a(c)において、並列に接続された抵抗を合成抵抗で置き換えれば、図a(d)が得られる。

問題文において、ab端子間の合成抵抗が0.6〔Ω〕であることから、次式が成立する。

$$\frac{1.5R_x}{1.5 + R_x} = 0.6$$

両辺に$(1.5 + R_x)$を乗ずると、

$$1.5R_x = 0.9 + 0.6R_x$$
$$0.9R_x = 0.9$$
$$R_x = 1.0 〔\Omega〕（答）$$

解答： (1)

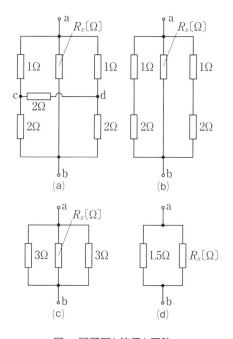

図a 問題図と等価な回路

必須ポイント

●ブリッジ回路の平衡条件

ブリッジの対辺同士の抵抗の積が等しい。

$$R_1 R_4 = R_2 R_3$$

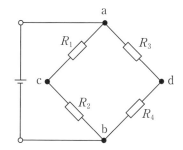

ブリッジが平衡している場合、点cとdは同電位であり、cd間は開放しても短絡してもかまわない。

34 電気抵抗と電力
R3 A問題 問7
P.53

問題図の等価回路は図aのようになる。

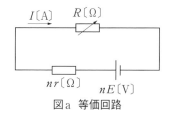

図a 等価回路

最大供給電力の定理より、$R〔\Omega〕$で消費される電力が最大となる条件は、

$$R = nr$$

のときである。

このとき、回路に流れる電流Iは、

$$I = \frac{nE}{R + nr}$$

$$= \frac{nE}{nr + nr}$$

$$= \frac{nE}{2nr}$$

$$= \frac{E}{2r} \text{〔A〕(答)}$$

解 答：	(4)

必須ポイント

●最大供給電力の定理

右図のように、内部
抵抗rの電圧源Eに、
可変負荷抵抗Rが接
続されているとき、負
荷Rの消費電力Pが最
大となるのは、

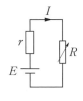

$$R = r$$

の場合である。

これを**最大供給電力の定理**という。

参考

最大供給電力の定理の証明

負荷Rの消費電力Pは、

$$P = I^2 R$$

$$= \left(\frac{E}{r+R}\right)^2 R = \frac{E^2}{(r+R)^2} R$$

$$= \frac{E^2}{r^2 + 2rR + R^2} R$$

$$= \frac{E^2}{\dfrac{r^2}{R} + R + 2r}$$

上の式の分母が最小となればP
は最大。なお、上の式のEとrは
一定。

最小の定理(2数A、Bの積が一

定なら、A＝Bのとき、A＋Bは最
小)により、2数を$\dfrac{r^2}{R}$、Rとする
と、その積は$\dfrac{r^2}{R} \times R = r^2$(一定)
となるので、$\dfrac{r^2}{R} = R$のとき、上
の式の分母が最小となる。

したがって、$\dfrac{r^2}{R} = R$、$r^2 = R^2$、
$R = r$のとき、負荷Rの消費電力
が最大となる。

●最小の定理

2数の積が一定なら、それらの和は2
数が等しいとき最小となる。証明は略す
が、具体的に数字で示すと、

$$4 \times 9 = 6 \times 6 = 36 \text{(一定)}$$

$$(6 + 6) < (4 + 9)$$

35 電気抵抗と電力

R2 A問題 問5　　P.54

物質の長さをl〔m〕、断面積をS〔m^2〕、
抵抗率をρ(ロー)〔Ω・m〕とすると、物質
の抵抗Rは、

$$R = \rho \times \frac{l}{S} \text{〔Ω〕}$$

と計算できる。

したがって、4種類の電線A、B、C、
D の各抵抗は、

1km→1×10^3mと変換

$$R_A = 8.90 \times 10^{-8} \times \frac{1 \times 10^3}{9 \times 10^{-5}}$$

$$\fallingdotseq 0.99 \text{〔Ω〕}$$

$$R_B = 2.50 \times 10^{-8} \times \frac{1 \times 10^3}{5 \times 10^{-5}}$$

$$= 0.50 \text{〔Ω〕}$$

$$R_C = 1.47 \times 10^{-8} \times \frac{1 \times 10^3}{1 \times 10^{-5}}$$

$$= 1.47 \,[\Omega]$$

$$R_D = 1.55 \times 10^{-8} \times \frac{1 \times 10^3}{2 \times 10^{-5}}$$

$$\fallingdotseq 0.78 \,[\Omega]$$

よって、各抵抗を大きい順に並べると、

$$R_C > R_A > R_D > R_B \text{（答）}$$

解答: (4)

必須ポイント

●抵抗率と導電率

すべての物質は電流を流れにくくする性質を持っており、これを**電気抵抗**または**抵抗**という。物質の抵抗は、その長さに比例し、その断面積に反比例する。物質の長さを $l\,[\mathrm{m}]$、断面積を $S\,[\mathrm{m}^2]$ とすると、この物質の抵抗 R は、

$$R = \rho \times \frac{l}{S} \,[\Omega]$$

と表される。

上式において、ρ（ロー）は**抵抗率**または**固有抵抗**と呼ばれる比例定数で、長さ $1\,[\mathrm{m}]$、断面積 $1\,[\mathrm{m}^2]$ の抵抗を表し、単位には $[\Omega \cdot \mathrm{m}]$ が使われる。

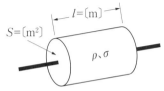

$S=[\mathrm{m}^2]$ $l=[\mathrm{m}]$ ρ, σ

図a　電気抵抗

導体は電流を流す目的で利用されるので、電流の流れやすさを表す**導電率**も利用される。次式のように、導電率 σ（シ

グマ）は**抵抗率** ρ の逆数となり、単位には $[\mathrm{S/m}]$（ジーメンス毎メートル）が使われる。

$$\sigma = \frac{1}{\rho} \,[\mathrm{S/m}]$$

36 電気抵抗と電力

R2 A問題 問6　　P.55

消費電力 $P = I^2R$ の式により、各抵抗の消費電力を求める。

各抵抗を流れる電流を図aのように定める。図aの抵抗の直並列回路の合成抵抗を R_0 とすると、

$$R_0 = R_1 + \frac{R_2 R_3}{R_2 + R_3}$$

$$= 3 + \frac{6 \times 2}{6 + 2} = 3 + \frac{12}{8} = 4.5 \,[\Omega]$$

したがって、電源から流れ出る電流＝合成抵抗 R_0 を流れる電流＝抵抗 R_1 を流れる電流 I_1 は、

$$I_1 = \frac{V}{R_0}$$

$$= \frac{V}{4.5} \,[\mathrm{A}]$$

電流 I_1 は、抵抗 R_2 を流れる電流 I_2 と抵抗 R_3 に流れる電流 I_3 に分流する。

電流 I_2 は、抵抗に反比例配分させて、

$$I_2 = I_1 \times \frac{R_3}{R_2 + R_3} \quad \boxed{\text{相手側の抵抗}}$$

$$= \frac{V}{4.5} \times \frac{2}{6 + 2} = \frac{V}{18} \,[\mathrm{A}]$$

電流 I_3 は、抵抗に反比例配分させて、

$$I_3 = I_1 \times \frac{R_2}{R_2 + R_3}$$

$$= \frac{V}{4.5} \times \frac{6}{6 + 2} = \frac{3V}{18} \text{〔A〕}$$

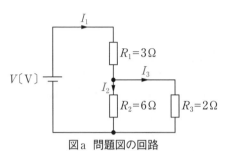

図a　問題図の回路

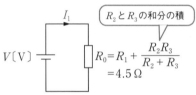

R_2とR_3の和分の積

$$R_0 = R_1 + \frac{R_2 R_3}{R_2 + R_3}$$
$$= 4.5 \ \Omega$$

図b　等価回路

抵抗R_1の消費電力P_1は、

$$P_1 = I_1^2 \times R_1$$

$$= \left(\frac{V}{4.5}\right)^2 \times 3 = \frac{3V^2}{20.25} \left(= \frac{48V}{324}\right)^2$$

$$\fallingdotseq 0.148 V^2 \text{〔W〕}$$

抵抗R_2の消費電力P_2は、

$$P_2 = I_2^2 \times R_2$$

$$= \left(\frac{V}{18}\right)^2 \times 6 = \frac{6V^2}{324} \fallingdotseq 0.019 V^2 \text{〔W〕}$$

抵抗R_3の消費電力P_3は、

$$P_3 = I_3^2 \times R_3$$

$$= \left(\frac{3V}{18}\right)^2 \times 2 = \frac{18V^2}{324} \fallingdotseq 0.056 V^2 \text{〔W〕}$$

よって、各抵抗の消費電力を大きい順に並べると、

$$P_1 > P_3 > P_2 \text{(答)}$$

※小数点以下の数字で大小比較するより、分母を324で統一すると大小比較が容易である。

解答：　(2)

37　直流回路の電圧と電流

P.56

R1 A問題 問5

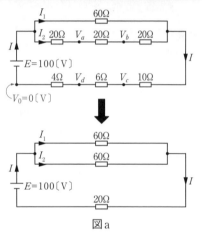

図a

問題の回路図を変形した図a下段の回路において合成抵抗Rは、

$$R = \frac{60 \times 60}{60 + 60} + 20 = \frac{3600}{120} + 20$$

$$= 50 \text{〔}\Omega\text{〕}$$

60Ωの並列だから半分の30Ωと暗算してもよい

電源Eから流れ出る電流Iは、

$$I = \frac{E}{R} = \frac{100}{50} = 2 \text{〔A〕}$$

I_1、I_2は、Iの半分となるので、

$$I_1 = 1 \text{〔A〕}$$

$$I_2 = 1 \text{〔A〕}$$

電源Eの負側を基準電位として$V_0 = 0V$

とすると、

各点の電位 V_a、V_b、V_c、V_d は、

$$V_a = E - 20I_2 = 100 - 20 \times 1 = 80 \text{(V)}$$

$$V_b = V_a - 20I_2 = 80 - 20 \times 1 = 60 \text{(V)}$$

$$V_c = V_b - 20I_2 - 10I$$
$$= 60 - 20 \times 1 - 10 \times 2 = 20 \text{(V)}$$

$$V_d = V_c - 6I = 20 - 6 \times 2 = 8 \text{(V)}$$

確認のため V_0 を計算すると、

$$V_0 = V_d - 4I = 8 - 4 \times 2 = 0 \text{V}(正しい)$$

求める A − D 間および B − C 間の電位差の大きさ(絶対値)$|V_{ad}|$、$|V_{bc}|$ は、

$$V_{ad} = V_a - V_d = 80 - 8 = 72 \text{(V)}、$$

$$|V_{ad}| = \mathbf{72} \text{(V)}(答)$$

$$V_{bc} = V_b - V_c = 60 - 20 = 40 \text{(V)}$$

$$|V_{bc}| = \mathbf{40} \text{(V)}(答)$$

解 答： (5)

必須ポイント

●**基準電位0Vの決め方**

回路のどこかが接地されている回路においては、接地点を基準電位の0Vとする(大地の電位は0Vである)。問題図の回路のように接地されていない回路においては、最も電位が低いと考えられる電源の負側を基準電位の0Vとするのが一般的である。

38 電気抵抗と電力 P.57
R1 A問題 問6

回路の合成抵抗 R_0 は

$$R_0 = 10 + \frac{50R}{50 + R}$$

$$= \frac{10(50 + R)}{50 + R} + \frac{50R}{50 + R}$$

$$= \frac{500 + 60R}{50 + R} \quad \cdots(1)$$

電流計の指示が5〔A〕であるから、

$$\frac{100}{R_0} = 5 \quad \cdots(2)$$

式(2)に式(1)を代入する。

$$\frac{100}{\dfrac{500 + 60R}{50 + R}} = 5$$

左辺の分子、分母に $(50 + R)$ を乗じる。

$$\frac{100(50 + R)}{500 + 60R} = 5$$

$$\frac{10(50 + R)}{50 + 6R} = 5$$

$$\frac{500 + 10R}{50 + 6R} \diagdown \frac{5}{1}$$

（たすき）に掛けて等しいと置く

$$250 + 30R = 500 + 10R$$

$$20R = 250$$

$$R = 12.5 \text{(}\Omega\text{)}$$

5〔A〕が R〔Ω〕と50〔Ω〕に分流するので、R〔Ω〕を流れる電流 I_R は、

$$I_R = \frac{50}{R + 50} \times 5$$

$$= \frac{50}{12.5 + 50} \times 5 = 4 \text{(A)}$$

R〔Ω〕で消費される電力 P_R は、

$$P_R = R \cdot I_R^2$$
$$= 12.5 \times 4^2 = \mathbf{200} \text{(W)}(答)$$

解 答： (5)

直流回路の定常状態においてCは開放（$\infty\Omega$）、Lは短絡（0Ω）となるので、等価回路は図aのようになる。

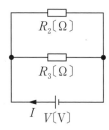

図a 定常状態の等価回路

図aの等価回路の合成抵抗Rは、

$$R = \frac{1}{\dfrac{1}{R_2} + \dfrac{1}{R_3}}\left(= \frac{R_2 R_3}{R_2 + R_3}\right)[\Omega]$$

直流電源を流れる電流Iは、

$$I = \frac{V}{R} = \frac{V}{\dfrac{1}{\dfrac{1}{R_2} + \dfrac{1}{R_3}}}\,[\mathrm{A}]\text{（答）}$$

解答： (4)

必須ポイント

●並列回路の合成コンダクタンスGと合成抵抗R

$$G = \frac{1}{R} = \frac{1}{R_1} + \frac{1}{R_2} + \cdots + \frac{1}{R_n}\,[\mathrm{S}]$$

$$R = \frac{1}{\dfrac{1}{R_1} + \dfrac{1}{R_2} + \cdots + \dfrac{1}{R_n}}\,[\Omega]$$

逆数の総和の逆数

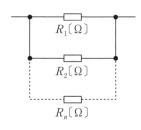

抵抗が2個並列の場合

$$R = \frac{1}{\dfrac{1}{R_1} + \dfrac{1}{R_2}}$$

$$= \frac{R_1 R_2}{R_1 + R_2} = \left(\frac{\text{積}}{\text{和}}\right)[\Omega]$$

注意：2個だけの場合に限る

●直流回路の定常状態

Cは開放 $= \infty\Omega$

Lは短絡 $= 0\Omega$（単なる導線となる）

40 電気抵抗と電力
H30 A問題 問5
P.59

（ア）抵抗器Aの抵抗値を$R_A[\Omega]$、許容電力を$P_A[\mathrm{W}]$とすると、許容電流I_Aは、$R_A I_A{}^2 = P_A$となるので、

$$I_A = \sqrt{\frac{P_A}{R_A}} = \sqrt{\frac{\dfrac{1}{4}}{100}}$$

$$= \sqrt{\frac{1}{400}} = \frac{1}{20}$$

$$= 0.05\,[\mathrm{A}] \rightarrow 50.0\,[\mathrm{mA}]$$

抵抗器Bの抵抗値を$R_B[\Omega]$、許容電力を$P_B[\mathrm{W}]$とすると、許容電流I_Bは、$R_B I_B{}^2 = P_B$となるので、

$$I_B = \sqrt{\frac{P_B}{R_B}} = \sqrt{\frac{\frac{1}{8}}{200}}$$

$$= \sqrt{\frac{1}{1600}} = \frac{1}{40}$$

$$= 0.025\,(A) \rightarrow 25.0\,(mA)$$

許容電流 $I_A = 50.0\,(A)$ の R_A と許容電流 $I_B = 25.0\,(mA)$ の R_B を直列に接続すると、この直列抵抗の許容電流の値 I_{max} は、図aのように小さいほうの許容電流の値（ア）**25.0〔mA〕**（答）で決まる。

仮に、この直列抵抗に $50.0\,(mA)$ を流すと、R_B が許容電流を超えてしまう。

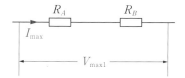

$I_A = 50.0\,(mA)$ ， $I_B = 25.0\,(mA)$

$I_{max} = 25.0\,(mA)$

図a　直列抵抗の許容電流

（イ）直列抵抗の許容電流 I_{max} は、$I_{max} = 0.025$ 〔A〕なので、この直列抵抗全体に加えることのできる電圧の最大値 V_{max1} は、

$$V_{max1} = (R_A + R_B) \times I_{max}$$
$$= (100 + 200) \times 0.025$$
$$= 7.5\,(V)$$

I_{max}

V_{max1}

図b　直列回路の電圧最大値

R_A と R_B を並列に接続したときに加えることのできる電圧の最大値 V_{max2} を求める。

$$R_A \cdot I_A = 100 \times 0.05$$
$$= 5\,(V) \quad \longleftarrow R_A \text{単独の電圧最大値}$$
$$R_B \cdot I_B = 200 \times 0.025$$
$$= 5\,(V) \quad \longleftarrow R_B \text{単独の電圧最大値}$$

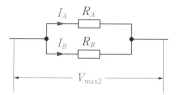

I_A ， R_A ， I_B ， R_B ， V_{max2}

図c　並列回路の電圧最大値

$R_A \cdot I_A$ と $R_B \cdot I_B$ のどちらか小さいほうの値が V_{max2} となるが、どちらも同じ値 $5\,(V)$ なので、

$$V_{max2} = 5\,(V)$$

となる。

$$\frac{V_{max1}}{V_{max2}} = \frac{7.5}{5} = 1.5$$

よって、V_{max1} は V_{max2} の（イ）**1.5倍**（答）である。

解 答：　(1)

41 直流回路の電圧と電流

P.60

H30 A問題 問7

スイッチSが開いているとき、定電流源の電流 $I = 2\,(A)$ はすべて $R\,(\Omega)$ の抵抗を流れる。

題意より、Sを閉じたときの $R\,(\Omega)$ の抵抗を流れる電流 I_R は、Sが開いているときの2倍なので、

$$I_R = 2 \times 2 = 4\,(A)$$

この4〔A〕は、$E = 10\,(V)$ の定電圧源と

$I = 2$〔A〕の定電流源から供給される。

重ね合わせの理により、I_Rについて立式し、Rの値を求める。

・定電流源を開放した回路

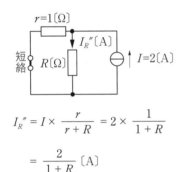

$$I_R{}' = \frac{E}{r + R} = \frac{10}{1 + R} \ \text{〔A〕}$$

・定電圧源を短絡した回路

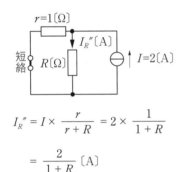

$$I_R{}'' = I \times \frac{r}{r + R} = 2 \times \frac{1}{1 + R}$$

$$= \frac{2}{1 + R} \ \text{〔A〕}$$

重ね合わせの理より、

$$I_R = I_R{}' + I_R{}'' = \frac{10}{1 + R} + \frac{2}{1 + R}$$

$$= \frac{12}{1 + R} \ \text{〔A〕}$$

先に求めたように$I_R = 4$〔A〕なので、

$$\frac{12}{1 + R} = 4$$

両辺に$(1 + R)$を乗じて、

$$12 = 4(1 + R)$$
$$12 = 4 + 4R$$
$$8 = 4R$$
$$R = 2 \ \text{〔Ω〕（答）}$$

解　答：　(1)

必須ポイント

●重ね合わせの理

電源が複数ある回路の電流は、電源が1個だけの回路の電流の和に等しい。電源が1個だけの回路を作る場合には、**電圧源を取り除いた所は短絡**、**電流源を取り除いた所は開放**する。

短絡・開放の理由
理想的な電圧源の内部抵抗は0である。また、理想的な電流源の内部抵抗は∞である。

42 **過渡現象** P.61
H30 A問題 問10

図aのように、直流電源E〔V〕に内部抵抗R〔Ω〕とコンデンサC〔F〕が直列に接続されたRC直列回路においてスイッチSをONにしたとき、回路に流れる充電電流$i(t)$の式は次のようになる。

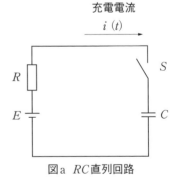

図a　RC直列回路

$$i(t) = \frac{E}{R} \cdot \varepsilon^{-\frac{1}{RC}t}$$

$$= \frac{E}{R} \cdot \varepsilon^{-\frac{1}{T}t} \ \text{〔A〕} \ \cdots\cdots(1)$$

ただし、ε（イプシロン）は自然対数の底

で、 $\varepsilon \fallingdotseq 2.71828$

参考：鮒一鉢二鉢という覚え方がある

$t = 0$ のとき、

$$i(t) = \frac{E}{R} \cdot \varepsilon^{-0} = \frac{E}{R} \cdot \frac{1}{\varepsilon^0} = \frac{E}{R} \, [\text{A}]$$

$t = \infty$ のとき、

$$i(t) = \frac{E}{R} \cdot \varepsilon^{-\infty} = \frac{E}{R} \cdot \frac{1}{\varepsilon^\infty} = \frac{E}{R} \cdot \frac{1}{\infty}$$

$$= 0 \, [\text{A}]$$

$t = T$ のとき、$(T = RC)$

$$i(t) = \frac{E}{R} \cdot \varepsilon^{-1} = \frac{E}{R} \cdot \frac{1}{\varepsilon}$$

$$\fallingdotseq 0.37 \times \frac{E}{R} \, [\text{A}]$$

また、RC 直列回路に流れる充電電流 $i(t)$ のグラフは次のようになる。

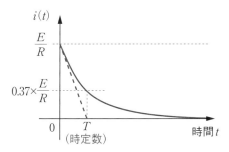

充電電流 $i(t)$ のグラフ

このグラフをみると、回路に流れる充電電流は $\frac{E}{R} \, [\text{A}]$ から始まり、十分時間が経過する（定常状態に達するという意味）と電流の大きさは0〔A〕になるのが分かる。

つまり、スイッチSをONした直後はコンデンサCは短絡された状態で抵抗Rだけに制限された電流 $\frac{E}{R} \, [\text{A}]$ が流れ、回路に電流が流れたことでコンデンサCに電荷が徐々に蓄えられ、十分時間が経過し定常状態に達すると、コンデンサCに電荷がたま

りきり（満充電となり）電流は0となる。

しかし、式(1)は数学的に、電流が0に達するためには無限大の時間がかかることになり、これでは満充電になるまでの時間の目安が分からない（グラフでは時間が経過するほど指数関数的に電流は0に近づくが、0にはならない）。そこで応答の速さの目安として、時定数というものを定める。

式(1)は、$t = T$ のとき次のようになる。

$$i(t) = \frac{E}{R} \cdot \varepsilon^{-1} = \frac{E}{R} \cdot \frac{1}{\varepsilon}$$

$$\fallingdotseq 0.37 \times \frac{E}{R} \, [\text{A}]$$

式(1)および上式において初めの値 $\frac{E}{R}$ の $\frac{1}{\varepsilon}$、つまり約0.37倍になるまでに要する時間は $t = T = RC$ となり、これを時定数と呼ぶ。時定数は R を〔Ω〕、C を〔F〕の単位とすると、時定数の単位は秒〔s〕となる。時定数が小さいほど速やかに、大きいほどゆるやかに定常の状態（電流 $i(t) = 0 \, [\text{A}]$）に近づくことになる。

上記のことから、RC 直列回路の充電電流 $i(t)$ の時定数 T は、

$$T = RC = 0.5 \times 1 = 0.5 \, [\text{s}] \quad \text{(答)}$$

解答： (1)

必須ポイント

● RC 直列回路の充電電流の時定数 T は、$T = RC \, [\text{s}]$ である。

この時間 T は充電電流 $i(t)$ のグラフにおいて、初期傾斜の接線（原点0からの曲線の接線）が定常値0〔A〕と交わるまでの時間と一致する。

● RL 直列回路の電流 $i(t)$ は、

$i(t) = \dfrac{E}{R}(1 - \varepsilon^{-\frac{R}{L}t})$〔A〕となり、**時定**

数Tは、$T = \dfrac{L}{R}$〔s〕である。この値Tは定常値$\dfrac{E}{R}$〔A〕の$(1 - \dfrac{1}{\varepsilon})$倍、つまり約0.63倍になるまでに要する時間である。併せて覚えておこう。

43 直流回路の電圧と電流 P.62
H29 A問題 問5

回路の対称性から5Ωの抵抗両端の電位は等しく、5Ωの抵抗に電流は流れない。

したがって、5Ωの抵抗を開放した等価回路は図aのようになる。

等価回路より

$$I = \dfrac{25}{20 + \dfrac{10 \times 10}{10 + 10}}$$

$$= \dfrac{25}{20 + 5}$$

$$= 1.0 〔A〕（答）$$

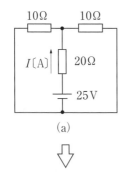

(a)

↓

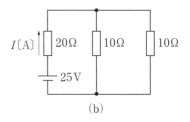

(b)

図a　等価回路

解答：　(3)

必須ポイント

●回路の対称性を見抜く

問題図において、20Ωの抵抗を流れる電流Iは左右の10Ωの抵抗に同じ大きさで分流する。したがって、左右の10Ωの電圧降下は等しく、左側10Ωの左端と右側10Ωの右端の電位は等しくなる。つまり5Ω両端の電位は等しい。

電位の等しい2点間には電流が流れないので、開放しても短絡してもかまわない。本問は開放して考えると簡単である。

44 過渡現象 P.63
H29 A問題 問10

1．スイッチSを閉じた瞬間はコイルに流れる電流変化が最大となるため、大きな逆起電力$e = L\dfrac{d_i}{d_t}$〔V〕が発生し、コイルのインピーダンスは無限大(∞)と見なせる。したがって、問題の回路は図aのようにインダクタンスLを開放した回路となるので、R_1に流れる電流Iは、

$$I = \dfrac{E}{R_1 + R_2} 〔A〕（答）$$

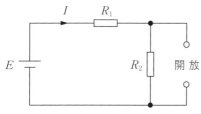

図a スイッチSを閉じた瞬間の等価回路

2. スイッチSを閉じてから十分時間が経過した定常状態では、コイルに流れる電流は直流電流なので、電流変化がなく一定であるから、コイルに逆起電力は発生せずインピーダンスは0と見なせる。したがって、問題の回路は図bのようにインダクタンスLを短絡した回路となるので、R_1を流れる電流Iは、

$$I = \frac{E}{R_1} \text{〔A〕(答)}$$

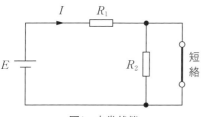

図b 定常状態

なお、この回路において、R_2に電流は流れず、電流Iはすべて短絡した導線を流れる。

その理由は次のとおり。

電流IがR_2〔Ω〕と0〔Ω〕の短絡線に分流するとすれば、

$$I_{R2} = I \times \frac{0}{R_2 + 0} = 0 \text{〔A〕}$$

…………R_2を流れる電流

$$I_0 = I \times \frac{R_2}{R_2 + 0} = I \text{〔A〕}$$

…………短絡線を流れる電流

したがって、図b定常状態の等価回路は、R_2を開放した図cとなる。

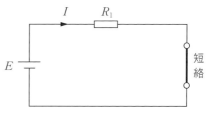

図c 定常状態の等価回路

解 答: (1)

必須ポイント

●**RL直列回路の過渡現象**

図dのようなRL直列回路において、スイッチSを閉じ回路に直流電圧E〔V〕を加えると、コイルに逆起電力が発生する。このため、**スイッチを閉じた瞬間**($t = 0$)はLのインピーダンスが∞なので、電源電圧と同じ大きさの逆起電力が発生するので電流は流れないが、逆起電力の減少に伴って電流は指数関数的に増加し、**最終的にLのインピーダンスが0**となり$i = \frac{E}{R}$〔A〕となる。この電流は、抵抗R〔Ω〕のみの回路に流れる電流と同じになる。

この過渡状態のとき、回路の電流i〔A〕の変化は次式で表され、その変化は図eのようになる。

$$i = \frac{E}{R}\left(1 - e^{-\frac{R}{L}t}\right) \text{〔A〕}$$

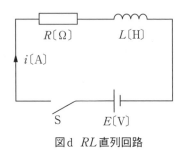

図d　*RL*直列回路

i[A]

$\dfrac{E}{R}$

$i=\dfrac{E}{R}\left(1-e^{-\frac{R}{L}t}\right)$

0　　　　　　　t[s]

図e　*RL*直列回路の電流変化

45 電気抵抗と電力

H28 A問題 問5

P.64

テブナンの定理により解く。

1．$R=0.5$〔Ω〕の抵抗を外し両端をa、bとする。

2．開放端のab間に現れる電圧E_0を求める。

　$E=9$〔V〕と$r=0.1$〔Ω〕の直列回路が4回路並列接続されており、この回路には循環電流が流れない。したがって、$r=0.1$〔Ω〕による電圧降下はないので、端子ab間には$E=9$〔V〕がそのまま現れる。$E_0=E=9$〔V〕である。

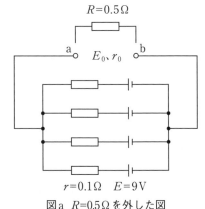

$r=0.1$Ω　　$E=9$V

図a　$R=0.5$Ωを外した図

3．開放端abから電源側を見た合成抵抗r_0を求める。

　電圧源$E=9$〔V〕は短絡し除去するので、合成抵抗$r_0=\dfrac{r}{4}=0.025$〔Ω〕となる。

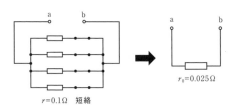

$r=0.1$Ω　短絡

図b　ab間から見た合成抵抗

$$\dfrac{1}{r_0}=\dfrac{1}{r}+\dfrac{1}{r}+\dfrac{1}{r}+\dfrac{1}{r}=\dfrac{4}{r}$$

$$\therefore r_0=\dfrac{r}{4}=0.025\,〔Ω〕$$

4．テブナン等価回路は図cとなる。

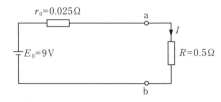

図c　テブナン等価回路

$R = 0.5 (\Omega)$ に流れる電流 I は、

$$I = \frac{E_0}{r_0 + R} = \frac{9}{0.025 + 0.5}$$

$$\fallingdotseq 17.14 (A)$$

$R = 0.5 (\Omega)$ で消費される電力 P は、

$$P = I^2 R = 17.14^2 \times 0.5$$

$$\fallingdotseq 147 (W) (答)$$

| 解 答: | (2) |

必須ポイント

● テブナンの定理

任意の回路網の2つの端子ab間に抵抗 R を接続したとき、その接続した R に流れる電流 I は、図dのように、R を取り除いたとき端子ab間に現れる電圧を E_0、端子abから見た回路網の合成抵抗を r_0 とすれば、

$$I = \frac{E_0}{r_0 + R}$$

で表される。

E_0：開放電圧　r_0：端子ab間の抵抗

(a)　　　(b)　　　(c)

図d　テブナンの定理

● 多数の電源の等価回路

$E = 9 (V)$ と $r = 0.1 (\Omega)$ の4つの直並列回路は、$E = 9 (V)$ と $\frac{r}{4} = 0.025 (\Omega)$ の直列回路と等価であることを知っていれば、テブナンの定理を持ち出すまでもなく簡単に解くことができる。

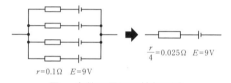

$r = 0.1 \Omega$　$E = 9 V$　→　$\frac{r}{4} = 0.025 \Omega$　$E = 9 V$

図e　多数の電源の等価回路

46 直流回路の電圧と電流

P.65

H28 A問題 問6

各抵抗に流れる電流と加わる電圧の記号を次図のように定め、順を追って求めていく。

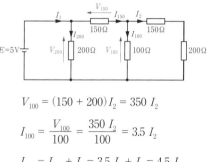

$$V_{100} = (150 + 200)I_2 = 350\,I_2$$

$$I_{100} = \frac{V_{100}}{100} = \frac{350\,I_2}{100} = 3.5\,I_2$$

$$I_{150} = I_{100} + I_2 = 3.5\,I_2 + I_2 = 4.5\,I_2$$

$$V_{150} = 150\,I_{150} = 150 \times 4.5\,I_2 = 675\,I_2$$

$$V_{200} = V_{150} + V_{100} = 675\,I_2 + 350\,I_2$$
$$= 1025\,I_2$$

$$I_{200} = \frac{V_{200}}{200} = \frac{1025\,I_2}{200} = 5.125\,I_2$$

$$I_1 = I_{150} + I_{200} = 4.5\,I_2 + 5.125\,I_2$$
$$= 9.625\,I_2$$

$$\therefore \frac{I_2}{I_1} = \frac{1}{9.625} \fallingdotseq 0.104 \rightarrow 0.1 \,(答)$$

| 解 答: | (1) |

47 直流回路の電圧と電流

P.66

H27 A問題 問4

次図のように、各区間の電圧、電流の記号を定める。

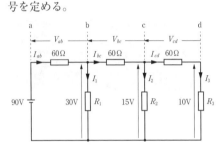

図から、

$$V_{ab} = 90 - 30 = 60 〔V〕$$
$$V_{bc} = 30 - 15 = 15 〔V〕$$
$$V_{cd} = 15 - 10 = 5 〔V〕$$

$$I_{ab} = \frac{V_{ab}}{60} = \frac{60}{60} = 1 〔A〕$$

$$I_{bc} = \frac{V_{bc}}{60} = \frac{15}{60} = \frac{1}{4} 〔A〕$$

$$I_{cd} = \frac{V_{cd}}{60} = \frac{5}{60} = \frac{1}{12} 〔A〕$$

$I_3 = I_{cd}$ なので R_3 は、

$$R_3 = \frac{10}{I_3} = \frac{10}{\frac{1}{12}} = 120 〔Ω〕（答）$$

$$I_2 = I_{bc} - I_{cd} = \frac{1}{4} - \frac{1}{12} = \frac{3}{12} - \frac{1}{12}$$

$$= \frac{2}{12} = \frac{1}{6} 〔A〕$$

したがって R_2 は、

$$R_2 = \frac{15}{I_2} = \frac{15}{\frac{1}{6}} = 90 〔Ω〕（答）$$

$$I_1 = I_{ab} - I_{bc} = 1 - \frac{1}{4} = \frac{4}{4} - \frac{1}{4}$$

$$= \frac{3}{4} 〔A〕$$

したがって R_1 は、

$$R_1 = \frac{30}{I_1} = \frac{30}{\frac{3}{4}} = 40 〔Ω〕（答）$$

解答： (5)

48 直流回路の電圧と電流

P.67

H27 A問題 問6

Sを開閉しても $I = 30〔A〕$ は一定であることから、ブリッジは平衡している。したがって、次式が成り立つ。

$$R_1 R_4 = R_2 R_3$$
$$8R_4 = 4R_3$$
$$R_3 = 2R_4 \cdots\cdots①$$

> 題意から「ブリッジ回路が平衡している」ことを見抜けるかがポイント。
> 平衡していない場合は、Sの開と閉では、回路を流れる電流 I の値が異なる。

次に、回路の合成抵抗を R_0 とすると、オームの法則より次式が成り立つ。

$$I = \frac{E}{R_0}、30 = \frac{100}{R_0}$$

$$R_0 = \frac{10}{3} 〔Ω〕 \cdots\cdots②$$

ブリッジは平衡しているので、Sは開でも閉でも、合成抵抗 R_0 を求めることができる。

Sを閉として R_0 を求める。

$$R_0 = \frac{R_1 R_2}{R_1 + R_2} + \frac{R_3 R_4}{R_3 + R_4}$$

$$= \frac{8 \times 4}{8 + 4} + \frac{R_3 R_4}{R_3 + R_4}$$

$$= \frac{32}{12} + \frac{R_3 R_4}{R_3 + R_4}$$

$$= \frac{8}{3} + \frac{R_3 R_4}{R_3 + R_4} \cdots\cdots ③$$

式②と式③は等しいので、

$$R_0 = \frac{10}{3} = \frac{8}{3} + \frac{R_3 R_4}{R_3 + R_4}$$

$$\frac{2}{3} = \frac{R_3 R_4}{R_3 + R_4}$$

式①で求めたように、$R_3 = 2R_4$ なので、

$$\frac{2}{3} = \frac{2R_4 \times R_4}{2R_4 + R_4}$$

$$\frac{2}{3} = \frac{2R_4{}^2}{3R_4}$$

$$\frac{2}{3} = \frac{2R_4}{3}$$

$$\therefore R_4 = 1 〔\Omega〕（答）$$

解 答：	(2)

必須ポイント

●ブリッジ回路の平衡条件

ブリッジの対辺同士の抵抗の積が等しい。

$$R_1 R_4 = R_2 R_3$$

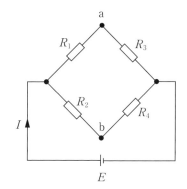

●ブリッジが平衡している場合、a、b点は同電位であり、a−b間は開放しても短絡してもかまわない。

別　解

$R_3 = 2R_4 \cdots ①$ までは本解と同じ。Sを開とし、回路電流 I の次式から R_4 を求める。

$$I = 30 = \frac{100}{8 + R_3} + \frac{100}{4 + R_4}$$

$$= \frac{100}{8 + 2R_4} + \frac{100}{4 + R_4}$$

左右入れ替え、および第2項の分子、分母を2倍する。

$$\frac{100}{8 + 2R_4} + \frac{200}{8 + 2R_4} = 30$$

$$\frac{300}{8 + 2R_4} \diagbox \frac{30}{1} \quad \text{（たすき）に掛けて等しいと置く}$$

$$240 + 60R_4 = 300$$

$$60R_4 = 300 - 240$$

$$R_4 = \frac{60}{60} = 1 〔\Omega〕（答）$$

49 オームの法則と抵抗の接続

P.68

H27 A問題 問7

(1)(2)(3)(5)の記述は**正しい**。

(4) **誤り**。

2つの抵抗R_1、R_2の並列回路の合成抵抗Rは、

$$R = \cfrac{1}{\cfrac{1}{R_1} + \cfrac{1}{R_2}}$$

上式より、合成抵抗Rは、抵抗R_1の逆数とR_2の逆数の和の逆数である。したがって、「合成抵抗の値はR_1、R_2の抵抗値の逆数の和である」という(4)の記述は誤りである。

解答： (4)

必須ポイント

● コンデンサは、定常状態（スイッチSを入れてから十分時間が経過した状態）では**直流電流は流れない**。ただし、**交流電流は流れる**。

● コイルは、定常状態では直流に対し単なる導線に過ぎない。ただし、交流に対しては誘導性リアクタンスがある。

● 並列回路の合成抵抗Rは、次式で表される。

$$\frac{1}{R} = \frac{1}{R_1} + \frac{1}{R_2} \text{〔S〕}$$

※〔S〕は〔Ω〕の逆数でジーメンスと読む

$$R = \cfrac{1}{\cfrac{1}{R_1} + \cfrac{1}{R_2}} = \cfrac{1}{\cfrac{R_1 + R_2}{R_1 R_2}}$$

$$= \frac{R_1 R_2}{R_1 + R_2} \text{〔Ω〕}$$

50 交流回路の電圧・電流と電力

P.69

R5上期 A問題 問8

（ア）**小さく**、（イ）**大きな**、（ウ）**容量性**、（エ）**進んだ**、（オ）**誘導性**、（カ）**遅れた** となる。

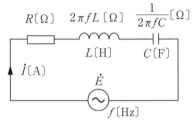

RLC直列回路

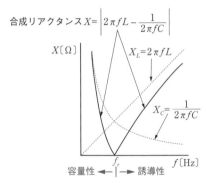

周波数に対するリアクタンス

RLC直列回路のインピーダンス$\dot{Z}$は、

$$\dot{Z} = R + j\left(2\pi fL - \frac{1}{2\pi fC}\right)$$

● $2\pi fL > \cfrac{1}{2\pi fC}$ ：回路は

誘導性となり、$\dot{I}$は$\dot{E}$より遅れる。

● $2\pi fL = \dfrac{1}{2\pi fC}$ ：直列共振状態で

$\dot{I}$と$\dot{E}$は同相、合成リアクタンス = 0、

$\dot{I} = \dfrac{\dot{E}}{R}$ $\left(\begin{array}{l}\text{インピーダンスは}R\text{のみで最小、}\\ \text{電流は最大}\end{array}\right)$

共振周波数$f_r = \dfrac{1}{2\pi\sqrt{LC}}$〔Hz〕

● $2\pi fL < \dfrac{1}{2\pi fC}$ ：

回路は容量性となり、$\dot{I}$は$\dot{E}$より進む。

| 解 答： | (3) |

| **51** | 交流回路の電圧・電流と電力 | P.70 |

R5上期 A問題 問9

RL直列回路のインピーダンス三角形を描くと、図aのようになる。

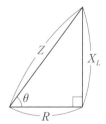

図a　インピーダンス三角形

題意よりRとX_Lの比は、

$R : X_L = 1 : \sqrt{2}$

上式の比が成り立つように$R = 1$〔Ω〕、$X_L = \sqrt{2}$〔Ω〕と仮定すると、インピーダンスZは、

$Z = \sqrt{R^2 + X_L^2}$
$= \sqrt{1^2 + (\sqrt{2})^2}$

$= \sqrt{1 + 2}$
$= \sqrt{3}$〔Ω〕

よって、求める力率$\cos\theta$の値は、

$\cos\theta = \dfrac{R}{Z} = \dfrac{1}{\sqrt{3}} = \dfrac{\sqrt{3}}{\sqrt{3}\sqrt{3}} = \dfrac{\sqrt{3}}{3}$

分子、分母に$\sqrt{3}$を掛ける

$\fallingdotseq 0.58$（答）

| 解 答： | (3) |

理論

（ア）平均値、（イ）大きく、（ウ）小さく、
（エ）最大値、（オ）大きく、（カ）小さく

解答： （1）

必須ポイント

●各種波形の平均値、実効値、波高率、波形率

名称	波形	平均値	実効値	波高率	波形率
方形波 （矩形波）		Em	Em	1.0	1.0
正弦波		$\dfrac{2}{\pi}Em$	$\dfrac{1}{\sqrt{2}}Em$	$\sqrt{2} \fallingdotseq 1.41$	$\dfrac{\pi}{2\sqrt{2}} \fallingdotseq 1.11$
三角波		$\dfrac{1}{2}Em$	$\dfrac{1}{\sqrt{3}}Em$	$\sqrt{3} \fallingdotseq 1.73$	$\dfrac{2}{\sqrt{3}} \fallingdotseq 1.15$
直流		Em	Em	1.0	1.0

●波高率と波形率

$$波高率 = \frac{最大値}{実効値}$$

$$波形率 = \frac{実効値}{平均値}$$

53 交流回路の電圧・電流と電力
R4下期 A問題 問9

P.72

　回路各箇所の電圧、電流、インピーダンスの記号を図aのように定める。また、ベクトル図を図bに示す。

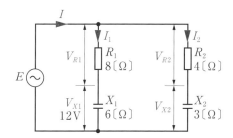

図a　回路図

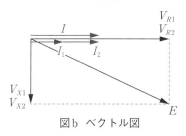

図b　ベクトル図

●**電源電圧 E を求める**

$X_1 = 6〔Ω〕$ に流れる電流 I_1 は、

$$I_1 = \frac{V_{X1}}{X_1} = \frac{12}{6} = 2〔A〕$$

I_1 は $R_1 = 8〔Ω〕$ にも流れるので、R_1 の両端電圧 V_{R1} は、

$$V_{R1} = 8 \times 2 = 16〔V〕$$

電源電圧 E は、V_{R1} と V_{X1} のベクトル合成（図b参照）であるから、

$$E = \sqrt{V_{R1}{}^2 + V_{X1}{}^2} = \sqrt{16^2 + 12^2} = 20〔V〕（答）$$

別解

$I_1 = 2〔A〕$ を求めるまでは本解と同じ。

$R_1 = 8〔Ω〕$ と $X_1 = 6〔Ω〕$ の直列回路の合成インピーダンス Z_1 は、

$$Z_1 = \sqrt{8^2 + 6^2} = 10〔Ω〕$$

よって、電源電圧 E は、

$$E = Z_1 I_1 = 10 \times 2 = 20〔V〕（答）$$

●**消費電力を求める**

この回路の消費電力 P は、$8〔Ω〕$ の抵抗 R_1 で消費される電力 P_1 と $4〔Ω〕$ の抵抗 R_2 で消費される電力 P_2 の代数和となる。

$$P_1 = R_1 I_1{}^2 = 8 \times 2^2 = 32〔w〕$$

$4〔Ω〕$ の抵抗 R_2 を流れる電流 I_2 は、R_2 と X_2 の合成インピーダンスを Z_2 とすると、

$$I_2 = \frac{E}{Z_2} = \frac{E}{\sqrt{R_2{}^2 + X_2{}^2}} = \frac{20}{\sqrt{4^2 + 3^2}}$$

$$= \frac{20}{5} = 4〔A〕$$

したがって、P_2 は、

$$P_2 = R_2 I_2{}^2 = 4 \times 4^2 = 64〔W〕$$

よって、求める消費電力 P は、

$$P = P_1 + P_2 = 32 + 64 = 96〔W〕（答）$$

解答：　(2)

54　交流の基本回路と性質　P.73

R3 A問題 問8

問題図2から電圧の瞬時値 v を表す式は、式①となる。

$$v = 100\sqrt{2}\sin\left(\omega t - \frac{\pi}{4}\right)〔A〕 \quad ……①$$

また、v の最大値 V_m は、

$V_m = 100\sqrt{2}〔V〕$ であるから、実効値 V は、

$$V = \frac{V_m}{\sqrt{2}} = \frac{100\sqrt{2}}{\sqrt{2}} = 100〔V〕$$

したがって、問題図1の回路に流れる電流 i の実効値 I は、

$$I = \frac{V}{R} = \frac{100}{5} = 20〔A〕$$

抵抗だけの回路であるから、電圧 V と電流 I は同相である。

したがって、電流 i の波形は図a赤線のようになる。

また、電流の瞬時値 i を表す式は、式②となる。

$$i = 20\sqrt{2}\,\sin\left(\omega t - \frac{\pi}{4}\right)\,[\text{A}] \quad \cdots ②$$

ここで、電源の周波数 f は、$f = 50\,[\text{Hz}]$ であるから、角周波数 ω は、

$$\omega = 2\pi f = 100\,\pi\,[\text{rad/s}]$$

式②に $\omega = 100\,\pi$ を代入すると、i は次式となる。

$$i = 20\sqrt{2}\,\sin\left(100\pi t - \frac{\pi}{4}\right)\,[\text{A}]\,（答）$$

解答：	(5)

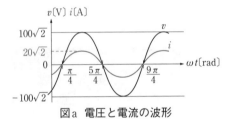

図a 電圧と電流の波形

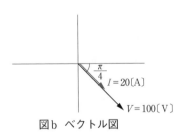

図b ベクトル図

別 解

瞬時値のまま次のように計算してもよい。

$$i = \frac{v}{R} = \frac{100\sqrt{2}\,\sin\left(\omega t - \frac{\pi}{4}\right)}{5}$$

$$= 20\sqrt{2}\,\sin\left(\omega t - \frac{\pi}{4}\right)$$

$$= 20\sqrt{2}\,\sin\left(100\pi t - \frac{\pi}{4}\right)\,[\text{A}]\,（答）$$

必須ポイント

●位相と位相差

図cに示すような位相が異なる正弦波交流波形の瞬時値 v_a、v_b は、次式となる。

$$v_a = V_m \sin \omega t$$
$$= \sqrt{2}\,V \sin \omega t\,[\text{V}] \cdots ③$$
$$v_b = V_m \sin(\omega t - \theta)$$
$$= \sqrt{2}\,V \sin(\omega t - \theta)\,[\text{V}] \cdots ④$$

ただし、V_m：最大値[V]、V：実効値[V]、$V_m = \sqrt{2}\,V$ の関係がある。

●位相の遅れ、進みの判断

図cにおいて、v_b は v_a より0となる瞬間（または最大値となる瞬間）が θ だけ遅れている。式④において、$-\theta$ のマイナスが遅れていることを表している。

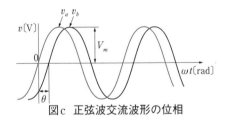

図c 正弦波交流波形の位相

●抵抗 R だけの回路の波形とベクトル図

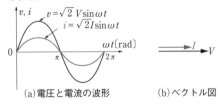

(a)電圧と電流の波形　　(b)ベクトル図

図d 抵抗 R だけの回路の波形とベクトル図

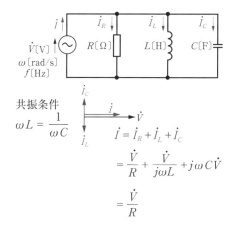

抵抗Rだけの回路の波形とベクトル図は、通常図dのように描くが、本問のように位相をずらして描いてもよい。本問の場合、基準より$\frac{\pi}{4}$〔rad〕遅れて描いているが、ずらす範囲は自由である(回転ベクトルの静止位置は自由である)。

●角周波数ωと周波数fの関係

$$\omega = 2\pi f \,\text{〔rad/s〕}$$

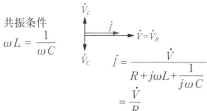

55 交流回路の電圧・電流と電力

P.74

R3 A問題 問9

図aにRLC直列共振回路とベクトル図を、図bにRLC並列共振回路とベクトル図を示す。これらの図をもとに、設問(a)(b)(c)について検討する。

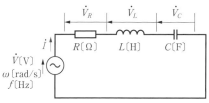

共振条件
$$\omega L = \frac{1}{\omega C}$$

$$\dot{I} = \frac{\dot{V}}{R + j\omega L + \dfrac{1}{j\omega C}}$$
$$= \frac{\dot{V}}{R}$$

図a　RLC直列共振回路とベクトル図

共振条件
$$\omega L = \frac{1}{\omega C}$$

$$\dot{I} = \dot{I}_R + \dot{I}_L + \dot{I}_C$$
$$= \frac{\dot{V}}{R} + \frac{\dot{V}}{j\omega L} + j\omega C \dot{V}$$
$$= \frac{\dot{V}}{R}$$

図b　RLC並列共振回路とベクトル図

(a) 誤り。

RLC直列回路の共振状態において、LとCの端子間電圧$\dot{V}_L$、$\dot{V}_C$の**大きさはともに等しく、向きが反対である**(図aベクトル図参照)。したがって、「大きさはともに0である」という(a)の記述は誤りである。

(b) 誤り。

RLC並列回路の共振状態において、LとCに流れる電流$\dot{I}_L$、$\dot{I}_C$の**大きさはともに等しく、向きが反対である**(図bベクトル図参照)。したがって、「LとCに電流は流れない」という(b)の記述は誤りである。

(c) 正しい。

RLC直列回路の共振状態において、交流電圧源を流れる電流$\dot{I}$は、$\dot{I} = \dfrac{\dot{V}}{R}$〔A〕である(図aのベクトル図参照)。RLC並列回路の共振状態において、交流電圧源を流れる電流$\dot{I}$は、$\dot{I} = \dfrac{\dot{V}}{R}$〔A〕である(図bのベクトル図参照)。

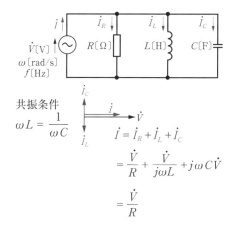
理論

したがって、両回路の電流$\dot{I}$は、$\dot{I} = \dfrac{\dot{V}}{R}$ 〔A〕と等しいので、(c)の記述は正しい。

解答：　(1)

必須ポイント

●RLC直列回路、RLC並列回路の共振条件

$$\omega L = \frac{1}{\omega C} \text{〔Ω〕、}$$

$$\omega = \frac{1}{\sqrt{LC}} \text{〔rad/s〕、}$$

$$f = \frac{1}{2\pi\sqrt{LC}} \text{〔Hz〕}$$

ただし、$\omega = 2\pi f$, f：電源の周波数

●図a(直列共振)のベクトル図

回路を流れる電流を$\dot{I}$〔A〕とすれば、$\dot{V}_R$は$\dot{I}$と同相で、大きさは$R \cdot I$〔V〕

$\dot{V}_L$は$\dot{I}$より90度進みで、大きさは$\omega L \cdot I$〔V〕

$\dot{V}_C$は$\dot{I}$より90度遅れで、大きさは$\dfrac{1}{\omega C} \cdot I$〔V〕

つまり、$\dot{V}_L$と$\dot{V}_C$は逆位相で、大きさは$\omega L = \dfrac{1}{\omega C}$という理由により同じ。

●図b(並列共振)のベクトル図

RLCの各素子には電源電圧$\dot{V}$〔V〕が加わる。$\dot{V}$を基準ベクトルとすれば、

$\dot{I}_R$は$\dot{V}$と同相で、大きさは$\dfrac{V}{R}$〔A〕

$\dot{I}_L$は$\dot{V}$より90度遅れで、大きさは$\dfrac{V}{\omega L}$〔A〕

$\dot{I}_C$は$\dot{V}$より90度進みで、大きさは$\dfrac{V}{\frac{1}{\omega C}} = \omega CV$〔A〕

つまり、$\dot{I}_L$と$\dot{I}_C$は逆位相で、大きさは$\omega L = \dfrac{1}{\omega C}$という理由により同じ。

---

56 交流回路の電圧・電流と電力　P.75

R2 A問題 問8

電源の角周波数ωは、

$$\omega = 2\pi f$$
$$= 2 \times \pi \times 1000$$
$$\fallingdotseq 6283 \text{〔rad/s〕}$$

コンデンサの容量性リアクタンス$X_c = \dfrac{1}{\omega C}$は、

$$X_c = \frac{1}{\omega C} = \frac{1}{6283 \times 2 \times 10^{-6}}$$
$$\fallingdotseq 79.6 \text{〔Ω〕} \qquad \boxed{2\mu F \rightarrow 2 \times 10^{-6} F}$$

正弦波交流電圧を$V = 10$〔V〕、電流を$I = 0.1$〔A〕とすると、

インピーダンスZは、

$$Z = \frac{V}{I} = \frac{10}{0.1} = 100 \text{〔Ω〕}$$

また、図aに示すインピーダンス三角形より、

$$Z^2 = R^2 + X_c^2$$
$$R^2 = Z^2 - X_c^2$$
$$R = \sqrt{Z^2 - X_c^2}$$
$$= \sqrt{100^2 - 79.6^2}$$
$$\fallingdotseq \mathbf{60.5} \text{〔Ω〕(答)}$$

解答：　(4)

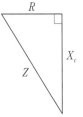

図a　インピーダンス三角形

必須ポイント

● 静電容量 C〔F〕の容量性リアクタンス X_c〔Ω〕

$$X_c = \frac{1}{\omega C} = \frac{1}{2\pi fC} \text{〔Ω〕}$$

ただし、ω〔rad/s〕は電源の角周波数、f〔Hz〕は電源の周波数

● RC 直列回路のインピーダンス

$$\dot{Z} = R - jX_c = R - j\frac{1}{\omega C} \text{〔Ω〕}$$

$\dot{Z}$ の大きさ Z は、

$$Z = |\dot{Z}| = \sqrt{R^2 + X_c^2} \text{〔Ω〕}$$

---

57 交流回路の電圧・電流と電力

P.76

R2 A問題 問9

回路Aと回路Bの両回路において、$\omega^2 LC = 1$ が成り立つときは、この式を変形すると、

$$\omega L = \frac{1}{\omega C}、\quad \omega = \frac{1}{\sqrt{LC}}$$

となる。

これは、誘導性リアクタンスの大きさ ωL〔Ω〕と容量性リアクタンスの大きさ $\frac{1}{\omega C}$〔Ω〕が等しいということであり、回路Aは直列共振、回路Bは並列共振しているということを表している。

● 回路A（直列共振）のベクトル図

回路Aを流れる電流を $\dot{I}$〔A〕とすれば、

$\dot{V}_R$ は $\dot{I}$ と同相で、大きさは $R\cdot I$〔V〕

$\dot{V}_L$ は $\dot{I}$ より90度進みで、大きさは $\omega L\cdot I$〔V〕

$\dot{V}_C$ は $\dot{I}$ より90度遅れで、大きさは $\frac{1}{\omega C}\cdot I$〔V〕

つまり、$\dot{V}_L$ と $\dot{V}_C$ は逆位相で、大きさは $\omega L = \frac{1}{\omega C}$ という理由により同じ。

したがって、ベクトル図は図a(b)のようになる。

なお、直列共振状態では $\dot{V}_L$ と $\dot{V}_C$ は相殺され、$\dot{V} = \dot{V}_R$ となり、電源電圧 $\dot{V}$ と $\dot{I}$ は同相となる。

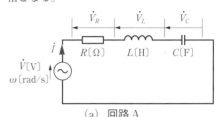

(a) 回路A

(b) ベクトル図

図a 回路Aおよびベクトル図

● 回路B（並列共振）のベクトル図

RLC の各素子には電源電圧 $\dot{V}$〔V〕が加わる。$\dot{V}$ を基準ベクトルとすれば、

$\dot{I}_R$ は $\dot{V}$ と同相で、大きさは $\frac{V}{R}$〔A〕

$\dot{I}_L$ は $\dot{V}$ より90度遅れで、大きさは $\frac{V}{\omega L}$〔A〕

$\dot{I}_C$ は $\dot{V}$ より90度進みで、大きさは $\frac{V}{\frac{1}{\omega C}} = \omega CV$〔A〕

つまり、$\dot{I}_L$ と $\dot{I}_C$ は逆位相で、大きさは $\omega L = \frac{1}{\omega C}$ という理由により同じ。

したがって、ベクトル図は図b(b)のようになる。

なお、並列共振状態では$\dot{I}_L$と$\dot{I}_C$は相殺され、$\dot{I}=\dot{I}_R$となり、電源電圧$\dot{V}$と電源から流れ出る電流$\dot{I}$は同相となる。

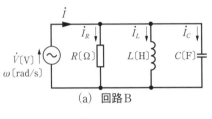

（a）回路B

（b）ベクトル図

図b　回路Bおよびベクトル図

よって、回路Aおよび回路Bのベクトル図は、選択肢の(2)(答)が正しい。

| 解　答： | (2) |

必須ポイント

●RLC直列回路、RLC並列回路の共振条件

$$\omega L = \frac{1}{\omega C}\,[\Omega]、\quad \omega = \frac{1}{\sqrt{LC}}\,[\mathrm{rad/s}]、$$

$$f = \frac{1}{2\pi\sqrt{LC}}\,[\mathrm{Hz}]$$

ただし、$\omega = 2\pi f$，f：電源の周波数

●「ベクトル図における進み方向は反時計回り」とは

電圧、電流ベクトルは通常反時計回りに回転している回転ベクトルであり、これを静止ベクトルとしている。基準ベクトル（正の実軸方向のベクトル）を何にするかは自由である。

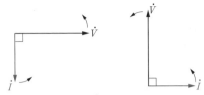

図c　基準ベクトル$\dot{V}$　　図d　基準ベクトル$\dot{I}$

図c、図dとも、$\dot{I}$が$\dot{V}$より90度遅れていることを表しているベクトル図である。回転ベクトルは、どこで静止させてもかまわない。

58 交流回路の電圧・電流と電力 P.78

R1 A問題 問9

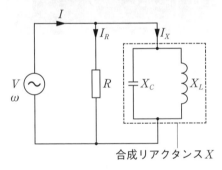

図a　回路図

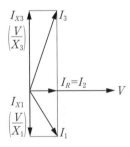

図b　ベクトル図

回路図および次に述べる①、②、③の計

58

算結果から得られるベクトル図を、図a、図bに示す。

　抵抗を流れる電流はωの値に関わらず一定であるから、CとLの並列回路の合成リアクタンスの大きさ（絶対値）でI_1、I_2、I_3の大小関係は比較できる。

$$\boxed{5[\mathrm{krad/s}] = 5 \times 10^3 [\mathrm{rad/s}]}$$

①$\omega_1 = 5 \times 10^3 [\mathrm{rad/s}]$のとき、容量性リアクタンス$-jX_{C1}$は、

$$-jX_{C1} = \frac{1}{j\omega_1 C}$$

$$= \frac{1}{j5 \times 10^3 \times 10 \times 10^{-6}}$$

$$\boxed{10[\mu\mathrm{F}] = 10 \times 10^{-6}[\mathrm{F}]}$$

$$= -j\frac{1}{5 \times 10^{-2}} = -j20[\Omega]$$

誘導性リアクタンスjX_{L1}は、

$$jX_{L1} = j\omega_1 L = j5 \times 10^3 \times 1 \times 10^{-3}$$
$$= j5[\Omega] \quad \boxed{1[\mathrm{mH}] = 1 \times 10^{-3}[\mathrm{H}]}$$

合成リアクタンスjX_1は、

$$jX_1 = \frac{-jX_{C1} \times jX_{L1}}{-jX_{C1} + jX_{L1}} = \frac{-j20 \times j5}{-j20 + j5}$$

$$= \frac{100}{-j15} \fallingdotseq j6.67[\Omega]$$

絶対値$X_1 = |jX_1| = 6.67[\Omega]$

②$\omega_2 = 10 \times 10^3 [\mathrm{rad/s}]$のとき、容量性リアクタンス$-jX_{C2}$は、

$$-jX_{C2} = \frac{1}{j\omega_2 C}$$

$$= \frac{1}{j10 \times 10^3 \times 10 \times 10^{-6}}$$

$$= -j10[\Omega]$$

誘導性リアクタンスjX_{L2}は、

$$jX_{L2} = j\omega_2 L = j10 \times 10^3 \times 1 \times 10^{-3}$$
$$= j10[\Omega]$$

合成リアクタンスjX_2は、

$$jX_2 = \frac{-jX_{C2} \times jX_{L2}}{-jX_{C2} + jX_{L2}} = \frac{-j10 \times j10}{-j10 + j10}$$

$$= \frac{100}{0} = \infty[\Omega]$$

$$\boxed{\text{並列共振している}}$$

絶対値$X_2 = |jX_2| = \infty[\Omega]$

③$\omega_3 = 30 \times 10^3 [\mathrm{rad/s}]$のとき、容量性リアクタンス$-jX_{C3}$は、

$$-jX_{C3} = \frac{1}{j\omega_3 C}$$

$$= \frac{1}{j30 \times 10^3 \times 10 \times 10^{-6}}$$

$$= -j\frac{10}{3} \fallingdotseq -j3.33[\Omega]$$

誘導性リアクタンスjX_{L3}は、

$$jX_{L3} = j\omega_3 L = j30 \times 10^3 \times 1 \times 10^{-3}$$
$$= j30[\Omega]$$

合成リアクタンス$-jX_3$は、

$$-jX_3 = \frac{-jX_{C3} \times jX_{L3}}{-jX_{C3} + jX_{L3}}$$

$$= \frac{-j3.33 \times j30}{-j3.33 + j30}$$

$$= \frac{99.9}{j26.67} \fallingdotseq -j3.75[\Omega]$$

絶対値$X_3 = |-jX_3| = 3.75[\Omega]$

　上記①、②、③から合成リアクタンスの絶対値の大きい順に並べると、$X_2 > X_1 > X_3$となる。よって、I_1、I_2、I_3の大小関係は、
$$I_2 < I_1 < I_3 \quad \text{（答）}$$

| 解答： | (3) |

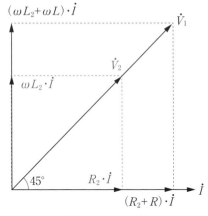

図b ベクトル図

ベクトル図のラベル:
$(\omega L_2 + \omega L) \cdot \dot{I}$, $\dot{V}_1$, $\dot{V}_2$, $\omega L_2 \cdot \dot{I}$, $45°$, $R_2 \cdot \dot{I}$, $(R_2 + R) \cdot \dot{I}$, $\dot{I}$

解答： (1)

---

59 交流回路の電圧・電流と電力

P.79

H30 A問題 問8

誘導性負荷 $\dot{Z}$ 〔Ω〕を、$\dot{Z} = R_2 + j\omega L_2$ 〔Ω〕とすると、力率が $\dfrac{1}{\sqrt{2}}$ であるから、R_2 と ωL_2 の大きさが等しく（$R_2 = \omega L_2$）、インピーダンス三角形は図a-(a)のようになる。

また、抵抗器 R〔Ω〕とインダクタンス L〔H〕のコイルについても $R = \omega L$ であるので、インピーダンス三角形は図a-(b)のようになり、図a-(a)と相似の三角形となる。

（$R_2 : \omega L_2 : Z = R : \omega L : Z' = 1 : 1 : \sqrt{2}$）

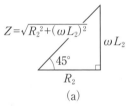

$$Z = \sqrt{R_2^2 + (\omega L_2)^2}$$

ωL_2 / $45°$ / R_2

(a)

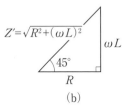

$$Z' = \sqrt{R^2 + (\omega L)^2}$$

ωL / $45°$ / R

(b)

図a インピーダンス三角形

したがって、この回路に流れる電流を $\dot{I}$〔A〕とすると、図bのベクトル図に示すように、電源電圧 $\dot{V}_1$〔V〕と負荷の端子電圧 $\dot{V}_2$〔V〕は同相となり、位相差は 0〔°〕（答）となる。

---

60 交流回路の電圧・電流と電力

P.80

H30 A問題 問9

図aの RLC 並列回路において、交流電圧源の電流 $\dot{I}$ の大きさが最小となるのは、インダクタンス $L = 2$〔H〕に流れる電流 $\dot{I}_L$ と、静電容量 $C = 1.5$〔F〕に流れる電流 $\dot{I}_C$ が同じ大きさで打ち消し合うときである。すなわち、LC が並列共振しているときである。並列共振の条件は、誘導性リアクタンス ωL と容量性リアクタンス $\dfrac{1}{\omega C}$ が等しいときである。

$$\omega L = \frac{1}{\omega C}、\text{ただし、}\omega\text{は角周波数で、}$$

$$\omega = 2\pi f \text{〔rad/s〕}$$

$$2\pi f L = \frac{1}{2\pi f C}$$

$$4\pi^2 f^2 L C = 1$$

$$f = \frac{1}{2\pi\sqrt{LC}} \quad \text{←} \boxed{\text{共振周波数}}$$

$$= \frac{1}{2\pi\sqrt{2 \times 1.5}}$$

$$= \frac{1}{2\sqrt{3}\,\pi} \ \text{〔Hz〕(ア)}$$

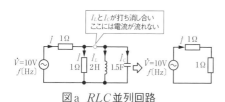

図a　RLC 並列回路

図b　ベクトル図

回路図より

$$I = \frac{V}{1+1} = \frac{10}{2} = 5 \text{〔A〕(イ)}$$

また、ωL と $\dfrac{1}{\omega C}$ の並列回路の合成インピーダンスは∞であるから、2個の1〔Ω〕の抵抗だけの回路と等価となるので、電源電圧 $\dot{V}$ と電流 $\dot{I}$ は(ウ)同相である。

$$\boxed{\textbf{解答：}\quad (3)}$$

61 **交流回路の電圧・電流と電力**　P.81

H29 A問題 問8

R_1 と R_2 の並列部分の合成抵抗 R を

$$R = \frac{R_1 R_2}{R_1 + R_2} \quad \text{とおいた}$$

回路図を図aに、ベクトル図を図bに示す。

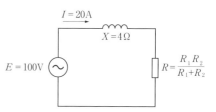

図a　回路図

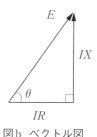

図b　ベクトル図

図aの回路図において、合成インピーダンス Z は、

$$Z = \frac{E}{I} = \frac{100}{20} = 5 \text{〔Ω〕}$$

また、

$Z = \sqrt{R^2 + X^2}$ であるので

$$5 = \sqrt{R^2 + 4^2}$$

$$R^2 + 4^2 = 5^2$$

$$R^2 = 5^2 - 4^2 = 9$$

$$R = 3 \text{〔Ω〕}$$

$$\therefore \ \frac{R_1 R_2}{R_1 + R_2} = 3$$

$$3(R_1 + R_2) = R_1 R_2$$

$$3R_1 + 3R_2 = R_1 R_2 \cdots\cdots(1)$$

次に問題図において $I_1 : I_2 = 1 : 3$ なので、

$$I_1 = I \times \frac{1}{1+3} = 20 \times \frac{1}{4} = 5 \text{〔A〕}$$

$$I_2 = I \times \frac{3}{1+3} = 20 \times \frac{3}{4} = 15 \text{〔A〕}$$

R_1 の両端の電圧 I_1R_1 と R_2 の両端の電圧 I_2R_2 は等しいので、

$$I_1R_1 = I_2R_2$$

$$5R_1 = 15R_2$$

$$R_2 = \frac{1}{3}R_1 \cdots\cdots(2)$$

式(2)を式(1)に代入、

$$3R_1 + 3 \times \left(\frac{1}{3}R_1\right) = R_1 \times \frac{1}{3}R_1$$

$$3R_1 + R_1 = \frac{R_1^2}{3}$$

$$4R_1 = \frac{R_1^2}{3}$$

両辺を R_1 で割ると、

$$4 = \frac{R_1}{3}$$

$$R_1 = 12〔\Omega〕(答)$$

解 答： **(5)**

必須ポイント

●抵抗の並列回路の両端電圧は等しい

問題図において、

$$I_1R_1 = I_2R_2$$

62 交流回路の電圧・電流と電力

P.82

H29 A問題 問9

ひずみ波交流電流 i の第1項、基本波 $6\sin\omega t〔A〕$ の

実効値 $I_1 = \dfrac{6}{\sqrt{2}}〔A〕$

したがって、$R = 5\Omega$ で消費される平均電力（有効電力）P_1 は、

$$P_1 = I_1^2 \cdot R = \left(\frac{6}{\sqrt{2}}\right)^2 \times 5 = \frac{36}{2} \times 5$$

$$= 90〔W〕$$

i の第2項、第3高調波 $2\sin 3\omega t〔A〕$ の

実効値 $I_3 = \dfrac{2}{\sqrt{2}}〔A〕$

したがって、$R = 5\Omega$ で消費される平均電力（有効電力）P_3 は、

$$P_3 = I_3^2 \cdot R = \left(\frac{2}{\sqrt{2}}\right)^2 \times 5 = \frac{4}{2} \times 5$$

$$= 10〔W〕$$

求める平均電力（有効電力）P は、

$$P = P_1 + P_3 = 90 + 10 = \mathbf{100}〔W〕(答)$$

解 答： **(3)**

別 解

ひずみ波交流電流 i の実効値 I は、

$$I = \sqrt{I_1^2 + I_3^2} = \sqrt{\left(\frac{6}{\sqrt{2}}\right)^2 + \left(\frac{2}{\sqrt{2}}\right)^2}$$

$$= \sqrt{\frac{40}{2}} = \sqrt{20}〔A〕$$

求める平均電力（有効電力）P は、

$$P = I^2 \cdot R = (\sqrt{20})^2 \times 5 = 20 \times 5$$

$$= 100〔W〕(答)$$

必須ポイント

●ひずみ波交流の平均電力（有効電力）

平均電力とは
有効電力のことである。

ひずみ波交流の平均電力は、同一調波の電圧×電流（または電流の2乗×R）の総和となる。ただし、電圧と電流はいずれも実効値。

63 交流回路の電圧・電流と電力

P.82

H27 A問題 問8

問題の回路およびベクトル図を下に示す。

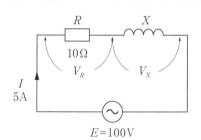

図a　回路図

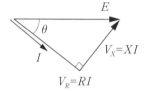

図b　ベクトル図

回路の有効電力Pは、抵抗Rで消費され、次式で表される。

$$P = RI^2 = 10 \times 5^2 = 10 \times 25$$

$$= 250 \, [\text{W}] \, (\text{答})$$

解答：　(1)

別解

回路のインピーダンスZは、

$$Z = \frac{E}{I} = \frac{100}{5} = 20 \, [\Omega]$$

回路の力率$\cos\theta$は、

$$\cos\theta = \frac{R}{Z} = \frac{10}{20} = 0.5$$

回路の有効電力Pは、

$$P = EI\cos\theta = 100 \times 5 \times 0.5$$

$$= 250 \, [\text{W}] \, (\text{答})$$

64 交流回路の電圧・電流と電力

P.83

H27 A問題 問9

図aに示すように、C_2の部分の電圧をVと仮定し、この電圧でV_{in}、V_{out}を示すことにより、V_{out}とV_{in}の比を求める。

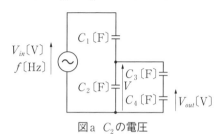

図a　C_2の電圧

図bの点線内の合成静電容量をCとすると、Cは、

$$C = C_2 + \frac{C_3 C_4}{C_3 + C_4}$$

$$= 900 + \frac{100 \times 900}{100 + 900}$$

$$= 900 + \frac{90000}{1000} = 990 \, [\mu\text{F}]$$

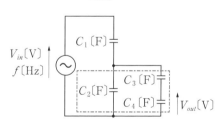

図b　合成静電容量C

合成静電容量Cを用いて回路を示すと、図cのとおり、C_1とCのコンデンサの直列接続の回路となる。

63

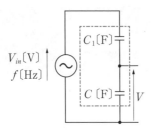

図c 合成静電容量Cを用いた回路

直列接続されたコンデンサの電圧は静電容量に反比例するので、V_{in}とVには次式が成り立つ。

$$V = \frac{C_1}{C_1 + C} V_{in}$$
$$= \frac{10}{10 + 990} V_{in}$$
$$= \frac{1}{100} V_{in}$$

したがって

$$V_{in} = 100 V$$

次に、図dにおいて直列接続されたコンデンサの電圧は、静電容量に反比例するので、V_{out}とVには次式が成り立つ。

$$V_{out} = \frac{C_3}{C_3 + C_4} V$$
$$= \frac{100}{100 + 900} V$$
$$= \frac{1}{10} V$$

図d C_4の電圧

したがって、求める $\frac{V_{out}}{V_{in}}$ は次のとおり算出できる。

$$\frac{V_{out}}{V_{in}} = \frac{\frac{1}{10} V}{100 V} = \frac{1}{1000} （答）$$

解答： (1)

---

65 交流の基本回路と性質

P.84

H27 B問題 問16

(a) 静電容量は、ΔからYに変換すると3倍になる。

したがって、$C = 3 \times 3 = 9.0 \mu F$（答）

解答：(a)—(5)

(b) 設問の回路は図aとなる。

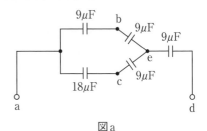

図a

図aを次のように変形し、a－d間の合成静電容量C_0を求める。

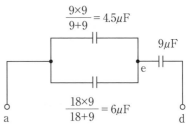

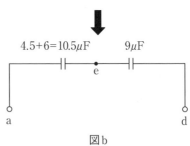

図b

$$C_0 = \frac{10.5 \times 9}{10.5 + 9}$$

$$\fallingdotseq 4.846 \rightarrow 4.8 \mu\mathrm{F}（答）$$

解 答：(b)-(3)

必須ポイント

●Δ－Y変換すると、インピーダンスZ(抵抗R、リアクタンスX)は$\frac{1}{3}$となる。

※やせるから$\frac{1}{3}$になると覚えよう。

容量性リアクタンス$X_C = \frac{1}{\omega C}$も$\frac{1}{3}$になるが、静電容量Cは分母にあるので3倍になる。

---

66 三相交流電源と負荷

R5上期 B問題 問15 P.85

(a) 端子a－c間の等価回路は、図aのようになる。この回路の合成抵抗R_{ac}は、

$$R_{ac} = \frac{R}{2} + \frac{R \times 2R}{R + 2R} + \frac{R}{2}$$

$$= R + \frac{2R}{3} = \frac{5R}{3}〔\Omega〕$$

図a 端子a－c間の等価回路

図aの回路に単相100〔V〕の電源を接続したときの消費電力Pが200〔W〕であることから、次式が成り立つ。

$$P = \frac{V_{ac}^2}{R_{ac}} = \frac{100^2}{\dfrac{5R}{3}} = \frac{3 \times 100^2}{5R}$$

$$= 200〔\mathrm{W}〕$$

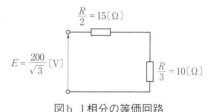

$\dfrac{3 \times 100^2}{5R}$ ✕ $\dfrac{200}{1}$ と考え、

✕(たすき)に掛けて等しいと置く

上式からRを求めると、

$$R = \frac{3 \times 100^2}{5 \times 200} = 30〔\Omega〕（答）$$

解 答：(a)-(2)

(b) 抵抗Rが△接続された負荷をY接続に変換すると$\frac{R}{3}$となるので、問題図の回路をY接続に変換すると、1相当たりの抵抗R_Yは、

$$R_Y = \frac{R}{2} + \frac{R}{3} = \frac{5R}{6} = \frac{5 \times 30}{6}$$

$$= 25〔\Omega〕$$

また、相電圧は線間電圧の$\frac{1}{\sqrt{3}}$倍なので、1相分の等価回路は図bのようになる。

$$E = \frac{200}{\sqrt{3}}〔\mathrm{V}〕 \quad \frac{R}{2} = 15〔\Omega〕 \quad \frac{R}{3} = 10〔\Omega〕$$

図b 1相分の等価回路

したがって、求める全消費電力Pは、

$$P = 3 \times \frac{E^2}{R_Y} = 3 \times \frac{\left(\dfrac{200}{\sqrt{3}}\right)^2}{25}$$

$$= 1600〔\mathrm{W}〕 \rightarrow 1.6〔\mathrm{kW}〕（答）$$

解 答：(b)-(4)

(a) 平衡三相負荷左側Y結線の1相分を抜き出した回路は、図aのようになる。

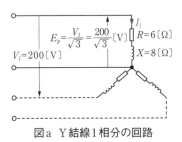

図a Y結線1相分の回路

$R = 6$〔Ω〕と $X = 8$〔Ω〕の直列回路に加わる電圧（Y結線の相電圧）E_p は、線間電圧 $V_l = 200$〔V〕の $\frac{1}{\sqrt{3}}$ 倍であるから、

$$E_p = \frac{V_l}{\sqrt{3}} = \frac{200}{\sqrt{3}} \text{〔V〕}$$

したがって I_1 は、

$$I_1 = \frac{E_p}{\sqrt{R^2 + X^2}} = \frac{\dfrac{200}{\sqrt{3}}}{\sqrt{6^2 + 8^2}}$$

$$= \frac{\dfrac{200}{\sqrt{3}}}{10} = \frac{200}{10\sqrt{3}} = \frac{20}{\sqrt{3}} \text{〔A〕}$$

次に右側の△結線に注目すると、r〔Ω〕に流れる電流の大きさ I_2 は題意より I_1 と等しいので、

$$I_2 = I_1 = \frac{20}{\sqrt{3}} \text{〔A〕}$$

r〔Ω〕には線間電圧（＝△結線の相電圧）V_l が加わるので、オームの法則より次式が成り立つ。

$$r = \frac{V_l}{I_2} = \frac{200}{\dfrac{20}{\sqrt{3}}} = \frac{200 \times \sqrt{3}}{20} \quad \boxed{\text{分子、分母に} \sqrt{3} \text{を掛ける}}$$

$$= 10\sqrt{3} \fallingdotseq 17.3 \text{〔Ω〕（答）}$$

解 答：(a)−(4)

(b) 問題図中の回路で有効電力を消費するものは、左側Y結線の3個の抵抗 $R = 6$〔Ω〕と右側△結線の3個の抵抗 $r = 10\sqrt{3}$〔Ω〕である。

$R = 6$〔Ω〕3個の消費電力 P_1 は、

$$P_1 = 3 \times I_1^2 \times R$$

$$= 3 \times \left(\frac{20}{\sqrt{3}}\right)^2 \times 6 = 3 \times \frac{400}{3} \times 6$$

$$= 2400 \text{〔W〕}$$

$r = 10\sqrt{3}$〔Ω〕3個の消費電力 P_2 は、

$$P_2 = 3 \times I_2^2 \times r$$

$$= 3 \times \left(\frac{20}{\sqrt{3}}\right)^2 \times 10\sqrt{3}$$

$$= 3 \times \frac{400}{3} \times 10\sqrt{3}$$

$$= 4000\sqrt{3}$$

$$\fallingdotseq 6928 \text{〔W〕}$$

よって、求める消費電力 P は、

$$P = P_1 + P_2 = 2400 + 6928$$

$$= 9328 \text{〔W〕} \rightarrow 9.3 \text{〔kW〕（答）}$$

解 答：(b)−(4)

68 三相交流電源と負荷
R4上期 B問題 問15
P.87

(a) 線電流の大きさが等しいことから、3個のコイルと4個の抵抗からなる負荷は三相平衡負荷である。

したがって、線電流を I_l〔A〕、線間電

圧を V_l〔V〕、無効電力を Q〔var〕、無効率を $\sin\theta$ とすれば、次式が成立する。

$$Q = \sqrt{3}\, V_l I_l \sin\theta\,\text{〔var〕}$$

上式を変形し、無効率 $\sin\theta$ を求める。

$$\boxed{1.6\,\text{〔kvar〕} \rightarrow 1.6 \times 10^3\,\text{〔var〕}}$$

$$\sin\theta = \frac{Q}{\sqrt{3}\, V_l I_l} = \frac{1.6 \times 10^3}{\sqrt{3} \times 200 \times 7.7}$$

$$\fallingdotseq 0.6$$

力率 $\cos\theta$ と無効率 $\sin\theta$ の間には、次の関係が成立する。

$$\sin^2\theta + \cos^2\theta = 1$$

上式を変形し、力率 $\cos\theta$ を求める。

$$\cos\theta = \sqrt{1 - \sin^2\theta} = \sqrt{1 - 0.6^2}$$

$$= \mathbf{0.8}\,(答)$$

解答：(a)－(4)

(b) 問題文で与えられているように、端子 a、b、c から流入する線電流の大きさが等しいことから、図 a に示す 4 個の抵抗が接続された回路は、各端子間の抵抗の値が等しくなる。

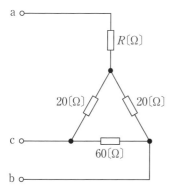

図 a 4 個の抵抗が接続された回路

図 a において、端子 bc 間の抵抗 R_{bc}〔Ω〕は、

$$R_{bc} = \frac{(20 + 20) \times 60}{(20 + 20) + 60} = 24\,\text{〔Ω〕}$$

また、端子 ab 間の抵抗 R_{ab}〔Ω〕は、

$$R_{ab} = R + \frac{(20 + 60) \times 20}{(20 + 60) + 20} = R + 16\,\text{〔Ω〕}$$

したがって、$R_{ab} = R_{bc}$ より、求める R の値〔Ω〕は、

$$R + 16 = 24$$
$$R = 8\,\text{〔Ω〕}$$

解答：(b)－(2)

69 三相交流電源と負荷
R3 B問題 問15　　P.88

三相回路各部の電圧、電流、インピーダンスの記号を図 a のように定める。

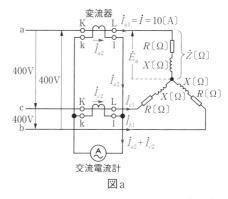

図 a

(a) 平衡三相負荷であるから、$\dot{I}_{a1}$、$\dot{I}_{b1}$、$\dot{I}_{c1}$ のベクトルは図 b のようになる。また、変流器二次側を流れる電流 $\dot{I}_{a2}$ は、$\dot{I}_{a1}$ と同相、$\dot{I}_{c2}$ は $\dot{I}_{c1}$ と同相である。なおかつ $\dot{I}_{a2}$ と $\dot{I}_{c2}$ の大きさは等しい。

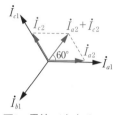

図b 電流ベクトル

交流電流計を流れる電流は、$\dot{I}_{a2}$と$\dot{I}_{c2}$のベクトル合成$\dot{I}_{a2}+\dot{I}_{c2}$となる。$\dot{I}_{a2}$および$(\dot{I}_{a2}+\dot{I}_{c2})$を一辺とする三角形は、図bのように正三角形となるので、$\dot{I}_{a2}$の大きさと$(\dot{I}_{a2}+\dot{I}_{c2})$の大きさは等しい。

変流器の変流比が$20:5$であるから、

$$\frac{I_{a1}}{I_{a2}}=\frac{20}{5}=4,\quad I_{a2}=\frac{1}{4}I_{a1}\,(A)$$

I_{a1}は題位より$10\,(A)$であるから、

$$I_{a2}=\frac{1}{4}\times10=2.5\,(A)$$

よって、$\dot{I}_{a2}+\dot{I}_{c2}$の大きさは**2.5**(A)(答)

解答：(a)-(2)

(b) 負荷の1相に加わる電圧E_aは、

$$E_a=\frac{400}{\sqrt{3}}\doteqdot230.9\,(V)$$

負荷1相のインピーダンスを$Z\,(\Omega)$とすると、

$$\frac{E_a}{Z}=I_{a1}$$

$$Z=\frac{E_a}{I_{a1}}=\frac{230.9}{10}\doteqdot23.09\,(\Omega)$$

題意より、平衡三相負荷の全消費電力P_3は、

6kW→6000W

$$P_3=6000\,(W)$$

1相当たりの消費電力、すなわち1相の抵抗Rでの消費電力P_1は、

$$P_1=\frac{1}{3}\times P_3=\frac{1}{3}\times6000=2000\,(W)$$

$P_1={I_{a1}}^2\cdot R=2000\,(W)$であるから、

$$R=\frac{P_1}{{I_{a1}}^2}=\frac{2000}{10^2}=20\,(\Omega)$$

負荷1相当たりのインピーダンスは、$\dot{Z}=R+jX\,(\Omega)$、$Z=\sqrt{R^2+X^2}\,(\Omega)$であるから、この式を変形し$X\,(\Omega)$を求める。

$$Z^2=R^2+X^2$$
$$X^2=Z^2-R^2$$
$$X=\sqrt{Z^2-R^2}$$
$$=\sqrt{23.09^2-20^2}\doteqdot11.5\,(\Omega)$$

解答：(b)-(1)

70 三相交流電源と負荷 P.89
R1 B問題 問16

1相当たりの等価回路を図aに示す。

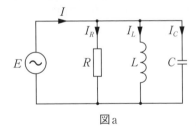

図a

(a) 図aにおいて$\dot{I}_R$、$\dot{I}_L$、$\dot{I}_C$は、

$$\dot{I}_R=\frac{E}{R}=\frac{\dfrac{200}{\sqrt{3}}}{10}=\frac{200}{10\sqrt{3}}$$

分母を有理化

$$=\frac{200\sqrt{3}}{10\times\sqrt{3}\times\sqrt{3}}=\frac{20\sqrt{3}}{3}\,(A)$$

$$\dot{I}_L=\frac{E}{j\omega L}=\frac{\dfrac{200}{\sqrt{3}}}{j10}=-j\frac{200}{10\sqrt{3}}$$

$$= -j \frac{200\sqrt{3}}{10 \times \sqrt{3} \times \sqrt{3}}$$

分母を有理化

$$= -j \frac{20\sqrt{3}}{3} \text{〔A〕}$$

$$\dot{I}_C = \frac{\dfrac{200}{\sqrt{3}}}{\dfrac{1}{j\omega C}} = \frac{\dfrac{200}{\sqrt{3}}}{-j20} = j \frac{200}{20\sqrt{3}}$$

分母を有理化

$$= j \frac{200 \times \sqrt{3}}{20 \times \sqrt{3} \times \sqrt{3}}$$

$$= j \frac{10\sqrt{3}}{3} \text{〔A〕}$$

よって、$\dot{I} = \dot{I}_R + \dot{I}_L + \dot{I}_C$

$$= \frac{20\sqrt{3}}{3} - j \frac{20\sqrt{3}}{3} + j \frac{10\sqrt{3}}{3}$$

$$= \frac{20\sqrt{3}}{3} - j \frac{10\sqrt{3}}{3}$$

$\dfrac{10\sqrt{3}}{3}(2-j)$ でもよい

$$= \frac{10\sqrt{3}}{3}(2 - j1) \text{〔A〕}$$

求める電源電流 I は、

$$I = |\dot{I}| = \frac{10\sqrt{3}}{3}(\sqrt{2^2 + 1^2})$$

$$= \frac{10\sqrt{3}}{3} \times \sqrt{5} \fallingdotseq 12.9$$

$$\fallingdotseq 13 \text{〔A〕（答）}$$

解 答：(a)−(3)

(b) 1相当たりの有効電力 P_1 は、

$$P_1 = R \cdot I_R{}^2 = 10 \times \left(\frac{20\sqrt{3}}{3}\right)^2$$

$$= 10 \times \frac{400 \times 3}{9} \fallingdotseq 1333 \text{〔W〕}$$

求める三相負荷の有効電力 P_3 は、

$$P_3 = 3 \times P_1 = 3 \times 1333$$

$$\fallingdotseq 4000 \text{〔W〕} \rightarrow 4 \text{〔kW〕（答）}$$

解 答：(b)−(4)

71 三相交流と結線方式
H30 B問題 問15
P.90

$\dot{E}_a$、$\dot{E}_b$、$\dot{E}_c$ は三相交流電源であり、ベクトル図は次のようになる。

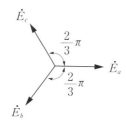

(a) スイッチ S_2 を開いた状態でスイッチ S_1 を閉じたときの回路図およびベクトル図は、次のようになる。

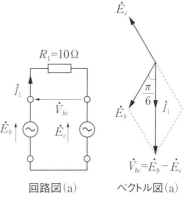

回路図(a)　　ベクトル図(a)

R_1 に加わる電圧 $\dot{V}_{bc}$ の大きさは、Y結線電源の線間電圧と同じ大きさとなり、$\dot{E}_b$ の大きさの $\sqrt{3}$ 倍、すなわち $100\sqrt{3}$ 〔V〕となる。

したがって、

$$I_1 = \frac{V_{bc}}{R_1} = \frac{100\sqrt{3}}{10} \fallingdotseq 17.3 \,[\text{A}]$$

解 答：(a)−(4)

(b) スイッチS_1を開いた状態でスイッチS_2を閉じたときの回路図およびベクトル図は、次のようになる。

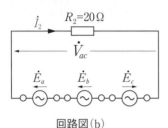

回路図（b）

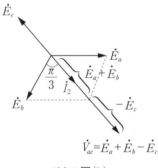

$$\dot{V}_{ac} = \dot{E}_a + \dot{E}_b - \dot{E}_c$$

ベクトル図（b）

R_2に加わる電圧$\dot{V}_{ac}$の大きさは、$|\dot{E}_a| = |\dot{E}_b| = |\dot{E}_c| = 100\,[\text{V}]$であるから、ベクトル図より$V_{ac} = |\dot{V}_{ac}| = 200\,[\text{V}]$であることが分かる。

したがって、

$$I_2 = \frac{V_{ac}}{R_2} = \frac{200}{20} = 10 \,[\text{A}]$$

R_2で消費される電力P_2は、

$$P_2 = R_2 \times I_2^2 = 20 \times 10^2$$
$$= 2000 \,[\text{W}]\,(\text{答})$$

解 答：(b)−(4)

必須ポイント

● 位相の異なる電圧の合成は、複素数で計算するよりベクトル図で行うと簡単である。

72 三相交流電源と負荷 P.91
H29 B問題 問16

(a) スイッチSを開いた状態の1相当たりの等価回路を図aに示す。

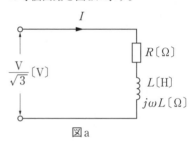

図a

インダクタンス$L = 5\,[\text{mH}]$のリアクタンス値$j\omega L$は、

$$j\omega L = j2\pi fL$$

$5\text{mH} \rightarrow 5 \times 10^{-3}\text{H}$

$$= j2\pi \times 50 \times 5 \times 10^{-3}$$
$$= j500\pi \times 10^{-3}$$
$$\fallingdotseq j1.571 \,[\Omega]$$

インピーダンス$\dot{Z}$は、

$$\dot{Z} = R + j\omega L = 5 + j1.571 \,[\Omega]$$
$$Z = |\dot{Z}| = \sqrt{5^2 + 1.571^2} \fallingdotseq 5.241 \,[\Omega]$$

負荷力率$\cos\theta$は、

$$\cos\theta = \frac{R}{Z} = \frac{5}{5.241} \fallingdotseq 0.954$$
$$\fallingdotseq 0.95\,(\text{答})$$

電流Iは、

$$I = \frac{V/\sqrt{3}}{Z} = \frac{200/\sqrt{3}}{5.241} \fallingdotseq 22.03 \,[\text{A}]$$

三相負荷全体の有効電力Pは、

$$= \frac{R - j\omega L}{R^2 + \omega^2 L^2} + j3\omega C$$

$$= \frac{R}{R^2 + \omega^2 L^2} - j\frac{\omega L}{R^2 + \omega^2 L^2} + j3\omega C$$

$$= \underbrace{\frac{R}{R^2 + \omega^2 L^2}}_{実数部} + j\underbrace{\left(3\omega C - \frac{\omega L}{R^2 + \omega^2 L^2}\right)}_{虚数部}$$

上式の虚数部を0とおく（力率が1となる条件である）。

$$3\omega C = \frac{\omega L}{R^2 + \omega^2 L^2}$$

$$C = \frac{\cancel{\omega} L}{3\cancel{\omega}(R^2 + \omega^2 L^2)}$$

$$= \frac{L}{3(R^2 + \omega^2 L^2)} \ \text{〔F〕（答）}$$

解 答：(b)—(4)

三相分なので3倍することに注意！

$$P = 3I^2 R = 3 \times 22.03^2 \times 5$$

$$\fallingdotseq 7280 \text{〔W〕} \rightarrow \boldsymbol{7.28 \times 10^3 \text{〔W〕}（答）}$$

$$(P = \sqrt{3}\ VI\cos\theta = \sqrt{3} \times 200 \times 22.03 \times$$

$$0.954 \fallingdotseq 7280 \text{〔W〕と計算してもよい)}$$

解 答：(a)—(3)

(b) スイッチSを閉じた状態において、三相平衡コンデンサの回路を△→Yに変換した1相当たりの等価回路を図bに示す。

△→Yに変換したので $3C$〔F〕となる

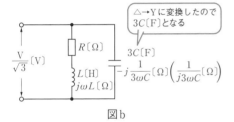

図b

図bの回路において力率が1になったということは、合成アドミタンス $\dot{Y}$ の虚数部が0ということである。

合成アドミタンス $\dot{Y}$ は、

$$\dot{Y} = \frac{1}{R + j\omega L} + \frac{1}{-j\frac{1}{3\omega C}}$$

$$= \frac{1}{R + j\omega L} + j\frac{1}{\frac{1}{3\omega C}}$$

第1項に共役複素数を乗じて分母を実数化する

$$= \frac{1}{R + j\omega L} + j3\omega C$$

$$= \frac{R - j\omega L}{(R + j\omega L)(R - j\omega L)} + j3\omega C$$

必須ポイント

●静電容量 C の△−Y変換

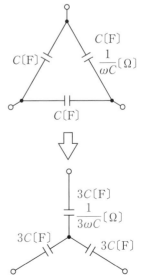

図c　静電容量 C の△-Y変換

容量性リアクタンス $X_c = \dfrac{1}{\omega C}$〔Ω〕を
△→Y換算すると、$\dfrac{X_c}{3} = \dfrac{1}{3\omega C}$〔Ω〕と
$\dfrac{1}{3}$ になる。このため静電容量 C〔F〕を△
→Y換算すると $3C$〔F〕と 3 倍になる。

● RLC 回路の力率が 1 となる条件

　 a ．回路の合成インピーダンスの虚数部
　　 が 0 である。

　 b ．回路の合成アドミタンスの虚数部が
　　 0 である。

　 c ．回路の遅れ無効電力と進み無効電力
　　 の大きさが等しい。

　 d ．回路の遅れ無効電流と進み無効電流
　　 の大きさが等しい。

　※これらのうち最も簡単に計算できる方
　　 法を選択すればよい。本問では合成ア
　　 ドミタンスを計算する方法が最も簡単
　　 である。

73 電気計器の動作原理と測定　P.93
R5上期 A問題 問14

　 二電力計法は、2 台の単相電力計で三相
電力を測定する方法である。

　 単相電力計 W_1 の指示を P_1〔W〕、W_2 の
指示を P_2〔W〕とすると、三相有効電力 P
は次式で求められる。

$$P = P_1 + P_2 \text{〔W〕}$$

ただし P_2 は逆振れを起こしたので、負
値として計算する。

よって、

$$P = P_1 + P_2 = 490 + (-25)$$
$$= 465 \text{〔W〕（答）}$$

解答：　（3）

必須ポイント

●電力計の逆振れ

　 二電力計法において、W_2 の電力計が
逆振れした場合、P_2 は負値として計算
する。

　 指針が逆振れすると目盛がないので読
めない。このため電圧端子をつなぎ変
え、極性を逆にして、指針を正方向に振
れさせて目盛を読む。

74 誤差と補正および測定範囲の拡大　P.94
H28 B問題 問16

（a）測定値 M は、

$$M = \frac{V}{I} = \frac{50.00}{1.600} = 31.25 \text{〔Ω〕}$$

真値を T〔Ω〕とすると、絶対誤差 ε は、

$$\varepsilon = M - T = 31.25 - 31.21$$
$$= 0.04 \text{〔Ω〕（答）}$$

解答：(a)—(2)

（b）百分率誤差（誤差率）ε_0 は、

$$\varepsilon_0 = \frac{M - T}{T} \times 100 = \frac{0.04}{31.21} \times 100$$
$$\fallingdotseq 0.128 \text{〔％〕→ 0.13〔％〕（答）}$$

解答：(b)—(3)

必須ポイント

●誤差と補正

　 測定値を M、真値を T とすると、誤
差 ε は、

$$\varepsilon = M - T$$

誤差率 ε_0 は、

$$\varepsilon_0 = \frac{M - T}{T} \times 100 \,(\%)$$

補正 α は、

$$\alpha = T - M$$

補正率 α_0 は、

$$\alpha_0 = \frac{T - M}{M} \times 100 \,(\%)$$

75 電気計器の動作原理と測定 P.95
H27 A問題 問14

原波形の電圧は正値のみであり、全波整流しても電圧波形は変わらない。電圧波形の平均値 V_a は、

$$V_a = \frac{8\,(\mathrm{V}) \times 10\,(\mathrm{ms})}{20\,(\mathrm{ms})} = 4\,(\mathrm{V})$$

整流形計器は実効値目盛りなので、実効値 V は、V_a に正弦波の波形率1.11を掛け、

$$V = V_a \times 波形率 = 4 \times 1.11$$
$$= 4.44\,(\mathrm{V})\,(答)$$

解 答： (2)

必須ポイント
●整流形計器の特徴

整流形計器は、平均値に正弦波の波形率1.11を乗じた実効値で目盛が刻まれている。

●正弦波の平均値 $= \dfrac{2V_m}{\pi}$　V_m：最大値

●正弦波の実効値 $= \dfrac{V_m}{\sqrt{2}}$

●正弦波の波形率 $= \dfrac{実効値}{平均値} = \dfrac{\dfrac{V_m}{\sqrt{2}}}{\dfrac{2V_m}{\pi}}$

$$= \frac{\pi}{2\sqrt{2}} \fallingdotseq 1.11$$

波形を砂山に例えると、この砂を平均にならした高さが平均値である。

問題図の波形の平均値はこの考えにより、直ちに4〔V〕であることが分かる。

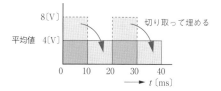

76 半導体に関する基礎知識 P.96
R4下期 A問題 問11

（ア）逆方向、（イ）逆方向、（ウ）順方向となる。

解 答： (5)

必須ポイント
●pn接合ダイオード

1．順方向電圧（p形側（アノードA:陽極）に正の電圧）を加えて使用するもの

・発光ダイオード（LED）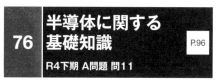

・レーザダイオード（LD） A ⎯▷｜⎯ K
（LEDと同記号）

2．逆方向電圧（p形側（アノードA:陽極）に負の電圧）を加えて使用するもの

・定電圧ダイオード
（ツェナーダイオード）

A ▷|◁ K

・可変容量ダイオード

A ▷| K

$$v_2 = \sqrt{\frac{v_1^2}{4}} = \frac{v_1}{2} = \frac{1.19 \times 10^7}{2}$$

$$= 5.95 \times 10^6 \,[\text{m/s}]\,（答）$$

解答： ⑵

---

77 電子に関する基礎知識

R4上期 A問題 問12

P.97

電界中に置かれた電子は、電界からの力を受け運動する。このとき、1Vの電位差で加速された電子が電界から受け取る運動エネルギーが1eV（エレクトロンボルト）である（1eV = 1.602×10^{-19}J）。

また、速度v[m/s]で運動する電子が持つ運動エネルギーW[J]は、電子の質量をm[kg]とすれば、次式で求められる。

$$W = \frac{1}{2} mv^2 \,[\text{J}]$$

問題文で、電子の運動エネルギーが400eVのときの速度$v_1 = 1.19 \times 10^7$[m/s]が与えられており、電子の運動エネルギーが100eVのときの速度v_2[m/s]を求めればよいので、下記の比例式が成立する。

$$\frac{\frac{1}{2} mv_1^2}{\frac{1}{2} mv_2^2} = \frac{400}{100}$$

上式を整理し、v_1の値を代入すれば、求めるv_2は次のようになる。

$$\frac{v_1^2}{v_2^2} = 4$$

$$v_2^2 = \frac{v_1^2}{4}$$

必須ポイント

●運動エネルギーW

$$W = \frac{1}{2} mv^2 \,[\text{J}]$$

m：物体の質量[kg]

v：物体の速さ[m/s]

---

78 各種効果と応用例

R3 A問題 問5

P.98

熱電対とは、異なる2種類の金属（半導体を含む）線を接続して1つの回路を構成したものである。熱電対の2つの接合点に温度差を与えると、起電力が発生する。

この現象を(ア)ゼーベック効果といい、このとき発生する起電力を(イ)熱起電力という。

熱電対の接合点の温度の高い方を(ウ)温接点、低い方を(エ)冷接点という。

一方の接点（冷接点）を基準温度（0℃など）として、電位差からもう一方の接点（温接点）の温度をJIS規準熱起電力表から知ることができる。なお、冷接点は基準接点、温接点は測温接点、熱接点などとも呼ばれる。

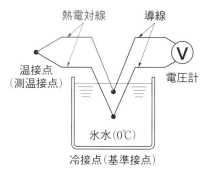

熱電対線　導線

温接点
（測温接点）　電圧計

氷水（0℃）

冷接点（基準接点）

図a　熱電対による温度測定

| 解　答： | (1) |

必須ポイント

●熱電効果

　　熱電効果とは、電気エネルギーと熱エネルギーの可逆変換作用をいい、ゼーベック効果、ペルチェ効果、トムソン効果の3種類に大別できる。

①ゼーベック効果

　　2種類の金属（半導体を含む）A、Bの接合部に温度差を与えると、**熱起電力を生じる現象をゼーベック効果という。

図b　ゼーベック効果

　　温度測定などに利用される熱電対は、この効果を応用したものである。

②ペルチェ効果

　　2種類の金属（半導体を含む）A、Bの**接合部に電流を流すと、接合部

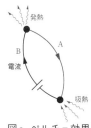

図c　ペルチェ効果

でジュール熱のほかに**発熱**、または**吸熱**する現象をペルチェ効果という。電流の向きを逆にすると、発熱、吸熱の関係も逆になる。

　　電子冷凍などに利用されている。

③トムソン効果

　　均質な金属（半導体を含む）の**2点間に温度差がある**とき、**電流を流す**と、ジュール熱のほかに**発熱**または**吸熱**が起こる。この現象をトムソン効果という。

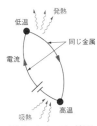

図d　トムソン効果

79 半導体に関する基礎知識

P.99

R2 A問題 問11

　（ア）逆方向、（イ）空乏層、（ウ）広く、（エ）小さく、（オ）無線通信の同調回路となる。

| 解　答： | (1) |

必須ポイント

●可変容量ダイオード

　　可変容量ダイオード（バリキャップ、バラクタ）は、**加えた逆電圧の値が大きくなるとその静電容量は小さくなる2端子素子である。**

　　pn接合ダイオードに逆電圧を加えると、接合面に正孔および電子の存在しない空乏層が生じる。この空乏層がコンデンサの働きをする。逆電圧の値が大きいと空乏層の幅が広くなり、静電容量は小

さくなる。極板間隔 d が大きいほど静電容量が小さい ($C = \dfrac{\varepsilon S}{d}$) 平行板コンデンサと同じである。

可変容量ダイオードは、この特性を利用してテレビやラジオなどのチューナーの同調回路(特定の周波数を選択する回路)などに用いられている。

(アノード) A ——|⊢|← K (カソード)

図a 可変容量ダイオード図記号

80 電子に関する基礎知識 P.101
R1 A問題 問12

電荷 q〔C〕が電界 E〔V/m〕から受ける力 F は、

$$F = qE〔N〕 \quad \cdots(1)$$

また、加速度を α〔m/s²〕とすると、質量 m〔kg〕の電荷 q〔C〕が受ける力 F は、

$$F = m\alpha〔N〕 \quad \cdots(2)$$

式(1)、(2)より、加速度 α は、

$$\alpha = \frac{F}{m} = \frac{qE}{m} 〔\text{m/s}^2〕 \quad \cdots(3)$$

電荷 q〔C〕が正極から放出されてから、極板間の中心 $\dfrac{d}{2}$〔m〕に達するまでの時間 t は次のようになる。

$$\frac{d}{2} = \frac{1}{2}\alpha t^2$$

$\dfrac{1}{\alpha} = \dfrac{m}{qE}$ を代入

$$t^2 = \frac{d}{\alpha} = \frac{md}{qE}$$

よって、$t = \sqrt{\dfrac{md}{qE}}$〔s〕(答)

| 解 答: | (1) |

●電界中の電荷の運動

力 $F = qE$〔N〕

力 $F = m\alpha$〔N〕

電界 $E = \dfrac{V}{d}$〔V/m〕

エネルギー $W = F \times$ 移動距離 x
$= qE \times$ 移動距離 x〔J〕

移動距離 $x = v_0 t + \dfrac{1}{2}\alpha t^2$〔m〕

エネルギー $W = \dfrac{1}{2}mv^2$〔J〕

問題ページ
P.102〜P.183

81 水車と比速度
R4下期 A問題 問2

P.102

（ア）運動、（イ）衝動、（ウ）ペルトン、（エ）高落差、（オ）小さいとなる。

解 答： (5)

必須ポイント

●衝動水車と反動水車

水車は、衝動水車と反動水車の2種類に分けられる。衝動水車は、ノズルから水を噴射させ、ランナ(羽根車)に取り付けたバケットに衝突させて回転を得る。水の位置エネルギーをすべて運動(速度)エネルギーに変換して利用する。代表例にペルトン水車があり、高落差・小水量に適する。

反動水車は、噴出した水の反動で回転を得る。圧力エネルギーを持つ流水をランナ(羽根車)に作用させ、これから出る反動力によって回転させる原理の水車である。反動水車の代表例に、フランシス水車がある。

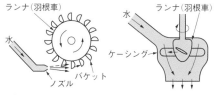

(a) 衝動水車の原理　(b) 反動水車の原理

図a　衝動水車と反動水車の原理

●比速度

水車の比速度とは、水車の形を相似に保って大きさを変え、単位落差1〔m〕で単位出力1〔kW〕を発生させたとき、その水車が回転すべき回転速度のことをいう。

一般的に比速度が大きいほど、低落差で運転したときの回転速度が高くなる。落差の小さい発電所では比速度の大きい水車が、落差の大きい発電所では比速度の小さい水車が適している。

82 水車と比速度
R4上期 A問題 問1

P.103

(1)　正しい。

図a(a)のような、磁極数2の界磁を回転させると、三相の各電機子コイルには(b)のような起電力が誘導される。つまり、磁極数2の界磁を1回転させると、電機子コイルに1サイクルの起電力が誘導される。磁極数が4であれば2サイクル、磁極数が6であれば3サイクルの起電力が誘導される。したがって、磁極数がpであれば、界磁が1回転することにより$\frac{p}{2}$サイクルの起電力が誘導される。このことから、界磁の回転速度がN〔min^{-1}〕$=\frac{N}{60}$〔回転/s〕のときの誘導起電力の周波数f〔Hz〕は、

$$f = \frac{p}{2} \cdot \frac{N}{60} \text{〔サイクル/s〕}$$

$$= \frac{pN}{120} \text{〔Hz〕} \cdots\cdots\cdots①$$

となることがわかる。

この式①が、同期発電機の回転速度N〔min^{-1}〕と誘導起電力の周波数f〔Hz〕の関係を表す。水車発電機の回転速度はおよそ100～1200〔min^{-1}〕と汽力発電と比べて小さいため、水車発電機の磁極数pは、汽力発電機の磁極数より多くなる。

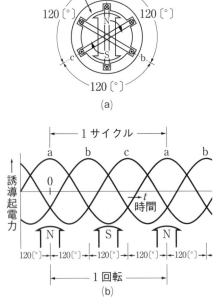

(a)

(b)

図a　三相同期発電機の原理と
　　　正弦波三相交流の発生

(2)　**正しい。**

　水車発電機の電圧の大きさは自動電圧調整器により、周波数の調節は調速機を用いて制御される。

　水力発電の発電機は、ほとんどが同期発電機であるから、水車の回転速度は同期速度を維持しなければならない。このために常に回転速度を監視し、負荷の変動による回転速度の変化を捉えて、水の流量を調節する必要がある。この目的のための装置が調速機（ガバナ）である。

(3)　**誤り。**

　衝動水車であるペルトン水車に吸出し管はない。吸出し管は、図bのように反動水車のランナ出口から出てきた水を放水路へ導くための管路であるが、内部が水で満たされているため、排水が持っているエネルギーで水車ランナの背部を負圧にして回転を助け、エネルギーを背後から伝達している。

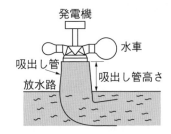

図b　エルボ形吸出し管

(4)　**正しい。**

　わが国の大部分の水力発電所においては、水車や発電機の始動・運転・停止などの操作は遠隔監視制御方式で行われ、発電所は無人化されている。

(5)　**正しい。**

　カプラン水車は、プロペラ水車の一種であるが、ランナベーン角度が可変になっているので、出力の低下に伴う流量の減少に対して、効率が最も良くなるランナベーン角度で運転することができる。ランナベーン角度が固定であるフランシス水車や固定羽根プロペラ水車に比べると、部分負荷での効率の低下が少ない。

解答：　**(3)**

83 発電方式と諸設備
R4上期 B問題 問15 — P.104

(a) 揚水発電所の揚程をH〔m〕、揚水流量をQ〔m³/s〕、電動機効率をη_m（小数）、ポンプ効率をη_p（小数）とすると、揚水時の電動機入力P〔kW〕は、

$$P = \frac{9.8QH}{\eta_m \eta_p} \ \text{〔kW〕} \ \cdots\cdots ①$$

揚水量V〔m³〕の水をT〔h〕で揚水したとすると、揚水流量Q〔m³/s〕は、

$$Q = \frac{V}{3600T} \ \text{〔m³/s〕} \ \cdots\cdots ②$$

式②を式①に代入すると、

$$P = \frac{9.8 \times \left(\dfrac{V}{3600T}\right) \times H}{\eta_m \eta_p} \ \text{〔kW〕}$$
$$\cdots\cdots ③$$

揚水に必要な電力量W〔kW·h〕は、

$$W = PT$$
$$= \frac{9.8 \times \left(\dfrac{V}{3600T}\right) \times H}{\eta_m \eta_p} \times T$$

> Tは消去される。つまり揚水に必要な電力量Wに揚水時間Tは無関係

$$= \frac{9.8 \times V \times H}{3600 \times \eta_m \eta_p} \times T \ \text{〔kW·h〕}$$

与えられた数値を代入すると、

$$W = \frac{9.8 \times 1.8 \times 10^6 \times 450}{3600 \times 0.98 \times 0.9}$$
$$= 2500 \times 10^3 \text{〔kW·h〕}$$
$$\rightarrow 2500 \text{〔MW·h〕（答）}$$

解 答：(a)ー(5)

$$300\text{〔MW〕} \rightarrow 300 \times 10^3 \text{〔kW〕}$$

(b) 電動機入力$P = 300 \times 10^3$〔kW〕で揚水運転しているときの流量Q〔m³/s〕は、式①を変形して、

$$Q = \frac{P\eta_m \eta_p}{9.8H}$$
$$= \frac{300 \times 10^3 \times 0.98 \times 0.9}{9.8 \times 450}$$
$$= 60.0 \text{〔m³/s〕（答）}$$

解 答：(b)ー(3)

必須ポイント

● 揚水時の電動機入力P〔kW〕

$$P = \frac{9.8QH}{\eta_m \eta_p} \ \text{〔kW〕}$$

ただし、Q：揚水流量〔m³/s〕

H：揚程〔m〕

η_m：電動機効率（小数）

η_p：ポンプ効率（小数）

● 揚水に必要な電力量W〔kW·h〕

$$W = PT \text{〔kW·h〕}$$

ただし、T：揚水時間〔h〕

● 揚水流量Q〔m³/s〕

$$Q = \frac{V}{3600T} \ \text{〔m³/s〕}$$

ただし、V：揚水量〔m³〕

84 発電方式と諸設備
R3 A問題 問1 — P.105

水力発電所は(ア)**落差**を得る方法により分類すると、水路式、ダム式、ダム水路式があり、(イ)**流量**の利用方法により分類す

電力

79

ると、流込み式、調整池式、貯水池式、揚水式がある。

一般的に、水路式はダム式、ダム水路式に比べ**(ウ)建設費が**安い。貯水ができないので、発生電力の調整には適さない。ダム式発電では、ダムに水を蓄えることで**(イ)流量**の調整ができるので、電力需要が大きいときにあわせて運転することができる。

河川の自然の流れをそのまま利用して発電する方式を**(エ)流込み式**発電という。貯水池などを持たない水路式発電所がこれに相当する。

1日又は数日程度の河川流量を調整できる大きさを持つ池を持ち、電力需要が小さいときにその池に蓄え、電力需要が大きいときに放流して発電する方式を**(オ)調整池式**発電という。自然の湖や人工の湖などを用いてもっと長期間の需要変動に応じて河川流量を調整・使用する方式を貯水池式発電という。

| 解 答： (5) |

必須ポイント

● **水力発電所の分類1（落差を得る方法により分類／土木設備の機能による分類）**

①**水路式発電所**

河川の上流の地点から水路によって水を導き、下流地点との間の**自然の落差を利用**して発電する方式である。特徴は次の通り。

a. 取水ダムには調整池としての機能を求めず小容量とすることができ、常時発電するベース供給力に対応する。

b. 発電量は河川流量に左右される。

c. 大きな落差を得るためには、長い導水路(無圧水路)が必要になる。

②**ダム式発電所**

高いダムを設けて上流側を調整池、または貯水池とし、すぐ下流側に発電所を設ける。特徴は次の通り。

a. ダムが沈砂池やサージタンクの機能を果たすので、取水口から先は直ちに水圧管路になる。

b. ピーク供給力に対応できる。

c. ダムの水位によって有効落差が大きく変動する。

調整池は、日間～週間の比較的短期間の負荷変動に対応、**貯水池**は、渇水期に備えた貯水が主目的で、年間を通じての負荷変動に対応する。いずれも日中のピーク供給力に対応できる。

沈砂池は、流水中の土砂を沈殿させるために設けられる。

③**ダム水路式発電所**

ダム式と水路式の併用で、ダムが沈砂池としての機能を果たす。特徴は次の通り。

a. ダムが沈砂池としての機能を果たす。

b. ダムから水圧管路までの導水路は圧力水路となり、サージタンクが設けられる。

c. 水路により大きな落差を得るには、長い導水路(圧力水路)が必要になる(自然の落差を利用するため)。

● **水力発電所の分類2（流量の利用方法による分類／機能による分類）**

①**流込み式発電所（水路式発電所が相当**

する）

② 調整池式発電所

③ 貯水池式発電所

④ 揚水式発電所

　深夜など軽負荷時の余剰電力を利用してポンプで下部貯水池の水を上部貯水池へ汲み上げ、日中など重負荷時に下部貯水池に落として発電する方式の発電所である。

85 水力学とベルヌーイの定理 P.106
R3 A問題 問2

(1)　連続の定理により、断面Bにおける流速 v_B を求める。

　連続の定理により、次式が成り立つ。

$$S_A \cdot v_A = S_B \cdot v_B \cdots\cdots ①$$

$$\frac{\pi}{4} d_A^2 \cdot v_A = \frac{\pi}{4} d_B^2 \cdot v_B \cdots\cdots ②$$

ただし、

S_A：断面Aの断面積〔m^2〕、$S_A : \frac{\pi}{4} d_A^2$

S_B：断面Bの断面積〔m^2〕、$S_B : \frac{\pi}{4} d_B^2$

d_A：断面Aの内径（管内側の直径）〔m〕

d_B：断面Bの内径〔m〕

v_A：断面Aの流速〔m/s〕

v_B：断面Bの流速〔m/s〕

　式②を変形して、断面Bにおける流速 v_B を求める。

$$v_B = \frac{d_A^2}{d_B^2} \cdot v_A = \left(\frac{d_A}{d_B}\right)^2 \cdot v_A \cdots\cdots ③$$

$$= \left(\frac{2.2}{2}\right)^2 \times 3$$

$$= 3.63〔m/s〕 \rightarrow 3.6〔m/s〕（答）$$

(2)　ベルヌーイの定理により、断面Bにおける水圧 p〔Pa〕を求める。

　ベルヌーイの定理の水頭値による表現より、次式が成り立つ。

$$h_A + \frac{p_A}{\rho g} + \frac{v_A^2}{2g}$$

$$= h_B + \frac{p_B}{\rho g} + \frac{v_B^2}{2g} = 一定 \cdots\cdots ④$$

ただし、

h_A：断面Bを基準の0mとした断面Aの位置水頭〔m〕

h_B：断面Bの位置水頭（基準の0m）

p_A：断面Aの水圧〔Pa〕

p_B：断面Bの水圧〔Pa〕

ρ：水の密度1000〔kg/m^3〕

g：重力加速度9.8〔m/s^2〕

　式④に数値を代入する。

kPa→Pa

$$30 + \frac{24 \times 10^3}{1000 \times 9.8} + \frac{3^2}{2 \times 9.8}$$

$$= 0 + \frac{p_B}{1000 \times 9.8} + \frac{3.63^2}{2 \times 9.8}$$

$$30 + 2.45 + 0.46 = \frac{p_B}{9800} + 0.67 \cdots\cdots ⑤$$

　式⑤より、断面Bにおける水圧 p_B を求める。

$$\frac{p_B}{9800} = 32.91 - 0.67$$

$$p_B = 9800 \times 32.24$$

$$≒ 316 \times 10^3〔Pa〕 \rightarrow 316〔kPa〕（答）$$

解答：　(3)

電力

81

●管の内径とは

管の内側の直径dを内径という。

水圧管の水路の断面積Sは、

$$S = \frac{\pi}{4}d^2 \text{または} S = \pi r^2$$

ただし、$r = \frac{d}{2}$で、半径を表す。

なお、lは管の外径を表す。

●連続の定理

断面A・Bを通過する流量Qは等しい。

$$Q = S_A \cdot v_A = S_B \cdot v_B \text{[m}^3\text{/s]}$$

●ベルヌーイの定理

水圧管路中を水が上流から下流へ流れていく過程で、単位体積当たりの水が持つエネルギーは管内のどの場所でも等しい。

$$mgh_A + \frac{mp_A}{\rho} + \frac{1}{2}mv_A^2$$

位置エネルギー　圧力エネルギー　運動エネルギー

$$= mgh_B + \frac{mp_B}{\rho} + \frac{1}{2}mv_B^2 = \text{一定}$$

上式の両辺を、mgで割ると、

$$h_A + \frac{p_A}{\rho g} + \frac{v_A^2}{2g} = h_B + \frac{p_B}{\rho g} + \frac{v_B^2}{2g}$$

位置水頭　圧力水頭　速度水頭

$$= \text{一定}$$

---

86 流量と落差

R2 B問題 問15　　　P.107

(a) 流域面積を$S = 15000 \times 10^6 \text{[m}^2\text{]}$、年間降水量を$h = 750 \times 10^{-3} \text{[m]}$、流出係数を$\alpha = 0.7$とすれば、年間降水の総量$V_1$は、

$$V_1 = Sh = 15000 \times 10^6 \times 750 \times 10^{-3}$$
$$= 1.125 \times 10^{10} \text{[m}^3\text{]}$$

年間河川流量V_2は、

$$V_2 = V_1 \times \alpha = 1.125 \times 10^{10} \times 0.7$$
$$= 7.875 \times 10^9 \text{[m}^3\text{]}$$

よって、求める年間平均流量Qは、

$$Q = \frac{V_2}{365 \times 24 \times 60 \times 60}$$
$$= \frac{7.875 \times 10^9}{365 \times 24 \times 60 \times 60} \fallingdotseq 249.7$$
$$\fallingdotseq 250 \text{[m}^3\text{/s]} \quad \boxed{1\text{年間を秒に換算した値}}$$

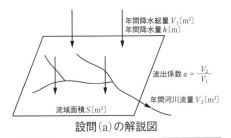

設問(a)の解説図

通常、流域面積Sは[km²]で、年間降水量hは[mm]で示されるが、計算の際は $1\text{[km}^2\text{]} \rightarrow 10^6 \text{[m}^2\text{]}$ $1\text{[mm]} \rightarrow 10^{-3} \text{[m]}$ と変換する。	流出係数αとは、流域内の降水に対して河川に流れ込んだ量の比を表す。

解答：(a)—(4)

(b) 最大使用水量を$Q = 250 \text{[m}^3\text{/s]}$、有効落差を$H = 100 \text{[m]}$、水車と発電機の総合効率を$\eta = 0.8$、発電所の設備利用率を

c = 0.6とすれば、

この発電所の発電機出力 P は、

$P = 9.8QH\eta$

$\quad = 9.8 \times 250 \times 100 \times 0.8 = 196000 \text{〔kW〕}$

よって、求める年間発電電力量 W は、

$W = P \times \underset{\text{発電機年間運転時間}}{\underline{365 \times 24 \times c}}$

$\quad = 196000 \times 365 \times 24 \times 0.6$

$\quad = 1030176000$

$\quad \rightarrow 1000000000 \text{〔kW·h〕(答)}$

解答：(b)−(4)

必須ポイント

●河川の年間平均流量

$Q = \dfrac{Sha}{365 \times 24 \times 60 \times 60} \text{〔m}^3\text{/s〕}$

●発電機出力

$P = 9.8QH\eta \text{〔kW〕}$

●発電機年間発電電力量

$W = P \times$ 発電機年間運転時間〔kW·h〕

$\quad = P \times 365 \times 24 \times$ 利用率 c〔kW·h〕

---

87 水車と比速度
R1 A問題 問2 — P.108

（ア）**圧力水頭**、（イ）**フランシス水車**、（ウ）**カプラン水車**、（エ）**速度水頭**、（オ）**ペルトン水車**となる。

解答： (1)

88 水車と比速度
H30 A問題 問2 — P.109

比速度とは、任意の水車の形（幾何学的形状）と運転状態（水車内の流れの状態）とを（ア）**相似**に保って大きさを変えたとき、（イ）**単位落差**（1 m）で単位出力（1 kW）を発生させる仮想水車の回転速度のことである。

水車では、ランナの形や特性を表すものとしてこの比速度が用いられ、水車の（ウ）**種類**ごとに適切な比速度の範囲が存在する。

水車の回転速度を n〔min^{-1}〕、有効落差を H〔m〕、ランナ1個当たりまたはノズル1個当たりの出力を P〔kW〕とすれば、こ

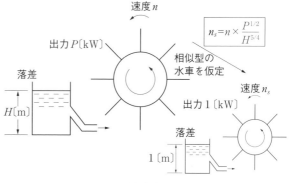

速度 n

出力 P〔kW〕

落差

H〔m〕

$n_s = n \times \dfrac{P^{1/2}}{H^{5/4}}$

相似型の水車を仮定

速度 n_s

出力 1〔kW〕

落差

1〔m〕

比速度

●水車の種類と特徴

水車の種類		適用落差、水量	特徴	形状
衝動水車 （圧力水頭を速度水頭に変えてその流水をランナに作用）	ペルトン	高落差 300〔m〕以上 小水量	ノズルから水を噴射させバケットに衝突させて回転を得る。部分負荷時の効率良好。ポンプ水車には原理上適用できない。	ノズル 水流 バケット
反動水車 （圧力水頭を持つ流水をランナに作用）	フランシス	中、高落差 40〜500〔m〕 中、大水量	渦巻状のケーシングを持ち、水はランナ面で90度方向を変え、軸方向に流出する。部分負荷時の効率が悪い。	水流 羽根
	斜流	中落差 40〜180〔m〕 中、大水量	軸斜めから水が流入し、軸方向に流出する。可動羽根を持つため、部分負荷時の効率良好。	水流　水流 可動羽根
	プロペラ	低落差 100〔m〕以下 大水量	水は軸に平行に流入、流出する。固定羽根のため、部分負荷時の効率が悪い。	水流　水流 羽根
	カプラン	低落差 100〔m〕以下 大水量	プロペラ水車の羽根を可動式にしたもの。部分負荷時の効率良好。ただし、構造は複雑。	水流　水流 可動羽根

の水車の比速度n_sは、次の式で表される。

$$n_s = n \cdot \frac{P^{\frac{1}{2}}}{H^{\frac{5}{4}}} \text{〔m·kW〕}$$

通常、ペルトン水車の比速度は、フランシス水車の比速度より(エ)小さい。

比速度の大きな水車を大きな落差で使用

し、吸出し管を用いると、放水速度が大きくなって、(オ)キャビテーションが生じやすくなる。そのため、各水車には、その比速度に適した有効落差が決められている。

解答: (4)

必須ポイント

●**比速度とは**（解説文参照）

一般に比速度が大きいほど、低落差で運転したときの回転速度が高くなる。

低落差の発電所では比速度の大きい水車が、高落差の発電所では比速度の小さい水車が適している。

なお、比速度が大きいほどキャビテーションが発生しやすい。

比速度の小さい順に並べると、

ペルトン＜フランシス＜斜流＜プロペラ

となる。

89 水車と比速度
H29 A問題 問2
P.111

流水の（ア）**圧力**の低い部分で、水が（イ）**飽和水蒸気圧**以下になると、その部分の水は蒸発して流水中に微細な気泡が発生する。この気泡は流水とともに流れるが、圧力の高いところに出会うと急激に崩壊して大きな衝撃力を生じる。このような現象をキャビテーションという。キャビテーションが発生すると流水に接する金属面を壊食したり、（ウ）**振動や騒音**を発生させ、また、効率を低下させる。この発生を防止するため、吸出し管の高さを（エ）**低く**するなど各種の対策がとられる。

解答： (5)

必須ポイント

●**キャビテーション**

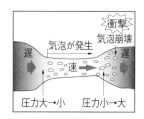

キャビテーション

流水は、場所によって速度も圧力も違う。圧力がそのときの水温に対する飽和水蒸気圧を下回ると、気泡が発生する。この気泡は高圧の部分に来ると急激に崩壊（消滅）し、そのときに大きな衝撃を発生する。こうした一連の現象をキャビテーションという。

●**キャビテーションの防止対策**

a．比速度を限度内に抑え、大きくし過ぎない。

b．吸出し管の高さを**低くする**。

c．吸出し管の上部から**空気を注入**する。

d．過度の**部分負荷運転**や**過負荷運転**を行わない。

e．キャビテーションが起きやすい場所は**耐食性**の優れた材料を使う。

90 発電方式と諸設備
H28 A問題 問1
P.112

①**発電出力P_Gの計算**

有効落差Hは、総落差H_0から発電時の損失水頭h_Gを引いたものなので、

$$H = H_0 - h_G = H_0 - 0.03H_0$$
$$= H_0(1 - 0.03)$$

発電出力 P_G は、

$$P_G = 9.8 Q_G H \eta_T \eta_G \text{〔kW〕}$$

数値を代入すると、

$$P_G = 9.8 \times 60 \times 400 \times (1 - 0.03) \times 0.87$$
$$\fallingdotseq 198485 \text{〔kW〕} \rightarrow 198500 \text{〔kW〕（答）}$$

②**揚水入力 P_P の計算**

全揚程 H_P は、実揚程 H_0 に揚水時の損失水頭 h_P を加えたものなので、

$$H_P = H_0 + h_P = H_0 + 0.03H_0$$
$$= H_0(1 + 0.03)$$

揚水入力 P_P は、

$$P_P = \frac{9.8 Q_P H_P}{\eta_P \eta_M} \text{〔kW〕}$$

数値を代入すると、

$$P_P = \frac{9.8 \times 50 \times 400 \times (1 + 0.03)}{0.85}$$
$$\fallingdotseq 237506 \text{〔kW〕（答）}$$
$$\rightarrow 237500 \text{〔kW〕（答）}$$

③**揚水所要時間 T_P の計算**

発電時に上部貯水池から下部貯水池へ移動する水量と、揚水時に下部貯水池から上部貯水池へ移動する水量とが等しい

ことから、

$$Q_G T_G = Q_P T_P$$

揚水所要時間 T_P は、

$$T_P = \frac{Q_G}{Q_P} T_G = \frac{60}{50} \times 8$$
$$= 9.6 \text{〔h〕（答）}$$

④**揚水総合効率 η の計算**

揚水総合効率は、

$$\eta = \frac{\text{発電電力量}}{\text{揚水に要した電力量}} \times 100 \text{〔％〕}$$

であることから、

$$\eta = \frac{P_G T_G}{P_P T_P} \times 100$$
$$= \frac{198485 \times 8}{237506 \times 9.6} \times 100$$
$$\fallingdotseq 69.6 \text{〔％〕（答）}$$

| 解 答： | (5) |

必須ポイント

●発電出力 $P_G = 9.8 Q_G H \eta_T \eta_G \text{〔kW〕}$

ただし、有効落差 H
= 総落差 H_0 − 損失水頭 h_G

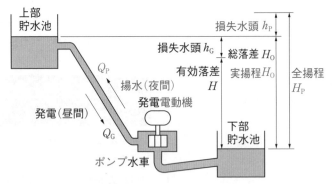

揚水発電（黒字：発電、赤字：揚水）

●揚水入力 $P_P = \dfrac{9.8 Q_P H_P}{\eta_P \eta_M}$ 〔kW〕

ただし、全揚程 H_P
= 実揚程 H_0 + 損失水頭 h_P

●揚水総合効率 $\eta = \dfrac{P_G T_G}{P_P T_P} \times 100$ 〔%〕

91 速度制御と速度調定率

H27 B問題 問15　　P.114

（a）回転速度は周波数に比例することから、回転速度 n〔min^{-1}〕を周波数 f〔Hz〕に置き換えることができる。負荷の変化前の周波数を f_1〔Hz〕、負荷の変化後の周波数を f_2〔Hz〕、定格周波数を f_n〔Hz〕とすると、速度調定率 R は、

速度調定率 $R = \dfrac{\dfrac{f_2 - f_1}{f_n}}{\dfrac{P_1 - P_2}{P_n}} \times 100$ 〔%〕

　題意より、タービン発電機の定格出力 $P_{An} = 1000$〔MW〕、変化前の出力（80%）$P_{A1} = 1000 \times 0.8 = 800$〔MW〕、変化後の出力 $P_{A2} = 900$〔MW〕、速度調定率 $R_A = 5$%、定格周波数 $f_n =$ 変化前の周波数 $f_1 = 60$〔Hz〕なので、タービン発電機の速度調定率 R_A は、

$R_A = \dfrac{\dfrac{f_2 - f_1}{f_n}}{\dfrac{P_{A1} - P_{A2}}{P_{An}}} \times 100$ 〔%〕

$5 = \dfrac{\dfrac{f_2 - 60}{60}}{\dfrac{800 - 900}{1000}} \times 100$

$5 = \dfrac{\dfrac{f_2 - 60}{60}}{-0.1} \times 100$

両辺を 100 で割ると、

$\dfrac{5}{100} \diagdown \dfrac{\dfrac{f_2 - 60}{60}}{-0.1}$

（たすき）に掛けて等しいと置く

$\dfrac{100\,(f_2 - 60)}{60} = -0.5$

両辺を 60 倍すると、

$100\,(f_2 - 60) = -30$

$100 f_2 - 6000 = -30$

$100 f_2 = 5970$

$f_2 = 59.7$〔Hz〕（答）

解答：(a)−(2)

（b）題意より、水車発電機の定格出力 $P_{Bn} = 300$〔MW〕、変化前の出力（60%）$P_{B1} = 300 \times 0.6 = 180$〔MW〕、速度調定率 $R_B = 3$%、定格周波数 $f_n =$ 変化前の周波数 $f_1 = 60$〔Hz〕、変化後の周波数 $f_2 = 59.7$〔Hz〕なので、水車発電機の速度調定率 R_B は、

$R_B = \dfrac{\dfrac{f_2 - f_1}{f_n}}{\dfrac{P_{B1} - P_{B2}}{P_{Bn}}} \times 100$ 〔%〕

$$3 = \frac{\dfrac{59.7 - 60}{60}}{\dfrac{180 - P_{B2}}{300}} \times 100$$

$$3 = \frac{- 0.005}{\dfrac{180 - P_{B2}}{300}} \times 100$$

両辺を100で割ると、

$$\frac{3}{100} = \frac{- 0.005}{\dfrac{180 - P_{B2}}{300}}$$

$$\frac{\dfrac{3(180 - P_{B2})}{300}}{100} = - 0.5$$

両辺を100倍すると、

$$180 - P_{B2} = - 50$$
$$- P_{B2} = - 230$$
$$P_{B2} = 230 \,\text{[MW]}\,(答)$$

解答：(b)—(5)

92 燃料と燃焼
R5上期 B問題 問15　　P.115

(a) 定格出力600×10^3〔kW〕にて1日運転

（600MW→600×10^3kW）

したときの発電電力量は$600 \times 10^3 \times 24$〔kW·h〕であるから、発電電力量の熱量換算値$W$〔kJ〕は、

$$W = 600 \times 10^3 \times 24 \times 3600 \,\text{[kW·s = kJ]}$$
$$\because 1 \,\text{[kW·h]} = 3600 \,\text{[kW·s]} = 3600 \,\text{[kJ]}$$

このときの石炭燃料の1日の消費量Bは、

$$B = 150 \times 10^3 \,\text{[kg/h]} \times 24 \,\text{[h]}$$
$$= 150 \times 10^3 \times 24 \,\text{[kg]}$$

石炭の発熱量$H = 34300$〔kJ/kg〕である

から、消費熱量Q〔kJ〕は、

$$Q = BH = 150 \times 10^3 \times 24 \times 34300 \,\text{[kJ]}$$

よって、求める発電端熱効率η〔%〕の値は、

$$\eta = \frac{1\text{日の発電電力量(熱量換算値)} W \text{[kJ]}}{1\text{日の石炭の消費熱量} Q \text{[kJ]}} \times 100$$

$$= \frac{600 \times 10^3 \times 24 \times 3600}{150 \times 10^3 \times 24 \times 34300} \times 100$$

$$\fallingdotseq 41.98 \,\text{[%]} \rightarrow \mathbf{42.0} \,\text{[%]}\,(答)$$

解答：(a)—(3)

(b) 1日の石炭消費量は、

$$150 \,\text{[t/h]} \times 24 \,\text{[h]} = 3600 \,\text{[t]}$$

このうち炭素の占める割合は70〔%〕であるから、炭素の重量M〔t〕は、

$$M = 3600 \times 0.7 = 2520 \,\text{[t]}$$

次に炭素の燃焼反応式は、$C + O_2 \rightarrow CO_2$で表される。燃焼前後で重量の合計は変わらないので、

$$12 \,\text{[t]} + 32 \,(16 \times 2) \,\text{[t]} \rightarrow 44 \,\text{[t]}$$

分子量に重量の単位〔t〕を付ければよい（分子量が大きいほど重い）

12〔t〕の炭素Cが燃焼すると44〔t〕の二酸化炭素CO_2が発生するので、$M = 2520$〔t〕の炭素Cが燃焼すると発生する二酸化炭素CO_2の重量の値m〔t〕は、

$$12 : 44 = M : m$$
$$12 : 44 = 2520 : m$$

$$m = \frac{44 \times 2520}{12}$$

$$= 9240 \,\text{[t]} \rightarrow \mathbf{9.2 \times 10^3} \,\text{[t]}\,(答)$$

解答：(b)—(4)

93 汽力発電所の熱効率と向上対策 P.116

R4下期 B問題 問15

(a) 復水器の冷却水量が運んだ熱量（復水器損失）Q〔kJ/s〕は、海水の冷却水量を q〔m³/s〕、海水の比熱を c〔kJ/(kg・K)〕、密度を ρ〔kg/m³〕、冷却水の温度上昇を θ とすれば、

$$Q = qc\rho\theta = 24 \,〔\mathrm{m^3/s}〕$$
$$\times 4.02 \,〔\mathrm{kJ/(kg \cdot K)}〕\times 1.02$$
$$\times 10^3 \,〔\mathrm{kg/m^3}〕\times 7 \,〔℃〕$$
$$\fallingdotseq 689 \times 10^3$$

$689 \times 10^3 \,〔\mathrm{kJ/s}〕\rightarrow 689 \,〔\mathrm{MW}〕$

$$= 6.89 \times 10^5 \,〔\mathrm{kJ/s}〕（答）$$

解答：(a)—(4)

この計算の結果を系統的に図で示すと、以下のようになる。

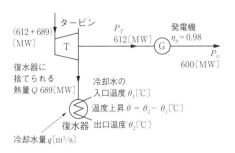

(b) 放出熱量 Q は、(a)で計算の結果、689〔MW〕である。また、発電機の出力 P_G は600〔MW〕で、運転時タービン出力 P_T は発電機効率 $\eta_g = 98$〔%〕であるから、

$$P_T = \frac{P_G}{\eta_g} = \frac{600}{0.98} \fallingdotseq 612 \,〔\mathrm{MW}〕$$

よって、求める復水器損失 Q を含むター

ビン室効率 η_T は、

$$\eta_T = \frac{タービン出力 P_T}{タービン出力 P_T + 復水器損失 Q} \times 100 〔\%〕$$

から、

$$\eta_T = \frac{612}{612 + 689} \times 100$$

$$\fallingdotseq 47.0 〔\%〕（答）$$

解答：(b)—(3)

94 タービン発電機 P.117

R4上期 A問題 問2

火力発電所のタービン発電機は、2極の回転界磁形三相（ア）**同期**発電機が広く用いられている。水車発電機に比べ回転速度が高くなるため、遠心力の関係から（イ）**機械的強度**が要求される。回転子は（ウ）**円筒形**とし、水車発電機よりも直径が（エ）**小さ**い。このため、軸方向に長い横軸形が採用される。

大容量の水車発電機は立軸（たてじく）形で、回転子直径が大きく、鉄心の鉄量が多い、いわゆる鉄機械となるが、タービン発電機は上述の構造のため、界磁巻線を施す場所が制約され、大きな出力を得るためには、電機子巻線の導体数が多い、すなわち銅量が多い、いわゆる銅機械となる。

大容量タービン発電機の冷却方式には、冷却媒体に水素ガスを用いる密封形（オ）**水素冷却方式**が多く採用されている。

解答： (3)

95 火力発電の概要
R3 A問題 問3

P.118

(1)、(2)、(3)、(4)の記述は**正しい**。

(5) **誤り**。再熱器は、高圧タービンで仕事をした蒸気をボイラに戻して再加熱し、**再び中圧タービンまたは低圧タービンで仕事をさせるためのもの**で、熱効率の向上とタービン翼の腐食防止のために用いられている。

したがって、「再び高圧タービンで仕事をさせるためのもの」という記述は誤りである。

解 答： (5)

必須ポイント

●**再熱サイクル**

タービンで用いられる蒸気は、通常、過熱蒸気であるが、これが膨張して仕事をすると、温度が降下して**湿り飽和蒸気**（しめり）となる。この湿り飽和蒸気に含まれる水滴は、**摩擦を増加して効率を低下**させるほか、**タービン羽根（タービン翼）を損傷、腐食**させるので、**高圧タービンから出た蒸気を全部取り出し、ボイラへ戻して再熱器で再熱**し、温度を高めたあと、低圧タービンに送り返して仕事をさせる。この方式を**再熱サイクル**（図a参照）といい、熱効率を向上させることができる。

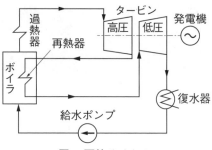

図a 再熱サイクル

注 意

高圧タービンと低圧タービンの間に中圧タービンを設け、再熱を行うこともある。

96 汽力発電所の熱効率と向上対策
R3 B問題 問15

P.119

(a) 各時刻の発電端電力量 $W_1 \sim W_5$ およびその合計（0時から24時の間の発電端電力量）W_G は、次のようになる。

時刻	発電端電力量〔MW・h〕
0時～7時	$W_1 = 130 \times 7 = 910$〔MW・h〕
7時～12時	$W_2 = 350 \times 5 = 1750$〔MW・h〕
12時～13時	$W_3 = 200 \times 1 = 200$〔MW・h〕
13時～20時	$W_4 = 350 \times 7 = 2450$〔MW・h〕
20時～24時	$W_5 = 130 \times 4 = 520$〔MW・h〕
合計 (0時～24時)	$W_G = W_1 + W_2 + W_3 + W_4 + W_5$ $= 5830$〔MW・h〕

所内率 L が2%であるから、発電端電力量の2%は所内電力量として使用され、98%が求める0時～24時の間の送電端電力量 W_S〔MW・h〕となる。

$$W_S = W_G(1-L) = 5830 \times (1-0.02)$$
$$= 5830 \times 0.98 \fallingdotseq 5713 \text{〔MW・h〕}$$
$$\rightarrow 5710 \text{〔MW・h〕（答）}$$

解 答：(a)ー(2)

(b) 発電端熱効率η_pは、

$$\eta_p = \frac{\text{発電端電力量(熱量換算値)〔MJ〕}}{\text{燃料の保有全熱量〔MJ〕}}$$

> $1\text{MW·h} \rightarrow 3600\text{MW·s} \rightarrow 3600\text{MJ}$

$$= \frac{3600\,W_G\text{〔MJ〕}}{BH\text{〔MJ〕}} \quad \cdots\cdots ①$$

ただし、

B：燃料(LNG)供給量〔kg〕

　$= 770 \times 10^3$〔kg〕 ◁ $1\text{t} \rightarrow 10^3\text{kg}$

H：燃料(LNG)の発熱量〔MJ/kg〕

　$= 54.7$〔MJ/kg〕

式①に数値を代入すると、

$$\eta_p = \frac{3600\,W_G}{BH}$$

$$= \frac{3600 \times 5830}{770 \times 10^3 \times 54.7}$$

$$\fallingdotseq 0.498 \rightarrow 50\text{〔%〕(答)}$$

解答：(b)—(4)

必須ポイント

●発電端熱効率

$$\eta_p = \frac{\text{発電端電力量(熱量換算値)}}{\text{燃料の保有全熱量}}$$

$$= \frac{3600\,W_G}{BH}$$

ただし、

B：燃料供給量

H：燃料の発熱量

●送電端熱効率

$$\eta = \frac{\text{送電端電力量(熱量換算値)}}{\text{燃料の保有全熱量}}$$

$$= \frac{3600\,(W_G - W_L)}{BH}$$

$$= \frac{3600\,W_G}{BH}\left(1 - \frac{W_L}{W_G}\right) = \eta_p(1 - L)$$

●所内比率(所内率)

$$L = \frac{\text{所内電力量}}{\text{発電端電力量}\,W_G} = \frac{W_L}{W_G}$$

●所内比率(所内率)

　発電端電力量W_Gの一部は、発電所の補機動力(循環水ポンプ、給水ポンプなど)や発電所建物の空調、照明などに使用される。この電力量を**所内電力量**W_Lといい、**発電端電力量**W_Gに占める**所内電力量の比率**を**所内比率**(所内率)という。

注 意

●効率や比率の分子、分母の単位は必ず合わせる
　この問題では、分子、分母の単位を電力量またはその熱量換算値としたが、電力量の1時間当たりの値、すなわち電力(出力)またはその熱量換算値としてもかまわない。その場合、燃料供給量も1時間当たりの供給量とする。

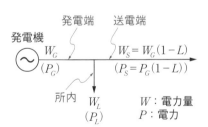

| W：電力量 |
| P：電力 |

97 **火力発電の概要** P.120
R2 A問題 問2

(ア)排気、(イ)高く、(ウ)低下、(エ)熱効率、(オ)大きいとなる。

解答： (3)

電力

必須ポイント

●復水器

復水器は、蒸気タービンの排気蒸気を冷却し、凝縮して水(復水)にするとともに、復水器内を真空にする装置である。蒸気は凝縮すると体積が著しく減少するので、復水器内は高真空になる。真空度を高く保持してタービンの排気圧力を低下させることにより、熱効率を向上させることができる。復水は純水であり、再びボイラ給水として使用する。復水には大量の冷却水を必要とすることから、多くの発電所では冷却水として海水を使用している。復水器にはいろいろな種類があるが、タービンからの排気蒸気を冷却水を通してある金属管に当てて冷却する**表面復水器**(図a参照)が最も広く使用されている。そのほか、蒸発復水器、噴射復水器などがある。

復水器の付属設備として、復水器内に漏れ込んだ**不凝縮ガス**(空気)を排出するための**空気抽出器**(エゼクタ)などがある。

なお、復水器の冷却水(海水)が持ち去る熱エネルギーすなわち**復水器による熱エネルギー損失**は、熱サイクルの中で最も大きく、最新鋭の汽力発電所でも熱効率が40%程度と低いのはこのためである(原油など燃料の持つ熱エネルギーの約半分は、海水を暖めて捨てられている)。

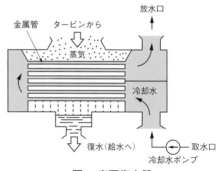

図a　表面復水器

98 汽力発電所の熱効率と向上対策 P.121

R1 A問題 問3

(1) **誤り**。タービン入口蒸気として、極力、温度が**高く**、圧力が高いものを採用したほうが、出力が増し、熱効率が向上する。

(2) **正しい**。復水器の真空度を高くするとタービン背圧が下がり、熱落差(タービン出入口蒸気のエンタルピーの差)が大きくなって出力が増し、熱効率が向上する。

(3) **誤り**。節炭器は、ボイラで燃焼した排ガスの余熱を利用してボイラ給水を加熱し、熱効率を向上するため設置する。節炭器を設置することは正しいが、**節炭器の排ガスは給水を加熱するため、自らの温度は低下する**。したがって、「排ガス温度を上昇させる」という記述は誤りである。

(4) **誤り**。高圧タービンから出た湿り飽和蒸気をボイラに戻して再び加熱し、過熱蒸気として中圧タービンまたは低圧ター

ビンに送る設備を再熱器という。この熱サイクルを再熱サイクルといい、熱効率は向上する。仮に、再熱せずに湿り飽和蒸気のまま中圧タービンまたは低圧タービンに送ったなら、熱効率が低下するだけでなく、水滴のためタービンブレード(動翼)を浸食する恐れがある。したがって、「ボイラで再熱させないようにする」という記述は誤りである。

(5) **誤り。**高圧及び低圧のタービンから蒸気を一部取り出し(抽気という)、給水加熱器に導いて給水を加熱させ、**復水器に捨てる熱量を減少させる。**この熱サイクルを再生サイクルといい、熱効率は向上する。したがって、「復水器に捨てる熱量を増加させる」という記述は誤りである。タービンの出口蒸気は復水器で水に戻されるが、抽気により出口蒸気の量は少なくなっているので、復水器に捨てる熱量(海水が持ち去る熱量)は減少する。

> **解 答:** (2)

必須ポイント

●汽力発電所の熱効率向上対策

a. 再熱再生サイクルを採用する。

b. 高温、高圧の蒸気を使用する。

c. 復水器の真空度を高める。

d. ボイラの余熱を排ガスから回収する
…… 空気予熱器、節炭器を採用する。

注 意

「真空度が高い」とは、絶対真空 − 101.3〔kPa〕(760〔mmHgVac〕)に近づくという意味であり、これを「真空度が低い」という逆の意味にとってはならない。

電力

(a) 1〔kW〕のタービン出力に必要な1時間当たりのタービン入口蒸気の熱量〔kJ/h〕(1〔kW·h〕の電力量を発電するために必要な燃料の熱量〔kJ〕)をタービンの熱消費率 J〔kJ/(kW·h)〕という。

タービン出力を P_T〔kW〕、1時間当たりのタービン入口蒸気の熱量を Q_i〔kJ/h〕とすれば、J は、

$$J = \frac{Q_i}{P_T} = 〔kJ/(kW·h)〕$$

$$Q_i = JP_T$$
$$= 8000P_T〔kJ/h〕$$

タービン出力 P_T〔kW〕を熱量 Q_T〔kJ/h〕に換算すると 1〔kW〕= 3600〔kJ/h〕であるから、

$$Q_T = 3600P_T〔kJ/h〕$$

復水器が持ち去る毎時の熱量を $Q_L = 3.1 \times 10^9$〔kJ/h〕とすると、

$$Q_L = Q_i - Q_T$$
$$Q_L = 8000P_T - 3600P_T$$
$$= 4400P_T〔kJ/h〕$$

$$P_T = \frac{Q_L}{4400}$$

$$= \frac{3.1 \times 10^9}{4400}$$

$$≒ 705 \times 10^3〔kW〕$$

$$→ 700〔MW〕(答)$$

> **解 答:** (a)−(3)

93

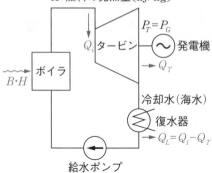

B：燃料供給量〔kg/h〕
H：燃料の発熱量〔kJ/kg〕

※復水器以外の熱損失を無視するので
$B \cdot H = Q_i$、$P_T = P_G$（発電機出力）となる。

図a 系統図

(b) 復水器冷却水量を $W = 30$〔m³/s〕、海水の比熱容量を $c = 4.0$〔kJ/(kg·K)〕、海水の密度を ρ（ロー）$= 1.1 \times 10^3$〔kg/m³〕、復水器冷却水の温度上昇を θ〔K〕とすれば、復水器冷却水（海水）が持ち去る熱量 Q_L〔kJ/h〕は、

$$Q_L = c\rho\theta W \times 3600 \text{〔kJ/h〕}$$

$W = 30$〔m³/s〕$\rightarrow 30 \times 3600$〔m³/h〕に変換

したがって、

$$\theta = \frac{Q_L}{c\rho W \times 3600}$$

$$= \frac{3.1 \times 10^9}{4.0 \times 1.1 \times 10^3 \times 30 \times 3600}$$

$$\fallingdotseq 6.52 \rightarrow \mathbf{6.5}\text{〔K〕（答）}$$

解答：(b)−(4)

必須ポイント

●タービンの熱消費率

$$J = \frac{Q_i}{P_T} = \frac{BH}{P_G} \text{〔kJ/(kW·h)〕}$$

●復水器冷却水（海水）が持ち去る熱量

$$Q_L = c\rho\theta W \times 3600 \text{〔kJ/h〕}$$

※記号、単位は解説文参照

100 タービン発電機
H30 A問題 問1   P.123

タービン発電機の水素冷却方式の特徴は、以下のとおり。

(ア) 水素ガスは空気に比べ(ア)**比熱**および熱伝導率が大きいので、冷却効率が高い。

(イ) 水素ガスは空気に比べ(イ)**比重**が小さいため、風損が小さい。

(ウ) 水素ガスは(ウ)**不活性**であるため、絶縁物に対して化学反応を起こしにくく、劣化が少ない。また、水素ガス圧力を高めると、大気圧の空気よりコロナ放電が生じ難くなり、絶縁物の劣化が少なくなる。

(エ) 水素ガス濃度が一定範囲（4〜70%）内に入ると爆発の危険性があるので、これを防ぐため自動的に水素ガス濃度を(エ)**90%**以上に維持している。電気設備技術基準の解釈では、85%以下で警報を発するよう定められている。

(オ) 通常運転中の軸貫通部からの水素ガス漏れを防ぐため、軸受の内側に(オ)**油膜**によるシール機能を備えた密封油装置を設けている。

解答： (3)

101 タービン発電機
P.124
H28 A問題 問2

　水車発電機は、水車の定格回転速度が比較的遅いことから多極機となり、風冷効果の面で有利な突極形の界磁すなわち（ア）**突極機**とすることができる。これに対してタービン発電機は、蒸気タービンの定格回転速度が速いことから2極機や4極機となり、高速回転での遠心力や風損による制約から円筒形の界磁すなわち（イ）**円筒機**となる。

　鉄機械という呼称は発電機の短絡比が（ウ）**大きく**なることを示唆している。

　同期発電機の短絡比K_Sと、百分率同期インピーダンス$\%Z_S$との間には、次の関係がある。

$$\%Z_S = \frac{1}{K_S} \times 100 \,[\%]$$

　鉄機械は短絡比K_Sが大きく、同期インピーダンス$Z_S\,[\Omega]$が（エ）**小さく**なるため、電圧変動率が小さく、安定度が高く、（オ）**線路充電容量**が大きくなる、といった利点を持つ。

解答：　(1)

電力

102 汽力発電所の熱効率と向上対策
P.126
H27 A問題 問3

　汽力発電所の各種効率の関係を次図に示す。

　上図より、求めるボイラ効率η_Bは、

$$\eta_B = \frac{\eta_P}{\eta_T \eta_g}$$

　タービン室効率η_T、発電機効率η_gは題意より与えられているので、発電端熱効率

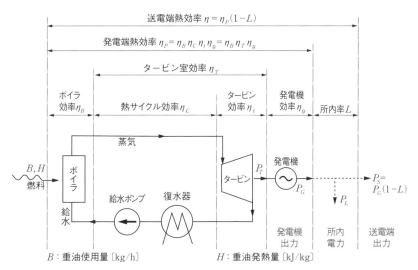

汽力発電所の各種効率

95

η_P がわかれば η_B を求めることができる。

また、汽力発電所は平均した一定電力を送電したものと考えて計算を進める。

送電端出力 P_S〔kW〕は、送電端電力量を W_S〔kW·h〕、汽力発電所の運転時間を t〔h〕とすると、次式で表される。

> 5000〔MW·h〕→ 5000 × 10³〔kW·h〕

$$P_S = \frac{W_S}{t} = \frac{5000 \times 10^3}{30 \times 24}$$

$$\fallingdotseq 6944.4 \text{〔kW〕}$$

送電端出力 P_S〔kW〕は、発電機出力を P_G〔kW〕、所内電力を P_L〔kW〕とすると、

$$P_S = P_G - P_L \text{〔kW〕}$$

と表せる。この式を所内率 $L = \dfrac{P_L}{P_G}$ を用いて表すと、

$$P_S = P_G - P_L = P_G - (L \cdot P_G)$$
$$= P_G(1 - L) \text{〔kW〕}$$

上式を P_G〔kW〕を求める式に変形し、発電機出力 P_G〔kW〕を次のように求める。

$$P_G = \frac{P_S}{1 - L} = \frac{6944.4}{1 - 0.05}$$

$$\fallingdotseq 7309.9 \text{〔kW〕}$$

30日間連続運転したときの重油使用量が 1100〔t〕(= 1100 × 10³〔kg〕) なので、ボイラの毎時当たりの重油使用量 B〔kg/h〕は、

$$B = \frac{1100 \times 10^3}{30 \times 24} \fallingdotseq 1527.8 \text{〔kg/h〕}$$

題意より重油発熱量 H は、44000〔kJ/kg〕なので、発電端熱効率 η_P は、

> 1〔kW〕= 3600〔kJ/h〕

$$\eta_P = \frac{発電機出力（熱量換算値）}{重油の保有全熱量}$$

$$= \frac{3600 P_G}{BH} = \frac{3600 \times 7309.9}{1527.8 \times 44000}$$

$$\fallingdotseq 0.3915$$

したがって、求めるボイラ効率 η_B は、

$$\eta_B = \frac{\eta_P}{\eta_T \eta_g} = \frac{0.3915}{0.47 \times 0.98}$$

$$\fallingdotseq 0.850 \rightarrow 85 \text{〔%〕（答）}$$

| 解答: | (4) |

必須ポイント

● **汽力発電所の各種効率**（解説図参照）

a. 発電機効率 η_g

$$\eta_g = \frac{発電機出力（発電端出力）}{タービンの機械的出力}$$

$$= \frac{P_G}{P_T}$$

b. 発電端熱効率 η_P

$$\eta_P = \frac{発電端出力（熱量換算値）}{燃料の保有全熱量}$$

> 1〔kW〕= 3600〔kJ/h〕

$$= \frac{3600 P_G}{B_H} = \eta_B \eta_T \eta_g$$

c. 送電端熱効率 η

$$\eta = \frac{送電端出力（熱量換算値）}{燃料の保有全熱量}$$

$$= \frac{3600 (P_G - P_L)}{BH} = \eta_P(1 - L)$$

d. 所内比率（所内率）L

$$L = \frac{所内電力}{発電機出力} = \frac{P_L}{P_G}$$

103 原子力発電
R5上期 A問題 問4
P.127

原子燃料に含まれるウラン235の割合は、

$$1 \,[\text{kg}] \times \frac{3.5}{100} = 0.035 \,[\text{kg}]$$

質量欠損mは、

$$m = 0.035 \times \frac{0.09}{100}$$

$$= 3.5 \times 10^{-2} \times 9 \times 10^{-4}$$

$$= 31.5 \times 10^{-6} \,[\text{kg}]$$

これにより発生するエネルギーEは、光速$c = 3 \times 10^8 \,[\text{m/s}]$とすると、

$$E = mc^2$$

$$= 31.5 \times 10^{-6} \times (3 \times 10^8)^2$$

$$= 31.5 \times 10^{-6} \times 9 \times 10^{16}$$

$$= 283.5 \times 10^{10} \,[\text{J}]$$

これと同等の熱エネルギーEを得るのに必要な重油の量$L\,[\text{L}]$は、重油の発熱量を$H = 40000 \times 10^3 \,[\text{J/L}]$とすると、

$E = HL\,[\text{J}]$となるので、

$$L = \frac{E}{H} = \frac{283.5 \times 10^{10}}{40000 \times 10^3}$$

$$= 7.0875 \times 10^4$$

$$= 70.875 \times 10^3 \,[\text{L}]$$

$\rightarrow 70.9\,[\text{kL}] \rightarrow 70\,[\text{kL}]$(答)

解答: (3)

104 原子力発電
R4下期 A問題 問4
P.128

(ア)**低濃縮ウラン**、(イ)**減速材**、(ウ)**沸騰水型**、(エ)**加圧水型**、(オ)**ドップラー効果**となる。

解答: (1)

必須ポイント

●**原子炉の構造**

原子炉には研究中のものを含めたくさんの種類があるが、国内の商用原子力発電所では**軽水炉**の**加圧水型**(PWR)と**沸騰水型**(BWR)が用いられている。**軽水**を減速材と冷却材とに兼用している。燃料はともに濃縮度3~5%程度の**低濃縮ウラン**である。

加圧水型原子炉(PWR)では、原子炉で発生した熱は、冷却材を沸騰させることなく取り出され、**蒸気発生器**を介してタービン系統に伝達される。一次系統の放射能がタービン系統に移行せず、点検保守が容易となるが、系統構成はやや複雑になる。

沸騰水型原子炉(BWR)では、炉心で蒸気を発生させて直接タービン系統に送るため、熱効率は高くなるが、放射能を帯びた蒸気がタービンに送られるので、タービンを遮へいする必要がある。

●**原子炉の自己制御性(固有の安全性)**

軽水炉においては、出力の増加に対

し、**負の反応度フィードバック特性**を持つように設計する。このような特性を、**原子炉の自己制御性**あるいは**固有の安全性**という。

自己制御性には、以下の効果がある。

①**ドップラー効果（燃料温度効果）**……燃料の温度が上昇すると、燃料中の核分裂を起こさないウラン238が中性子を吸収しやすくなる。これをドップラー効果（燃料温度効果）といい、燃料全体として反応度が低下する。

②**減速材温度効果**……減速材（軽水）の温度が上昇すると、軽水の密度が減少して中性子の減速効果が低下し、反応度が低下する。これを減速材温度効果という。

③**ボイド効果**……ボイド効果は、沸騰水型原子炉の出力制御で利用されている。再循環流量が減少するとボイド（気泡）が増加して、反応度が低下する。

105 原子力発電

R4上期 A問題 問4

P.129

(1) **正しい。**

燃料に低濃縮ウランを、冷却材および減速材として軽水を兼用していることは、沸騰水型原子炉（BWR）も加圧水型原子炉（PWR）も変わらない。

(2) **正しい。**

加圧水型原子炉（PWR）は、加圧器で炉心の圧力を15〔MPa〕程度に加圧し、冷却水が沸騰しないようにして炉心から熱を運び出す能力を高めている。炉心か

ら熱を運び出す水のことを一次冷却水といい、320〜330〔℃〕程度で、蒸気発生器で二次冷却水を加熱して270〜280〔℃〕、5〜6〔MPa〕の蒸気を発生させ、蒸気タービンへ送る。沸騰水型原子炉（BWR）は、蒸気発生器がないので構成が簡単になる。

(3) **正しい。**

沸騰水型原子炉（BWR）では、通常の出力調整は、制御棒の抜き差しと冷却剤再循環ポンプにより再循環流量を調整することで行う。再循環流量を増加させると、炉内のボイド（蒸気泡）が上部へ追い出されて減少し、減速材の効果が増して出力が増加する。起動や停止などの大きな出力調整は制御棒の抜き差しで行い、ゆっくりした出力調整は再循環流量の調整により行う。

(4) **誤り。**

制御棒の挿入方向は、沸騰水型原子炉（BWR）では上部に主蒸気系構造物があるため、下方から水圧で挿入する。

加圧水型原子炉（PWR）では、制御棒を上方から重力落下で挿入する。

(5) **正しい。**

沸騰水型原子炉（BWR）は、冷却剤を原子炉内で沸騰させることにより発生させた蒸気を直接タービンに供給する。このため、タービン系統に放射性物質が持ち込まれることになるため、タービン等に遮へい対策が必要になる。

| 解答： | (4) |

(1)、(3)、(4)、(5)の記述は**正しい**。

(2) **誤り**。軽水炉は、**減速材に軽水**、冷却材に軽水を使用する原子炉であり、原子炉圧力容器の中で直接蒸気を発生させる沸騰水型と、別置の蒸気発生器で蒸気を発生させる加圧水型がある。

したがって、「軽水炉は、減速材に黒鉛を使用する」という記述は誤りである。

なお、減速材に黒鉛を使用する原子炉は、**黒鉛炉**という。

┌─────────┐
│ **解 答：** (2) │
└─────────┘

必須ポイント

●**原子炉の構造**

原子炉には研究中のものを含めたくさんの種類があるが、国内の商用原子力発電所では、**軽水炉**の**加圧水型**（PWR）と**沸騰水型**（BWR）が用いられている。**軽水**を減速材と冷却材とに兼用している。燃料はともに、濃縮度3～5％程度の低濃縮ウランである。

軽水とは、普通の水（H_2O）のことで、重水（D_2O）と区別するときに特に軽水という。

減速材とは、核分裂で飛び出す高速の中性子を減速させ、ウラン235に吸収されやすい**熱中性子**を作るためのものである。

①**加圧水型原子炉**（PWR）

原子炉で発生した熱は、冷却材を沸騰させることなく取り出され、**蒸気発生器**を介してタービン系統に伝達される。一次系統の放射能がタービン系統に移行せず、点検保守が容易となるが、系統構成はやや複雑になる。

出力の調整は、主として冷却材中のほう素濃度の調整により行うが、起動または停止時のような**大幅な出力調整**は、制御棒の調整で行う。**制御棒**とは、中性子を吸収して核分裂を起きにくくするもの。制御棒を原子燃料間に挿入すると出力は下降し、引き抜くと出力は上昇する。

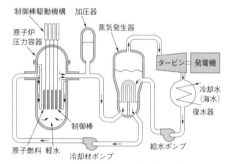

図a 加圧水型原子炉（PWR）

②**沸騰水型原子炉**（BWR）

炉心で蒸気を発生させて直接タービン系統に送るため、熱効率は高くなるが、放射能を帯びた蒸気がタービンに送られるので、タービンを遮へいする必要がある。**出力の調整**は、主として**再循環流量**の調整により行う。従来型であるBWRの再循環ポンプは原子炉外に配置されているが、**改良型BWR**（ABWR）に再循環ポンプはなく、直接炉内に配置した**インターナルポンプ**で炉心流量を制御する。流量が増加す

電力

99

れば炉心の蒸気泡(じょうきほう)の量が減少し、炉心反応度が増加して出力が増大する。起動または停止時のような**大幅な出力調整**は、制御棒の調整で行う。

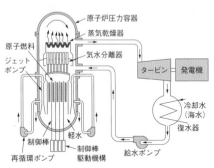

図b　沸騰水型原子炉（BWR）

107　原子力発電
R2 A問題 問4　　P.131

（ア）**核分裂性物質**、（イ）**親物質**、（ウ）**0.7**、（エ）**低濃縮ウラン**となる。

解答：　(2)

必須ポイント

●核分裂

　ウラン235に中性子が当たると核分裂し、2個の核分裂生成物と2〜3個の中性子が放出される。これを核反応と呼び、ウラン235のように核分裂を起こす物質を核分裂性物質という。

　ウラン235を核分裂させる中性子は、**熱中性子**と呼ばれる速度の遅い中性子である。この熱中性子が他のウラン235の原子核に核分裂を起こさせ、これを繰り返すことで連続的な核分裂が行われる。この現象を連鎖反応と呼び、連鎖反応が一定の割合で持続することを臨界という。

　ウラン鉱山で採取される天然ウランは、核分裂を起こしにくいウラン238がほとんどで、核分裂を起こすウラン235は約0.7％しか含まれていない。原子炉（軽水炉）では、ウラン235の濃度を3〜5％程度まで高めた低濃縮ウランを使用している。

　なお、ウラン238も中性子を吸収してウラン239になった後に放射性崩壊を経て、核分裂を起こすプルトニウム239に転換される。

　ウラン238は核分裂性物質の元となる物質なので、**親物質**と呼ばれる。

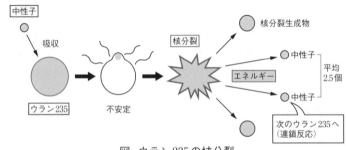

図　ウラン235の核分裂

ウラン235を核分裂させたときに発生するエネルギーE〔J〕は、質量欠損をm〔kg〕、光速をc〔m/s〕とすると、

$$E = mc^2$$

$$= \underbrace{M \times 10^{-3}}_{\boxed{M\text{〔g〕} \to M \times 10^{-3}\text{〔kg〕}}} \times \frac{0.09}{100} \times (3 \times 10^8)^2$$

$$= 8.1 \times 10^{10} \times M \text{〔J〕}$$

上記エネルギーE〔J〕の30%のエネルギーE'〔J〕は、

$$E' = 0.3E = 0.3 \times 8.1 \times 10^{10} \times M$$

$$= 2.43 \times 10^{10} \times M \text{〔J〕}$$

エネルギーE'〔J〕を電力量W_A〔kW・h〕に変換すると、

$$1 \text{〔J〕} = 1 \text{〔W・s〕}$$

$$= \frac{1}{1000 \times 3600} \text{〔kW・h〕}$$

であるから、

$$W_A = \frac{E'}{1000 \times 3600}$$

$$= \frac{2.43 \times 10^{10} \times M}{1000 \times 3600}$$

$$= 6.75 \times 10^3 \times M \text{〔kW・h〕}$$

次に、揚水電力量W_B〔kW・h〕は、揚水できた水量をV〔m³〕、揚程をH〔m〕、電動機とポンプの総合効率をη（小数）とすると、

$$W_B = \frac{9.8VH}{3600\eta}$$

$$= \frac{9.8 \times 90000 \times 240}{3600 \times 0.84}$$

$$= 70000 \text{〔kW・h〕}$$

$W_A = W_B$であるため、

$$6.75 \times 10^3 \times M = 70000$$

$$M = \frac{70000}{6.75 \times 10^3} \fallingdotseq 10.4 \text{〔g〕（答）}$$

解答： (5)

必須ポイント

●エネルギーの単位の換算

$$1 \text{〔W・s〕} = 1 \text{〔J〕}$$

$$1 \text{〔kW・h〕} = 1 \text{〔1000W} \times 3600\text{s〕}$$

$$= 1000 \times 3600 \text{〔W・s〕}$$

$$= 3.6 \times 10^6 \text{〔J〕}$$

$$= 3600 \text{〔kJ〕}$$

●核分裂エネルギーE

$$E = mc^2 \text{〔J〕}$$

ただし、m：質量欠損〔kg〕

c：光速3×10^8〔m/s〕

●揚水に必要な電力P〔kW〕、電力量W〔kW・h〕

$$P = \frac{9.8QH}{\eta_p \eta_m} \text{〔kW〕}$$

$$W = P \cdot t \text{〔kW・h〕}$$

$$W = \frac{9.8VH}{3600\eta_p \eta_m} \text{〔kW・h〕}$$

ただし、

Q：流量〔m³/s〕、V：揚水量〔m³〕

H：揚程〔m〕、η_p：ポンプ効率（小数）

η_m：電動機効率（小数）

※QとVとtの関係

Q〔m³/s〕の割合で揚水するとき、1時間の揚水量は$3600Q$〔m³〕、t〔h〕で揚水を終了すると揚水量Vは$V = 3600Qt$〔m³〕、逆にいえば、V〔m³〕を揚水するための必要な時間tは

$$t = \frac{V}{3600Q} \ [\mathrm{h}]$$

となる。

---

109 原子力発電
H28 A問題 問4
P.133

軽水炉で使用されるウランは、ウラン235の濃度を(ア)**3〜5**％程度に濃縮した低濃縮ウランである。

使用済燃料からは(イ)**再処理**によってウラン、プルトニウムを分離抽出し、再び燃料として使用する。

ウランとプルトニウムとを混合して軽水炉で使用できる燃料としたものを(ウ)**MOX燃料**(混合酸化物燃料)という。

なお、イエローケーキとは、鉱山で採掘された天然ウラン鉱石からウランを溶出し、ウラン化合物として沈殿させたもののことである。

プルトニウム239を高速中性子で核分裂させるとともに、余剰の中性子をウラン238に吸収させることで、消費した燃料以上にプルトニウム239が生成される(エ)**高速増殖炉**は、軽水炉などの熱中性子炉に比べウラン資源を有効活用できるが、商用発電として実用化されていない。

解答： (1)

---

110 その他の発電方式
R5上期 A問題 問2
P.134

---

(1)、(2)、(4)、(5)の記述は**正しい**。

(3) **誤り**。排熱回収形コンバインドサイク

ル発電方式は、次図のような構成になる。

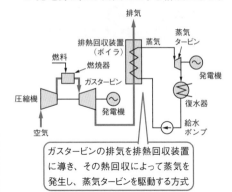

ガスタービンの排気を排熱回収装置に導き、その熱回収によって蒸気を発生し、蒸気タービンを駆動する方式

この発電方式は、ガスタービンの排気を排熱回収装置のボイラに導き、その熱回収によって蒸気を発生させ、蒸気タービンを駆動する方式である。コンバインドサイクル発電方式のなかでは最も簡単な方式であるが、ガスタービンと蒸気系との整合性を最適化することによって、コンバインドサイクル発電方式のなかで最も高い効率を実現できる。

コンバインドサイクル発電方式は、ガスタービンの部分において冷却水が不要なので、プラント全体でみると単位出力当たりの復水器の冷却水量は少なくなる。したがって、「復水器の冷却水量が多い」という(3)の記述は誤りである。ただし、燃焼ガスを空気で希釈して適正なガス温度とするため、排ガス量は汽力発電方式より多くなる。また、外気温度が高くなると出力が低下する難点がある。

解答： (3)

111 その他の発電方式

R2 A問題 問5　　P.135

（ア）1、（イ）1、（ウ）パワーコンディショ
ナ、（エ）日中となる。

解答：　（3）

必須ポイント

●太陽光発電の特徴

a．光から電気への直接変換であるた
め、騒音も少なく、環境汚染物質の排
出がないクリーンな発電方式である。

b．太陽光エネルギーは無尽蔵であり、
非枯渇エネルギーである。

c．発電が気象条件（日照）に左右される。

d．他の発電方式に比べエネルギー密度
が低い（晴天時、約 $1 [kW/m^2] = 1m^2$
当たり 1 秒間に約 $1 [kJ]$）ので、大出
力を得るには広い面積が必要になる。

e．エネルギーの変換効率（熱効率）が、
火力発電など他の発電方式に比べ10
〜20〔%〕程度と低い。

f．電池出力が直流であるため、交流と
して電気を供給するにはインバータ
（直流−交流変換装置）が必要となる。
さらに、さまざまな保護機能を備えた

装置のことをパワーコンディショナと
いう。

g．出力は周囲温度の影響を受ける。

h．太陽光発電の普及にともない、日中
の余剰電力は揚水発電の揚水に使われ
ているほか、大容量蓄電池への電力貯
蔵に活用されている。

※太陽電池素子そのものをセルと呼
び、1個当たりの出力電圧は約1
〔V〕である。数十個のセルを直列お
よび並列に接続してパッケージ化し
たものをモジュールという。セルの
直列接続により電圧を高め、並列接
続により容量（出力）を増大する。

112 その他の発電方式

H30 A問題 問5　　P.136

風車のロータ軸出力 P〔W〕は、次式で表
される。

$$P = \frac{1}{2} C_p \rho A v^3 [W] \quad \cdots\cdots(1)$$

ただし、

C_p：風車のパワー係数（小数）

ρ（ロー）：空気の密度〔kg/m^3〕

A：風車の受風面積〔m^2〕

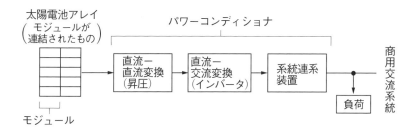

図a　太陽光発電の構成

v：風速〔m/s〕

ロータ半径 $r = 30$〔m〕であるので、風車の受風面積 A は、

$$A = \pi r^2 = \pi \times 30^2 = 900\,\pi\,\text{〔m}^2\text{〕}$$

与えられた数値を式(1)に代入、

$$P = \frac{1}{2} \times 0.5 \times 1.2 \times 900\,\pi \times 10^3$$

$$\doteqdot 848 \times 10^3\,\text{〔W〕} \rightarrow 850\,\text{〔kW〕（答）}$$

| 解答： | (4) |

必須ポイント

●風車発電の原理

風車は風の運動エネルギーを風車の回転運動に変換して取り出す。質量 m〔kg〕の空気のかたまりが速度 v〔m/s〕で流れると、単位時間当たりの風の持つ運動エネルギー P_0 は次式で表されるように、風速 v の2乗に比例する。

$$P_0 = \frac{1}{2}\,mv^2\,\text{〔J/s〕}\,(= \text{〔W〕})$$

空気の密度を ρ〔kg/m³〕、風車の受風面積（回転面積）を A〔m²〕とすれば、単位時間では $m = \rho Av$〔kg/s〕となるので、風車面を通過する単位時間当たりの空気の量 m は、風速 v に比例する。

風車のパワー係数（出力係数）を C_p とすると、風車で得られる単位時間当たりのエネルギー（風車のロータ軸出力）P は、

$$P = \frac{1}{2}\,C_p \rho Av^3\,\text{〔W〕}$$

で表される。

つまり、「風車から取り出せる単位時間当たりのエネルギー P は、空気の密度 ρ、風車の受風面積 A に比例し、風速 v の3乗に比例する」ことが分かる。

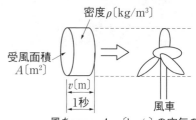

風を $m = \rho \cdot A \cdot v$〔kg/s〕の空気のかたまりの移動と考える。

風のエネルギー

113 その他の発電方式
H28 A問題 問5 P.137

(1) **正しい。** 燃料電池発電は、正負2つの電極に活物質を供給して化学反応を起こし、反応のエネルギーを直接電気エネルギーに変換する発電方式である。使用する材料（電解質）で数種類に分類されるが、共通した動作原理として活物質には水素と酸素を使い、直流を発生する。使用する電解質によって動作温度が常温から1000℃程度まで異なるほか、化学反応による発熱もあり、給湯など熱利用ができる場合もある。

(2) **正しい。** 貯水池式発電は、貯水池の水を使って発電する。よく似たものに調整池式発電があるが、調整池式は日間～週間程度の短期間の負荷調整が目的であるのに対し、貯水池式は渇水期・豊水期など季節ごとの河川流量の変動に対応することが目的である。

(3) **正しい。** バイオマス発電は、動植物由来の有機性資源を利用する発電方式である。家畜の排泄物や生ごみなど従来未利

用だった資源や、エネルギー利用の目的で生産される穀物なども利用する。利用方法としては、そのまま燃やすほか、化学的な方法でより良質な燃料を生成することが挙げられる。さとうきびから生成したエタノールや、家畜の糞から得られるメタンガスを燃料として利用することもある。

(4) **誤り**。風力発電の風車によって取り出せる単位時間当たりのエネルギー(電力)は、風車の受風面積(回転面積)に比例し、風速の3乗に比例する。したがって、「風力発電で取り出せる電力は、損失を無視すると、風速の2乗に比例する」という記述は誤りである。

(5) **正しい**。太陽光発電は、太陽電池によって直流の電力を発生させる。住宅の屋根に設置するなど、需要地点に設置して利用可能であること、時間帯や天候により発生電力の変動が大きい、などの特徴がある。

解答: (4)

114 変電所の設備
R4下期 A問題 問6 P.138

一次側に換算した漏れリアクタンスのΩ値 $X_1 = 14.5\,[\Omega]$ と百分率リアクタンスの値 $\%X_1\,[\%]$ の間には、次の関係式がある。

$$\%X_1 = \frac{X_1 I_n}{E_n} \times 100\,[\%]$$

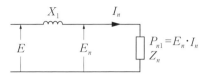

一次側から見た1相分等価回路

V_n：定格一次電圧〔V〕(線間電圧)
$$66\text{kV} \rightarrow 66 \times 10^3\,[\text{V}]$$
$$= 66 \times 10^3\,[\text{V}]$$

E_n：定格一次電圧〔V〕(相電圧)
$$= \frac{66}{\sqrt{3}} \times 10^3\,[\text{V}]$$

I_n：定格一次電流〔A〕
$$30\text{MV·A} \rightarrow 30 \times 10^6\,[\text{V·A}]$$

P_{n3}：定格容量〔V·A〕$= 30 \times 10^6\,[\text{V·A}]$

P_{n1}：1相分の定格容量〔V·A〕
$$= \frac{30}{3} \times 10^6 = 10 \times 10^6\,[\text{V·A}]$$

とすると、

$$I_n = \frac{P_{n1}}{E_n} = \frac{10 \times 10^6}{\dfrac{66 \times 10^3}{\sqrt{3}}}$$

$$= \frac{\sqrt{3} \times 10 \times 10^6}{66 \times 10^3} \fallingdotseq 262.4\,[\text{A}]$$

$$\left(I_n = \frac{P_{n3}}{\sqrt{3}\,V_n} = \frac{30 \times 10^6}{\sqrt{3} \times 66 \times 10^3} \right.$$

$$\left. \fallingdotseq 262.4\,[\text{A}] \text{と求めてもよい。} \right)$$

よって、求める百分率リアクタンスの値 $\%X_1\,[\%]$ は、

$$\%X_1 = \frac{X_1 I_n}{E_n} \times 100$$

$$= \frac{14.5 \times 262.4}{\frac{66 \times 10^3}{\sqrt{3}}} \times 100$$

$$\fallingdotseq \frac{3804.8}{38.1 \times 10^3} \times 100$$

$$\fallingdotseq 9.99 \rightarrow \mathbf{10.0}〔\%〕$$

解　答：　(3)

別　解

I_n を求めるまでは本解と同じ。

%X_1 とは、基準インピーダンス（定格イ
ンピーダンス）Z_n〔Ω〕に対する漏れリアク
タンス X_1〔Ω〕の割合であるから、

$$\%X_1 = \frac{X_1}{Z_n} \times 100〔\%〕となる。$$

ここで、

$$Z_n = \frac{E_n}{I_n} = \frac{\frac{66 \times 10^3}{\sqrt{3}}}{262.4} \fallingdotseq \frac{38.1 \times 10^3}{262.4}$$

$$\fallingdotseq 145.2〔Ω〕$$

よって、

$$\%X_1 = \frac{X_1}{Z_n} \times 100$$

$$= \frac{14.5}{145.2} \times 100$$

$$\fallingdotseq 9.99 \rightarrow \mathbf{10.0}〔\%〕（答）$$

必須ポイント

●%リアクタンス%X_1の定義式

$$\%X_1 = \frac{X_1 I_n}{E_n} \times 100〔\%〕$$

または、

$$\%X_1 = \frac{X_1}{Z_n} \times 100〔\%〕$$

ただし、Z_n は基準インピーダンス（定
格インピーダンス）

$$Z_n = \frac{E_n}{I_n}〔Ω〕$$

115 変電所の設備
R4下期 A問題 問7　　P.139

（ア）Δ － Δ、（イ）Y － Y、（ウ）Δ － Y、
（エ）Y － Δ、（オ）Δ となる。

解　答：　(2)

必須ポイント

●変圧器の結線方式の特徴

(1)　**Y － Y 結線**

　a．一次側・二次側とも、中性点を取
り出して接地することができる。

　b．一次側と二次側とが同位相にな
る。これを角変位がないという。

　c．巻線に加わる電圧が、線間電圧の
$\frac{1}{\sqrt{3}}$ となって絶縁に有利になる。

　d．Δ 巻線がないので、第3高調波電
流を変圧器内で環流できないため、
誘起電圧が歪む。

(2)　**Y － Y － Δ 結線**

　Y － Y － Δ 結線は、Y － Y 結線にΔ
結線した三次巻線を加えたものであ
る。上記 Y － Y 結線と同様の特徴を持
つほか、三次巻線は次のような効果が
ある。

　a．Δ 結線で第3高調波電流を環流で
きるので、誘起電圧を正弦波とする
ことができる。

　b．調相設備を接続することができる。

c．変電所の所内負荷を接続すること
　ができる。

　また、負荷を接続しない場合、この
Δ巻線のことを特に安定巻線という。

　一般に、Y－Y－Δ結線の変圧器
は、中性点接地ができることと経済的
な絶縁設計ができることから、特別高
圧や超高圧の送電用変圧器に適した方
式であるといえる。

(3)　**Y－Δ結線（Δ－Y結線）**

　Y－Δ結線は、一次巻線をY結線、
二次巻線をΔ結線としたもので、次の
ような特徴がある。なお、**Δ－Y結
線**は一次巻線をΔ結線、二次巻線をY
結線としたものである。

　Y結線が絶縁上有利であることか
ら、**Δ－Y結線は昇圧用**に、**Y－Δ結
線は降圧用**に用いられることが多い。

a．Δ結線で第3高調波電流を環流で
　きるので、誘起電圧を正弦波とする
　ことができる。

b．一次側と二次側では、30〔°〕の位
　相差がある。このような変圧器一次
　側と二次側との間に生じる位相差の
　ことを**角変位**（または位相変位）とい
　う。

(4)　**Δ－Δ結線**

a．Δ結線で変圧器で発生する**第3高
　調波電流を環流**できるので、誘起電
　圧を正弦波とすることができる。

b．**角変位がない**。

c．一次側・二次側とも、中性点を接
　地することができない。中性点は別
　に設けた**接地変圧器（EVT）**で接地

する。

d．単相変圧器3台でΔ－Δ結線とし
　た場合、1台の変圧器が故障しても
　残りの2台でV－V結線として運
　転をすることができる。

116　変電所の設備　P.140
R4上期 B問題 問16

(a)　設問の条件を図示すると、次図のよう
になる。

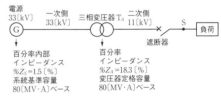

設問(a)の条件の説明図

　まず、変圧器の二次側定格線間電圧
（基準電圧）をV_n〔V〕、二次側定格電流
（基準電流）をI_n〔A〕とすると、変圧器T_A
の定格容量（基準容量）P_a〔V・A〕は、

$$P_a = \sqrt{3}\, V_n I_n \text{〔V・A〕}$$

　この式を変形すると、二次側定格電流
I_n〔A〕は、

$$I_n = \frac{P_a}{\sqrt{3}\, V_n}$$

$$= \frac{80 \times 10^6 \text{〔V・A〕}}{\sqrt{3} \times (11 \times 10^3 \text{〔V〕})}$$

$$\fallingdotseq 4200 \text{〔A〕}$$

　次に、短絡故障想定点のS点から電源
側を見た全インピーダンス%Z(%Z_A
+ %Z_S)〔%〕は、

　　%Z = 18.3 + 1.5 = 19.8〔%〕

　したがって、短絡電流I_S〔A〕は、

$$I_S = I_n \times \frac{100}{\% Z}$$

$$= 4200 \times \frac{100}{19.8} \fallingdotseq 21200 \, [\text{A}]$$

$$\rightarrow 21.2 \, [\text{kA}]$$

以上のことから、求める定格遮断電流〔kA〕の値は、選択肢の中では21.2〔kA〕より大きい直近の**25〔kA〕(答)**となる。

解 答：**(a)−(5)**

（b）2台の変圧器の基準容量が異なっているので、同じ容量にそろえてから負荷分担を求める。

変圧器 T_A の定格容量80〔MV・A〕を基準容量 P_a とすると、変圧器 T_B の百分率インピーダンス $\% Z_B = 12.0\,[\%]$ $(P_b = 50\,[\text{MV・A}]基準)$ を基準容量 P_a に換算した値 $\% Z_B{}'$ は、

$$\% Z_B{}' = \% Z_B \times \frac{P_a}{P_b}$$

$$= 12.0 \times \frac{80}{50} = 19.2 \, [\%]$$

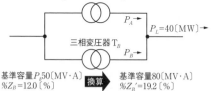

三相変圧器 T_A

基準容量 P_a 80〔MV・A〕 $\% Z_A = 18.3\,[\%]$

三相変圧器 T_B

P_A $P_L = 40\,[\text{MW}] \rightarrow$

P_B

基準容量 P_b 50〔MV・A〕 $\% Z_B = 12.0\,[\%]$ **換算** 基準容量80〔MV・A〕 $\% Z_B{}' = 19.2\,[\%]$

三相変圧器 T_A と T_B の並列接続の状況

負荷分担は並列インピーダンスの電流分担と同様、インピーダンスに反比例して配分されるので、$P_L = 40\,[\text{MW}]$ の負荷をかけたとき、変圧器 T_A の負荷分担 P_A は、

$$P_A = P_L \times \frac{\% Z_B{}'}{\% Z_A + \% Z_B{}'}$$

$$= 40 \times \frac{19.2}{18.3 + 19.2}$$

$$\fallingdotseq 20.5 \, [\text{MW}] \, (答)$$

解 答：**(b)−(3)**

117 変電所の設備
R3 A問題 問7

P.141

計器用変成器は、(ア)**計器用変圧器**と変流器とに分けられ、高電圧あるいは大電流の回路から計器や(イ)**保護継電器**に必要な適切な電圧や電流を取り出すために設置される。変流器の二次端子には、常に(ウ)**低**インピーダンスの負荷を接続しておく必要がある。また、一次端子のある変流器は、その端子を被測定線路に(エ)**直列**に接続する。

解 答：**(5)**

必須ポイント

●計器用変成器

計器用変成器とは、**計器用変圧器(VT)** と**変流器(CT)** の2つの機器の総称である。これらは、原理上は2巻線変圧器と同じものである。電力系統で扱う高電圧・大電流は、直接計測することが難しいので、計器用変成器により絶縁するとともに、**低電圧・小電流に変成**する。

①**計器用変圧器(VT)**

計器用変圧器(VT) は、回路の電圧をそれに比例した**低い電圧**に変成するもので、計器用変圧器の**二次側**には、

電圧計や表示灯などの**負荷**が接続される。なお、計器用変圧器の二次側を短絡してはならない。短絡すると、大きな二次短絡電流が流れ、二次巻線を焼損するおそれがある。

②**変流器(CT)**

変流器(CT)は、線路に流れている**大電流**をそれに比例した**小電流に変成**するものである。

変流器は、一次側電流に比例した二次側電流を流すようにできているので、二次側を開放するなど、電流が流れるのを妨げると、二次側巻線に大きな電圧が発生し危険なので、二次側を**低インピーダンス**に保つ必要がある。

変流器の二次端子には、通常、電流計や保護継電器などの**低インピーダンスの負担**(変流器の二次端子に接続される負荷を負担という)が接続されており、一次電流に比例した二次電流が流れている。一次電流が流れている状態では、**絶対に二次回路を開放してはならない**。二次回路を開放すると、**一次電流はすべて励磁電流となって過励磁**となるため、**鉄損**が過大となる。また、二次側に大きな**異常電圧**を発生し、変流器を焼損するおそれがある。**鉄損**とは、変圧器や電動機の鉄心を交流で励磁する際に、鉄心部に生じる損失のことである。

変流器には、一次端子を被測定線路(一次側線路)に**直列**に接続するものと、一次端子がなく、被測定線路の導線を貫通させるものがある。貫通型の

ものは、貫通回数を変えることにより変流比を変えることができる。

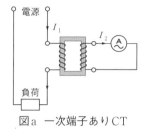

図a　一次端子ありCT

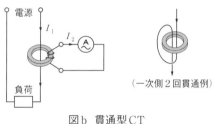

(一次側2回貫通例)

図b　貫通型CT

---

118 **変電所の設備** P.142
R3 A問題 問8

(1)、(2)、(3)、(5)の記述は**正しい**。

(4) **誤り**。断路器の種類によっては、短い線路や母線の**充電電流**など比較的小さな**電流の開閉が可能**な場合がある。

　　しかし、どのような線路や母線であっても、**地絡電流の遮断は不可能**である。したがって、(4)の記述は誤りである。

解答：　(4)

必須ポイント

●**断路器**

　断路器は、遮断器のような消弧能力を持たない開閉器である。わずかでも電流が流れている線路においては、開路だけではなく閉路も行わないことを建前とし

ている。つまり、断路器では負荷電流の開閉を行わない。このように、断路器の開閉は無負荷で行うのが基本だが、断路器の種類によっては、短い線路の充電電流程度は開閉可能なものもある。

遮断器の一次側に直列に接続して、開路時は先に遮断器で開路して無負荷にしてから断路器を開路する一方、閉路時は無負荷の状態で先に断路器を閉じ（＝投入し）て、その後に遮断器を投入する。

断路器は、直列に接続されている遮断器によって電路が開放されていないと操作できない機能（インタロック機能）を持たせる場合もある。

注　意

断路器の一次側が充電されていても、二次側が遮断器により開放されていれば無負荷である。断路器は開閉できる。勘違いしないようにしよう。

・投入順
　DS投入
　　↓
　CB投入

・開放順
　CB開放
　　↓
　DS開放

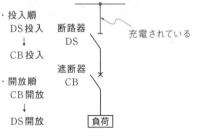

図a　断路器と遮断器

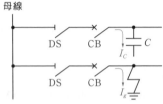

図b　線路の充電電流I_Cと地絡電流I_g

問題の条件を図示すると、次図のようになる。

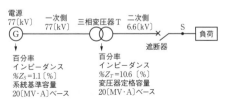

問題の条件の説明図

まず、変圧器の二次側定格線間電圧（基準電圧）をV_n〔V〕、二次側定格電流（基準電流）をI_n〔A〕とすると、変圧器Tの定格容量（基準容量）P_n〔V・A〕は、

$$P_n = \sqrt{3}\,V_n I_n \text{〔V・A〕}$$

この式を変形すると、二次側定格電流I_n〔A〕は、

$$I_n = \frac{P_n}{\sqrt{3}\,V_n}$$

$$= \frac{20 \times 10^6 \text{〔V・A〕}}{\sqrt{3} \times (6.6 \times 10^3 \text{〔V〕})}$$

$$\fallingdotseq 1750 \text{〔A〕}$$

次に、短絡故障想定点のS点から電源側を見た全インピーダンス%Z（%Z_T + %Z_S）〔%〕は、

$$\%Z = 10.6 + 1.1 = 11.7 \text{〔%〕}$$

したがって、短絡電流I_S〔A〕は、

$$I_S = I_n \times \frac{100}{\%Z}$$

$$= 1750 \times \frac{100}{11.7} \fallingdotseq 14957$$

$$\to 15.0 \text{〔kA〕}$$

以上のことから、求める定格遮断電流〔kA〕の値は、選択肢の中では15.0〔kA〕より大きい直近の**20.0**〔kA〕（答）となる。

解答：　(4)

必須ポイント

●三相短絡電流の計算

変圧器の定格容量

$$P_n = \sqrt{3}\, V_n I_n \,[\text{V}\cdot\text{A}]$$

変圧器二次側定格電流

$$I_n = \frac{P_n}{\sqrt{3}\, V_n}$$

変圧器二次側短絡電流

$$I_S = I_n \times \frac{100}{\%Z}$$

120 変電所の設備
R2 A問題 問9　　　P.143

（ア）**波高値**、（イ）**ZnO**、（ウ）**非線形**、（エ）**続流**、（オ）**ギャップレス**となる。

解答：　(2)

必須ポイント

●避雷器

避雷器は、保護される機器の電圧端子と大地との間に設置され、その特性要素の**非直線抵抗特性**（非線形の抵抗特性）により、過電圧サージに伴う電流のみを大地に放電させ、機器に加わる過電圧の波高値を低減して機器を保護する。避雷器が放電を開始する電圧を放電開始電圧といい、避雷器が放電中に避雷器の端子に現れる電圧を制限電圧という。電圧レベ

ルが商用周波電圧に戻れば、放電を終了し速やかに続流を遮断する。このため、避雷器は電力系統を地絡状態に陥（おとしい）れることなく、過電圧の波高値をある抑制された電圧値（制限電圧）に低減することができる。

避雷器には、直列ギャップ付き避雷器とギャップレス避雷器がある。直列ギャップ付き避雷器は、図bに示すように、直列ギャップといわれる放電電極と、炭化けい素（SiC）素子や酸化亜鉛（ZnO）素子でできた特性要素で構成されているが、ギャップレス避雷器は、図cに示すように、直列ギャップはなく、酸化亜鉛（ZnO）素子だけで構成されている。**発変電所用避雷器**には、過電圧サージを抑制する効果が大きく、保護特性に優れている**酸化亜鉛形ギャップレス避雷器**が主に使用されている。一方、**配電用**は避雷器の設置数が多くなり、ギャップレス避雷器を用いると電線路の対地静電容量が大きくなることを考慮して、酸化亜鉛形直列ギャップ付き避雷器が多く使用されている。

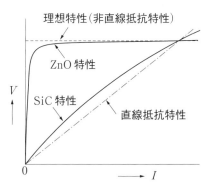

図a　避雷器の特性要素の特性

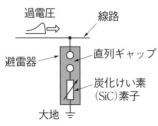

図b 直列ギャップ付き避雷器

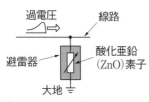

図c ギャップレス避雷器

121 変電所の設備
R1 A問題 問6
P.144

(1)、(3)、(4)、(5)の記述は正しい。

(2) 誤り。ガス絶縁開閉装置の絶縁ガス は、絶縁性能を増すため、大気圧（約0.1 〔MPa〕）を超えた0.3～0.5〔MPa〕程度の 圧力としたSF$_6$ガスである。

解答: (2)

必須ポイント

●ガス絶縁開閉装置（GIS）

ガス絶縁開閉装置（GIS）は、絶縁耐力 および消弧能力に優れた六ふっか硫黄 （SF$_6$）ガスを大気圧の3～5倍程度の圧力 で金属容器に密閉し、この中に母線、断 路器、遮断器および接地装置などが組み 合わされ、一体構成されたもので、66～ 500〔kV〕回路まで幅広く採用されてい る。充電部を支持するスペーサなどの絶 縁物には、主にエポキシ樹脂が用いられ

る。ガス絶縁開閉装置（GIS）の特徴は、 次のとおり。

a. 設備の縮小化ができる。

b. 充電部が密閉されており、安全性が 高い。

c. 不活性ガス中に密閉されているので、 装置の劣化も少なくなり、信頼性が高 い。

d. 機器を密閉かつ複合一体化している ため、万一の事故時の復旧時間は長く なる。

e. ガス圧、水分などの厳重な監視が必 要である。

f. SF$_6$ガスは地球温暖化の原因となる温 室効果ガスであるため、設備の点検時 にはSF$_6$ガスの回収を確実に行う必要 がある。

122 変電所の設備
H30 A問題 問12
P.145

(1)、(3)、(4)、(5)の記述は正しい。

(2) 誤り。同一の変圧器2台を使用して三 相平衡負荷に供給している場合、Δ結線 変圧器と比較して、出力は$\frac{\sqrt{3}}{3}$倍とな る。したがって、「出力は$\frac{\sqrt{3}}{2}$倍となる」 という記述は誤りである。

解答: (2)

必須ポイント

●V結線の利用率

$$利用率 = \frac{\sqrt{3}\,P}{2P} = \frac{\sqrt{3}}{2}$$

$$\fallingdotseq 0.866 \rightarrow 86.6〔\%〕$$

ただし、

P：単相変圧器1台の定格容量〔kV・A〕

● V結線とΔ結線の容量比（出力比）

$$\frac{P_V}{P_\Delta} = \frac{\sqrt{3}\,P}{3P} = \frac{\sqrt{3}}{3}$$

$$\fallingdotseq 0.577 \rightarrow 57.7 \,〔\%〕$$

ただし、

P_V：V結線の定格容量〔kV・A〕

P_Δ：Δ結線の定格容量〔kV・A〕

---

123 変電所の設備　　　P.146
H29 A問題 問7

Y－Y結線には次のような特徴がある。

・一次、二次側とも中性点を接地できる。

・1線地絡などの故障に伴い発生する（ア）**異常電圧**の抑制。

・地絡故障時の（イ）**保護リレー**の確実な動作による電線路や機器の保護。

・巻線に加わる電圧が、線間電圧の$1/\sqrt{3}$と小さいので、絶縁に有利。

・特別高圧、超高圧など中性点を接地する送電系統では、中性点に近い部分の絶縁を低減する段絶縁とすることで経済的な設計ができる。

・Δ結線がないので、相電圧は（ウ）**第三調波**を含むひずみ波形となる。中性点を接地すると、（ウ）**第三調波**電流が線路の静電容量を介して大地に流れることから、通信線への（エ）**電磁誘導**障害の原因となる。

・（オ）**Δ結線**による三次巻線を設けてY－Y－Δ結線とすることにより、第三調波電流をΔ結線内で環流させ、外部に流

出させないようにしている。

・三次巻線は、調相設備や変電所の所内負荷を接続することができる。

解答：　(3)

---

124 変電所の設備　　　P.147
H28 A問題 問6

基準容量を変圧器Aの定格容量$S_A = 5000$〔kV・A〕に合わせると、変圧器Bの%$Z_B{}'$は、

$$\%Z_B{}' = \%Z_B \times \frac{S_A}{S_B} = 7.5 \times \frac{5000}{1500}$$

$$= 25 \,〔\%〕$$

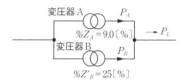

並行運転の負荷分担

電圧が同じなので、P_A、P_Bは電流の分流と同じようにインピーダンスに反比例して配分される。

負荷P_Lは、各変圧器の基準容量を合わせたパーセントインピーダンスに反比例して配分されるので、

変圧器Aの負荷分担P_A

$$P_A = P_L \times \frac{\%Z_B{}'}{\%Z_A + \%Z_B{}'}\quad\text{分子は相手側のB}$$

$$= 6000 \times \frac{25}{9.0 + 25}$$

$$\fallingdotseq 4411.8 \,〔\text{kV・A}〕$$

変圧器Bの負荷分担P_B

$$P_B = P_L \times \frac{\%Z_A}{\%Z_A + \%Z_B{}'}\quad\text{分子は相手側のA}$$

$$= 6000 \times \frac{9.0}{9.0 + 25}$$

$$\fallingdotseq 1588.2 \,[\text{kV·A}]$$

（または、$P_B = P_L - P_A = 6000 - 4411.8$

$$= 1588.2 \,[\text{kV·A}]）$$

変圧器Bの過負荷運転状態は、

$$\frac{1588.2}{1500} \times 100 \fallingdotseq \mathbf{105.9} \,[\%]（答）$$

解答： (2)

---

125 **変電所の設備** P.148
H27 A問題 問7

避雷器は、雷または回路の開閉などにより、過電圧の波高値が一定値を超えた場合に、大地に電流を流すことにより(ア)**過電圧**を抑制して、電力機器の絶縁を保護する。電圧が通常の値に戻った後は、電線路から避雷器に流れる(イ)**続流**を短時間のうちに遮断し、系統を正常な状態に復帰させる。

避雷器には、直列ギャップ付き避雷器とギャップレス避雷器がある。直列ギャップ付き避雷器は、図aに示すように、直列ギャップといわれる放電電極と、炭化けい素(SiC)素子や酸化亜鉛(ZnO)素子でできた特性要素で構成されているが、ギャップレス避雷器は、図bに示すように、直列ギャップはなく酸化亜鉛(ZnO)素子だけで構成されている。発変電所用避雷器には、過電圧サージを抑制する効果が大きく、保護特性に優れている酸化亜鉛形(ウ)**ギャップレス**避雷器が主に使用されている。一方、配電用は避雷器の設置数が多くなり、ギャップレス避雷器を用いると電線路の対

地静電容量が大きくなることを考慮して、酸化亜鉛形(エ)**直列ギャップ付き**避雷器が多く使用されている。

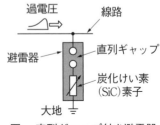
図a 直列ギャップ付き避雷器

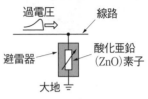
図b ギャップレス避雷器

発変電所、送電線などの電力系統に接続されている機器、装置を異常時に保護するための絶縁強度の設計を経済的・合理的に行い、系統全体の信頼度を向上させようとする考え方を(オ)**絶縁協調**という。

解答： (1)

---

126 **配電線路** P.149
R5上期 A問題 問8

(ア)のギャップレス避雷器(図a参照)は、直列ギャップを有しない避雷器で、酸化亜鉛(ZnO)素子の優れた抵抗の非直線性を利用したものである。特徴は、構造の簡素化、軽量化と信頼性の向上、保護レベルの軽減、耐汚損性能の向上、動作責務能力が優れていることである。

（イ）のガス開閉器は、消弧媒質に絶縁特性の優れた六ふっ化硫黄（SF_6）ガスを使用している。SF_6ガスは、無味、無臭で毒性、可燃性がなく、価格も安価である。

（ウ）のCVケーブルは、架橋ポリエチレンを絶縁体としたケーブルで、架橋ポリエチレン絶縁ビニルシースケーブルともいう。**水トリー**はこのケーブル特有の劣化現象である。水トリーには、界面トリーとボウタイトリーがある。水トリーは課電状態でケーブルに水が入ると進展していく性質がある。

（エ）の柱上変圧器には、鉄損と銅損があり、鉄損の低減は省エネルギー上重要なことである。

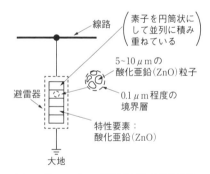

図a　ギャップレス避雷器（酸化亜鉛形）

解答： (3)

127　電力系統

R5上期 A問題 問10

P.150

(1)、(3)、(4)、(5)の記述は**正しい**。

(2)**誤り**。交流の場合の導体の実効抵抗は、表皮効果及び近接効果のため「直流に比べて大きくなる。」。したがって、「直流に比べて小さくなる。」という(2)の記述は誤りである。

解答： (2)

必須ポイント

●表皮効果

地中送電線路に限らず、導体を流れる交流電流は、周波数が高くなるほど導体表面に集中するようになる。このため、導体の実効抵抗は直流に比べて大きくなる。この現象を**表皮効果**という。

電流$\otimes$が導体表面だけを流れる

図a　表皮効果

●近接効果

近接効果とは、近接して平行に並んでいる2本の導線に電流が流れている時、導線内部の電流密度が、それぞれの電流の向きが同一方向の場合には、他方の導線から離れている方が高くなり、それぞれの電流の向きが反対方向の場合には、他方の導線から近い方が高くなる現象をいう。

近接効果は電流の周波数が高いほど顕著になり、表皮効果と同じように交流の場合の導体の実効抵抗は直流に比べて大きくなる。また、地中送電線路は架空送電線路に比べて電線間距離が著しく接近しているので、近接効果による電流分布のかたよりは大きい。

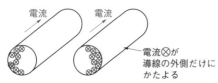

電流　　　電流

電流⊗が
導線の外側だけに
かたよる

図b　近接効果（同一方向電流の場合）

128 配電線路

R5上期 A問題 問12

P.150

図aおよび図bは、1相当たりの等価回路とベクトル図である。

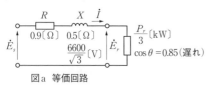

図a　等価回路

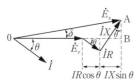

図b　ベクトル図

受電端の1相当たりの相電圧E_rは、

$$E_r = \frac{V_r}{\sqrt{3}} = \frac{6600}{\sqrt{3}} \fallingdotseq 3810.5 \,[V]$$

ただし、V_rは負荷の端子電圧（線間電圧）

負荷の力率が$\cos\theta = 0.85$のとき、負荷の無効率$\sin\theta$は、

$$\sin\theta = \sqrt{(1 - \cos^2\theta)} = \sqrt{1 - 0.85^2}$$
$$\fallingdotseq 0.527$$

配電線路の1線当たりの抵抗RおよびXは、

$$R = 0.45\,[\Omega/km] \times 2\,[km] = 0.9\,[\Omega]$$
$$X = 0.25\,[\Omega/km] \times 2\,[km] = 0.5\,[\Omega]$$

配電線路の1線当たり電圧降下ΔEは、題意により近似式を用いると、

$$\Delta E = I(R\cos\theta + X\sin\theta)$$
$$= I(0.9 \times 0.85 + 0.5 \times 0.527)$$
$$= 1.0285I\,[V]$$

電圧降下率は$\frac{\Delta E}{E_r}$で表され、これが5.0〔%〕を超えないための負荷電流Iの条件は、

$$\frac{\Delta E}{E_r} = \frac{1.0285I}{3810.5} \fallingdotseq 2.699 \times 10^{-4}I$$
$$< 0.05$$
$$\therefore I < 185.25\,[A]$$

このときの負荷電力P_rは、

$$P_r < \sqrt{3}\,V_r I\cos\theta$$
$$= \sqrt{3} \times 6600 \times 185.25 \times 0.85$$
$$\fallingdotseq 1800 \times 10^3\,[W]$$
$$P_r = 1799\,[kW]\,（答）$$

解答：　(2)

必須ポイント

●三相3線式配電線路の電圧降下

a．1相当たり（1線当たり）の電圧降下ΔE

$$\Delta E = I(R\cos\theta + X\sin\theta)\,[V]$$

b．線間の電圧降下ΔV

$$\Delta V = \sqrt{3}\,I(R\cos\theta + X\sin\theta)\,[V]$$

本問はこちらの式を使用しても解ける

【ΔVがΔEの$\sqrt{3}$倍となる理由】

　三相3線式においては、線間電圧V_s、V_rは相電圧E_s、E_rの$\sqrt{3}$倍なので、線間の電圧降下も$\sqrt{3}$倍になる。線間の上下線にRとXが存在するが、上下線に流れる電流の位相差が120°なので、2倍とはならず$\sqrt{3}$倍となる。

●受電端電力P_r

$$P_r = 3E_r I\cos\theta\,[W]$$
$$P_r = \sqrt{3}\,V_r I\cos\theta\,[W]$$

129 短絡電流と地絡電流
R5上期 B問題 問16 P.151

(a) 変圧器一次側から電源側をみた基準容量 $P_l = 100$ 〔MV・A〕の百分率インピーダンス $\%Z_l = 5\%$ を基準容量 10 〔MV・A〕へ換算した値 $\%Z_l{}'$ 〔%〕は、

$$\%Z_l{}' = \%Z_l \times \frac{P_n}{P_l} = 5.0 \times \frac{10}{100} = 0.5 \,〔\%〕$$

また、変圧器の百分率インピーダンス $\%Z_T$ は自己容量基準 10 〔MV・A〕で、$\%Z_T = 7.5$ 〔%〕であるから、求める基準容量を 10 〔MV・A)として、変圧器二次側から電源側をみた百分率インピーダンス $\%Z$ の値〔%〕は、

$$\%Z = \%Z_l{}' + \%Z_T = 0.5 + 7.5$$
$$= 8.0 \,〔\%〕(答)$$

解 答：(a)—(4)

(b)

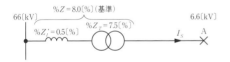

%Z = 8.0〔%〕(基準)
66〔kV〕　　　　　　　　　　　　6.6〔kV〕
$\%Z_l{}' = 0.5$ 〔%〕　$\%Z_T = 7.5$ 〔%〕　I_s　A

基準電圧 $V_n = 6.6$ 〔kV〕の A 点で三相短絡事故が発生したときの事故電流 I_s は、

$$I_s = I_n \times \frac{100}{\%Z} = \frac{P_n}{\sqrt{3}\,V_n} \times \frac{100}{\%Z}$$

$$= \frac{10 \times 10^6}{\sqrt{3} \times 6.6 \times 10^3} \times \frac{100}{8.0}$$

$$\fallingdotseq 10.93 \times 10^3 \,〔A〕 \rightarrow 10.93 \,〔kA〕$$

よって、求める遮断器の定格遮断電流の最小値は、この値より大きくなければならないので 12.5〔A〕(答)となる。

$$P_n = \sqrt{3}\,V_n I_n \text{ より、基準電流 } I_n = \frac{P_n}{\sqrt{3}\,V_n}$$

解 答：(b)—(2)

130 電力系統
R4下期 A問題 問9 P.152

送電線の1相当たりの等価回路とベクトル図は、図aと図bのようになる。

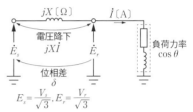

図a　等価回路

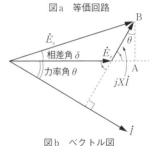

図b　ベクトル図

図bの線分 $\overline{\mathrm{AB}}$ の長さは、

$$\overline{\mathrm{AB}} = E_s \sin\delta = XI\cos\theta$$

$$\therefore I\cos\theta = \frac{E_s}{X}\sin\delta \cdots\cdots①$$

ところで、三相有効電力 P_3 〔W〕は、

$$P_3 = 3E_r I\cos\theta \cdots\cdots②$$

であるから、式②に式①を代入して、

$$P_3 = 3 \cdot E_r \cdot \frac{E_s}{X}\sin\delta$$

$$= 3 \cdot \frac{V_r}{\sqrt{3}} \cdot \frac{V_s}{\sqrt{3}\,X}\sin\delta$$

$$= \frac{V_s V_r}{X} \sin \delta \text{(答)}$$

解答： (1)

131 単相3線式配電線路
R4下期 B問題 問17 P.153

(a) 問題図の電圧、電流などの記号を図aの
ように定める。
変圧器の一次
出力P_1と二次
入力P_2は次式
で表される。

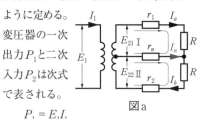
図a

$$P_1 = E_1 I_1$$
$$= 6600 \times 5 = 33000 \text{〔W〕}$$
$$P_2 = E_{21} I_a + E_{22} I_b \text{〔W〕} \cdots\cdots①$$

ここで題意より$I_a : I_b = 2 : 3$であるので

$$3 I_a = 2 I_b$$
$$I_b = \frac{3}{2} I_a \cdots\cdots②$$

式①に式②を代入すると、

$$P_2 = E_{21} I_a + E_{22} \times \frac{3}{2} I_a \text{〔W〕} \cdots\cdots③$$

式③に数値を代入すると、

$$P_2 = 110 I_a + 110 \times \frac{3}{2} I_a$$
$$P_2 = 275 I_a \cdots\cdots④$$

$P_2 = P_1$であるから、

$$P_2 = P_1 = 33000 = 275 I_a$$
$$I_a = \frac{33000}{275} = 120 \text{〔A〕} \cdots\cdots⑤$$

式②に式⑤を代入すると、

$$I_b = \frac{3}{2} \times 120 = 180 \text{〔A〕}、$$

中性線を流れる電流I_nの向きは、図aで
示す方向を正方向に定めると、

$$I_a + I_n = I_b$$
$$I_n = I_b - I_a = 180 - 120 = 60 \text{〔A〕}$$

よって、求める二次側配電線路及び中性
線における損失の合計値P_lは、

$$P_l = r_1 I_a^2 + r_2 I_b^2 + r_n I_n^2$$
$$= 0.06 \times 120^2 + 0.06 \times 180^2 + 0.06 \times 60^2$$
$$= 0.06 \times (14400 + 32400 + 3600)$$
$$= 3024 \text{〔W〕} \rightarrow \textbf{3.02〔kW〕(答)}$$

解答：(a)-(3)

ここで設問(b)に備え、負荷抵抗R_1と
R_2の値を求めておく。
図aの I のループにキルヒホッフの法則
を適用すると、

$$r_1 I_a + R_1 I_a - r_n I_n = E_{21}$$
$$0.06 \times 120 + 120 R_1 - 0.06 \times 60 = 110$$
$$120 R_1 = 106.4$$
$$R_1 = \frac{106.4}{120} \fallingdotseq 0.887 \text{〔Ω〕}$$

同様に II のループにキルヒホッフの法則
を適用すると、

$$r_n I_n + R_2 I_b + r_2 I_b = E_{22}$$
$$0.06 \times 60 + 180 R_2 + 0.06 \times 180 = 110$$
$$180 R_2 = 95.6$$
$$R_2 = \frac{95.6}{180} \fallingdotseq 0.531 \text{〔Ω〕}$$

(b) 問題図の点
Fで断線した
場合の回路は、
図bのように
なる。

図b

図bから二次電流I_2は、

$$I_2 = \frac{E_2}{r_1 + r_2 + R_1 + R_2}$$

$$= \frac{220}{0.06 + 0.06 + 0.887 + 0.531}$$

$$\fallingdotseq 143.0\,(A)$$

よって、求める負荷抵抗 R_1 にかかる電圧の値 E_{2a} は、

$$E_{2a} = R_1 I_2 = 0.887 \times 143.0$$

$$\fallingdotseq 126.8\,(V) \rightarrow \mathbf{127}\,(V)\,(答)$$

解 答：(b)−(4)

132 送電線路
R4上期 A問題 問8　　　　P.154

三相3線式送電線路の受電端電圧 $V_r = 20 \times 10^3\,(V)$、受電端電力 $P_r = 2000 \times 10^3$ (W)、力率 $\cos\theta = 0.9$ より、線路電流 $I\,(A)$ は、

$$I = \frac{P_r}{\sqrt{3}\,V_r \cos\theta} = \frac{2000 \times 10^3}{\sqrt{3} \times 20 \times 10^3 \times 0.9}$$

$$\fallingdotseq 64.15\,(A)$$

各線に電流 $I\,(A)$ が流れているので、1線当たりの抵抗を $r = 9\,(\Omega)$ とすると、求める3線の全電力損失 P_L は、

$$P_L = 3I^2 r = 3 \times 64.15^2 \times 9$$

$$\fallingdotseq 111 \times 10^3\,(W) \rightarrow \mathbf{111}\,(kW)\,(答)$$

解 答：　(5)

必須ポイント

●**三相3線式送電線路の受電端電力 P_r と全電力損失 P_L**

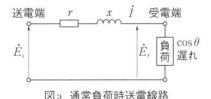

図a　1相分等価回路

$\dot{E}_s$：送電端電圧（相電圧）

$\dot{V}_s$：送電端電圧（線間電圧）

$\dot{E}_r$：受電端電圧（相電圧）

$\dot{V}_r$：受電端電圧（線間電圧）

P_r：受電端電力

$\dot{I}$：線路電流

$$P_r = 3E_r I \cos\theta$$

$$= \sqrt{3}\,V_r I \cos\theta$$

$$P_L = 3I^2 r$$

ただし、$I = \dfrac{P_r}{\sqrt{3}\,V_r \cos\theta}$

133 送電線路
R4上期 A問題 問9　　　　P.154

図aは、通常負荷時の送電線路の1相分を取り出した回路である。送電線路では、受電端の負荷は一般的に誘導性（遅れ力率）であるから、図bのベクトル図は遅れ力率角 θ として描いてある。このベクトル図からわかるように、受電端電圧 $\dot{E}_r$ は送電端電圧 $\dot{E}_s$ よりも小さくなる。

送電端　　r　　x　$\dot{I}$　受電端

$\dot{E}_s$　　　　　　　　　$\dot{E}_r$　負荷　$\cos\theta$ 遅れ

図a　通常負荷時送電線路

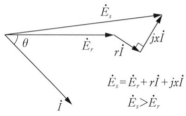

$$\dot{E}_s = \dot{E}_r + r\dot{I} + jx\dot{I}$$
$$\dot{E}_s > \dot{E}_r$$

図b 通常負荷時ベクトル図

しかし、電力ケーブルが用いられる地中送電線や長距離の架空送電線路では送電線路の静電容量 C が大きくなり、無負荷における送電線路は図cのように表すことができる。この場合、受電端電圧 $\dot{E}_r$ より90°進んだ充電電流 $\dot{I}$ が流れ、図dのベクトル図のように、受電端電圧 $\dot{E}_r$ の方が送電端電圧 $\dot{E}_s$ より大きくなる。この現象をフェランチ効果という。軽負荷であっても、図eのように進み電流の影響が大きいときは、フェランチ効果が発生する。

フェランチ効果は、特に長距離送電線のように静電容量 C が大きく、また、送電線路のリアクタンス x が大きい場合に顕著に表れることが、図d、図eのベクトル図からわかる。また、電圧の上昇が過大になると設備の絶縁を脅かす場合がある。以上の基本的な理解を踏まえて、各設問の正誤を判断する。

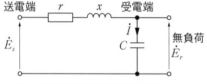

図c 無負荷時送電線路（1相当たり）

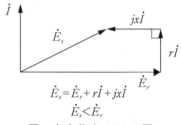

$$\dot{E}_s = \dot{E}_r + r\dot{I} + jx\dot{I}$$
$$\dot{E}_s < \dot{E}_r$$

図d 無負荷時ベクトル図

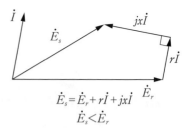

$$\dot{E}_s = \dot{E}_r + r\dot{I} + jx\dot{I}$$
$$\dot{E}_s < \dot{E}_r$$

図e 軽負荷時ベクトル図

(1) **正しい。**

フェランチ効果とは、受電端電圧の方が送電端電圧よりも高くなる現象である。

(2) **正しい。**

長距離送電線は、送電線路の静電容量 C が大きくなるため進み電流 $\dot{I}$ が大きくなること、また、送電線路のリアクタンス x も大きくなるため、ベクトル図における $jx\dot{I}$ が大きくなることから、フェランチ効果が発生しやすくなる。

(3) **誤り。**

受電端の負荷は一般的に誘導性であるが、無負荷や軽負荷になるほど進み電流 $\dot{I}$ の影響が大きくなり、フェランチ効果が発生しやすくなる。したがって「負荷が重い場合に発生しやすい」という記述は誤りである。

(4) **正しい。**

図d、図eのベクトル図からわかるように、フェランチ効果発生時の線路電流 $\dot{I}$ は、電圧に対して進んでいる。

(5) **正しい。**

フェランチ効果の抑制対策としては、受電端の力率を遅れ側に改善することが挙げられる。フェランチ効果は、進み力率負荷が原因なので、次のような遅相設備を受電端に接続する。

① 分路リアクトル

② 同期調相機（遅相設備として運転する）

③ 静止形無効電力補償装置（遅相設備として運転する）

解 答： (3)

134 配電線路
R3 A問題 問12　　P.155

(1)、(2)、(3)、(4)の記述は正しい。

(5) **誤り。** 許容電流の大きさが等しい電線を使用した場合、電線1線当たりの供給可能な電力は単相2線式よりも**大きい**。したがって、「単相2線式よりも小さい」という記述は誤りである。

解 答： (5)

設問(5)の考察

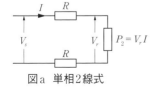

図a　単相2線式

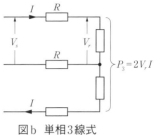

図b　単相3線式

許容電流の大きさが等しい電線とは、図a、図bにおいて電流 I〔A〕および線路抵抗 R が等しいということであるから、

図a　単相2線式の負荷への供給電力

$$P_2 = V_r I \text{〔W〕}$$

電線1本当たりの負荷への供給電力＝

$$\frac{P_2}{2} = \frac{1}{2} V_r I$$

図b　単相3線式の負荷への供給電力

$$P_3 = 2 V_r I \text{〔W〕}$$

電線1本当たりの負荷への供給電力＝

$$\frac{P_3}{3} = \frac{2}{3} V_r I$$

$$\frac{\frac{2}{3} V_r}{\frac{1}{2} V_r} = \frac{4}{3}$$

単相3線式の電線1本当たりの供給可能電力は、単相2線式の $\frac{4}{3}$ 倍である。

設問(2)の考察（具体例で示す。線路抵抗省略）

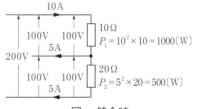

図a　健全時

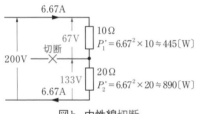

図b 中性線切断

中性線が切断すると、図bのように容量が小さい負荷（抵抗が大きい負荷）20〔Ω〕に定格電圧100〔V〕を超える電圧133〔V〕が加わり危険である。（※容量が小さい負荷とは抵抗が大きい負荷のことである。）

135 架空送電線路

R2 A問題 問6

P.156

(2)、(3)、(4)、(5)の記述は**正しい**。

(1) **誤り**。電線に一様な微風が吹くと、電線の背後に空気の渦が生じて電線が上下に振動する「**微風振動**」が発生する。したがって、「サブスパン振動」という記述は誤りである。

解答： (1)

必須ポイント

● 架空送電線の振動と対策

1．微風振動

流体中に物体を置くと、物体の下流側に流体の渦ができる。この渦をカルマン渦という。架空線においては、緩やかで一様な水平風が電線に直角に当たることによりカルマン渦が発生と消滅を繰り返し、電線が垂直方向の振動をする。これを微風振動という。

対策としては、繰り返し応力が支持点に集中しやすいことから、該当箇所をアーマロッドで補強したり、おもりやダンパを取り付けて振動エネルギーを消費させ、振動を抑制する。

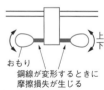

図a アーマロッド　図b ストックブリッジダンパ

2．サブスパン振動

送電線において、1相に複数の電線をスペーサを用いて導体を適度な間隔に配置したものを多導体と呼び、主に超高圧以上の送電線に用いられる。

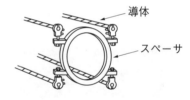

図c 4導体とスペーサ

多導体方式で使用するスペーサによって区切られた短いスパンをサブスパンという。風などの原因により、このサブスパンの電線が激しく振動することをサブスパン振動という。

対策としては、スペーサの配置を適切にして風との共振を避けることが挙げられる。

3．ギャロッピング

一定方向の風により氷雪が非対称な形（翼状）に付着した電線に強い水平風が当たると、大きな揚力が発生して電線にゆっくりと複雑な振動が生じる。この現象をギャロッピングという。

対策としては、ダンパを取り付けて振動エネルギーを消費させる。また、スペーサはギャロッピングの防止にも効果的である。

４．スリートジャンプ

送電線に付着した氷雪が落下したときにその反動で電線が跳ね上がる現象をスリートジャンプという。

対策としては、難着雪リングの取り付けなどがある。

---

136 配電線路
R2 A問題 問13
P.157

スポットネットワーク方式は、供給信頼度が極めて高い受電方式である。

一般的に、スポットネットワーク方式が採用されている地域は高負荷密度である大都市で、配電電圧は特別高圧であり、需要家に対して複数回線（通常は３回線）の配電線で供給する。スポットネットワーク方式の一般的な受電系統構成を、特別高圧配電系統から順に並べると、（ア）**断路器**・（イ）**ネットワーク変圧器**・（ウ）**プロテクタヒューズ**・（エ）**プロテクタ遮断器**・（オ）**ネットワーク母線**となる。

スポットネットワーク方式は、特別高圧配電線を常時３系統使用しており、そのうち１系統が故障停電した場合にも残りの２回線で電力供給を継続できることが特徴である。一方、ネットワーク母線は１系統なので、ネットワーク母線の故障は直ちに停電につながる。

解答： (5)

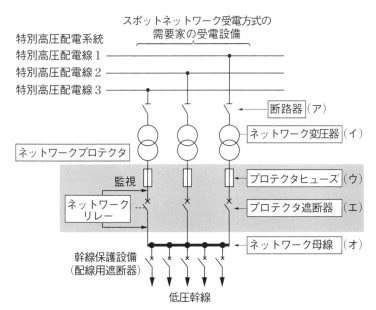

図a　スポットネットワーク方式

（ア）**電線表面の電界強度**、（イ）**大きく**、（ウ）**多導体化**、（エ）**大きく**、（オ）**低く**となる。

解答: (2)

必須ポイント

●コロナ障害

高電圧を使用するには、高い絶縁耐力が必要で、架空送電線ではこれを空気に頼っている（空気の絶縁耐力は波高値で約30〔kV/cm〕）。

雨天時など絶縁が不足すると、電線の表面付近で空気が絶縁破壊する**コロナ放電**という現象が起きる。コロナ放電が起きる最小の電圧を**コロナ臨界電圧**という。コロナ臨界電圧は湿度が高いほど、また気圧が低いほど低くなる。

コロナ放電は、次のようなさまざまな障害を引き起こす。これらの障害を総称して**コロナ障害**という。

a. 放電により損失が発生し、送電効率が低下する（**コロナ損失**）。

b. 発光と可聴騒音（**コロナ騒音**）が発生する。雨の日など、送電線からジー、ジーと音が聞こえるときがある。これを**コロナ騒音**という。

c. 導体表面の雨滴の先端から強いコロナ放電が発生し、雨滴滴下の反動で導体が振動（**コロナ振動**）する。

d. 主にAMラジオ程度の比較的低い周波数の放送に、雑音（**コロナ雑音**）による受信障害を与える。

また、コロナ障害対策としては、次のようなものがある。

a. **多導体方式の採用**など、電線の実効的な直径を大きくする。

b. 施工時に傷を付けないなど、導体表面を平滑にする。

c. コロナ雑音に対しては、シールド（遮へい）付きケーブルとして、電磁波の影響を受けにくくする。共同受信設備の設置など代替策をとる。

d. コロナ振動を抑制するため、電線におもりを取り付ける。

●多導体方式

導体の半径rを大きくすると導体表面の電界強度（電位の傾き）Eが下がるので、コロナ放電の発生を抑制できる（図a参照）。

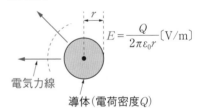

$$E = \frac{Q}{2\pi\varepsilon_0 r}\,\text{〔V/m〕}$$

電気力線

導体（電荷密度Q）

図a 無限長直線導体表面の電界強度

これは、導体の半径が大きくなれば導体表面の**電気力線密度**（＝電界強度）が低くなることからも容易に推測できる。

多導体方式は、図bのように送電線の1相分の電線を等間隔で2〜6本の導体で構成したもので、主に送電電圧が187〔kV〕以上の送電線に採用されている。

多導体は単導体に比べ実効的な直径が大きいため、電線表面の電位の傾き（電界強度）が**小さく**なるので、コロナ開始

電圧（コロナ臨界電圧）が**高く**なり、送電線のコロナ損失、雑音障害を抑制することができる。

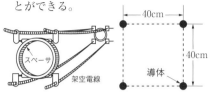

スペーサ：電磁力などによる電線相互の衝突を防ぐ装置

図b　多導体方式（4導体方式）

138 地中送電線路
R1 A問題 問11　　　P.159

(1)、(2)、(3)、(5)の記述は正しい。

(4)　**誤り**。直接埋設式は、管路式、暗きょ式と比較して、工事期間が短く、工事費が安い。ここまでの記述は正しい。しかし、この後の記述は誤りである。正しくは、「**将来的な電力ケーブルの増設の計画は困難で、ケーブル線路内での事故発生に対して復旧が困難である。**」となる。

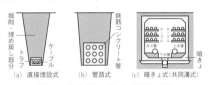

(a) 直接埋設式　(b) 管路式　(c) 暗きょ式（共同溝式）

図a　代表的な地中埋設工法

解答：　(4)

139 配電線路
R1 A問題 問12　　　P.160

(1)、(3)、(4)、(5)の記述は正しい。

(2)　**誤り**。単相3線式は、変圧器の低圧巻線の両端と中点から合計3本の線を引き出して、低圧巻線の**中点から引き出した線を接地する**。したがって、「両端から引き出した線の一方を接地する」という記述は誤りである。

図bの単相3線式の解説図において、中点から引き出した線を接地してあれば、他の電圧線（非接地線）の対地電圧は105〔V〕で比較的安全であるが、仮に両端から引き出した線の一方を接地した場合は、残りの一方の電圧線（非接地線）の対地電圧は210〔V〕となり、感電した場合危険である。なお、これらの接地は、変圧器高低圧混触時の危険防止、および低圧回路の漏電検出のため施される。

(4)V結線は、将来の負荷設備増設時に備えて用いられる（増設時はΔ結線として容量を増やす）。また、Δ結線の単相変圧器が1台故障時に用いることもできる。

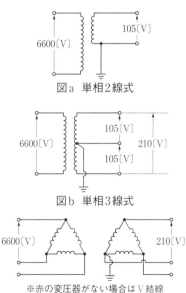

図a　単相2線式

図b　単相3線式

※赤の変圧器がない場合はV結線

図c　三相3線式

電力

125

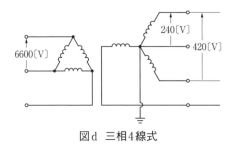

図d 三相4線式

解 答: (2)

140 配電線路

R1 B問題 問17

P.161

受電端電圧（線間電圧）$V_r = 6600$〔V〕、送電端電圧（線間電圧）V_s、電線1線当たりの抵抗$r = 0.5 \times 2.5 = 1.25$〔Ω〕、リアクタンス$x = 0.2 \times 2.5 = 0.5$〔Ω〕、三相平衡負荷$P_3 = 60 \times 10^3$〔W〕、負荷力率$\cos\theta = 0.8$（遅れ）とすると、1相当たりの等価回路は図aのようになる。

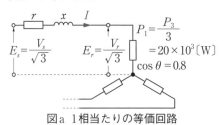

$P_1 = \dfrac{P_3}{3} = 20 \times 10^3$〔W〕

$\cos\theta = 0.8$

図a 1相当たりの等価回路

この図において、E_rは受電端電圧（相電圧）、E_sは送電端電圧（相電圧）、P_1は1相当たりの負荷消費電力である。

(a) 負荷電流Iは、$P_1 = E_r \cdot I \cos\theta$〔W〕であるから、

$$I = \frac{P_1}{E_r \cos\theta} = \frac{P_1}{\dfrac{V_r}{\sqrt{3}} \cos\theta}$$

$$= \frac{20 \times 10^3}{\dfrac{6600}{\sqrt{3}} \times 0.8} = \frac{\sqrt{3} \times 20 \times 10^3}{6600 \times 0.8}$$

$$\fallingdotseq 6.56〔A〕$$

1相（1線）当たりの線路損失P_{l1}は、

$$P_{l1} = I^2 r = 6.56^2 \times 1.25 \fallingdotseq 53.8〔W〕$$

よって、求める三相（3線）分の線路損失P_{l3}は、

$$P_{l3} = 3 \times P_{l1} = 3 \times 53.8$$

$$= 161.4〔W〕\to 161〔W〕（答）$$

解 答:(a)−(4)

(b) 1相当たりの電圧降下ΔEの近似式は、このときの電流をI_mとすると、

$$\Delta E = E_s - E_r = I_m(r\cos\theta + x\sin\theta)$$

$$= I_m(1.25 \times 0.8 + 0.5 \times 0.6)$$

> $\cos\theta = 0.8$なら
> $\sin\theta = 0.6$、覚えておこう。
> $\sin\theta = \sqrt{1 - \cos^2\theta}$
> $\quad = \sqrt{1 - (0.8)^2} = 0.6$

$$= 1.3 I_m〔V〕$$

電圧降下率ε_{max}は、

$$\varepsilon_{max} = \frac{\Delta E}{E_r} \times 100$$

$$= \frac{1.3 I_m}{\dfrac{V_r}{\sqrt{3}}} \times 100$$

$$= \frac{1.3 I_m}{\dfrac{6600}{\sqrt{3}}} \times 100$$

$$= \frac{\sqrt{3} \times 1.3 I_m}{6600} \times 100$$

$$\fallingdotseq 0.0341 I_m \leq 2$$

$$I_m \leq 58.65〔A〕$$

126

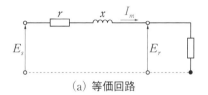

(a) 等価回路

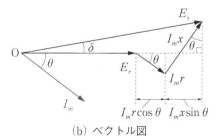

(b) ベクトル図

図b 1相当たりの等価回路とベクトル図

I_mが58.65〔A〕以下ならε_{max}を2%以内とすることができる。このときの1相当たりの負荷消費電力P_{1m}は、

$$P_{1m} = E_r I_m \cos\theta$$
$$= \frac{6600}{\sqrt{3}} \times 58.65 \times 0.8$$
$$\fallingdotseq 178789〔\mathrm{W}〕$$

三相負荷の消費電力P_{3m}は、

$$P_{3m} = 3P_{1m} = 3 \times 178789$$
$$= 536367〔\mathrm{W}〕$$

したがって、増設できる三相負荷の最大電力ΔPは、

$$\Delta P = P_{3m} - P_3 = 536367 - 60000$$
$$= 476367〔\mathrm{W}〕 \rightarrow \boldsymbol{476}〔\mathrm{kW}〕（答）$$

解 答：(b)ー(1)

141 配電線路
H30 A問題 問8
P.162

三相変圧器としての変圧比aは、

$$a = \frac{6600}{210} \fallingdotseq 31.4$$

二次側の線電流I_{2l}は、

$$I_{2l} = I_{1l} \times a = 20 \times \frac{6600}{210} \fallingdotseq 628.6〔\mathrm{A}〕$$

ただし、I_{1l}：一次線電流〔A〕

したがって、負荷に供給されている電力Pは、

$$P = \sqrt{3}\ V_{2l}I_{2l}\cos\theta〔\mathrm{W}〕$$
$$= \sqrt{3} \times 200 \times 628.6 \times 0.8$$
$$\fallingdotseq 174 \times 10^3〔\mathrm{W}〕 \rightarrow \boldsymbol{174}〔\mathrm{kW}〕（答）$$

ただし、

V_{2l}：二次側線間電圧〔V〕

$\cos\theta$：負荷の力率

解 答： (3)

必須ポイント

● 三相回路の電力

電源および負荷の結線方式にかかわらず、電源から負荷へ供給する電力は次式で表される。

皮相電力　$S = \sqrt{3}\ V_l I_l〔\mathrm{V\cdot A}〕$

有効電力　$P = \sqrt{3}\ V_l I_l \cos\theta〔\mathrm{W}〕$

無効電力　$Q = \sqrt{3}\ V_l I_l \sin\theta〔\mathrm{var}〕$

ただし、V_l：線間電圧、I_l：線電流、

$\cos\theta$：負荷の力率、

$\sin\theta$：負荷の無効率

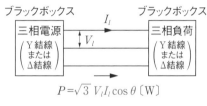

$$P = \sqrt{3}\ V_l I_l \cos\theta〔\mathrm{W}〕$$

三相回路の供給電力

を示す。

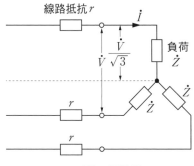

図a 回路図

負荷変化前	負荷変化後

$P_1 [kW] = 0.8P_2 [kW]$ → $P_2 [kW]$

$\cos\phi_1 = 0.76$（遅れ） → $\cos\phi_2 = ?$（遅れ）

$S [kV \cdot A]$ → $S [kV \cdot A]$ 変わらず

$I [A]$ → $I [A]$ 変わらず

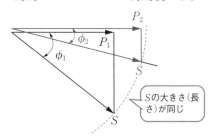

図b ベクトル図

　負荷変化前後において、線路損失$3I^2r$が一定であるから、負荷電流Iが一定、したがって、皮相電力$S = \sqrt{3}\,VI$が一定。

　次式が成立する。

$$S\cos\phi_1 = P_1 \cdots\cdots(1)$$
$$S\cos\phi_2 = P_2 \cdots\cdots(2)$$

$P_1 = 0.8P_2$であるから、式(1)は、

$$S\cos\phi_1 = 0.8P_2 \cdots\cdots(3)$$

式(3)を式(2)で割ると、

　送電線において、1相に複数の電線を(ア)**スペーサ**を用いて導体を適切な間隔に配置したものを多導体と呼び、主に超高圧以上の送電線に用いられる。

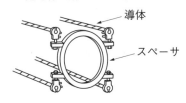

4導体とスペーサ

　多導体は単導体に比べ、次のような利点がある。

a．電線表面の電位の傾きが(イ)**小さく**なるので、コロナ開始電圧が(ウ)**高く**なり、送電線のコロナ損失、雑音障害を抑制することができる。

b．多導体は合計断面積が等しい単導体と比較すると、表皮効果が(エ)**小さい**。また、送電線の(オ)**インダクタンス**が減少するため、送電容量が増加し系統安定度の向上につながる。

解答： **(4)**

必須ポイント

●**単導体と比べた多導体の利点**

　解説文参照。

　図aに問題の回路図、図bにベクトル図

$$\frac{\cancel{S}\cos\phi_1 = 0.8\cancel{R_2}}{\cancel{S}\cos\phi_2 = \cancel{R_2}1}$$

$$\frac{\cos\phi_1}{\cos\phi_2} = \frac{0.8}{1}$$

よって、

$$\cos\phi_2 = \frac{\cos\phi_1}{0.8} = \frac{0.76}{0.8} = 0.95 \text{（答）}$$

解答： (5)

必須ポイント

●線路損失は負荷電流の2乗に比例する。
負荷電流は負荷の皮相電力に比例する。
線路損失は皮相電力の2乗に比例する。
したがって、線路損失が一定なら、負荷
電流および皮相電力は一定である。

144 電力系統
H30 B問題 問17　　P.165

(a) 基準容量を$P_n = 100 \times 10^6$〔V·A〕、基準電圧（線間電圧）を$V_r = 66 \times 10^3$〔V〕、一相分のリアクタンスを$X = 11$〔Ω〕としたとき、リアクタンスをパーセント法で示した値$\%X$〔％〕は次式で表される。

$$\%X = \frac{XP_n}{V_r^2} \times 100 \text{〔％〕} \quad \cdots\cdots(1)$$

式(1)に数値を代入して、

$$\%X = \frac{11 \times 100 \times 10^6}{(66 \times 10^3)^2} \times 100$$

$$\doteqdot 25.3 \text{〔Ω〕} \rightarrow 25 \text{〔Ω〕（答）}$$

解答：(a)−(3)

(b) 送電電圧（線間電圧）を$V_s = 66 \times 10^3$〔V〕、相差角を$\delta = 30°$としたとき、送電電力P_s〔W〕は次式で表される。

$$P_s = \frac{V_s V_r}{X} \sin\delta \text{〔W〕} \quad \cdots\cdots(2)$$

式(2)に数値を代入して、

$$P_s = \frac{66 \times 10^3 \times 66 \times 10^3}{11} \times \sin 30°$$

$$= 396 \times 10^6 \times \frac{1}{2}$$

$$= 198 \times 10^6 \text{〔W〕} \rightarrow 198 \text{〔MW〕（答）}$$

解答：(b)−(3)

必須ポイント

●パーセントリアクタンス$\%X$〔％〕

$$\%X = \frac{XP_n}{V_r^2} \times 100 \text{〔％〕}$$

●送電電力P_s〔W〕

$$P_s = \frac{V_s V_r}{X} \sin\delta \text{〔W〕}$$

145 架空送電線路
H29 A問題 問8　　P.166

図a

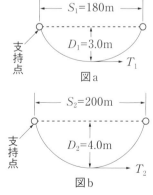

図b

図aにおいて、支持点間距離（径間）S_1 = 180m、たるみを$D_1 = 3.0$m、電線の単位長当たりの荷重をW〔N/m〕とすれば、水

平張力 T_1〔N〕は、

$$D_1 = \frac{WS_1^2}{8T_1} \text{〔m〕より}$$

$$T_1 = \frac{WS_1^2}{8D_1} = \frac{W \times 180^2}{8 \times 3}$$

$$= 1350W \text{〔N〕}$$

同様に図bにおいて水平張力 T_2〔N〕は、

$$T_2 = \frac{WS_2^2}{8D_2} = \frac{W \times 200^2}{8 \times 4}$$

$$= 1250W \text{〔N〕}$$

したがって、

$$\frac{T_2}{T_1} = \frac{1250W}{1350W} = \frac{1250}{1350} \fallingdotseq 0.926$$

$$T_2 = 0.926T_1$$

T_2 は T_1 の0.926倍、つまり **92.6**〔%〕（答）
とすればよい。

┌─────────┐
│ 解答： (2) │
└─────────┘

必須ポイント

●電線のたるみと実長

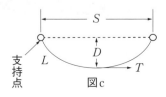

図c

S：径間〔m〕

L：実長〔m〕

D：たるみ〔m〕

T：水平張力〔N〕

W：電線の単位長当たりの
　　荷重〔N/m〕

$$\text{たるみ} D = \frac{WS^2}{8T} \text{〔m〕}$$

$$\text{実長} L = S + \frac{8D^2}{3S} \text{〔m〕}$$

┌────┬──────────────┐
│ **146** │ **架空送電線路** │ P.167
│   │ H29 A問題 問9 │
└────┴──────────────┘

　架空送電では、鉄塔に電線を支持すると同時に、電線と鉄塔との絶縁を確保するため、がいしが使用される。代表的なものに懸垂がいしがあり、**(ア)送電電圧**に応じて連結数が決定される。

　送電線路の鉄塔の上部に**(イ)裸電線**を張り、鉄塔を通じて接地したものを架空地線という。

　架空地線や鉄塔に直撃雷があった場合、鉄塔から送電線に逆フラッシオーバを生じることがある。これを防止するために、鉄塔の**(ウ)接地抵抗**を小さくする対策がとられている。

　発電所や変電所などの架空電線の引込口や引出口の避雷器に用いられる酸化亜鉛(ZnO)素子は**(エ)非線形抵抗特性**を有し、雷サージなどの異常電圧から機器を保護する。

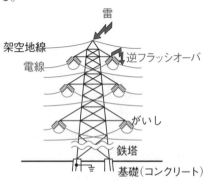

図a　鉄塔の例

従来の避雷器は直列ギャップと特性要素の炭化けい素(SiC)で構成されているが、現在では図bのように、常規対地電圧に対して電流をほとんど流さない直列ギャップ不要の酸化亜鉛(ZnO)避雷器が主流となっている。

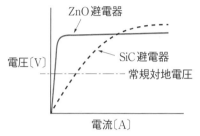

図b　電圧－電流特性

解 答 :	(1)

必須ポイント

● **架空地線の目的**

電線直撃雷の防止(電線に落ちないように架空地線に落とす)

● **酸化亜鉛(ZnO)避雷器の特性**

優れた非線形抵抗特性(非直線形抵抗特性)を持つ。

---

147 配電線路

P.168

H29 A問題 問11

単相2線式の送電電力をP_1、線路電流をI_1、線路損失をP_{l1}、三相4線式の送電電力をP_3、線路電流をI_3、線路損失をP_{l3}とすれば、

$$P_1 = VI_1$$

$$P_3 = 3VI_3$$

題意より$P_1 = P_3$であるから、

$$\cancel{V}I_1 = 3\cancel{V}I_3$$

$$I_1 = 3I_3 \cdots\cdots(1)$$

単相2線式は往復線路に線路抵抗rがあるので、

$$P_{l1} = 2I_1^2 r$$

三相4線式は、題意より三相平衡しているので、中性線に電流は流れず、中性線の線路抵抗rによる損失はないので、

$$P_{l3} = 3I_3^2 r$$

$$\frac{P_{l3}}{P_{l1}} = \frac{3I_3^2 \cancel{r}}{2I_1^2 \cancel{r}} = \frac{3}{2}\left(\frac{I_3}{I_1}\right)^2 \cdots\cdots(2)$$

式(2)に式(1)の$I_1 = 3I_3$を代入すると、

$$\frac{P_{l3}}{P_{l1}} = \frac{3}{2}\left(\frac{\cancel{I_3}}{3\cancel{I_3}}\right)^2 = \frac{3}{2} \times \left(\frac{1}{3}\right)^2$$

$$= \frac{3}{18} = \frac{1}{6}$$

$$P_{l3} = \frac{1}{6}P_{l1} ≒ 0.167P_{l1}$$

P_{l3}はP_{l1}の0.167倍である。

つまり、P_{l3}はP_{l1}の**16.7**〔%〕(答)である。

解 答 :	(1)

---

148 地中送電線路

P.169

H29 B問題 問16

(a) 問題図を変形すると図aのようになる。

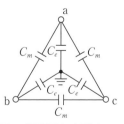

図a　問題図を変形その1

3線a、b、cを一括して、大地間に

$\dfrac{E}{\sqrt{3}}$〔V〕を加えたときの回路は、図bのようになる。このときC_mは、各心線のa、b、cが同電位となるため短絡される（点線で表示）。

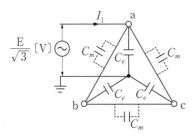

図b　3線一括その1

図bを展開した等価回路は、図c→図dとなる。

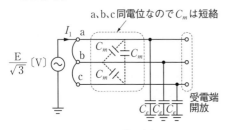

図c　3線一括その2

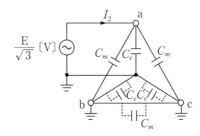

図d　3線一括その3

図dより、充電電流I_1は角周波数をω〔rad/s〕とすると、

$$I_1 = \omega(3C_e)\dfrac{E}{\sqrt{3}}$$

$$= 90〔A〕 \cdots\cdots(1)$$

次に、2線b、c一括して、残りの心

線aと大地間に$\dfrac{E}{\sqrt{3}}$〔V〕を加えたときの回路は図eのようになる。

このとき、b－c間のC_mおよびb－大地間、c－大地間のC_eは短絡される（点線で表示）。

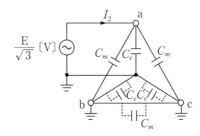

図e　2線一括その1

図eを展開した等価回路は、図f→図gとなる。

図gより充電電流I_2は、

$$I_2 = \omega(2C_m + C_e)\dfrac{E}{\sqrt{3}}$$

$$= 45〔A〕 \cdots\cdots(2)$$

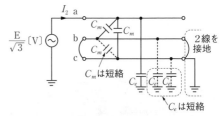

図f　2線一括その2

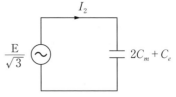

図g　2線一括その3

式(1)を式(2)で割ると、

$$\frac{I_1}{I_2} = \frac{\omega(3C_e)\cancel{\dfrac{E}{\sqrt{3}}}}{\omega(2C_m + C_e)\cancel{\dfrac{E}{\sqrt{3}}}} = \frac{90}{45}$$

$$\frac{3C_e}{2C_m + C_e} = 2$$

$$4C_m + 2C_e = 3C_e$$

$$4C_m = C_e \cdots\cdots(3)$$

$$\therefore \quad \frac{C_e}{C_m} = 4.0 \,(\text{答})$$

解 答：(a)－(5)

(b) 問題図を変形した図aにおいて、Δ結線の C_m をY結線に変換すると図hのようになる。

（※ C_m〔F〕を Δ→Y変換すると $3C_m$〔F〕となる）

この回路に定格電圧（線間電圧）E〔V〕を加えると、充電電流 I_3 は、

$$I_3 = \omega(3C_m + C_e)\frac{E}{\sqrt{3}}\,\text{〔A〕} \cdots\cdots(4)$$

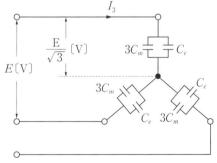

図h 問題図を変形その2

式(4)に式(3)を変形した $C_m = \dfrac{1}{4}C_e$ を代入すると、

$$I_3 = \omega\left(3 \times \frac{1}{4}C_e + C_e\right)\frac{E}{\sqrt{3}}$$

$$= \omega\left(\frac{7}{4}C_e\right)\frac{E}{\sqrt{3}}\,\text{〔A〕} \cdots\cdots(5)$$

式(1)を式(5)で割ると、

$$\frac{I_1}{I_3} = \frac{90}{I_3} = \frac{\omega(3\cancel{C_e})\cancel{\dfrac{E}{\sqrt{3}}}}{\omega\left(\dfrac{7}{4}\cancel{C_e}\right)\cancel{\dfrac{E}{\sqrt{3}}}} = \frac{12}{7}$$

$$\therefore \quad I_3 = \frac{90 \times 7}{12} = 52.5\,\text{〔A〕}\,(\text{答})$$

解 答：(b)－(1)

149 配電線路
H29 B問題 問17
P.171

(a) 負荷Aの遅れ無効電力 Q_A〔kvar〕は、皮相電力を S_A〔kV·A〕、有効電力を P_A〔kW〕、力率を $\cos\theta_A$（小数）、無効率を $\sin\theta_A$（小数）とすると、

$$Q_A = S_A\sin\theta_A$$

$$= \underbrace{\frac{P_A}{\cos\theta_A}}_{S_A} \times \underbrace{\sqrt{1 - \cos^2\theta_A}}_{\sin\theta_A}$$

$$= \frac{6000}{0.9} \times \sqrt{1 - 0.9^2}$$

$$\fallingdotseq 2906\,\text{〔kvar〕}$$

負荷Bの遅れ無効電力 Q_B〔kvar〕は、皮相電力を S_B〔kV·A〕、有効電力を P_B〔kW〕、力率を $\cos\theta_B$（小数）、無効率を $\sin\theta_B$（小数）とすると、

$$Q_B = S_B\sin\theta_B$$

$$= \frac{P_B}{\cos\theta_B} \times \sqrt{1 - \cos^2\theta_B}$$

$$= \frac{3000}{0.95} \times \sqrt{1 - 0.95^2}$$

$$\fallingdotseq 986 \,(\text{kvar})$$

両負荷A、Bの遅れ無効電力の和Q〔kvar〕は、

$$Q = Q_A + Q_B = 2906 + 986$$

$$= 3892 \,(\text{kvar})$$

合成力率を100〔%〕とするために必要な力率改善用コンデンサの総容量Q_C〔kvar〕は、上記のQを相殺すればよいので、

$$Q - Q_C = 0$$

$$Q_C = Q = 3892 \rightarrow 3900 \,(\text{kvar}) \,(答)$$

解 答：(a)ー(4)

(b) コンデンサを投入したときの需要家端Dの電圧変動率は、次式で表される。

$$\varepsilon = \frac{\Delta V}{V} \times 100$$

$$= \frac{Q_C}{P_S} \times 100 \,(\%) \,\cdots\cdots(1)$$

ただし、Q_C：コンデンサの容量

P_S：需要家端Dの短絡容量

V、ΔV：需要家端Dの電圧および電圧変動

基準容量P_bを題意より、

$P_b = 10 \times 10^3 \,(\text{kV·A})$とすれば短絡容量$P_S$は、

$$P_S = \frac{100}{\%X} \times P_b$$

$$= \frac{100}{\%X} \times 10 \times 10^3$$

$$= \frac{10^6}{\%X} \,(\text{kV·A})$$

式(1)に$P_S = \dfrac{10^6}{\%X}$を代入すると、

$$\varepsilon = \frac{Q_C}{\dfrac{10^6}{\%X}} \times 100$$

$$= \frac{\%X \cdot Q_C}{10^4} \,\cdots\cdots(2)$$

式(2)を変形し、数値を代入すると、

$$\%X = \frac{\varepsilon \times 10^4}{Q_C} = \frac{0.8 \times 10^4}{1000}$$

$$= 8 \,(\%) \,(答)$$

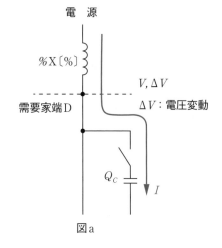

図a

解 答：(b)ー(2)

別 解

パーセントインピーダンスの定義により、基準容量$P_b = 10 \times 10^3 \,(\text{kV·A})$のコンデンサを投入したときの電圧変動率は$\%X$〔%〕と一致する。$Q_C = 1000$〔kvar〕のコンデンサを投入したときの電圧変動率が題意により0.8〔%〕なので、その10倍の$P_b = 10 \times 10^3$〔kV·A〕を投入したときの電圧変

動率 $\varepsilon[\%] = \%X[\%] = 8[\%]$（答）となる。

150 架空送電線路 P.173
H28 A問題 問9

送電端線間電圧 V_s と受電端線間電圧 V_r との位相角が小さいとして得られる電圧降下 $\Delta V = V_s - V_r$ の近似式は、

$$V_s - V_r = \sqrt{3}\,I(R\cos\theta + X\sin\theta)\,[\text{V}]$$

ただし、R：線路抵抗 $[\Omega]$、

X：線路リアクタンス $[\Omega]$

$\cos\theta$：負荷力率、$\sin\theta$：負荷無効率

負荷電流 I は上式を変形して、

$$I = \frac{V_s - V_r}{\sqrt{3}\,(R\cos\theta + X\sin\theta)}\,[\text{A}]$$

ここで、$R = 0.182 \times 5\,[\Omega]$

$X = 0.355 \times 5\,[\Omega]$

$\cos\theta = 0.85$

$\sin\theta = \sqrt{1 - 0.85^2}$

となるので、

$$I = \frac{22200 - 22000}{\sqrt{3}\,(0.182 \times 5 \times 0.85 + 0.355 \times 5 \times \sqrt{1 - 0.85^2})}$$

$$\doteqdot 67.58\,[\text{A}]$$

負荷の有効電力 P は、

$$P = \sqrt{3}\,V_r I\cos\theta$$
$$= \sqrt{3} \times 22000 \times 67.58 \times 0.85$$
$$\doteqdot 2189 \times 10^3\,[\text{W}] \rightarrow 2189\,[\text{kW}]（答）$$

解答： (3)

151 配電線路 P.174
H28 A問題 問12

低圧配電方式のうち、放射状方式は、配電用変電所から需要地点直近までを高圧幹

線とし、その先に(ア)**配電用変圧器**を設けて低圧幹線を引き出す方式である。

バンキング方式（低圧バンキング方式）は、1つの高圧配電系統に接続された複数の変圧器の低圧幹線同士を接続してあるもので、変圧器の並行運転を行っている。負荷側から系統の電源側を見ると、各変圧器のインピーダンスが並列接続されているので、系統のインピーダンスが低くなり、(イ)**電圧降下**や線路損失が軽減される。

バンキング方式では、1つの変圧器が故障しても直ちに停電にいたることはないので、供給信頼度はやや高くなる。ただし、1つの変圧器が停止することで他の変圧器が過負荷となり、連鎖的に停止して広範囲に停電を引き起こす(ウ)**カスケーディング**事故の懸念があるので、隣接区間との連系点には適当なヒューズ（区分ヒューズ）を設ける。

区分ヒューズは、他の変圧器が過負荷で停止することを避けるために設けるものである。したがって、区分ヒューズの選定に当たっては、変圧器一次側に設けられた高圧カットアウト内のヒューズの動作時間より、区分ヒューズの動作時間が(エ)**短く**なるよう保護協調をとる必要がある。

解答： (3)

電力

●低圧バンキング方式の特徴

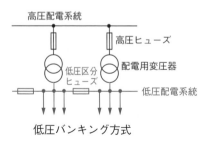

低圧バンキング方式

〈1〉カスケーディング事故の懸念がある。

〈2〉電圧降下と線路損失が軽減される。

152 短絡電流と地絡電流

H28 B問題 問16　P.175

(a)　問題図の複線図を図aに、そのテブナン等価回路を図bに示す。

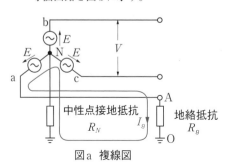

図a　複線図

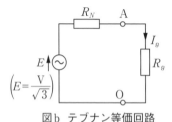

図b　テブナン等価回路

※テブナン等価回路の描き方

①地絡抵抗R_gの両端A、Oを開放する。

②開放端A－Oに現れる電圧は、地絡故障のないときの対地電圧(相電圧)

$$E = \frac{V}{\sqrt{3}} = \frac{66 \times 10^3}{\sqrt{3}} \text{〔V〕}$$

③開放端A－Oから電源側を見た抵抗は、中性点接地抵抗$R_N = 300$〔Ω〕である。

④開放端A－Oに地絡抵抗$R_g = 100$〔Ω〕を接続する。

テブナン等価回路より、地絡電流I_gは、

$$I_g = \frac{E}{R_N + R_g} = \frac{\dfrac{V}{\sqrt{3}}}{R_N + R_g}$$

$$= \frac{\dfrac{66 \times 10^3}{\sqrt{3}}}{300 + 100} \fallingdotseq 95 \text{〔A〕(答)}$$

解答：(a)－(1)

(b)　故障点A点から電源側を見たインピーダンスマップは、図cのようになる。

図c　インピーダンスマップ
10000〔kV・A〕基準

A点から電源側を見た合成パーセントリアクタンス%Xは、

$$\%X = \%X_G + \%X_T + \%X_L$$
$$= 25 + 10 + 5 = 40 \text{〔%〕}$$

$V = 66$〔kV〕系統の基準電流をI_Bとすると、基準容量P_Bは、$P_B = \sqrt{3}\,VI_B$で表されるから、

$$I_B = \frac{P_B}{\sqrt{3}\,V} = \frac{10000 \times 10^3}{\sqrt{3} \times 66 \times 10^3}$$

$$\fallingdotseq 87.48 \text{〔A〕}$$

したがって、短絡電流 I_S は、

$$I_S = \frac{100}{\%X} \times I_B = \frac{100}{40} \times 87.48$$

$$\fallingdotseq 219〔A〕（答）$$

解 答：(b)ー(2)

153 架空送電線路
H27 A問題 問8
P.176

　隣接する鉄塔間をスパン（径間）といい、多導体方式で使用するスペーサによって区切られた短いスパンをサブスパンという。風などの原因により、このサブスパンの電線が激しく振動することを(ア)**サブスパン振動**という。

　問題文にある「穏やかで一様な空気の流れを受けると、電線の背後に空気の渦が生じ、電線が上下に振動を起こす」という現象を微風振動という。また、空気の渦をカルマン渦という。この振動の対策としては、電線に(イ)**ダンパ**を取り付けて振動そのものを抑制したり、断線防止のために支持点近くを(ウ)**アーマロッド**で補強したりする。

　一定方向の風により氷雪が非対称な形（翼状）に付着した電線に強い水平風が当たると、大きな揚力が発生して電線がゆっくりと複雑な振動が生じる。この現象を(エ)**ギャロッピング**という。

　また、問題文にある「送電線に付着した氷雪が落下したときにその反動で電線が跳ね上がる現象」をスリートジャンプという。

解 答：　(5)

必須ポイント

●アーマロッド

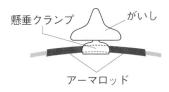

懸垂クランプ　　がいし

アーマロッド

> アーマロッドは、懸垂クランプ内の電線に電線と同じ材質の部品を巻き付け補強したもので、振動による電線の損傷を防止する。アーマロッドを巻き付けることには、電線のアーク損傷を防ぐ効果もある。

154 地中送電線路
H27 A問題 問10
P.177

　ケーブルの絶縁体の等価回路とベクトル図は、次図のようになる。

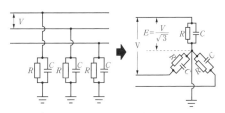

図a　三相回路

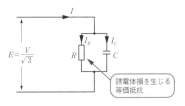

図b　1相当たりの等価回路

137

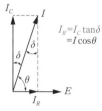

$I_R = I_C \tan\delta$
$\quad = I\cos\theta$

図c　ベクトル図

　誘電体損は、ケーブルに交流電圧を印加したときに絶縁体内部で発生する電力損失である。交流三相3線式地中電線路において、角周波数をω〔rad/s〕、静電容量をC〔F〕（心線1線当たり）、線間電圧をV〔V〕、相電圧をE〔V〕、誘電正接を$\tan\delta$とすると、心線3線合計の誘電体損Wは次式で表される。

$$W = 3EI_R = 3\left(\frac{V}{\sqrt{3}}\right)I_R = \sqrt{3}\,VI_R$$

ベクトル図より、
$I_R = I_C\tan\delta$

また、$I_C = \dfrac{E}{\dfrac{1}{\omega C}}$

$\qquad = \omega CE$

$\qquad = \omega C\dfrac{V}{\sqrt{3}}$　なので、

$I_R = \omega C\dfrac{V}{\sqrt{3}}\tan\delta$

$\dfrac{3}{\sqrt{3}} = \dfrac{3\cdot\sqrt{3}}{\sqrt{3}\cdot\sqrt{3}}$
$\quad = \dfrac{3\cdot\sqrt{3}}{3} = \sqrt{3}$

したがって、

$$W = \sqrt{3}\,VI_R = \sqrt{3}\,V\omega C\frac{V}{\sqrt{3}}\tan\delta$$

$$= \omega CV^2\tan\delta \,\text{〔W〕}\quad\cdots\cdots(1)$$

　題意より、式(1)に代入する数値を求めると、
・角周波数ωは、周波数fが50〔Hz〕なので、
$\omega = 2\pi f = 2\times\pi\times 50$〔rad/s〕
・こう長Lは5〔km〕、1線当たりの静電容量は0.43〔μF/km〕（単位を変換して0.43$\times 10^{-6}$〔F/km〕）なので、
$C = 0.43\times 10^{-6}$〔F/km〕$\times 5$〔km〕
$\quad = 2.15\times 10^{-6}$〔F〕
・線間電圧Vは66〔kV〕なので単位を〔V〕に変換して、
$V = 66\times 10^3$〔V〕

題意の電圧66kVは、通常断り書きのない限り線間電圧である

・誘電正接$\tan\delta$は0.03〔％〕なので、
$\tan\delta = 0.03\times 10^{-2}$
したがって、心線3線合計の誘電体損Wは、
$W = (2\times\pi\times 50)\times(2.15\times 10^{-6})\times$
$(66\times 10^3)^2\times(0.03\times 10^{-2})$
$\fallingdotseq 883$〔W〕（答）

解答：　(3)

必須ポイント

●ケーブルの誘電体損
$\quad I_R = \omega CE\tan\delta$
1線当たりの誘電体損W_1
$\quad W_1 = \omega CE^2\tan\delta\,(= EI_R)$
3線合計の誘電体損W_3
$\quad W_3 = \omega CV^2\tan\delta\,(= 3EI_R)$

155　地中送電線路
H27 A問題 問11　　P.178

　架空配電線路と比べた場合の地中配電線路の利点としては、ケーブルを地中に埋設することによって（ア）**都市の景観**がよくなること、台風や雷などの自然災害の発生時において（イ）**他物接触**による設備事故が発生しにくいこと、そのため供給信頼性が高

いことなどが挙げられる。

　架空配電線路と比べた場合の地中配電線路の欠点としては、需要増加時において、ケーブル布設のための掘削工事等の建設コストが高いために（ウ）**設備増強**が容易ではないこと、ケーブルの対地静電容量による進み電流の影響で、送電端電圧よりも受電端電圧が高くなる（エ）**フェランチ効果**の影響が大きいこと、事故復旧に時間がかかることなどが挙げられる。

解 答：　(1)

156 配電線路
P.179
H27 A問題 問13

　次図に示すように、三相3線式の導体1本の断面積を S_3、単相2線式の導体1本の断面積を S_2 とし、線路こう長を L とすると、題意より両低圧配電方式のこう長と導体量が等しいことから、次式が成立する。

$$3S_3L = 2S_2L \quad \therefore \frac{S_3}{S_2} = \frac{2}{3}$$

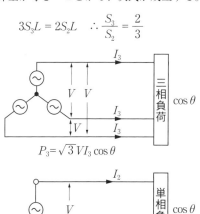

$P_3 = \sqrt{3}\,VI_3\cos\theta$

$P_2 = VI_2\cos\theta$

三相3線式（上）と単相2線式（下）の回路図

　題意より、許容電流は導体の断面積に比例することから、三相3線式の許容電流を I_3、単相2線式の許容電流を I_2 とすると、

$$\frac{I_3}{I_2} = \frac{S_3}{S_2} = \frac{2}{3}$$

　ここで三相3線式の最大送電電力を P_3、単相2線式の最大送電電力を P_2、線間電圧を V、力率を $\cos\theta$ とすると、題意より線間電圧と力率は等しいことから、

$$\frac{P_3}{P_2} = \frac{\sqrt{3}\,VI_3\cos\theta}{VI_2\cos\theta} = \sqrt{3} \times \frac{I_3}{I_2}$$

$$= \sqrt{3} \times \frac{2}{3} \fallingdotseq 1.15 \rightarrow 115\,〔\%〕（答）$$

解 答：　(2)

157 電力系統
P.180
H27 B問題 問17

（a）A回線は X_L と X_C の直列回路なので、合成リアクタンス X_{LA} は、

$$X_{LA} = X_L - X_C = 15 - 5 = 10\,〔\%〕$$

B回線のリアクタンス X_{LB} は、$X_{LB} = X_L = 10\,〔\%〕$ であるから、A回線とB回線の合成線路インピーダンス X は、

$$X = \frac{X_{LA} \times X_{LB}}{X_{LA} + X_{LB}} = \frac{10 \times 10}{10 + 10}$$

$$= 5\,〔\%〕（答）$$

解 答：(a)−(2)

（b）インピーダンスを X〔Ω〕、定格容量を P_n〔V·A〕、定格線間電圧を V_n〔V〕とすると、百分率インピーダンス %X〔%〕は、

$$\%X = \frac{XP_n}{V_n^2} \times 100\,〔\%〕$$

　上式を変形し、百分率インピーダンス

%X〔%〕をオーム値のインピーダンス X 〔Ω〕に変換すると、

式の展開

$\%X = \dfrac{XP_n}{V_n^2} \times 100$

両辺を V_n^2 倍すると

$\%XV_n^2 = 100XP_n$

両辺を $100P_n$ で割り、左右入れ替えると、

$X = \dfrac{\%XV_n^2}{100P_n}$

$X = \dfrac{\%XV_n^2}{100P_n} = \dfrac{5 \times (154 \times 10^3)^2}{100 \times 10 \times 10^6}$

$\fallingdotseq 118.6〔\Omega〕$

送電端電圧を V_s〔V〕、受電端電圧を V_r〔V〕、送電端電圧と受電端電圧との間の位相差を δ とすると、送電電力 P は、

$P = \dfrac{V_s V_r}{X} \sin\delta$

$= \dfrac{154 \times 10^3 \times 154 \times 10^3}{118.6} \sin 30°$

$= \dfrac{154 \times 10^3 \times 154 \times 10^3}{118.6} \times 0.5$

$\fallingdotseq 100 \times 10^6〔W〕\rightarrow 100〔MW〕$（答）

解答：(b)—(4)

158 磁性材料
R5上期 A問題 問14　P.181

(1)、(3)、(4)、(5)の記述は**正しい**。

(2)**誤り**。アモルファス鉄心材料は、変圧器の鉄心に使用される。アモルファス（非晶質）とは、固体を構成する原子や分子、あるいはイオンが、結晶構造のような規則性を持たない状態のことである。よって、「結晶構造である」という(2)の記述は

誤りである。アモルファス鉄心は、鉄、けい素などを原材料に、溶融状態から急激に冷却することで作られる。

解答：(2)

結晶　　　　　アモルファス

図a　結晶構造とアモルファス構造

必須ポイント

●**アモルファス変圧器の特徴**

アモルファス変圧器は、従来のけい素鋼帯を使用した同容量の変圧器に比べて、次のような特徴がある。

a. 鉄損が大幅に少ない。

b. 高硬度で加工性があまりよくない。

c. 高価である。

d. 磁束密度を高くできないので、大形になる。

159 絶縁材料
R4下期 A問題 問14　P.182

（ア）小さい、（イ）発熱、（ウ）鉱油、（エ）合成油となる。

解答：(2)

必須ポイント

●**絶縁油の特徴**

a. 電力ケーブル、変圧器などに使用されている絶縁油は、一般に絶縁破壊電圧が同じ圧力の空気に比べて高い。

b. 誘電体（絶縁体）に発生する誘電体損は、誘電正接（$\tan\delta$）に比例する。誘電体損はエネルギーであり、誘電体を**発熱**させる。誘電正接の小さい絶縁油を用いることで、絶縁油中の**発熱を抑える**ことができる。

c. 絶縁油として代表的なものには**鉱油（鉱物油）**があり、従来から使用されている。より高性能な絶縁油が求められる場合には、**合成油**の一種である**重合炭化水素油**が採用されている。

160 絶縁材料
R4上期 A問題 問14　　P.183

(1) **正しい。**

SF_6（六ふっ化硫黄）ガスは、**無色・無臭、無毒、不活性、不燃性**と穏やかな高性能気体絶縁材料であるが、大気寿命が3200年と長く、赤外線を吸収して熱を外に逃がさない性質があり、大気中に放出されると地球温暖化への悪影響のある**温室効果ガス**として認定されている。

SF_6ガスの代替材料は研究開発中であるが、現在使用中の機器に充填されているSF_6ガスは、大気中に排出しないように抜き取ることが義務付けられている。なお、オゾン層の破壊には無関係である。

(2) **正しい。**

SF_6ガスの絶縁耐力（絶縁破壊強度）は同じ圧力の空気の約2〜3倍と高く、空気より優れている。また、5〜6気圧程度に加圧して用いると、**高真空**や**絶縁油**よりも高い絶縁耐力が得られる。

(3) **正しい。**

絶縁体（誘電体）に交流電圧Eを印加したときの回路、等価回路及びベクトル図は、図a(a)(b)(c)のように表され、絶縁体の誘電体損（誘電損）Wは、次のようにして求められる。

誘電体損を生ずる等価抵抗Rに流れる電流I_Rは、

$$I_R = I_C \tan\delta \,[\mathrm{A}]$$

ここで、コンデンサに流れる電流$I_C = \omega CE$であるので、上式は、

$$I_R = \omega CE \tan\delta \,[\mathrm{A}]$$

ただし、$\omega = 2\pi f\,[\mathrm{rad/s}]$は電源の角周波数、$f\,[\mathrm{Hz}]$は電源の周波数、$C\,[\mathrm{F}]$は絶縁体の静電容量。

したがって、等価抵抗Rの消費電力、すなわち、絶縁体の誘電体損Wは次式で表される。

$$W = EI_R = \omega CE^2 \tan\delta$$

$$= 2\pi f\left(\frac{\varepsilon A}{l}\right)E^2 \tan\delta \,[\mathrm{W}]$$

$$\left(\because C = \frac{\varepsilon A}{l}\,[\mathrm{F}]\right)$$

上式より誘電体損は、電圧$E\,[\mathrm{V}]$の2乗及び周波数$f\,[\mathrm{Hz}]$、誘電率ε、$\tan\delta$に比例することがわかる。$\tan\delta$は、誘電体材料によって決まる値で**誘電正接**といい、δを**誘電損失角**という。誘電体損は熱に変わり、絶縁体の温度を上昇させる原因となるので、液体、固体の絶縁媒体と比較して誘電率と誘電正接が小さい（＝誘電損失角が小さい）SF_6ガスのような絶縁媒体を使用すると、誘電体損が小さくなる。

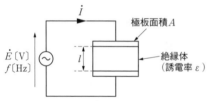

図a (a) 絶縁体に $\dot{E}$〔V〕を印加した回路

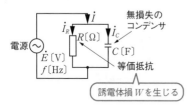

(b) 等価回路

(c) ベクトル図

(4) **誤り**。

　SF$_6$ガスは消弧能力に優れているため、ガス遮断器の消弧媒体として用いられている。しかし、SF$_6$ガスは、アークの消弧能力が優れているのであって、「遮断器による電流遮断の際に、電極間でアーク放電を発生させない」という記述は誤りである。

　なお、アーク放電にさらされたSF$_6$ガスは分解し劣化する。

(5) **正しい**。

　SF$_6$ガスは、絶縁性能と消弧能力に優れているため、ガス絶縁開閉装置(GIS)やガス絶縁変圧器の絶縁媒体として使用され、変電所の小型化の実現に貢献している。

解答： (4)

機械

問題ページ
P.184~P.259

161 変圧器の基礎
R5上期 A問題 問8

P.184

三相変圧器において完全な並行運転を行うには、次の3項目を満足させなければならない。

①循環電流が流れないこと。

②負荷電流が容量に比例して分流すること。

③各変圧器の負荷電流に位相差がないこと。

この3項目を満足させるには、各変圧器は、次の6つの条件が必要となる。

ⓐ各変圧器の極性が一致していること。

ⓑ各変圧器の一次側、二次側の定格電圧と巻数比（変圧比）が等しいこと。

ⓒ各変圧器の百分率インピーダンス降下が等しいこと。

ⓓ各変圧器の巻線抵抗と漏れリアクタンスの比が等しいこと。

ⓔ一次および二次線間誘導起電力の角変位（位相変位）が等しいこと。

ⓕ相回転（相順）が等しいこと。

(1) 上記の条件ⓐより、**正しい**。

(2) 上記の条件ⓑより、**正しい**。

(3) 一次側と二次側との誘導起電力の位相変位（角変位）が各変圧器で等しくないと、その程度によっては大きな循環電流が流れて巻線の焼損を引き起こす。Δ－YとY－Yでは二次側線間電圧に30〔°〕の位相差が発生し、Δ－ΔとΔ－Yでも

二次側線間電圧に30〔°〕の位相差が発生する。したがって、「Δ－YとY－Yとの並行運転はできる」という記述は**誤り**である。

(4) 前記の条件ⓓより、**正しい**。

(5) 前記の条件ⓒより、**正しい**。なお、百分率インピーダンス降下 %Z〔%〕は、百分率抵抗降下を p〔%〕、百分率リアクタンス降下を q〔%〕とすると、次式で表される。

$$%Z = \sqrt{p^2 + q^2}\ [\%]$$

解答： (3)

162 単巻変圧器
R5上期 B問題 問15

P.185

単相単巻変圧器各箇所の電圧、電流の記号を図aのように定める。

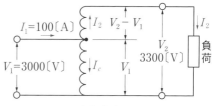

図a 単相単巻変圧器

(a) 一次、二次の共通部分の巻線（I_c が流れる巻線）を分路巻線、共通でない部分の巻線（I_2 が流れる巻線）を直列巻線という。

負荷容量 $P_l = V_2 I_2$ は一次入力 $P_1 = V_1 I_1$ に等しいので、求める I_2 は、

$$V_2 I_2 = V_1 I_1$$

$$I_2 = \frac{V_1}{V_2} I_1 = \frac{3000}{3300} \times 100 ≒ \mathbf{90.9}\ [A]\ (答)$$

解答：(a)－(4)

143

(b) 自己容量P_sとは、直列巻線の容量のことである。よって図aから、

$$P_s = (V_2 - V_1)I_2$$
$$= (3300 - 3000) \times 90.9$$
$$= 27270 \,[\text{V} \cdot \text{A}] \rightarrow 27.3 \,[\text{kV} \cdot \text{A}] \,(答)$$

解答：(b)−(2)

必須ポイント

●単巻変圧器の負荷容量と自己容量

$$負荷容量 P_l = V_2 I_2 = V_1 I_1 \,[\text{V} \cdot \text{A}]$$
$$自己容量 P_s = (V_2 - V_1)I_2 \,[\text{V} \cdot \text{A}]$$

---

163 変圧器の特性

R4下期 A問題 問8　　P.186

　負荷損（銅損）は二次電流の2乗に比例する。また、無負荷損（鉄損）は負荷の大きさに関わらず一定である。

　無負荷損をP_i〔W〕、二次電流が250〔A〕のときの全損失をP_{l1}〔W〕、負荷損をP_{c1}〔W〕、二次電流が150〔A〕のときの全損失をP_{l2}〔W〕、負荷損をP_{c2}〔W〕とすれば、次式が成り立つ。

$$P_i + P_{c1} = P_{l1}$$
$$P_i + P_{c1} = 1525 \,[\text{W}] \quad \cdots\cdots ①$$
$$P_i + P_{c2} = P_{l2}$$
$$P_i + P_{c2} = 1125 \,[\text{W}] \quad \cdots\cdots ②$$

式①から式②を引くと、

$$P_{c1} - P_{c2} = 400 \,[\text{W}] \quad \cdots\cdots ③$$

ここで、$P_{c1} = kI_{21}^2 \cdot r_2$、$P_{c2} = kI_{22}^2 \cdot r_2$であるから、

ただし、$I_{21} = 250$〔A〕、$I_{22} = 150$〔A〕
r_2は二次巻線抵抗、kは比例定数

$$\frac{P_{c2}}{P_{c1}} = \frac{\cancel{k}I_{22}^2 \cdot \cancel{r_2}}{\cancel{k}I_{21}^2 \cdot \cancel{r_2}}$$

両辺にP_{c1}を乗じて、

$$P_{c2} = \frac{I_{22}^2}{I_{21}^2} \cdot P_{c1}$$
$$P_{c2} = \left(\frac{I_{22}}{I_{21}}\right)^2 \cdot P_{c1}$$
$$P_{c2} = \left(\frac{150}{250}\right)^2 \cdot P_{c1}$$
$$P_{c2} = 0.36 P_{c1} \cdots\cdots ④$$

「負荷損（銅損）は二次電流の2乗に比例する」から、この式を直接導いてもよい。

式④を式③に代入、

$$P_{c1} - 0.36 P_{c1} = 400$$
$$0.64 P_{c1} = 400$$
$$P_{c1} = \frac{400}{0.64}$$
$$P_{c1} = 625 \,[\text{W}] \quad \cdots\cdots ⑤$$

式⑤を式①に代入、

$$P_i + 625 = 1525$$
$$P_i = 1525 - 625 = 900 \,[\text{W}] \,(答)$$

解答：(4)

必須ポイント

●変圧器の銅損（負荷損）

　銅損（負荷損）とは、変圧器の巻線抵抗rに負荷電流Iが流れることによる電力損失$P_c = I^2 \cdot r$のことである。

a．銅損は負荷の**皮相電力**Sの2乗に比例する。

b．銅損は負荷力率1のもと出力（負荷の有効電力）Pの2乗に比例する。

c．銅損は負荷電流Iの2乗に比例する。

d．銅損は負荷率αの2乗に比例する。

　上記a、b、c、dは表現は違うが、同じ意味である。

なお、二次銅損が増えれば同じ割合で一次銅損も増える。

P.187

164 変圧器の特性
R4上期 A問題 問8

短絡試験の回路図を図aに示す。また、この回路と比較するため、変圧器定格運転時の一次側から見た等価回路を図bに示す。

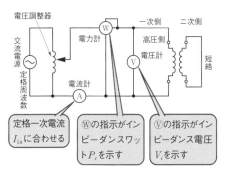

図a　短絡試験

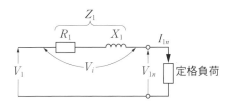

図b　一次側から見た等価回路（定格負荷時）

短絡試験は、図aのように変圧器の二次側端子を短絡して行う。このとき、一次側に定格一次電流 $I_{1n} = 40$ 〔A〕が流れるように電圧を調整する。そして、このときに加えた電圧 $V_i = 80$ 〔V〕をインピーダンス電圧という。このときの電力計の指示値 P_c = 1000〔W〕は、全負荷銅損（負荷損）であるインピーダンスワット $I_{1n}{}^2 R_1$ を表す。また、この試験結果から、一次側から見たインピーダンス Z_1〔Ω〕、巻線の抵抗 R_1〔Ω〕、漏れリアクタンス X_1〔Ω〕を計算によって次のように求めることができる。

なお、インピーダンス電圧 V_i〔V〕は、定格電流 I_{1n}〔A〕が流れているときの巻線のインピーダンス Z_1〔Ω〕による電圧降下 $I_{1n}Z_1$〔V〕を表している。

$V_i = I_{1n}Z_1$〔V〕により、インピーダンス Z_1 は、

$$Z_1 = \frac{V_i}{I_{1n}} = \frac{80}{40} = 2 \,〔\Omega〕$$

$P_c = I_{1n}{}^2 R_1$〔W〕により、抵抗 R_1 は、

$$R_1 = \frac{P_c}{I_{1n}{}^2} = \frac{1000}{40^2} = 0.625 \,〔\Omega〕$$

$Z_1 = \sqrt{R_1{}^2 + X_1{}^2}$〔Ω〕より、求める漏れリアクタンス X_1 は、

$$X_1 = \sqrt{Z_1{}^2 - R_1{}^2} = \sqrt{2^2 - 0.625^2}$$
$$\fallingdotseq 1.90 \,〔\Omega〕（答）$$

解答：　(3)

165 変圧器の特性
R3 A問題 問9

P.188

問題の三相変圧器二次側換算の1相の簡易等価回路を図aに、ベクトル図を図bに示す。

機械

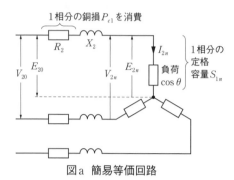

図a 簡易等価回路

図b 電圧変動率を求めるベクトル図

V_{20}：二次側換算一次端子電圧（線間電圧）

E_{20}：二次側換算一次端子電圧（相電圧）

V_{2n}：定格二次電圧（線間電圧）

E_{2n}：定格二次電圧（相電圧）

I_{2n}：定格二次電流

R_2：二次側に換算した全抵抗

X_2：二次側に換算した全リアクタンス

電圧変動率 ε は次式で表される。

$$\varepsilon = \frac{V_{20} - V_{2n}}{V_{2n}} \times 100 = \frac{E_{20} - E_{2n}}{E_{2n}} \times 100 \,(\%)$$

また、電圧変動率の近似式は次式で表される。

$$\varepsilon \fallingdotseq p\cos\theta + q\sin\theta \,(\%)$$

ここで p は百分率抵抗降下で、

$$p = \frac{I_{2n}R_2}{E_{2n}} \times 100 = \frac{I_{2n}^2 R_2}{E_{2n}I_{2n}} \times 100$$

$$= \frac{P_{c1}}{S_{1n}} \times 100 \,(\%)$$

同様に q は百分率リアクタンス降下で、

$$q = \frac{I_{2n}X_2}{E_{2n}} \times 100 \,(\%)$$

題意より、負荷力率$\cos\theta = 1$であるから、

$$\varepsilon \fallingdotseq p\cos\theta + q\sin\theta$$
$$= p \times 1 + q \times 0$$
$$= p$$

qの値にかかわらず$\sin\theta = 0$なので、この項は0となる

$$p = \frac{P_{c1}}{S_{1n}} \times 100 = \frac{3P_{c1}}{3S_{1n}} \times 100 = \frac{P_{c3}}{S_{3n}} \times 100$$

1相分の銅損　3相分の銅損

1相分の定格容量　3相分の定格容量

$$= \frac{6 \times 10^3}{500 \times 10^3} \times 100 = \mathbf{1.2} \,(\%)\,(答)$$

kW → W

kV・A → V・A

解答：　(3)

必須ポイント

●電圧変動率

$$\varepsilon = \frac{E_{20} - E_{2n}}{E_{2n}} \times 100 \,(\%)$$

$$\varepsilon \fallingdotseq p\cos\theta + q\sin\theta \,(\%)$$

ただし、

$$p = \frac{I_{2n}R_2}{E_{2n}} \times 100 \,(\%)$$

$$q = \frac{I_{2n}X_2}{E_{2n}} \times 100 \,(\%)$$

166 変圧器の特性

R3 B問題 問15

P.188

（a）単相変圧器の定格容量$S_n = 10000 \,(V \cdot A)$とすると、力率$\cos\theta = 1.0$の全負荷にお

ける出力 P_n は、

$$P_n = S_n \cos\theta = 10000 \times 1 = 10000 \,[\mathrm{W}]$$

力率 $\cos\theta = 1.0$ における全損失を P_l、効率を η（小数）とすると、次式が成り立つ。

$$\eta = \frac{\text{出力}}{\text{入力}} = \frac{\text{出力}}{\text{出力} + \text{全損失}}$$

$$= \frac{P_n}{P_n + P_l} \,\cdots\cdots①$$

式①を変形して P_l を求める。

$$(P_n + P_l)\,\eta = P_n$$

$$P_l \cdot \eta = P_n - P_n \cdot \eta$$

$$P_l = \frac{P_n - P_n \cdot \eta}{\eta}$$

$$= \frac{P_n}{\eta} - P_n$$

$$= \frac{10000}{0.97} - 10000$$

$$\fallingdotseq 309.3\,[\mathrm{W}]$$

全損失 P_l を銅損 P_c と鉄損 P_i の比 $P_c : P_i = 2:1$ に分ける。

$$P_c = \frac{2}{3} \times P_l$$

$$= \frac{2}{3} \times 309.3 \fallingdotseq \mathbf{206}\,[\mathrm{W}]\,(答)$$

$$P_i = \frac{1}{3} \times P_l$$

$$= \frac{1}{3} \times 309.3 = 103.1\,[\mathrm{W}]$$

解答：(a)－(2)

(b) 負荷の変化により効率が最大となるのは、銅損と鉄損が等しくなるときであるから、このときの銅損を P_c' とすると、

$$P_c' = P_i = 103.1\,[\mathrm{W}]$$

鉄損は無負荷損であり、負荷の変化に関係なく $P_i = 103.1\,[\mathrm{W}]$ で一定である。

銅損は負荷（電流）の2乗に比例するので、効率が最大となる負荷を $P\,[\mathrm{W}]$ とすると次式が成り立つ。

$$\frac{P_c'}{P_c} = \left(\frac{P}{P_n}\right)^2 \cdots\cdots②$$

式②に数値を代入する。

$$\frac{103.1}{206} = \left(\frac{P}{10000}\right)^2$$

$$206P^2 = 103.1 \times 10000^2$$

$$P = \sqrt{\frac{103.1 \times 10000^2}{206}}$$

$$\fallingdotseq 7074.5\,[\mathrm{W}]$$

よって、求める変圧器の効率が最大となる負荷 P は、全負荷 P_n の何 $[\%]$ かを求めると、

$$\frac{P}{P_n} \times 100 = \frac{7074.5}{10000} \times 100$$

$$= \mathbf{70.7}\,[\%]\,(答)$$

解答：(b)－(3)

(b) 別解

本解式②において、全負荷 P_n に対する効率最大時の負荷 P の比、つまり、負荷率を α とおくと、

$$\frac{P_c'}{P_c} = \left(\frac{P}{P_n}\right)^2 = \alpha^2$$

$$\alpha = \sqrt{\frac{P_c'}{P_c}}$$

$$\alpha = \sqrt{\frac{103.1}{206}}$$

$$\fallingdotseq 0.707 \to \mathbf{70.7}\,[\%]\,(答)$$

機械

● α負荷時の二次銅損

負荷率が$\alpha\left(\frac{\text{全負荷出力（定格出力）}}{}\right)$を$P_n$、負荷出力を$P$、定格二次電流を$I_{2n}$、負荷電流を$I_2$とすると、$\alpha = \dfrac{P}{P_n} = \dfrac{I_2}{I_{2n}}$

のとき、鉄損P_i〔W〕は一定であるが、銅損は負荷電流の2乗に比例するので、このときの銅損をP_c'〔W〕とすると、

$$P_c' = \alpha^2 P_c \text{〔W〕}$$

となる。

● 効率が最大となる条件

変圧器の効率は、負荷率αにより変わる。**効率が最大となる条件**は、鉄損＝銅損のときである。つまり、$P_i = \alpha^2 P_c$のときである。

したがって、このときの負荷率αは、

$\alpha = \sqrt{\dfrac{P_i}{P_c}}$となる。実際の変圧器は、

使用状態に応じ適当な負荷において最大効率となるように設計されている。

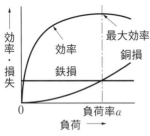

図a　変圧器の最大効率

167 変圧器の基礎

R2 A問題 問9

P.189

三巻線変圧器回路図の各部の電圧、電流、電力の記号を図aのように定める。

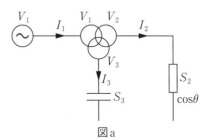

図a

V_1：一次線間電圧66〔kV〕
V_2：二次線間電圧6.6〔kV〕
V_3：三次線間電圧3.3〔kV〕
I_1：一次（負荷）電流
I_2：二次（負荷）電流
I_3：三次（負荷）電流
S_2：二次皮相電力8000〔kV·A〕
S_3：三次皮相電力4800〔kV·A〕

三巻線変圧器の二次負荷電流（皮相電流）I_2は、$S_2 = \sqrt{3}\, V_2 I_2$により、

kV·Aの単位のままでよい

$$I_2 = \frac{S_2}{\sqrt{3}\, V_2} = \frac{8000}{\sqrt{3} \times 6.6} \fallingdotseq 700 \text{〔A〕}$$

kVの単位のままでよい

皮相電流I_2を有効電流I_{2r}と遅れ無効電流I_{2x}に分解すると、

$$I_{2r} = I_2 \cos\theta = 700 \times 0.8 = 560 \text{〔A〕}$$
$$I_{2x} = I_2 \sin\theta = I_2 \times \sqrt{1 - \cos^2\theta}$$
$$= I_2 \times \sqrt{1 - 0.8^2} = 700 \times 0.6 = 420 \text{〔A〕}$$

$\cos\theta = 0.8$なら
$\sin\theta = 0.6$である。
暗記しておこう

I_2を複素数で表示すると、jの符号に気

を付けて、

$$\dot{I}_2 = I_{2r} - jI_{2x} = 560 - j420 \, [\text{A}]$$

$\dot{I}_2$を一次側に換算した電流$\dot{I}_{12}$は、一次二次間の変圧比$a_2 = \dfrac{V_1}{V_2} = \dfrac{66}{6.6} = 10$であるから、

$$\dot{I}_{12} = \frac{\dot{I}_2}{a_2} = \frac{560 - j420}{10} = 56 - j42 \, [\text{A}]$$

次に、三巻線変圧器の三次負荷電流(進み無効電流)I_3は、$S_3 = \sqrt{3}\,V_3 I_3$より、

$$I_3 = \frac{S_3}{\sqrt{3}\,V_3} = \frac{4800}{\sqrt{3} \times 3.3} \fallingdotseq 840 \, [\text{A}]$$

I_3は進み無効電流なので、これを複素数で表示しI_{3x}とすると、jの符号に注意して、

$$\dot{I}_3 = +jI_{3x} = +j840 \, [\text{A}]$$

$\dot{I}_3 = +jI_{3x}$を一次側に換算した電流$\dot{I}_{13} = +jI_{13x}$は、一次三次間の変圧比$a_3 = \dfrac{V_1}{V_3} = \dfrac{66}{3.3} = 20$であるから、

$$\dot{I}_{13} = +jI_{13x} = \frac{+jI_{3x}}{a_3} = \frac{+j840}{20}$$
$$= +j42 \, [\text{A}]$$

よって、求める一次(負荷)電流I_1は、

$$\dot{I}_1 = \dot{I}_{12} + \dot{I}_{13} = 56 - j42 + j42$$
$$= 56 + j0 \, [\text{A}]$$

$\dot{I}_1$の大きさI_1は、

$$I_1 = |\dot{I}_1| = 56 \, [\text{A}] \, (答)$$

解答: (2)

168 変圧器の基礎

P.189

R1 A問題 問8

2台の単相変圧器をA器、B器とする。一次側電源電圧を$V_1 = 6600 \, [\text{V}]$とすると、A器の二次電圧V_Aは、

$$V_A = \frac{V_1}{a_A} = \frac{6600}{30.1} \fallingdotseq 219.269 \, [\text{V}]$$

ただし、a_AはA器の巻数比

B器の二次電圧V_Bは、

$$V_B = \frac{V_1}{a_B} = \frac{6600}{30.0} = 220 \, [\text{V}]$$

ただし、a_BはB器の巻数比

2台の変圧器並列接続の二次側等価回路は、図aのようになる。

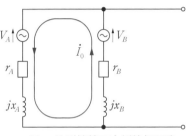

図a　並列接続二次側等価回路

図aより、循環電流$\dot{I}_0$は、

$$\dot{I}_0 = \frac{V_B - V_A}{(r_A + jx_A) + (r_B + jx_B)}$$

$$= \frac{220 - 219.269}{(0.013 + j0.022) + (0.010 + j0.020)}$$

$$= \frac{0.731}{0.023 + j0.042}$$

$\dot{I}_0$の大きさI_0は、

$$I_0 = |\dot{I}_0| = \frac{0.731}{\sqrt{0.023^2 + 0.042^2}}$$

$$\fallingdotseq 15.266 \, [\text{A}] \rightarrow 15.3 \, [\text{A}] \, (答)$$

解答: (3)

必須ポイント

●わずかに巻数比の異なる変圧器の並行運転

無負荷循環電流 $\dot{I}_0$ が流れ、銅損(抵抗損)が発生する。

$$\dot{I}_0 = \frac{\dfrac{V_1}{a_A} - \dfrac{V_1}{a_B}}{\dot{Z}_A + \dot{Z}_B}$$

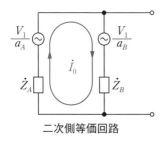

二次側等価回路

169 単巻変圧器

H30 A問題 問9

P.190

次図に単相単巻変圧器の構造図を示す。

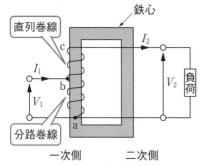

単相単巻変圧器の構造図

巻線の一部が一次側と二次側との回路に共通になっている部分abを**分路巻線**(または共通巻線)といい、共通でない部分bcを**直列巻線**という。分路巻線の端子を一次側に接続し、直列巻線の端子を二次側に接続して使用すると、通常の変圧器と同じように動作する。

単巻変圧器の直列巻線の持つ容量 $P_s =$

$(V_2 - V_1) \cdot I_2$ を**自己容量**といい、二次側から取り出せる出力 $P_l = V_2 \cdot I_2$ を**負荷容量**という。

消費電力を $P = 200 \times 10^3$〔W〕とすると、負荷容量 P_l は、

$$P_l = \frac{P}{\cos\theta}$$

$$= \frac{200 \times 10^3}{0.8} = 250 \times 10^3 \text{〔V・A〕}$$

負荷電流 I_2 は、$P_l = V_2 \cdot I_2$ を変形して、

$$I_2 = \frac{P_l}{V_2} = \frac{250 \times 10^3}{6600} \fallingdotseq 37.88 \text{〔A〕}$$

したがって自己容量 P_s は、

$$P_s = (V_2 - V_1) \cdot I_2$$

$$= (6600 - 6000) \times 37.88$$

$$\fallingdotseq 22.7 \times 10^3 \text{〔V・A〕} \rightarrow 22.7 \text{〔kV・A〕(答)}$$

解答: (1)

必須ポイント

●**単巻変圧器の自己容量と負荷容量**

解説図において

自己容量 $P_s = (V_2 - V_1) \cdot I_2$

負荷容量 $P_l = V_2 \cdot I_2 = V_1 \cdot I_1$

※負荷容量 P_l は通過容量とも呼ばれる。

170 変圧器の基礎

H30 B問題 問15

P.191

二次側の諸量を一次側に換算する。

巻数比 a は、

$$a = \frac{6600}{200} = 33$$

であるから、

二次巻線抵抗(一次換算値)

$$r_2' = a^2 r_2 = 33^2 \times 0.5 \times 10^{-3}$$
$$\doteqdot 0.545 \,[\Omega]$$

二次巻線漏れリアクタンス（一次換算値）

$$x_2' = a^2 x_2 = 33^2 \times 3 \times 10^{-3} \doteqdot 3.267 \,[\Omega]$$

一次側に換算した簡易等価回路は、次図のようになる。

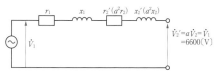

無負荷時簡易等価回路

(a) 一次側に換算したインピーダンスの大きさ Z は、

$$Z = \sqrt{(r_1 + r_2')^2 + (x_1 + x_2')^2}$$
$$= \sqrt{(0.6 + 0.545)^2 + (3 + 3.267)^2}$$
$$\doteqdot 6.37 \,[\Omega] \,(答)$$

解答：(a)—(4)

(b) 負荷を接続したときの簡易等価回路およびベクトル図は、次のようになる。

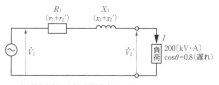

負荷接続時簡易等価回路

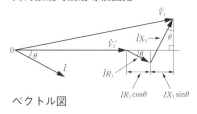

ベクトル図

ベクトル図より、近似的に次式が成立する。

一次電圧 V_1 は、

$$V_1 \doteqdot V_2' + IR_1 \cos\theta + IX_1 \sin\theta$$
$$= V_2' + I(R_1 \cos\theta + X_1 \sin\theta) \,[V]$$
$$\cdots\cdots(1)$$

ここで、負荷の容量

$$S = 200 \times 10^3 \,[V\cdot A]$$

であるから、負荷電流 I は、

$$I = \frac{S}{V_2'} = \frac{200 \times 10^3}{6600} \doteqdot 30.3 \,[A]$$
$$R_1 = r_1 + r_2' = 0.6 + 0.545$$
$$= 1.145 \,[\Omega]$$
$$X_1 = x_1 + x_2' = 3 + 3.267 = 6.267 \,[\Omega]$$
$$\sin\theta = \sqrt{1 - \cos^2\theta} = \sqrt{1 - 0.8^2} = 0.6$$

$\cos\theta = 0.8$ のとき
$\sin\theta = 0.6$ である。暗記しておこう

式(1)に数値を代入して、

$$V_1 = 6600 + 30.3 \times (1.145 \times 0.8$$
$$+ 6.267 \times 0.6)$$
$$\doteqdot 6741.7 \,[V] \rightarrow 6740 \,[V] \,答$$

解答：(b)—(3)

必須ポイント

●電圧変動近似式

$$V_1 \doteqdot V_2' + I(R_1 \cos\theta + X_1 \sin\theta) \,[V]$$

※負荷接続時、二次電圧 $V_2 = 200\,[V]$（一次換算で $V_2' = 6600\,[V]$）を一定に保つためには、一次電圧を $6600\,[V]$ から $6740\,[V]$ に増加させなければならない。

171 変圧器の特性

P.192

H29 A問題 問8

負荷を調整し、負荷率 α のとき最大効率 η_{max} となったとする。

銅損と鉄損が等しいとき変圧器は η_{max} と

なる。

全負荷時の銅損を $P_c = 1000$〔W〕

α 負荷時の銅損を P_c'

とおくと、鉄損は $P_i = 250$〔W〕で全負荷時、α 負荷時でも変わらないので、

$P_c' = P_i = 250$〔W〕のとき η_{max} となる。

銅損は負荷率 α の 2 乗に比例するので、η_{max} のときの負荷率 α は、

$$\alpha^2 P_c = P_c'$$

$$\alpha^2 = \frac{P_c'}{P_c}$$

$$\alpha = \sqrt{\frac{P_c'}{P_c}} = \sqrt{\frac{250}{1000}} = 0.5$$

全負荷時の出力 P_n は力率が 1 なので、

$$P_n = 50 \times 10^3 \text{〔W〕}$$

よって、α 負荷時の効率 η_{max} は、

$$\eta_{max} = \frac{\alpha P_n}{\alpha P_n + P_i + P_c'} \times 100$$

$$= \frac{0.5 \times 50 \times 10^3}{0.5 \times 50 \times 10^3 + 250 + 250} \times 100$$

$$\fallingdotseq 98 \text{〔％〕（答）}$$

解 答：　(4)

必須ポイント

●変圧器の効率

定格負荷（全負荷）時の**規約効率** η は、次式で表される。

$$\eta = \frac{\text{出力}}{\text{入力}} \times 100 = \frac{\text{出力}}{\text{出力} + \text{損失}} \times 100$$

$$= \frac{S_n \cos\theta}{S_n \cos\theta + P_i + P_c} \times 100$$

$$= \frac{P_n}{P_n + P_i + P_c} \times 100 \text{〔％〕}$$

ここで、

S_n：定格容量〔V・A〕

$P_n = S_n \cos\theta$：全負荷出力〔W〕

$\cos\theta$：負荷力率

P_i：鉄損（無負荷損）〔W〕

P_c：全負荷時の銅損（負荷損）〔W〕

（1）**α 負荷時の効率**

負荷率が α $\left(\text{負荷出力を } P \text{ とすると、} \alpha = \dfrac{P}{P_n}\right)$ のとき、鉄損 P_i〔W〕は一定であるが、銅損は負荷率 α の 2 乗に比例するので、このときの銅損を P_c'〔W〕とすると、

$$P_c' = \alpha^2 P_c \text{〔W〕}$$

となる。したがってこのときの効率 η_α は、

$$\eta_\alpha = \frac{\alpha P_n}{\alpha P_n + P_i + \alpha^2 P_c} \times 100$$

$$= \frac{P}{P + P_i + \alpha^2 P_c} \times 100 \text{〔％〕}$$

（2）**効率が最大となる条件**

変圧器の効率は負荷率 α により変わる。**効率が最大となる条件**は、鉄損＝銅損のときである。つまり $P_i = \alpha^2 P_c$ のときである。したがって、このときの負荷率 α は、

$$\alpha = \sqrt{\frac{P_i}{P_c}}$$

となる。

実際の変圧器は、使用状態に応じ適当な負荷において最大効率となるように設計される。

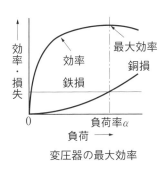

変圧器の最大効率

P.192

172 変圧器の特性
H28 A問題 問8

巻線の温度がT〔℃〕のときの抵抗値をR_T〔Ω〕、t〔℃〕のときの抵抗値をR_t〔Ω〕とすると、抵抗値の比は、

$$R_T : R_t = (235 + T) : (235 + t)$$

> 内項の積と外項の積は等しい

上式を変形すると、

$$R_T \cdot (235 + t) = R_t \cdot (235 + T)$$

$$R_T = R_t \cdot \frac{(235 + T)}{(235 + t)} \text{〔Ω〕}$$

$t = 20$〔℃〕のときの抵抗値を$R_t = 1.0$〔Ω〕とすると、$T = 75$〔℃〕のときの抵抗値R_Tは、

$$R_T = 1.0 \times \frac{(235 + 75)}{(235 + 20)} \doteqdot 1.22 \text{〔Ω〕（答）}$$

解答： (3)

173 変圧器の基礎
H27 A問題 問7

P.193

(1) 正しい。

正弦波の電圧が加わっている、または

機械

正弦波の磁束が鉄心内を通っているとき、変圧器の鉄心に磁気飽和現象やヒステリシス現象があると、図aのように励磁電流はひずみ、正弦波とは異なる波形となる。この励磁電流は図bのように正弦波励磁電流（基本波）以外に、第3次高調波励磁電流や第5次高調波励磁電流などが含まれている。

変圧器のΔ結線は、励磁電流の第3次高調波を巻線内を循環する電流として流すことができ、外部回路への影響を無くすことができる。

図a　励磁電流波形の例

基本波　第5次高調波
第3次高調波

図b　基本波・高調波励磁電流波形の例
〈励磁電流〉

(2) 正しい。

Δ結線がないY－Y結線の変圧器は、第3次高調波が流れる回路がないので、正弦波の磁束が鉄心内を通ると、磁気飽和現象やヒステリシス現象により、巻線の誘導起電力（相電圧）の波形がひずむ。その結果、高調波電圧が発生し、その高調波電圧により中性点を接地していれば、高調波電流が流れて磁界が発生す

153

る。この磁界により、近くの通信線に雑音などの障害を与える。

(3) **誤り。**

Δ−Y結線は、一次電圧に対して二次電圧の**位相が30°進み**、Y−Δ結線は一次電圧に対して二次電圧の**位相が30°遅れる**。この一次電圧と二次電圧の間の位相差を、角変位または位相変位という。

したがって、「位相差45°がある」という記述は誤りである。

(4) **正しい。**

三相の磁束が重畳して通る部分の磁束は0となるため鉄心を省略し、鉄心材料を少なく済ませている三相内鉄形変圧器は、単相変圧器3台に比べて据付け面積の縮小と軽量化が可能である。なお、三相内鉄形変圧器は、故障した際は修理が終わるまで、または変圧器を交換するまで使用することができない。

単相変圧器3台の場合は、故障した単相変圧器1台を切り離して、2台をV結線にすることにより、応急的に使用を続けることができる。

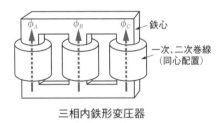

三相内鉄形変圧器

(5) **正しい。**

スコット結線変圧器は次図に示すような結線で、三相3線式の電源を直交する2つの単相(位相が90°異なる二相)に変換し、大容量の単相負荷に電力を供給する場合に用いる。

三相のうち一相から単相負荷へ電力を供給する場合は、その相だけ電流が多く流れるので三相電源に不平衡を生じるが、三相を二相に相数変換して二相側の負荷を平衡させると、三相側の不平衡を緩和することができる。

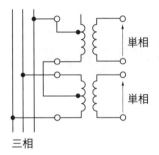

スコット結線

解答：　(3)

174 変圧器の基礎 P.194

H27 A問題 問8

三相発電機から抵抗負荷までの回路は、次図のようになる。

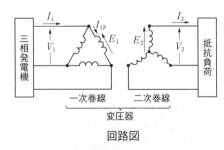

回路図

ただし、V_1：一次電圧〔V〕、

E_1：一次巻線の誘導起電力〔V〕、

I_1：一次線電流〔A〕、I_{1p}：一次相電流〔A〕、

V_2：二次電圧〔V〕、

E_2：二次巻線の誘導起電力〔V〕、

I_2：二次電流〔A〕

一次側の巻数をN_1、二次側の巻数をN_2とすると、電圧および電流の各関係は次式となる。

$$\left.\begin{array}{l} V_1 = E_1 \text{〔V〕}、\quad V_2 = \sqrt{3}\, E_2 \text{〔V〕} \\ E_1 : E_2 = N_1 : N_2 \\ I_1 = \sqrt{3}\, I_{1p} \text{〔A〕} \\ I_{1p} : I_2 = N_2 : N_1 \end{array}\right\} \quad \cdots\cdots(1)$$

三相発電機の出力（変圧器の入力）P_1は、力率を$\cos\theta$とすると、

$$\begin{aligned} P_1 &= \sqrt{3}\, V_1 I_1 \cos\theta \\ &= \sqrt{3}\, V_1 \times \sqrt{3}\, I_{1p} \times \cos\theta \\ &= 3 V_1 I_{1p} \cos\theta \text{〔W〕} \quad \cdots\cdots(2) \end{aligned}$$

式(2)を変形すると、一次相電流I_{1p}は、

$$I_{1p} = \frac{P_1}{3 V_1 \cos\theta} = \frac{100 \times 10^3}{3 \times 440 \times 1.0}$$

$$\fallingdotseq 75.8 \text{〔A〕}$$

最後に、$I_{1p} : I_2 = N_2 : N_1$を変形して、

$$\begin{aligned} \frac{N_1}{N_2} &= \frac{I_2}{I_{1p}} \\ &= \frac{17.5}{75.8} \\ &\fallingdotseq \mathbf{0.23}\,(\text{答}) \end{aligned}$$

変形手順

$$I_{1p} : I_2 = N_2 : N_1$$
$$\Downarrow$$
$$\frac{I_{1p}}{I_2} = \frac{N_2}{N_1}$$
$$\Downarrow$$
$$\frac{I_2}{I_{1p}} = \frac{N_1}{N_2}$$

解答： (2)

機械

(ア)三相誘導電動機は、固定子巻線に三相交流電流が流れると(ア)**回転磁界**が生じる。この回転磁界が回転子巻線を切ると、回転子巻線に誘導起電力が発生する。この誘導起電力により回転子巻線に電流が流れ、この電流と回転磁界によってフレミングの左手の法則により力が発生し、トルクが生じて回転する。

(イ)固定子巻線に生じる一次誘導起電力E_1〔V〕は、次式で表される。

$$E_1 = 4.44 \cdot k_1 \cdot n_1 \cdot f_1 \cdot \phi \text{ (V)} \quad \cdots\cdots\text{①}$$

ここで、k_1：固定子巻線の巻線係数、n_1：1相当たりの固定子巻線の巻数、f_1：電源周波数〔Hz〕、ϕ：1極当たりの磁束〔Wb〕

通常、電源周波数f_1〔Hz〕は一定であり、一次誘導起電力E_1〔V〕もほぼ一定なため、磁束ϕ〔Wb〕はほぼ一定になる。しかし、回転子巻線に電流が流れると磁束が発生するので、磁束ϕ〔Wb〕は変化する。三相誘導電動機は、回転子巻線の電流による起磁力を(イ)**打ち消す**ように固定子巻線に電流が流れ、磁束が一定となる。

(ウ)、(エ)回転子が停止しているとき、回転磁界は固定子巻線と回転子巻線を同じ速さで切る。この状態は原理的に変圧器と同じであるので、固定子巻線は(ウ)**一次**巻線に相当し、回転子巻線は

（エ）**二次巻線**に相当する。

（オ）回転子が停止しているとき誘導される電圧の周波数（二次周波数）は$f_2 = f_1$〔Hz〕となるので、回転子巻線に誘導される二次誘導起電力E_2〔V〕は、次式となる。

$$E_2 = 4.44 \cdot k_2 \cdot n_2 \cdot f_2 \cdot \phi$$
$$= 4.44 \cdot k_2 \cdot n_2 \cdot f_1 \cdot \phi \,〔V〕 \quad \cdots\cdots ②$$

ここで、k_2：回転子巻線の巻線係数、n_2：1相当たりの回転子巻線の巻数
回転子がn〔min^{-1}〕（滑りがs）で回転しているとき、誘導される電圧の周波数（二次周波数）は$f_2 = s \cdot f_1$〔Hz〕となるので、回転子巻線に誘導される二次誘導起電力E_{2s}〔V〕は、次式となる。

$$E_{2s} = 4.44 \cdot k_2 \cdot n_2 \cdot f_2 \cdot \phi$$
$$= 4.44 \cdot k_2 \cdot n_2 \cdot s \cdot f_1 \cdot \phi = s \cdot E_2 \,〔V〕$$
$$\cdots\cdots ③$$

したがって、滑りsで回転しているときの二次誘導起電力は、回転子が停止しているときの**（オ）s倍**になる。

解答：　**（5）**

176 三相誘導電動機の特性　P.196
R5上期 A問題 問4

T：電動機のトルク〔N·m〕

$36〔kW〕 \rightarrow 36 \times 10^3 〔W〕$

P：定格出力 36×10^3〔W〕

ω：角速度　$\omega = 2\pi \cdot \dfrac{N}{60}$〔rad/s〕

N：電動機の回転速度
$$N = N_s(1 - s) \,〔\text{min}^{-1}〕$$

N_s：電動機の同期速度〔min^{-1}〕
$$N_s = \frac{120f}{p}$$

f：周波数60Hz

s：滑り 0.04（4％）

p：極数8極

とすると、

$$N_s = \frac{120f}{p} = \frac{120 \times 60}{8} = 900 \,〔\text{min}^{-1}〕$$
$$N = N_s(1 - s) = 900\,(1 - 0.04)$$
$$= 864 \,〔\text{min}^{-1}〕$$
$$\omega = 2\pi \cdot \frac{N}{60} = 2\pi \times \frac{864}{60}$$
$$\fallingdotseq 90.48 \,〔\text{rad/s}〕$$

よって、求める電動機のトルクT〔N·m〕は、

$$T = \frac{P}{\omega} = \frac{36 \times 10^3}{90.48}$$
$$\fallingdotseq 397.9 \,〔\text{N·m}〕 \rightarrow 398 \,〔\text{N·m}〕（答）$$

解答：　**（2）**

177 三相誘導電動機の等価回路　P.197
R4下期 A問題 問2

三相誘導電動機の二次入力P_2から軸出力Pまでのエネルギーの流れは、下図のようになる。

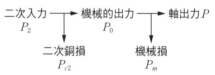

また、二次入力P_2と二次銅損P_{c2}と機械的出力P_0には、次の重要な関係がある。ただしsは滑りである。

$$P_2 : P_{c2} : P_0 = 1 : s : 1 - s \cdots\cdots ①$$

式①より、

$$sP_0 = (1 - s)P_{c2}$$

$$P_0 = \frac{1 - s}{s} P_{c2} \cdots\cdots ②$$

式②に与えられた数値を代入すると、

$$P_0 = \frac{1 - 0.025}{0.025} \times 188$$

$$= 7332 〔W〕 \rightarrow 7.332 〔kW〕$$

よって、求める軸出力 P〔kW〕は、

$$P = P_0 - P_m$$

$$= 7.332 - 0.2$$

$$= 7.132 \rightarrow 7.1 〔kW〕（答）$$

解 答：　(1)

必須ポイント

●機械損の取り扱い

$$P_0 = (1 - s)P_2 \ や \ P_0 = \left(\frac{1 - s}{s} \right) r_2 \cdot I_2^2$$

の式で算出する**機械的出力** P_0 には、**機械損を含んでいる**。

つまり、軸出力 $P = P_0 - P_m$ となる。

※機械損 P_m は無視することが多い。しかし、本問題のように無視しないときもある。その場合は取り扱いに注意しよう。

178 三相誘導電動機の原理と構造

P.198

R4下期 A問題 問3

三相誘導電動機は、(ア)**回転**磁界を作る固定子および回転する回転子からなる。

三相誘導電動機は回転子の構造により、(イ)**かご形回転子**(図a)と(ウ)**巻線形回転**子(図b)に分けられる。

かご形回転子は回転子鉄心のスロット(溝)に銅棒かアルミニウムの棒を挿入し、鉄心の外側のその両端を(エ)**端絡環**(たんらくかん)に溶接またはロウ付けによって接続された構造である。

また、巻線形回転子は固定子巻線と同じように、巻線が回転子鉄心に施されている。この巻線は Δ 結線または Y 結線で、(オ)**スリップリング**とブラシで外部二次抵抗に接続されている。この抵抗値を変えることにより、回転速度、トルクなどを制御する。

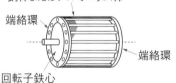

図a　かご形回転子

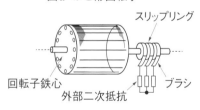

図b　巻線形回転子

解 答：　(4)

179 三相誘導電動機の特性

P.199

R4上期 A問題 問2

Δ 結線の状態で拘束試験を行ったときの三相誘導電動機の等価回路(三相分)を図aに示す。

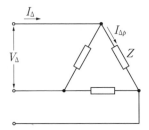

図a　拘束試験時の等価回路（三相分）

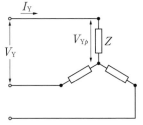

図b　始動時の等価回路（三相分）

ただし、

V_Δ：一次電圧（線間電圧＝相電圧）〔V〕、
I_Δ：一次電流（線電流）〔A〕、$I_{\Delta p}$：一次電流（相電流）〔A〕、Z：一相当たりのインピーダンス〔Ω〕

V_Y：三相交流電圧（一次電圧（線間電圧））〔V〕、V_{Yp}：三相交流電圧（一次電圧（相電圧））〔V〕、I_Y：始動電流（一次電流（線電流＝相電流））〔A〕

　一次電流（線電流）I_Δ〔A〕と一次電流（相電流）$I_{\Delta p}$〔A〕の関係、

$$I_\Delta = \sqrt{3}\, I_{\Delta p}\,〔A〕$$

より、一次電流（相電流）$I_{\Delta p}$は、

$$I_{\Delta p} = \frac{I_\Delta}{\sqrt{3}} = \frac{9.00}{\sqrt{3}} \fallingdotseq 5.20\,〔A〕$$

　一次電圧（線間電圧＝相電圧）V_Δ〔V〕と一次電流（相電流）$I_{\Delta p}$〔A〕、インピーダンスZ〔Ω〕の関係、

$$V_\Delta = Z I_{\Delta p}\,〔V〕$$

より、インピーダンスZは、

$$Z = \frac{V_\Delta}{I_{\Delta p}} = \frac{43.0}{5.20} \fallingdotseq 8.27\,〔Ω〕$$

　結線をY結線に切り替え、始動した瞬間の三相誘導電動機の等価回路（三相分）を図bに示す。

　始動した瞬間は滑り$s = 1$になるので、一相当たりのインピーダンスは拘束時のインピーダンスZ〔Ω〕のままとなる。

　三相交流電圧（線間電圧）V_Y〔V〕と三相交流電圧（相電圧）V_{Yp}〔V〕の関係、

$$V_Y = \sqrt{3}\, V_{Yp}\,〔V〕$$

より、三相交流電圧（相電圧）V_{Yp}は、

$$V_{Yp} = \frac{V_Y}{\sqrt{3}} = \frac{220}{\sqrt{3}} \fallingdotseq 127\,〔V〕$$

　三相交流電圧（相電圧）V_{Yp}〔V〕と始動電流I_Y〔A〕、インピーダンスZ〔Ω〕の関係は、

$$V_{Yp} = Z I_Y\,〔V〕$$

より、始動電流I_Yは、

$$I_Y = \frac{V_{Yp}}{Z} = \frac{127}{8.27}$$

$$\fallingdotseq 15.4\,〔A〕 \rightarrow \mathbf{15.3}\,〔A〕（答）$$

解　答：　（1）

180 三相誘導電動機の特性

R3 A問題 問3

P.200

(1)、(3)、(4)、(5)の記述は**正しい**。

(2) **誤り**。巻線形誘導電動機では、トルクの比例推移により、二次抵抗の値を大きくすると、最大トルク(停動トルク)を発生する滑りが**大きく**なり、始動特性がよくなる。したがって、「滑りが小さくなる」という記述は誤りである。

解答: (2)

必須ポイント

●巻線形誘導電動機の始動法

巻線形誘導電動機は、トルクの比例推移特性を利用して、始動時に大きなトルクが得られるよう滑り1付近に最大トルクT_mを推移させる。具体的には図aのように、二次回路に外部から**スリップリングとブラシ**を通し、始動抵抗器R_2を接続して始動する。

R_2の大きさを手動(操作ハンドル)で①、②と順次少なくしていき、最後に③でスリップリング間で短絡し、0Ωとする。

図aの①の位置：R_2最大

②の位置：R_2減少

③の位置：R_2 0Ω

図bの①②③は、R_2がそれぞれの位置の時の滑り−トルク特性

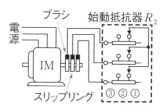

図a 始動抵抗器の接続

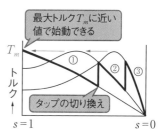

図b トルクの比例推移

〈巻線形誘導電動機の始動〉

※図bのグラフで

左端は滑り$s=1$で始動時、

右端は滑り$s=0$で同期速度、定格負荷時の滑りは$s=0.03$程度である。

●定格負荷時の効率

二次巻線抵抗r_2と外部からの二次回路挿入抵抗R_2の合成抵抗$R=r_2+R_2$は、小さい方が二次銅損が小さくなり、同一定格負荷電流が流れたときの効率は高くなる。一方、大きな始動トルクを得るためには、(r_2+R_2)は効率を犠牲にしてもある程度大きい方がよい。

設問(1)：r_2を銅より抵抗率の大きい銅合金に変更するので、定格負荷時の効率が低下する。

設問(3)：始動時は、$R=r_2+R_2$で始動特性を良くし、定格負荷時はR_2を短絡してr_2のみとなるので高効率となる。

設問(4)、(5)：いずれも r_2 の実効抵抗を始動時は大きく、定格負荷時は小さくして、大きな始動トルクと定格負荷時高効率の両方を実現できる。

181 三相誘導電動機の特性

P.201

R2 B問題 問15

(a) 三相誘導電動機のすべりが s のとき、二次入力 P_2 と定格出力（機械的出力）P_0 には次の関係がある。

$$P_2 : P_0 = 1 : (1 - s)$$

上式を変形すると、

> kWの単位のまま計算する

$$P_2 = \frac{P_0}{1 - s} = \frac{45}{1 - 0.02}$$

$$\fallingdotseq 46 \,[\mathrm{kW}] \,（答）$$

※機械損が与えられていないので、定格出力（軸出力）＝機械的出力と考えてよい。

> **解答：(a)−(4)**

(b) 角速度 ω（回転速度 N）、トルク T で回転している電動機の出力 P は、

$$P = \omega T = 2\pi \frac{N}{60} \cdot T$$

で表される。

この式からトルク T が一定なら、出力 P は回転数 N に比例することがわかる。定格周波数 $f_{60} = 60\,[\mathrm{Hz}]$、極数 $p = 4$、すべり $s_{60} = 0.02$ で運転している三相誘導電動機の回転数 N_{60} は、

$$N_{60} = \frac{120 f_{60}}{p}(1 - s_{60})$$

$$= \frac{120 \times 60}{4} \times (1 - 0.02)$$

$$= 1764 \,[\mathrm{min}^{-1}]$$

この電動機を $f_{50} = 50\,[\mathrm{Hz}]$、すべり $s_{50} = 0.05$ で運転すると、三相誘導電動機の回転数 N_{50} は、

$$N_{50} = \frac{120 f_{50}}{p}(1 - s_{50})$$

$$= \frac{120 \times 50}{4} \times (1 - 0.05)$$

$$= 1425 \,[\mathrm{min}^{-1}]$$

題意より、60〔Hz〕運転時の定格出力トルクと、50〔Hz〕運転時のトルクは等しいので、出力は回転数に比例する。

50〔Hz〕運転時の誘導電動機の出力を P_{50}、60〔Hz〕運転時の誘導電動機の出力を P_{60} とすると、

> 内項の積と外項の積は等しい

$$P_{50} : P_{60} = N_{50} : N_{60}$$

よって、

$$P_{50} = \frac{N_{50}}{N_{60}} \times P_{60} = \frac{1425}{1764} \times 45$$

$$\fallingdotseq 36 \,[\mathrm{kW}] \,（答）$$

> **解答：(b)−(1)**

必須ポイント

●二次入力 P_2 と二次銅損 P_{c2} と機械的出力 P_0 の関係

$$P_2 : P_{c2} : P_0 = P_2 : sP_2 : (1 - s)P_2$$
$$= 1 : s : (1 - s)$$

●電動機の共通公式

$$P = \omega T = 2\pi \frac{N}{60} \cdot T$$

182 三相誘導電動機の等価回路

P.202

R1 A問題 問3

同期速度N_Sは、

$$N_S = \frac{120f}{p} = \frac{120 \times 60}{4}$$

$$= 1800 \,(\text{min}^{-1})$$

滑りsは、

$$s = \frac{N_S - N}{N_S} = \frac{1800 - 1656}{1800}$$

$$= 0.08$$

図aのL形等価回路において、1相分の出力P_0は、

$$P_0 = \frac{1-s}{s} r_2 I^2$$

一次銅損P_{C1}は、

$$P_{C1} = r_1 I^2$$

二次銅損P_{C2}は、

$$P_{C2} = r_2 I^2$$

鉄損P_iは、

$$P_i = g_0 V^2$$

効率ηは、

$$\eta = \frac{P_0}{P_0 + P_{C1} + P_{C2} + P_i} \times 100$$

題意より、

$$P_{C1} = P_{C2} = P_i であるから、$$

$P_{C1} + P_{C2} + P_i = 3P_{C2} = 3r_2 I^2$ とすると、

$$\eta = \frac{P_0}{P_0 + 3P_{C2}} \times 100$$

$$= \frac{\frac{1-s}{s} r_2 I^2}{\frac{1-s}{s} r_2 I^2 + 3 r_2 I^2} \times 100$$

$$= \frac{\frac{1-s}{s}}{\frac{1-s}{s} + 3} \times 100$$

$$= \frac{\frac{1-0.08}{0.08}}{\frac{1-0.08}{0.08} + 3} \times 100$$

$$= \frac{11.5}{14.5} \times 100$$

$$≒ \textbf{79.3} \,(\%)(答)$$

解答：　(3)

別　解

$s = 0.08$までは本解と同じ。

二次入力：二次銅損：出力
$\quad(P_2)\qquad\ (P_{C2})\qquad\ (P_0)$

$= 1:s:1-s$であるから

$$sP_0 = (1-s)P_{C2}$$

$$P_{C2} = \frac{s}{1-s} P_0$$

$$P_{C1} + P_{C2} + P_i = 3P_{C2} = \frac{3s}{1-s} P_0$$

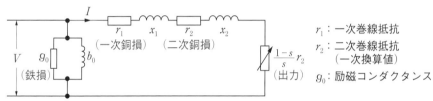

r_1：一次巻線抵抗
r_2：二次巻線抵抗（一次換算値）
g_0：励磁コンダクタンス

図a　一次換算L形等価回路

機械

161

$$\eta = \frac{P_0}{P_0 + 3P_{C2}} \times 100$$

$$= \frac{R_2 1}{R_2 1 + \dfrac{3s}{1-s} R_2 1} \times 100$$

$$= \frac{1}{1 + \dfrac{0.24}{0.92}} \times 100$$

$$\fallingdotseq 79.3 〔\%〕（答）$$

183 三相誘導電動機の特性

P.202

H30 A問題 問3

定格電圧のとき、および電圧低下時の滑りートルク特性を図aに示す。電動機は定トルク負荷に接続されているので、電圧が低下してもトルクは変わらず一定である。

また、電動機トルクは二次入力 P_2 に比例するので、二次入力 P_2 も一定である。

滑りは、$s = 0.03$ から $s' = 0.06$ へと変化する。

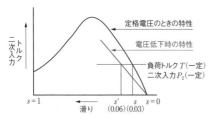

図a 滑り－トルク特性

三相誘導電動機の二次入力 P_2 は、次式で表される。

$$P_2 = 3 \cdot \left(\frac{r_2}{s} \right) \cdot I_2^{\,2} 〔\text{W}〕 \ \cdots\cdots(1)$$

ただし、r_2：二次巻線抵抗〔Ω〕

I_2：二次電流〔A〕

定格電圧のときの二次入力 P_2 は、式(1)に数値を代入して、

$$P_2 = 3 \times \left(\frac{r_2}{0.03} \right) \times I_2^{\,2} 〔\text{W}〕$$

電圧低下時の二次入力 P_2' は、二次電流を I_2'〔A〕とすると、

$$P_2' = 3 \cdot \left(\frac{r_2}{s'} \right) \cdot I_2'^{\,2} 〔\text{W}〕 \ \cdots\cdots(2)$$

式(2)に数値を代入して、

$$P_2' = 3 \times \left(\frac{r_2}{0.06} \right) \times I_2'^{\,2} 〔\text{W}〕$$

ここで、$P_2 = P_2'$ であるから、

$$3 \times \left(\frac{r_2}{0.03} \right) \times I_2^{\,2} = 3 \times \left(\frac{r_2}{0.06} \right) \times I_2'^{\,2}$$

$$\frac{I_2^{\,2}}{0.03} = \frac{I_2'^{\,2}}{0.06}$$

$$I_2'^{\,2} = \frac{0.06}{0.03} I_2^{\,2} = 2I_2^{\,2}$$

$$I_2' = \sqrt{2}\, I_2 \fallingdotseq 1.41I_2$$

I_2' は、I_2 の 1.41 倍（答）である。

解答： (4)

必須ポイント

● 二次入力 P_2

$$P_2 = 3 \cdot \left(\frac{r_2}{s} \right) \cdot I_2^{\,2} 〔\text{W}〕$$

一次側に換算した回路では $I_2 = I_1$

二次入力（同期ワット）P_2 は、電動機トルクに比例するので、同期ワットで表したトルクとも呼ばれる。

(1)、(2)、(4)、(5)の記述は**正しい**。

(3) **誤り**。Y－Δ始動法の始動トルクは、Δ結線における始動時の$\frac{1}{3}$倍となる。したがって、「$\frac{1}{\sqrt{3}}$倍となる」という記述は誤りである。

| 解 答： | (3) |

必須ポイント

●かご形誘導電動機の始動法

 a．**全電圧始動法**

  最も簡単な方法で、端子に直接定格電圧を加えて始動する。

 b．**Y－Δ始動法**

  一次巻線(固定子巻線)を始動のときはY結線とし、定格速度付近まで加速したときにΔ結線とする方法で、この場合は**始動電流**および**始動トルク**は、それぞれ全電圧始動の$\frac{1}{3}$になる。

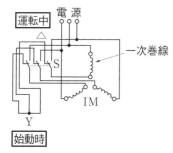

Y－Δ始動

 c．**始動補償器法**

  始動時にスイッチS_1を閉じ、始動補償器と呼ばれる三相単巻変圧器の一次側を電源に、二次側を電動機に接続し始動電圧を下げる。始動補償器のタップにより、電動機の端子電圧を全電圧の$\frac{1}{u}$にすると電動機の電流も$\frac{1}{u}$倍となり、したがって、**電源側(始動補償器の一次側)の始動電流は$\frac{1}{u^2}$倍に減少する**。また、**始動トルクも$\frac{1}{u^2}$倍に減少する**。ほぼ定格速度に近づいたとき、スイッチS_1を開き、スイッチS_2を閉じて定格電圧を与える。

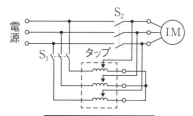

始動補償器(単巻変圧器)

始動補償器法

●巻線形誘導電動機の始動法

 始動抵抗器による始動

  トルクの比例推移を利用して、最大トルクを滑り1付近に推移させて大きな始動トルクで始動する。

●**特殊かご形誘導電動機**

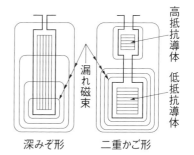

特殊かご形導体

特殊かご形誘導電動機は、**深みぞ形**と

機械

二重かご形の２種類がある。いずれも**トルクの比例推移**特性を利用して始動トルクを大きくするものである。深みぞ形は始動時で二次周波数が高い（$f_2 = sf$、$s = 1$）とき、**表皮効果**により電流が表面に片寄り（電流密度が不均一となり）、**実効抵抗が大きくなる**。また、二重かご形は回転子導体を二重構造としたもので、始動時に表面の導体である漏れリアクタンスの小さい高抵抗導体に電流が集中し、全体の抵抗が大きくなる。

185 三相誘導電動機の等価回路

P.204

H29 A問題 問3

誘導機の二次入力は（ア）**同期ワット**とも呼ばれ、トルクに比例する。誘導機の機械出力と二次銅損の比は、滑りをsとして（イ）$(1 - s) : s$の関係にある。

sが-1から0の間の値をとるとき機械出力は（ウ）**負**となり、誘導機は（エ）**発電機**として運転される。

解 答： （1）

必須ポイント

● **誘導機の二次入力P_2、二次銅損P_{c2}、機械出力P_oの関係**

$$P_{c2} = sP_2$$
$$P_o = (1 - s)P_2$$
$$P_2 : P_{c2} : P_o = 1 : s : (1 - s)$$

● **トルクと同期ワット**

一般に、回転体の機械出力P_o〔W〕、角速度ω〔rad/s〕、トルクT〔N·m〕の間

には、次の関係が成立する。

ただし、$\omega = 2\pi\dfrac{N}{60}$、

　　　N：回転速度〔min^{-1}〕

$$P_o = \omega T \text{〔W〕} \cdots\cdots(1)$$

$$T = \frac{P_o}{\omega} \text{〔N·m〕} \cdots\cdots(2)$$

ここで$P_o = (1 - s)P_2$、$\omega = (1 - s)\omega_s$なので、式(2)は次のように表すことができる。

ただし、P_2は二次入力〔W〕、ω_sは同期角速度〔rad/s〕、N_sは同期速度〔min^{-1}〕

$$T = \frac{P_2(1 - s)}{\omega_s(1 - s)}$$

$$= \frac{P_2}{\omega_s} \text{〔N·m〕} \cdots\cdots(3)$$

$$P_2 = \omega_s T = 2\pi\frac{N_s}{60} T \text{〔W〕} \cdots\cdots(4)$$

式(3)でω_sは定数なので、トルクTの大きさは二次入力P_2で表すことができる。二次入力P_2は、誘導電動機のトルクの大小を表す尺度として、同期ワットで表したトルクと呼ばれる。

● **誘導発電機**

誘導電動機軸に負荷機械の代わりに原動機を接続し、同期速度以上で回転させれば滑りsは負値となり、誘導発電機となる。このとき、誘導電動機として運転していたときの機械出力も負値となり、**機械入力**となる。

負値の機械出力＝機械入力、ということである。

なお、二次銅損は物理的に正値であり、電動機運転でも発電機運転でも発生

する。

P.205

186 三相誘導電動機の特性

H29 B問題 問15

(a) 誘導電動機の定格出力（軸出力）をP_o〔W〕、定格電圧をV〔V〕、一次電流をI〔A〕、効率をη（小数）、力率を$\cos\theta$（小数）とすると、次式が成り立つ。

$$P_o = \sqrt{3}\,VI\cos\theta \cdot \eta\,\text{〔W〕}$$

よって、

$$I = \frac{P_o}{\sqrt{3}\,V\cos\theta \cdot \eta}$$

$$\boxed{15\,\text{〔kW〕}\rightarrow 15\times10^3\,\text{〔W〕}}$$

$$= \frac{15\times10^3}{\sqrt{3}\times400\times0.9\times0.9}$$

$$\fallingdotseq 26.7\,\text{〔A〕}\rightarrow \mathbf{27}\,\text{〔A〕（答）}$$

解答：(a)—(3)

(b) 巻線形誘導電動機の同期速度N_s〔min^{-1}〕は、周波数をf〔Hz〕、極数をpとすると、

$$N_s = \frac{120f}{p} = \frac{120\times60}{4}$$

$$= 1800\,\text{〔min}^{-1}\text{〕}$$

回転速度$N = 1746$〔min^{-1}〕のときの滑りsは、

$$s = \frac{N_s - N}{N_s}$$

$$= \frac{1800 - 1746}{1800}$$

$$= 0.03$$

二次回路の各相に抵抗R〔Ω〕を挿入し、回転速度$N' = 1455$〔min〕になったときの滑りs'は、

$$s' = \frac{N_s - N'}{N_s}$$

$$= \frac{1800 - 1455}{1800}$$

$$= 0.192$$

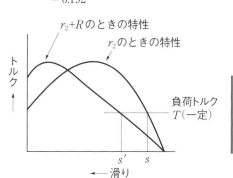

トルクの比例推移

ここで元の二次回路の抵抗をr_2〔Ω〕とすると、トルクの比例推移より、

$$\frac{r_2}{s} = \frac{r_2 + R}{s'}$$

が成り立つ。

上式を変形すると

$$s(r_2 + R) = s'\,r_2$$

$$r_2 + R = \frac{s'}{s}r_2$$

$$R = \frac{s'}{s}r_2 - r_2$$

$$= \left(\frac{s'}{s} - 1\right)r_2$$

$$= \left(\frac{0.192}{0.03} - 1\right)r_2$$

$$= 5.4r_2$$

よって、Rはr_2の**5.4倍**（答）

解答：(b)—(3)

機械

165

$(r_2 + R)$はr_2の$\dfrac{s'}{s} = \dfrac{0.192}{0.03} = 6.4$倍

となるが、この設問で問われているのは「Rはr_2の何倍か」である。

必須ポイント

● **誘導電動機の入力P_iと出力P_o**

$$P_i = \sqrt{3}\, VI\cos\theta$$
$$P_o = P_i \times \eta = \sqrt{3}\, VI\cos\theta \cdot \eta$$

ただし

V：電動機端子電圧（線間電圧）

I：一次電流

$\cos\theta$：力率

η：効率

● **トルクの比例推移**

次図において、二次回路の抵抗がr_2だけである場合の速度－トルク特性曲線をT'とし、T_1のトルクが滑りsで生じているものとすると、二次回路の抵抗をm倍にした場合には、同じトルクT_1は滑り$s' = ms$のところで生じる。

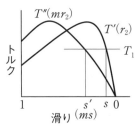

トルクの比例推移

したがって、二次回路の抵抗がr_2の場合の速度－トルク特性曲線T'が与えられていると、二次回路の抵抗がmr_2の場合の速度－トルク特性曲線T''は、曲線T'上の各トルクの値をこれらに対応す

る滑りのm倍の滑りの点に移すことによって求めることができる。

このようにr_2がm倍になるとき、前と同じトルクが前の滑りのm倍の点に起こる。これを**トルクの比例推移**という。

巻線形誘導電動機で同じトルクが出るように二次抵抗r_2に外部抵抗Rを挿入し、滑りsが滑り$s' = ms$に推移したときの関係は、次式のようになる。

$$\frac{r_2}{s} = \frac{mr_2}{ms} = \frac{r_2 + R}{ms}$$

上式で$(r_2 + R = mr_2)$となる。

またRとr_2の関係は、

$$R = (m-1)r_2 = kr_2$$

となる。

ただし、

$$m = \frac{s'}{s}, \quad k = m - 1$$

187 **三相誘導電動機の等価回路** P.206

H28 A問題 問4

かご形三相誘導電動機の同期速度N_s、同期角速度ω_s、二次入力（同期ワット）P_2はそれぞれ次式で表される。

$$N_s = \frac{120f}{p} \,[\text{min}^{-1}] \,\cdots\cdots\cdots(1)$$

$$\omega_s = 2\pi \frac{N_s}{60} \,[\text{rad/s}] \,\cdots\cdots\cdots(2)$$

$$P_2 = \omega_s T \,[\text{W}] \,\cdots\cdots\cdots(3)$$

ただし、f：電源周波数$[\text{Hz}]$、p：極数、T：トルク$[\text{N·m}]$

式(1)より、同期速度N_sは、

$$N_s = \frac{120 \times 50}{6} = 1000 \, [\text{min}^{-1}]$$

式(2)より、同期角速度 ω_s は、

$$\omega_s = 2\pi \times \frac{1000}{60} \fallingdotseq 104.7 \, [\text{rad/s}]$$

式(3)より、二次入力(同期ワット) P_2 は、

$$P_2 = 104.7 \times 200$$
$$\fallingdotseq 20940 \, [\text{W}] \rightarrow \mathbf{21} \, [\text{kW}] \, (答)$$

解 答： (3)

188 三相誘導電動機の特性 P.207
H27 A問題 問3

(1)～(4)の記述は**正しい**。

(5) **誤り**。

二重かご形誘導電動機は回転子に内外二重のスロットを設け、それぞれに導体を埋め込んでいる。

始動時には、内側(回転子中心側)の導体には電流がほとんど流れず、外側(回転子表面側)の導体に電流が流れる。**内側の導体に比べて外側の導体の抵抗値を大きくすることにより**、大きな始動トルクを得ることができるので、「内側の導体は外側の導体に比べて抵抗値を大きくする」という記述は誤りである。

解 答： (5)

189 三相誘導電動機の特性 P.208
H27 B問題 問15

(a) 二次抵抗 $r_2 \, [\Omega]$、トルク $T_n \, [\text{N·m}]$、滑

りsで運転しているとき、二次抵抗を R_2 $[\Omega]$ に変えたときにトルク $T_n \, [\text{N·m}]$ となる滑りを s' とすると、トルクの比例推移により次式が成立する。

$$\frac{r_2}{s} = \frac{R_2}{s'}$$

上式を変形すると、

$$s' = \frac{R_2}{r_2} \cdot s$$

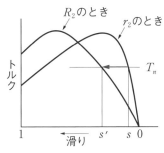

滑り－トルク特性

二次回路に $0.2 \, [\Omega]$ の抵抗を加えたときの滑り s' は、$r_2 = 0.5 \, [\Omega]$、$R_2 = 0.5 + 0.2 = 0.7 \, [\Omega]$、$s = 5 \, [\%] \rightarrow 0.05$ を上式に代入すると、

$$s' = \frac{0.7}{0.5} \times 0.05 = 0.07 \rightarrow \mathbf{7} \, [\%] \, (答)$$

解 答：(a)－(4)

(b) 周波数を $f \, [\text{Hz}]$、極数を p とすると、同期速度 N_s は、

$$N_s = \frac{120f}{p} = \frac{120 \times 60}{6}$$
$$= 1200 \, [\text{min}^{-1}]$$

同期角速度 ω_s は、

$$\omega_s = 2\pi \frac{N_s}{60} = 2\pi \times \frac{1200}{60}$$
$$= 40\pi \, [\text{rad/s}]$$

定格出力 $P = 15 \times 10^3$〔W〕、滑り $s = 0.05$ で運転しているときのトルク T_n は、

$$T_n = \frac{P}{\omega_s(1-s)}$$

$$= \frac{15 \times 10^3}{40\pi(1-0.05)}$$

$$\fallingdotseq 125.6 〔\text{N·m}〕$$

トルクは二次抵抗 r_2 と、滑り s の比 $\left(\dfrac{r_2}{s}\right)$ が変わらなければ電圧の2乗に比例するので、定格電圧 $V_n = 220$〔V〕を電圧 $V = 200$〔V〕に変更したときの負荷トルク T_L は、

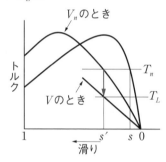

電圧変更時の滑り－トルク特性

$$T_L = \left(\frac{V}{V_n}\right)^2 \times T_n$$

$$= \left(\frac{200}{220}\right)^2 \times 125.6$$

$$\fallingdotseq 104 〔\text{N·m}〕（答）$$

解答：(b)－(2)

---

190 直流機の原理と構造

P.209

R5上期 A問題 問1

直流機の構造は、固定子と回転子からなり、固定子は(ア)**界磁**、継鉄などによって、回転子は(イ)**電機子**、整流子などによって

構成されている。界磁は界磁鉄心と界磁巻線から構成されており、界磁巻線に直流電流を流して一定な磁束を発生させている。また、電機子は電機子鉄心と電機子巻線から構成されている。界磁で発生した一定な磁束の中を電機子が回転するため、電機子鉄心内には、時間とともに大きさと向きが変化する(ウ)**交番**磁束が通る。

交番磁束が通る電機子鉄心には、渦電流損やヒステリシス損などの鉄損が発生する。鉄損を減少させるために、薄いけい素鋼板の表面を絶縁した(エ)**積層**鉄心が用いられている。

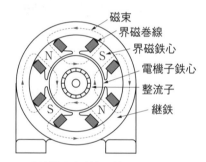

直流機（4極機）の構造

六角形の形状の電機子巻線は、コイル辺を電機子鉄心のスロットに挿入する。各コイル相互のつなぎ方には、(オ)**重ね巻**と波巻とがある。

解答： (1)

必須ポイント

●重ね巻（並列巻）と波巻（直列巻）の比較

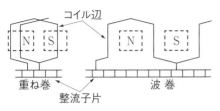

重ね巻と波巻

	重ね巻	波 巻
並列回路数 （ブラシ数）	極数に等しい	極数に関係なく2
電圧、電流の定格	低電圧、大電流	高電圧、小電流

191 直流機の原理と構造 P.210
R4下期 A問題 問1

(1)、(2)、(4)、(5)の記述は**正しい**。

(3)**誤り**。分巻発電機、直巻発電機などは自励式である。したがって、他励式とした(3)の記述は誤りである。

直流発電機は励磁方法により、**他励式**と**自励式**に分類される。他励式は励磁用の直流電源により励磁する。自励式は電機子巻線の誘導起電力を励磁電源として利用する。

|解 答:　(3)|

192 直流電動機の種類と特性 P.211
R4上期 A問題 問1

(ア)直流電動機の電機子電流 I_a〔A〕は次式で表される。

$$I_a = \frac{V-E}{R_a} \text{〔A〕}$$

ただし、

V：端子電圧〔V〕、E：逆起電力〔V〕、
R_a：電機子抵抗〔Ω〕

逆起電力は回転速度に比例するので、始動した瞬間の逆起電力は0となり、電機子抵抗は小さいので、定格電圧をそのまま加えて始動すると電機子巻線に過電流が流れ、電機子巻線やブラシが損傷する。

そのため、分巻電動機では始動時の過電流を防止するために、図aのように始動抵抗（可変抵抗器）Rが(ア)**電機子**回路に直列に接続されている。速度が上がるにつれて始動抵抗の抵抗値を小さくし、始動が終われば始動抵抗を0にする。

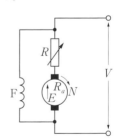

図a　分巻電動機の始動抵抗 R

(イ)直流電動機の速度制御法には、界磁制御法・抵抗制御法・電圧制御法がある。図bに示す静止レオナード方式は(イ)**電圧**制御法の一種であり、サイリスタを利用した整流回路によって電機子巻線に加わる電圧を変化させ、速度を制御する。主に他励電動機に用いられ、回転速度は電圧にほぼ比例するので、

機械

169

広範囲の速度制御ができる利点がある。

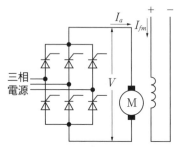

図b 静止レオナード方式（電圧制御法）

（ウ）直流電動機の回転の向きを変えることを逆転という。直流電動機の回転方向は電機子電流の方向と、界磁電流による磁束の方向の、2つの方向によって決まる。

そのため、電機子巻線と界磁巻線のどちらか一方の接続を変えれば、電機子電流の方向または磁束の方向が変わるので、直流電動機の回転の向きを逆にできる。

一般的には、応答が速い（ウ）**電機子**電流の向きを変える方法が用いられている（図cの電機子導体（赤色）にフレミングの左手の法則を適用すると、回転方向が変わることがわかる）。なお、逆転による制動（ブレーキ）を逆転制動（プラッギング）という。この制動では電動機が停止したら、電源から切り離す。

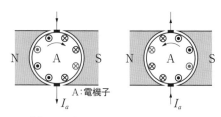

A：電機子

(a) 正回転　　　　(b) 逆回転

図c 直流電動機の正回転と逆回転

（エ）直流電動機の制動（ブレーキ）には、発電制動や回生制動、逆転制動（プラッギング）などがある。

発電制動は、運転中の電動機を電源から切り離して発電機として作用させ、端子間に抵抗器を接続し、発電機としての運動エネルギーを、抵抗中で熱エネルギーとして消費させて制動するものである。

電車が勾配を下る場合やエレベータが下降する場合は、電動機が負荷によって駆動されるようになる。このとき、電動機は発電機として運転することになり、電車やエレベータのもつ運動エネルギーを電源に送り返すことになる。この方法による制動を（エ）**回生**制動という。

解答： (4)

193 直流電動機の種類と特性

P.212

R3 A問題 問1

分巻電動機は端子電圧Vを一定に保ち、界磁抵抗R_fを一定にすれば、界磁電流I_f、界磁磁束ϕは一定になる。この状態で負荷

電流が増加しても、界磁磁束ϕは（ア）**一定**である。

　トルクTは$T = k_2\phi I_a$で表され、電機子電流I_aに比例する。負荷電流Iは、$I = I_a + I_f$、I_fは一定で、かつI_aに比べて小さいので、トルクTは負荷電流Iにほぼ（イ）**比例**する。直巻電動機は、電機子巻線と界磁巻線が直列に接続されるので、負荷電流$I =$ **電機子電流I_a＝界磁電流I_f**となる。したがって、負荷電流Iが増加したとき、界磁結束ϕは$\phi = k_3 I_f = k_3 I_a = k_3 I$となるので、負荷電流$I$に比例して（ウ）**増加**し、トルク$T$は$T = k_2\phi I_a = k_2 k_3 I_a I_a = k_5 I_a^2 = k_5 I^2$となり、負荷電流$I$の（エ）**2乗**に比例する。

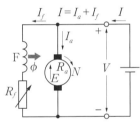

図a　分巻電動機

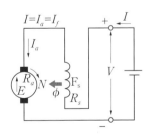

図b　直巻電動機

解答：　(1)

●**直流電動機のトルク式**

$$T = k_2\phi I_a$$

※直巻電動機では$\phi = k_3 I_a$なので、

$$T = k_2 k_3 I_a I_a$$
$$= k_2 k_3 I_a^2$$
$$= k_5 I_a^2$$

194 **直流電動機の理論**
R3 A問題 問2　P.213

分巻電動機の回路図を図aに示す。

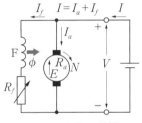

図a　分巻電動機

　最初に与えられた条件、端子電圧$V = 220$〔V〕、電機子電流$I_a = 100$〔A〕、出力$P = 18.5 \times 10^3$〔W〕での運転より、電機子抵抗R_aを求める。

　出力$P = E I_a$〔W〕、逆起電力$E = V - R_a I_a$であるから、

$$P = E I_a = (V - R_a I_a) I_a$$
$$= V I_a - R_a I_a^2$$
$$-R_a I_a^2 = P - V I_a$$
$$R_a I_a^2 = V I_a - P$$
$$R_a = \frac{V I_a - P}{I_a^2}$$
$$= \frac{V}{I_a} - \frac{P}{I_a^2}$$

$$= \frac{220}{100} - \frac{18.5 \times 10^3}{100^2}$$

18.5kW

$$= 0.35 \,[\Omega]$$

端子電圧 $V' = 200\,[\text{V}]$、電機子電流 I_a' $= 110\,[\text{A}]$、回転速度 $N = 720\,[\text{min}^{-1}]$ で運転したときの出力を $P'\,[\text{W}]$ とすると、このときのトルク T は、

$$T = \frac{P'}{\omega} = \frac{E'I_a'}{2\pi \dfrac{N}{60}} = \frac{(V' - R_a I_a')I_a'}{2\pi \dfrac{N}{60}}$$

$$= \frac{V'I_a' - R_a I_a'^2}{2\pi \dfrac{N}{60}} \,[\text{N}\cdot\text{m}]$$

ただし、E' は逆起電力で、$E' = V' - R_a I_a'\,[\text{V}]$

ω は角速度で、$\omega = 2\pi \dfrac{N}{60}\,[\text{rad/s}]$

上記トルク式に数値を代入する。

$$T = \frac{V'I_a' - R_a I_a'^2}{2\pi \dfrac{N}{60}}$$

$$= \frac{200 \times 110 - 0.35 \times 110^2}{2\pi \dfrac{720}{60}}$$

$$= \frac{17765}{24\pi}$$

$$\fallingdotseq 236\,[\text{N}\cdot\text{m}]\,(答)$$

解答： (2)

必須ポイント

●分巻電動機の出力

出力 $P = EI_a = (V - R_a)I_a$
$= VI_a - R_a I_a^2 = \omega T = 2\pi \dfrac{N}{60} \cdot T\,[\text{W}]$
電機子入力 $P_{in} = VI_a\,[\text{W}]$
電機子銅損 $P_c = R_a I_a^2\,[\text{W}]$

ただし、

E：逆起電力〔V〕

V：端子電圧〔V〕

I_a：電機子電流〔A〕

R_a：電機子抵抗〔Ω〕

ω：角速度〔rad/s〕

N：回転速度〔min^{-1}〕

T：トルク〔N・m〕

195 直流電動機の種類と特性 P.214

R2 A問題 問1

直流他励電動機の回路図を図aに示す。

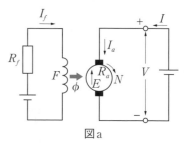

図a

I_f：界磁電流

I_a：電機子電流（＝負荷電流 I）

V：電機子電圧（端子電圧）

E：逆起電力

N：回転数

ϕ：界磁磁束

R_a：電機子巻線抵抗

a．回路図からわかるように、他励電動機は、（ア）**界磁電流** I_f と（イ）**電機子電流** I_a を独立した直流電源で制御できる。磁束 ϕ は、（ア）**界磁電流** I_f に比例する。

b．他励電動機のトルク T は、次式で表される。

$$T = k_2 \phi I_a\,[\text{N}\cdot\text{m}]$$

上式より、磁束 ϕ 一定の条件で（イ）**電機子電流** I_a を増減すれば、（イ）**電機子電**

流I_aに比例するトルクTを制御できる。

c．他励電動機の回転数Nは、題意よりR_aI_aが小さいことから次式で表される。

$$N = \frac{E}{k\phi} = \frac{V - R_aI_a}{k\phi} \fallingdotseq \frac{V}{k\phi} \; [\text{min}^{-1}]$$

上式より、磁束ϕ一定の条件で(ウ)**電機子電圧**(端子電圧) Vを増減すれば、(ウ)**電機子電圧**(端子電圧) Vに比例する回転数Nを制御できる。この速度制御(回転数制御)を電圧制御という。

d．他励電動機の回転数Nの式(c. で述べた式)から、(ウ)**電機子電圧**(端子電圧) V一定の条件で磁束ϕを増減すれば、ほぼ磁束ϕに反比例する回転数Nを制御できる。

回転数Nの(エ)**上昇**のために(ア)**界磁電流**I_fを弱める制御がある。この速度制御(回転数制御)を界磁制御という。

解答： (1)

必須ポイント

●直流他励電動機の公式

逆起電力$E = V - R_aI_a$
$= k\phi N \; [\text{V}]$

回転数$N = \dfrac{E}{k\phi} = \dfrac{V - R_aI_a}{k\phi}$

$\fallingdotseq \dfrac{V}{k\phi} \; [\text{min}^{-1}]$

トルク$T = k_2\phi I_a \; [\text{N·m}]$

196 直流発電機の種類と特性

P.215

R2 A問題 問2

界磁に永久磁石を用いているので、他励発電機である。

回転軸が回らないように固定し、(回転子を拘束した状態で)電機子に電圧Vを加えると、電機子は逆起電力Eを発生しないため、電機子電流I_aを妨げるものは電機子巻線抵抗R_aのみである。このとき、発電機は電動機の状態である。

したがって、次式が成立する。

$$R_a = \frac{V}{I_a} \qquad \boxed{\begin{array}{l} E = V - R_aI_a \\ 0 = V - R_aI_a \\ \text{から導いてもよい} \end{array}}$$

$$= \frac{3}{1} = 3 \; [\Omega]$$

電機子銅損P_cは、

$P_c = R_aI_a^2 = 3 \times 1^2 = 3 \; [\text{W}]$

なお、この銅損は電機子に定格電流$I_a = I_n = 1 \; [\text{A}]$が流れているときの銅損である（図a参照）

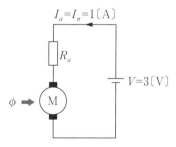

$I_a = I_n = 1 \; [\text{A}]$

R_a

$V = 3 \; [\text{V}]$

ϕ Ⓜ

図a　回転子拘束状態

次に、電機子回路を開放した状態、すなわち発電機を無負荷の状態で定格回転数Nで駆動したとき、電機子に発生した電圧

173

（誘導起電力）は $E = 15〔V〕$ であるから、発電機定格運転時の入力（軸入力）P_{in} は、

$$P_{in} = EI_n = 15 \times 1 = 15〔W〕$$

（図b参照）

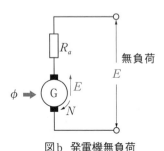

図b　発電機無負荷

よって、定格運転時の効率 η は、

$$\boxed{\frac{出力}{入力} \times 100 = \frac{入力 - 損失}{入力} \times 100}$$

$$\eta = \frac{P_{in} - P_c}{P_{in}} \times 100$$

$$= \frac{15 - 3}{15} \times 100 = \frac{12}{15} \times 100$$

$$= 80〔\%〕（答）$$

解　答：　(3)

別　解

　電機子銅損 P_c を求めるまでの過程は本解と同じ。

　電機子回路を開放した状態、すなわち発電機を無負荷の状態で定格回転数で駆動したとき、電機子に発生した電圧（誘導起電力）は、$E = 15〔V〕$ である。

　仮に、この状態から定格回転数 N のまま負荷を取って増加していき、定格負荷 P_n まで負荷を増加しても誘導起電力 E は、$E = k\phi N$（ϕ 一定、N 一定）であるから変わらない。

　定格電流は、$I_a = I_n = 1〔A〕$ なので、このときの端子電圧＝定格電圧 V_n は、

$$V_n = E - R_a I_n = 15 - 3 \times 1 = 12〔V〕$$

したがって、この発電機の定格出力 P_n は、

$$P_n = V_n I_n = 12 \times 1 = 12〔W〕$$

（図c参照）

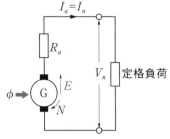

図c　発電機定格運転

よって、定格運転時の効率 η は、

$$\boxed{\frac{出力}{入力} \times 100 = \frac{出力}{出力 + 損失} \times 100}$$

$$\eta = \frac{P_n}{P_n + P_c} \times 100$$

$$= \frac{12}{12 + 3} \times 100 = \frac{12}{15} \times 100$$

$$= 80〔\%〕（答）$$

必須ポイント

●**他励直流電動機**

　逆起電力 $E = V - R_a I_a〔V〕$

●**他励直流発電機定格運転**

　定格電圧 $V_n = E - R_a I_n〔V〕$

●**直流機共通公式**

　誘導起電力（逆起電力）$E = k\phi N〔V〕$

電源電圧 $V = 120$〔V〕の回路図aと $V' = 100$〔V〕の回路図bを比較する。

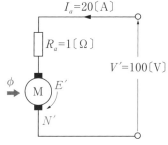

図b 電源電圧 $V' = 100$〔V〕

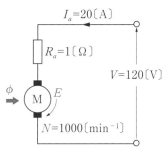

図a 電源電圧 $V = 120$〔V〕

電機子電流 $I_a = 20$〔A〕

電機子抵抗 $R_a = 1$〔Ω〕

逆起電力　$E = V - I_a R_a$

$= 120 - 20 \times 1$

$= 100$〔V〕

$= k\phi N$

回転速度　$N = 1000$〔min^{-1}〕

磁束　　　$\phi = $一定（永久磁石）

電動機出力 $P_m = EI_a$
トルク　　 $T = \dfrac{P_m}{\omega} = \dfrac{EI_a}{2\pi \cdot \dfrac{N}{60}}$

ω：角速度

※枠内公式は別解で使用

電機子電流 $I_a = 20$〔A〕

電動機発生トルク $T = k\phi I_a$ であり、負荷要求トルクとの一致点で運転する。負荷トルクは題意より一定トルクなので電動機トルクも一定、ϕ も一定なので I_a も変わらず20〔A〕のままとなる

電機子抵抗 $R_a = 1$〔Ω〕

逆起電力　　$E' = V' - I_a R_a$

$= 100 - 20 \times 1$

$= 80$〔V〕

$= k\phi N'$

求める回転速度 N'

磁束　　　$\phi = $一定（永久磁石）

電動機出力 $P_m' = E'I_a$
トルク　　 $T' = \dfrac{P_m'}{\omega'} = \dfrac{E'I_a}{2\pi \cdot \dfrac{N'}{60}}$

※枠内公式は別解で使用

電源電圧変化前後の逆起電力の比較から、次式が成り立つ。

$$\frac{E'}{E} = \frac{\cancel{k\phi}N'}{\cancel{k\phi}N} = \frac{80}{100}$$

よって、求める回転速度 N' は、

$$N' = \frac{80}{100} \times N = \frac{80}{100} \times 1000$$

機
械

175

$= 800 \, [\text{min}^{-1}]$（答）

解答：　(4)

別解

定トルク負荷であるから、電源電圧が変化しても電動機発生トルクは変化せず $T = T'$ である。

よって、次式が成り立つ。

$$\frac{E \cancel{I_a}}{\cancel{2\pi} \cdot \dfrac{N}{60}} = \frac{E' \cancel{I_a}}{\cancel{2\pi} \cdot \dfrac{N'}{60}}$$

$$\frac{E}{N} = \frac{E'}{N'}$$

$$N' = \frac{E'}{E} \times N = \frac{80}{100} \times 1000$$

$$= 800 \, [\text{min}^{-1}] \text{（答）}$$

必須ポイント

●直流電動機の公式

逆起電力 $E = V - I_a R_a$

逆起電力 $E = k\phi N$

電動機出力 $P_m = E I_a$

電動機出力 $P_m = \omega T$

トルク $T = \dfrac{P_m}{\omega}$

トルク $T = k_2 \phi I_a$

角速度 $\omega = 2\pi \cdot \dfrac{N}{60}$

198 直流電動機の種類と特性

P.216

H30 A問題 問1

静止状態で電源に接続した直後（始動直後）は逆起電力 $E\,[\text{V}]$ が発生しないので、始動電流（電機子電流）I_{as} を妨げるものは電機子抵抗 $R_a\,[\Omega]$ と可変抵抗 $R_1\,[\Omega]$ の直列合成抵抗となる。よって次式が成立する。

$$I_{as} = \frac{V}{R_a + R_1} \, [\text{A}] \quad \cdots\cdots(1)$$

式(1)を変形して、$R_1\,[\Omega]$ を求める。

$$R_a + R_1 = \frac{V}{I_{as}}$$

$$R_1 = \frac{V}{I_{as}} - R_a = \frac{200}{100} - 0.5$$

$$= 1.5 \, [\Omega] \text{（答）}$$

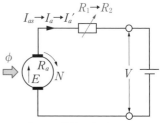

直流電動機の抵抗制御

電動機の始動後は逆起電力 $E\,[\text{V}]$ が発生し、電機子電流 $I_a\,[\text{A}]$ およびトルク $T\,[\text{N·m}]$ が減少する。（$T = k\phi I_a$ で I_a に比例）

電機子電流 I_a が半分の $50\,[\text{A}]$ まで減少（トルクも半分に減少）したときの逆起電力 $E\,[\text{V}]$ は、

$$E = V - (R_a + R_1) I_a \cdots\cdots(2)$$

数値を代入して、

$$E = 200 - (0.5 + 1.5) \times 50 = 100 \, [\text{V}]$$

ここで、直列可変抵抗 $R_1\,[\Omega]$ を $R_2\,[\Omega]$ に変化させ、電機子電流が $I_a' = 100\,[\text{A}]$ に増えたのだから、次式が成立する。

$$I_a' = \frac{V - E}{R_a + R_2} \, [\text{A}] \quad \cdots\cdots(3)$$

数値を代入して、

$$100 = \frac{200 - 100}{0.5 + R_2} \text{ (A)}$$

$$100 = \frac{100}{0.5 + R_2} \text{ (A)}$$

上式からR_2を求める。

$$0.5 + R_2 = \frac{100}{100}$$

$$R_2 = 1 - 0.5 = \textbf{0.5} \text{ (Ω)} \text{（答）}$$

解 答： (4)

必須ポイント

●直流電動機の始動直後は静止状態（回転していない状態）なので、電機子に逆起電力は発生しない。

199 直流電動機の理論
H29 A問題 問1
P.217

永久磁石を用いた小形直流電動機は、他励電動機である。

始動時は静止しており、逆起電力E〔V〕が発生しないので、始動電流I_{as}〔A〕を妨げるものは電機子抵抗R_a〔Ω〕のみである。

$$I_{as} = \frac{V}{R_a}$$

$$R_a = \frac{V}{I_{as}} = \frac{12}{4} = 3 \text{ (Ω)}$$

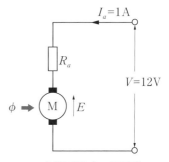

定格回転時の電動機

次に、定格回転時は逆起電力E〔V〕が発生し、定格電流I_a〔A〕が流れ、次式が成立する。

$$E = V - I_a R_a$$
$$= 12 - 1 \times 3$$
$$= 9 \text{ (V)}$$

このとき定格出力（軸出力）P_oは、

$$P_o = EI_a = 9 \times 1$$
$$= 9 \text{ (W)}$$

電機子巻線による銅損P_cは、

$$P_c = R_a I_a^2$$
$$= 3 \times 1^2$$
$$= 3 \text{ (W)}$$

よって定格運転時の効率ηは、

$$\eta = \frac{P_o}{P_o + P_c} \times 100 = \frac{9}{9 + 3} \times 100$$
$$= \textbf{75} \text{ (\%)} \text{（答）}$$

※または、入力$P_{in} = VI_a$であるので、

$$\eta = \frac{P_o}{P_{in}} \times 100 = \frac{9}{12 \times 1} \times 100$$
$$= \textbf{75} \text{ (\%)} \text{（答）}$$

としてもよい。

解 答： (4)

機械

必須ポイント

●他励直流電動機の入力、出力、損失

電動機の電機子入力は $P_{in} = VI_a$〔W〕であり、この式は、

$$P_{in} = VI_a = (E + R_aI_a)I_a$$
$$= EI_a + R_aI_a^2〔W〕$$

となる。

上記で $R_aI_a^2$ は、電機子巻線の銅損であるから、EI_a は電動機で機械的に動力に変換される出力 P_o となり、次式のように表すことができる。

$$P_o = EI_a〔W〕$$

---

200 直流電動機の種類と特性

H28 A問題 問1　　P.218

端子電圧 $V = 100$〔V〕の回路図aと、$V' = 115$〔V〕の回路図bを比較する。

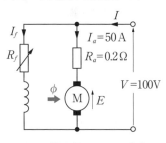

図a　端子電圧 $V=100$〔V〕

電機子電流 $I_a = 50$〔A〕

電機子抵抗 $R_a = 0.2$〔Ω〕

逆起電力 $E = V - I_aR_a$
$$=100 - 50 \times 0.2 = 90〔V〕$$

界磁電流 I_f

界磁磁束 ϕ

回転速度 $N = 1500$〔min^{-1}〕

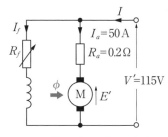

図b　端子電圧 $V'=115$〔V〕

$I_a = 50$〔A〕変わらず

$R_a = 0.2$〔Ω〕変わらず

$E' = V' - I_aR_a$
$$=115 - 50 \times 0.2 = 105〔V〕$$

I_f 変わらず

ϕ 変わらず（I_f変わらずのため）

$N' =$ 求める回転速度

$V = 100$〔V〕のときの逆起電力 E と $V' = 115$〔V〕のときの逆起電力 E' は、

$E = k\phi N$、$E' = k\phi N'$ となるので、求める回転速度 N' は、

$$\frac{E'}{E} = \frac{k\phi N'}{k\phi N}$$

$$N' = \frac{E'}{E} \times N$$

$$= \frac{105}{90} \times 1500 = 1750〔\text{min}^{-1}〕（答）$$

解答： (4)

---

201 直流電動機の理論

H27 A問題 問1　　P.219

直流電動機の逆起電力 E と出力 P は次式で表される。

$$E = \frac{p\phi zN}{60a}〔V〕 \quad \cdots\cdots(1)$$

$$P = EI_a \text{〔W〕} \cdots\cdots(2)$$

ただし、p：極数、a：並列回路数、z：全導体数、ϕ：1極当たりの磁束〔Wb〕、N：回転速度〔min^{-1}〕、I_a：電機子電流〔A〕

式(1)に、$p = 4$、$a = 2$、$z = 258$、$\phi = 0.020$〔Wb〕、$N = 1200$〔min^{-1}〕を代入すると、逆起電力 E は、

$$E = \frac{p\phi zN}{60a}$$

$$= \frac{4 \times 0.02 \times 258 \times 1200}{60 \times 2}$$

$$= 206.4 \text{〔V〕}$$

式(2)に、$E = 206.4$〔V〕、$I_a = 250$〔A〕を代入すると、出力 P は、

$$P = EI_a = 206.4 \times 250$$

$$= 51600 \text{〔W〕} \rightarrow \textbf{51.6〔kW〕}（答）$$

解 答： (4)

202 同期発電機の原理と特性
P.220
R5上期 A問題 問5

(1)、(2)、(4)、(5)の記述は**正しい**。

(3)**誤り**。短絡比 k_s は $k_s = \dfrac{1}{Z_{s \text{〔p.u.〕}}}$ で表されるように、同期インピーダンス Z_s〔p.u.〕の逆数である。

短絡比 k_s を小さくすると同期インピーダンス Z_s〔p.u.〕が大きくなり、Z_s〔p.u.〕による電圧降下も大きくなるので、電圧変動率が**大きくなる**。よって、「電圧変動率が小さくなる。」という(3)の記述は誤りである。

解 答： (3)

必須ポイント
●同期発電機の短絡比

　短絡比の大きな発電機は同期インピーダンスが小さいため、**電圧変動率が小さく**、**安定度もよくなる**。鉄を多く使用しているので機械の重量が重く、大型となり、**鉄機械**とも呼ばれる。**短絡比の小さな発電機**は上記とは逆の特徴を持ち、銅を多く使用しているので、**銅機械**とも呼ばれる。一般に、短絡比はタービン発電機で0.6〜0.9程度、水車発電機で0.9〜1.2程度である。

203 同期電動機の原理と特性
P.221
R4下期 A問題 問4

(ア)進み、**(イ)遅れ**、**(ウ) C**、**(エ) A**、**(オ)同期調相機**となる。

解 答： (4)

必須ポイント
●同期電動機のV曲線

(1) 曲線の最低点が力率1に相当。これより**右側は進み力率**（進み電流の範囲）、**左側は遅れ力率**（遅れ電流の範囲）。

(2) 出力が大きいほどV曲線は**上側に移動する**。

(3) 同期電動機を無負荷で使ったものが**同期調相機**で、励磁を強め進み力率で運転すると**コンデンサ**と同じ働き、励磁を弱め遅れ力率で運転すると**分路リアクトル**と同じ働きをする。

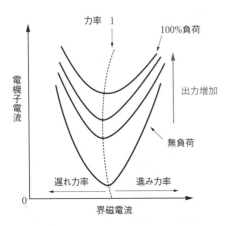

力率 1

100%負荷

電機子電流

出力増加

無負荷

遅れ力率　進み力率

界磁電流

$$= \frac{6600^2}{8000 \times 10^3} = 5.445 \,〔\Omega〕$$

パーセントインピーダンス$\%Z_s〔\%〕$は、

$$\%Z_s〔\%〕 = \frac{Z_s}{Z_n} \times 100 = \frac{4.73}{5.445} \times 100$$

$$\doteqdot 86.87 〔\%〕$$

単位法(p.u.法)で表したインピーダンス$Z_s〔\text{p.u.}〕$は、$\%Z_s〔\%〕$を100倍しない値であるから、

$$Z_s〔\text{p.u.}〕 = \frac{\%Z_s}{100} = \frac{86.87}{100} = 0.8687$$

（$Z_s〔\text{p.u.}〕$は、$\%Z_s〔\%〕$を経由しないで直接

$$Z_s〔\text{p.u.}〕 = \frac{Z_s〔\Omega〕}{Z_n〔\Omega〕} = \frac{4.73}{5.445} \doteqdot 0.8687$$

と求めてもよい）

短絡比K_sは$Z_s〔\text{p.u.}〕$の逆数であるから、

$$K_s = \frac{1}{Z_s〔\text{p.u.}〕} = \frac{1}{0.8687}$$

$$\doteqdot 1.15 （答）$$

解答： (3)

別解

パーセントインピーダンス$\%Z_s〔\%〕$および$Z_s〔\text{p.u.}〕$の定義式

$$\%Z_s〔\%〕 = \frac{Z_s〔\Omega〕 \times P_n}{V_n^2} \times 100 〔\%〕 \quad \cdots\cdots①$$

$$Z_s〔\text{p.u.}〕 = \frac{Z_s〔\Omega〕 \times P_n}{V_n^2} 〔\text{p.u.}〕 \quad \cdots\cdots②$$

式②より、

$$Z_s〔\text{p.u.}〕 = \frac{4.73 \times 8000 \times 10^3}{6600^2} \doteqdot 0.8687$$

よって、求める短絡比K_sは、

---

204 同期発電機の原理と特性

P.223

R4下期 A問題 問5

単位法(p.u.法)で表した同期インピーダンス$Z_s〔\text{p.u.}〕$は、短絡比k_sの逆数に等しいので、まず、Ω値の同期インピーダンスをパーセントインピーダンス$\%Z_s〔\%〕$に変換する。

定格インピーダンス$Z_n〔\Omega〕$は、定格出力を$P_n〔\text{V}\cdot\text{A}〕$、定格電圧を$V_n〔\text{V}〕$、定格電流を$I_n〔\text{A}〕$とすると、

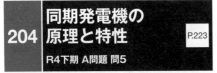

Z_s

0.8687〔p.u.〕
4.37〔Ω〕

$I_n〔\text{A}〕$

$\frac{V_n}{\sqrt{3}}〔\text{V}〕$

Z_n

1.0〔p.u.〕
5.445〔Ω〕

1相当たりの等価回路

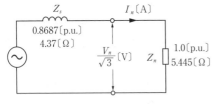

$$Z_n = \frac{\frac{V_n}{\sqrt{3}}}{I_n} = \frac{\frac{V_n}{\sqrt{3}}}{\frac{P_n}{\sqrt{3}\,V_n}} = \frac{\sqrt{3}\,V_n^2}{\sqrt{3}\,P_n} = \frac{V_n^2}{P_n}$$

$P_n = \sqrt{3}\,V_n I_n$を変形

$$K_s = \frac{1}{Z_s\,[\text{p.u.}]} = \frac{1}{0.8687} \doteqdot 1.15\,(\text{答})$$

205 同期発電機の並行運転

P.224

R4上期 A問題 問4

(ア)三相同期発電機の並行条件は、

　①起電力の大きさが等しい。

　②起電力の位相が等しい。

　③起電力の周波数が等しい。

　④起電力の波形が等しい。

　の4つがある。

　同期発電機Aに同期発電機Bを並列に接続するには、同期発電機A、Bの(ア)**起電力**の大きさが等しく、それらの位相が一致していることが必要になる。

(イ)同期発電機の起電力の大きさは、界磁電流による磁束と周波数(回転速度)の積に比例する。

　周波数は一定なため、同期発電機A、Bの(ア)**起電力**の大きさを等しくするには、同期発電機Bの(イ)**界磁**電流を調整する必要がある。

(ウ)同期発電機の起電力の位相は界磁の位置によって決まる。起電力の位相を変化させるには、界磁の位置を調整する必要があるので、原動機の回転速度を調整する。

　同期発電機A、Bの位相を一致させるには、同期発電機Bの原動機の(ウ)**回転速度**を調整する必要がある。

(エ)同期発電機を並行運転する場合、起電力の位相と周波数が等しいかどうかを検出する装置を同期検定器という。

　そのため、位相が一致しているかどうかの確認には(エ)**同期検定器**が用いられる。

(オ)同期発電機を並行運転するとき、起電力の大きさが異なると、同期発電機間に循環電流が流れる。同期発電機の電機子抵抗は小さいため、同期発電機間にはほぼ同期リアクタンスだけとなるので、循環電流は起電力に対して約90°の位相差で流れ、無効電流となる。この無効電流(循環電流)は(オ)**無効横流**と呼ばれ、電機子巻線の抵抗損を増加させ、巻線を加熱させる原因となる。

解答： (2)

206 同期発電機の原理と特性

P.225

R4上期 A問題 問5

　定格容量(定格出力)を$S_n\,[\text{V}\cdot\text{A}]$、定格電圧を$V_n\,[\text{V}]$、定格電流を$I_n\,[\text{A}]$とすると、

$$S_n = \sqrt{3}\,V_n I_n\,[\text{V}\cdot\text{A}]$$

より、定格電流$I_n\,[\text{A}]$は、

$$I_n = \frac{S_n}{\sqrt{3}\,V_n}\,[\text{A}] \quad\cdots\cdots①$$

　式①に$S_n = 1500\times10^3\,[\text{V}\cdot\text{A}]$、$V_n = 3300\,[\text{V}]$を代入すると、定格電流$I_n\,[\text{A}]$は、

$$I_n = \frac{S_n}{\sqrt{3}\,V_n} = \frac{1500\times10^3}{\sqrt{3}\times3300} \doteqdot 262\,[\text{A}]$$

　三相短絡電流(持続短絡電流)を$I_s\,[\text{A}]$、定格電流を$I_n\,[\text{A}]$とすると、短絡比K_sは、

$$K_s = \frac{I_s}{I_n} \quad\cdots\cdots②$$

式②に、$I_s = 310$〔A〕、$I_n = 262$〔A〕を代入すると、短絡比K_sは、

$$K_s = \frac{I_s}{I_n} = \frac{310}{262} \fallingdotseq 1.18 \text{（答）}$$

解答： (3)

207 同期発電機の原理と特性

P.226

R3 A問題 問6

同期発電機の定格負荷時の等価回路を図aに示す。

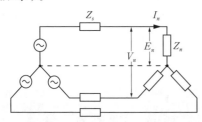

図a　同期発電機等価回路

V_n：定格線間電圧〔V〕

E_n：定格相電圧〔V〕、$E_n = \dfrac{V_n}{\sqrt{3}}$〔V〕

I_n：定格電流〔A〕

Z_n：定格(負荷)インピーダンス〔Ω〕

Z_s：同期インピーダンス〔Ω〕

同期発電機の百分率同期インピーダンス%Z_s〔%〕は、次式で定義される。

$$\%Z_s = \frac{Z_s I_n}{E_n} \times 100 = \frac{\sqrt{3} Z_s I_n}{V_n} \times 100 \text{〔\%〕}$$

$P_n = \sqrt{3} V_n I_n$〔V・A〕より、定格電流I_nを求める。

ただし、P_nは定格出力で

$$P_n = \underline{3000 \times 10^3}\text{〔V・A〕}$$

3000kV・A → 3000 × 10³V・A

また、題意の定格電圧6000〔V〕とは、定格線間電圧のことであるから、$V_n = 6000$〔V〕(断り書きのない限り、定格電圧は線間電圧で表す)

$$I_n = \frac{P_n}{\sqrt{3} V_n} = \frac{3000 \times 10^3}{\sqrt{3} \times 6000}$$

$$\fallingdotseq 288.7 \text{〔A〕}$$

よって、求める百分率同期インピーダンス%Z_s〔%〕は定義式より、

$$\%Z_s = \frac{\sqrt{3} Z_s I_n}{V_n} \times 100$$

$$= \frac{\sqrt{3} \times 6.90 \times 288.7}{6000} \times 100$$

$$\fallingdotseq 57.5 \text{〔\%〕（答）}$$

解答： (4)

別 解

百分率同期インピーダンス%Z_s〔%〕とは、同期インピーダンスZ_s〔Ω〕が定格インピーダンスZ_n〔Ω〕の何%か？という意味であるから、

$$\%Z_s = \frac{Z_s}{Z_n} \times 100 \text{〔\%〕}$$

となる。

ここで、Z_nは等価回路より、

$$Z_n = \frac{E_n}{I_n} = \frac{V_n/\sqrt{3}}{I_n}$$

$$= \frac{6000/\sqrt{3}}{288.7}$$

$$\fallingdotseq \frac{3464.1}{288.7}$$

$$\fallingdotseq 12.0 \text{〔Ω〕}$$

よって、求める%Z_s〔%〕は、

$$\%Z_s = \frac{Z_s}{Z_n} \times 100$$

$$= \frac{6.90}{12.0} \times 100$$
$$= 57.5 \,[\%]\,(答)$$

必須ポイント

●百分率同期インピーダンス$\%Z_s\,[\%]$

$$\%Z_s = \frac{Z_s I_n}{E_n} \times 100 = \frac{\sqrt{3}\,Z_s I_n}{V_n} \times 100\,[\%]$$

または、

$$\%Z_s = \frac{Z_s}{Z_n} \times 100\,[\%]$$

208 同期電動機の原理と特性

P.226

R2 A問題 問5

同期電動機が力率1のときの1相当たりのベクトル図を図aに示す。

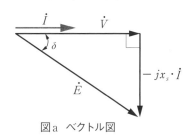

図a ベクトル図

$\dot{V}$：端子電圧（相電圧）〔V〕、
$\dot{E}$：誘導起電力（相電圧）〔V〕
$\dot{I}$：負荷電流（電機子電流）〔A〕、
x_s：同期リアクタンス〔Ω〕
δ：負荷角〔rad〕

同期電動機の力率が1であるため、端子電圧（相電圧）$\dot{V}$〔V〕と負荷電流（電機子電流）$\dot{I}$〔A〕は同相となる。したがって、同期リアクタンスx_s〔Ω〕で生じる電圧降下は、端子電圧より位相が90度遅れる。

図aより、1相当たりの誘導起電力$\dot{E}$は、
$$\dot{E} = \dot{V} - jx_s \cdot \dot{I}\,[\mathrm{V}]$$
1相当たりの誘導起電力の大きさEは、
$$E = |\dot{E}| = \sqrt{V^2 + (x_s \cdot I)^2}\,[\mathrm{V}]$$
$$= \sqrt{200^2 + (8 \times 10)^2}$$
$$= \sqrt{46400}$$
$$\doteqdot 215\,[\mathrm{V}]\,(答)$$

解 答： (4)

209 同期発電機の並行運転

P.227

R1 B問題 問15

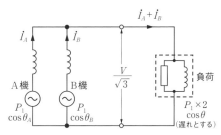

図a 同期発電機の並行運転（1相分）

(a) A機の力率を$\cos\theta_A$、 B機の力率を$\cos\theta_B$とする。また、両機とも1相分の出力を$P_1 = \dfrac{7300 \times 10^3}{3}$〔W〕とする。

$$\frac{V}{\sqrt{3}}\,I_A\cos\theta_A = P_1$$

三相分の計算式
$\sqrt{3}\,VI_A\cos\theta_A = P_3$
から$\cos\theta_A$を求めてもよい

$$\frac{6600}{\sqrt{3}} \times 1000 \times \cos\theta_A$$

$$= \frac{7300 \times 10^3}{3}$$

$$\cos\theta_A = \frac{\dfrac{7300\times10^3}{3}}{\dfrac{6600\times1000}{\sqrt{3}}} \quad \begin{array}{l}\text{外側の積}\\\text{内側の積}\end{array}$$

$$= \frac{\sqrt{3}\times7300\times10^3}{3\times6600\times1000}$$

$$\fallingdotseq 0.639 \rightarrow \mathbf{64}\,\text{〔％〕(答)}$$

解答：(a)－(2)

ここで、設問（b）に備え $\cos\theta_B$ を計算しておく。

$$\frac{V}{\sqrt{3}}\,I_B\cos\theta_B = P_1$$

$$\frac{6600}{\sqrt{3}}\times800\times\cos\theta_B$$

$$= \frac{7300\times10^3}{3}$$

$$\cos\theta_B = \frac{\dfrac{7300\times10^3}{3}}{\dfrac{6600\times800}{\sqrt{3}}}$$

$$\fallingdotseq 0.7982$$

（b）調整前のＡ機の負荷分担電流（皮相電流）$\dot{I}_A$ を、有効電流成分 $I_A\cos\theta_A$ と無効電流成分 $-jI_A\sin\theta_A$ に分ける。

$$\dot{I}_A = I_A\cos\theta_A - jI_A\sin\theta_A$$

$$\boxed{\sin\theta_A = \sqrt{1-\cos^2\theta_A}}$$

$$= 1000\times0.639 - j1000$$
$$\times\sqrt{1-0.639^2}$$

$$\fallingdotseq 639 - j769\,\text{〔A〕}$$

同様にＢ機の $\dot{I}_B$ を $I_B\cos\theta_B$ と $-jI_B\sin\theta_B$ に分ける。

$$\dot{I}_B = I_B\cos\theta_B - jI_B\sin\theta_B$$

$$= 800\times0.7982 - j800$$
$$\times\sqrt{1-0.7982^2}$$

$$\fallingdotseq 639 - j482\,\text{〔A〕}$$

この状態から、ＡおよびＢ機の駆動機の出力調整（＝発電機の有効電流調整）および励磁調整（＝発電機の無効電流調整）を次のように行った。

調整後の負荷分担電流（皮相電流）を $\dot{I}_A'$、$\dot{I}_B'$、力率を $\cos\theta_A'$、$\cos\theta_B'$ とすると、題意より、

$$\dot{I}_A' = 1000 + j0 \quad \cos\theta_A' = 1$$

調整前に比べ、Ａ機の有効電流は $1000-639=361$〔A〕増加、無効電流は $-j769$〔A〕減少した。

したがって、Ｂ機の有効電流は361〔A〕減少、無効電流は $-j769$〔A〕増加するので、

$$\dot{I}_B' = (639-361) - j(482+769)$$
$$= 278 - j1251\,\text{〔A〕}$$

$$\cos\theta_B' = \frac{278}{\sqrt{278^2+1251^2}}$$

$$\fallingdotseq 0.217 \rightarrow \mathbf{22}\,\text{〔％〕(答)}$$

解答：(b)－(1)

調整前後で負荷の合計電流は変わらない
確認：$\dot{I}_A + \dot{I}_B = \dot{I}_A' + \dot{I}_B' = 1278 - j1251$〔A〕

別　解

本解は、有効電流、無効電流の増減を計算して力率を求めたが、有効電力、無効電力の増減を計算してもよい。

有効電力（出力）＝ $\sqrt{3}\times6600\times$ 有効電流
無効電力 ＝ $\sqrt{3}\times6600\times$ 無効電流
の関係がある。

同期発電機の1相当たりの出力Pは、次式で表される。

$$P = V \cdot I \cos\theta = \frac{E \cdot V}{x_s} \sin\delta \,[\text{W}]$$

ただし、E：誘導起電力（相電圧）〔V〕、V：端子電圧（相電圧）〔V〕、I：負荷電流（電機子電流）、x_s：同期リアクタンス〔Ω〕、δ：負荷角（内部相差角）

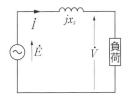

図a　1相分の等価回路

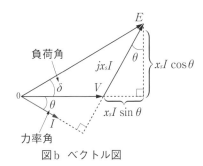

図b　ベクトル図

単位法（p.u.法）とは、定格値を1.00〔p.u.〕で表す方法であるから、

定格電圧 $V = 1.00$〔p.u.〕

電機子電流 $I = 0.4$〔p.u.〕

負荷力率 $\cos 30° = 0.866$〔p.u.〕

同期リアクタンス $x_s = 0.915$〔p.u.〕

となる。

また、ベクトル図において、

$$x_s I \cos\theta = 0.915 \times 0.4 \times 0.866$$
$$\fallingdotseq 0.317 \,[\text{p.u.}]$$
$$x_s I \sin\theta = 0.915 \times 0.4 \times \sin 30°$$
$$= 0.915 \times 0.4 \times \frac{1}{2}$$
$$= 0.183 \,[\text{p.u.}]$$

となる。

負荷角 δ を含む直角三角形の

底辺 $= V + x_s I \sin\theta$
$= 1.00 + 0.183 = 1.183$〔p.u.〕

高さ $= x_s I \cos\theta = 0.317$〔p.u.〕

この三角形と相似な、底辺11.83〔cm〕、高さ3.17〔cm〕の直角三角形を定規で描き、δ を目測すると、約15〔°〕（答）であることが分かる（30〔°〕よりは十分小さく、選択肢にある角度15〔°〕を選ぶことができる）。

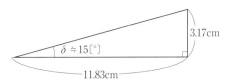

解 答：	(2)

別解 1

δ が小さいとき成り立つ $\tan\delta \fallingdotseq \delta$（ただし δ はラジアン値〔rad〕）の近似式により、次のように求める。

$$\tan\delta \,[\text{rad}] = \frac{0.317}{1.183} \fallingdotseq 0.268$$

$$\therefore \delta = 0.268 \,[\text{rad}]$$

0.268〔rad〕 → **15**〔°〕（答）

$0.268 \times \dfrac{180}{\pi} \fallingdotseq 15$〔°〕と計算し、〔rad〕→〔°〕へ変換する

機械

185

別解 2

次のように加法定理を使用して、tan15[°] = 0.268であることを確認する。

$$\tan(A - B) = \frac{\tan A - \tan B}{1 + \tan A \times \tan B}$$

$$\tan\delta = \tan15° = \frac{\tan60° - \tan45°}{1 + \tan60° \times \tan45°}$$

$$= \frac{1.732 - 1}{1 + 1.732 \times 1} = \frac{0.732}{2.732}$$

$$\approx 0.268$$

$$\therefore \delta = 15[°] \text{（答）}$$

必須ポイント

●同期発電機の出力

$$P = \frac{E \cdot V}{x_s} \sin\delta [\text{W}]$$

Eは1相当たりの誘導起電力、Vは1相当たりの端子電圧なので、3相出力P_3はこの3倍となり、次式で表される。

$$P_3 = \frac{3E \cdot V}{x_s} \sin\delta [\text{W}]$$

ただし、EおよびVを線間電圧とした場合、1相の出力Pは、

$$P = \frac{\dfrac{E}{\sqrt{3}} \cdot \dfrac{V}{\sqrt{3}}}{x_s} \sin\delta [\text{W}]$$

となり、3相出力P_3はこの3倍となり、次式で表される。

$$P_3 = \frac{E \cdot V}{x_s} \sin\delta [\text{W}]$$

電圧の見方（相電圧、線間電圧）によって1相出力、3相出力が同じ式となる。

【単位法】

単位法とは、全体を1としたとき、ある量がいくらになるのかを表す表記法である。分かりやすくいうと、百分率で100倍するところを、100倍しない表記法であるといえる。例えば力率を百分率で表すと、力率＝（有効電力／皮相電力）×100[％]とするところを、単位法では力率＝（有効電力／皮相電力）[p.u.]（パーユニット）となる。

---

211 同期発電機の並行運転

P.229

H29 A問題 問4

(1) **正しい。** 一度相回転方向を確認すれば、2線を入れ替えない限り変わることはない。

(2) **正しい。** 位相の調整と周波数の調整は、駆動機（原動機）の回転速度を調整する調速機（ガバナ）により行う。

(3) **正しい。** 端子電圧の大きさは界磁の調整（励磁電流の大きさの調整）により行う。

(4) **誤り。** 端子電圧の波形は設計段階で決まっており、調整することは不可能である。また、励磁電流の大きさを変えずに励磁電圧の大きさを調整することなどできない。

(5) **正しい。** 位相の一致と周波数の一致は同期検定器で確認する。一般の同期検定器では指針の回転が停止すれば、周波数が一致、指針が12時の位置で位相の一致となる。

解答： (4)

必須ポイント

●同期発電機並行運転の条件

電力送電の系統では、電力の供給信頼

度を高めるため、通常、複数（2台以上）の同期発電機を同一の母線に接続して運転する**並行運転**が行われている。並行運転を行うためには、各発電機が安定した負荷分担を行う必要があり、そのために同期発電機が備えるべき条件としては、次のようなものがある。

a．電圧の大きさが等しいこと
b．電圧の位相が等しいこと
c．周波数が等しいこと
d．電圧の波形が等しいこと

212 **同期発電機の原理と特性** P.230

H29 A問題 問5

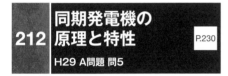

図a 定格運転時の等価回路

定格出力 $P_n = 10 \times 10^6 \, [\text{V} \cdot \text{A}]$

定格電圧 $V_n = 6.6 \times 10^3 \, [\text{V}]$

定格電流 $I_n = \dfrac{P_n}{\sqrt{3} \, V_n}$

$\qquad = \dfrac{10 \times 10^6}{\sqrt{3} \times 6.6 \times 10^3}$

$\qquad \fallingdotseq 874.8 \, [\text{A}]$

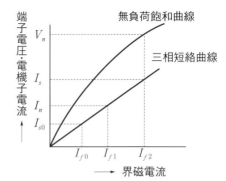

図b 同期発電機の特性

問題の同期発電機の三相短絡曲線は図bのようになる。

図bより、三相短絡電流 $I_{s0} = 700 \, [\text{A}]$ を流すのに必要な界磁電流は $I_{f0} = 50 \, [\text{A}]$ であるから、定格電流 I_n に等しい短絡電流を流すのに必要な界磁電流 I_{f1} は、

$$\frac{I_{s0}}{I_{f0}} = \frac{I_n}{I_{f1}}$$

より、

$$I_{f1} = \frac{I_n}{I_{s0}} \times I_{f0} = \frac{874.8}{700} \times 50$$

$$\fallingdotseq 62.5 \, [\text{A}]$$

一方、百分率同期インピーダンス $\%X_s$ = 80 [%] が与えられているので、これを単位法（$\%X_s$ を100で割った値）で表すと、

$$X_s = \frac{\%X_s}{100} = \frac{80}{100} = 0.8 \, [\text{p.u.}]$$

単位法で表した $X_s \, [\text{p.u.}]$ と短絡比 K_s は逆数の関係にあるので

$$K_s = \frac{1}{X_s} = \frac{1}{0.8} = 1.25$$

また、短絡比 K_s はその定義により、

$$K_s = \frac{I_s}{I_n}$$

となる。

ただし、I_sは無負荷で定格電圧を発生している発電機を三相短絡したときに流れる短絡電流。

したがって、

$$I_s = K_s \cdot I_n = 1.25 \times 874.8 \fallingdotseq 1093.5 \text{〔A〕}$$

無負荷定格電圧V_nを発生するのに必要な界磁電流I_{f2}は、

図bより、

$$\frac{I_n}{I_{f1}} = \frac{I_s}{I_{f2}}$$

であるから、

$$I_{f2} = \frac{I_s}{I_n} \times I_{f1} = \frac{1093.5}{874.8} \times 62.5$$

$$\fallingdotseq \mathbf{78.1} \text{〔A〕（答）}$$

解　答：　(3)

必須ポイント

●短絡比と同期インピーダンス

短絡比とは、電機子巻線が短絡したときにどれだけ短絡電流が流れやすいかの目安となるもので、その値が大きいほど短絡電流が大きくなる。

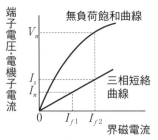

無負荷飽和曲線と短絡曲線

定格速度で無負荷定格電圧V_nを発生させるのに必要な界磁電流をI_{f2}、三相短絡時に定格電流I_nに等しい永久短絡電流を流すのに必要な界磁電流をI_{f1}とす

ると、短絡比K_sは次式で定義される。

$$K_s = \frac{I_{f2}}{I_{f1}} = \frac{I_s}{I_n}$$

百分率同期インピーダンス$\%X_s$〔%〕を単位法で表したものをX_s〔p.u.〕とすると、

$$X_s\text{〔p.u.〕} = \frac{1}{K_s}$$

となり、**単位法で表した同期インピーダンスは短絡比の逆数に等しい。**

213 同期電動機の原理と特性

P.231

H28 A問題 問5

次図より、同期電動機のV曲線の特徴は次のようになる。

横軸は（ア）**界磁電流**、縦軸は（イ）**電機子電流**で、負荷が増加するにつれて曲線は上側へ移動する。図中の破線は、各負荷における力率（ウ）**1**の動作点を結んだ線であり、この破線より左側の領域は（エ）**遅れ力率**、右側の領域は（オ）**進み力率**となる。

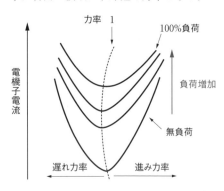

解　答：　(2)

●同期電動機のV曲線

(1) 曲線の最低点が力率1に相当。これより右側は進み力率、左側は遅れ力率。

(2) 負荷が大きいほどV曲線は上側に移動する。

(3) 同期電動機を無負荷で使ったものが同期調相機で、励磁を強め進み力率で運転するとコンデンサと同じ働き、励磁を弱め遅れ力率で運転すると**分路リアクトル**と同じ働きをする。

214 同期発電機の原理と特性

H27 A問題 問5

P.233

無負荷飽和曲線より、端子電圧（相電圧）が定格電圧 V_n〔V〕のときの界磁電流を I_{f1}〔A〕、短絡曲線より定格電流 I_n〔A〕のときの界磁電流を I_{f2}〔A〕とすると、短絡比 K_s は、

$$K_s = \frac{I_{f1}}{I_{f2}} \cdots\cdots (1)$$

また、百分率同期インピーダンス z_s〔％〕と短絡比 K_s の関係は、

$$z_s = \frac{1}{K_s} \times 100 \,〔\%〕 \cdots\cdots (2)$$

式(2)に式(1)を代入すると、百分率同期インピーダンス z_s〔％〕は、

$$z_s = \frac{1}{\dfrac{I_{f1}}{I_{f2}}} \times 100 \,〔\%〕$$

$$= \frac{I_{f2}}{I_{f1}} \times 100 \,〔\%〕 \,（答）$$

解答： (5)

215 機械一般

R5上期 A問題 問11

P.234

電動機の回転速度が1150〔min^{-1}〕のとき、負荷の回転速度は、減速機の減速比が8であるので、

$$n_L = 1150 \times \frac{1}{8}$$

$$= 143.75〔\text{min}^{-1}〕 \rightarrow \mathbf{143.8}〔\text{min}^{-1}〕（答）$$

電動機の速度を ω_m、負荷側の速度を ω_L とすると、

$$\omega_m = 2\pi \frac{n_m}{60}, \quad \omega_L = 2\pi \frac{n_L}{60}$$

より、電動機（減速機含む）出力と負荷側入力は等しいことから、

$$T_m \omega_m \eta = T_L \omega_L （ただし、\eta は効率）$$

よって、

$$T_L = \frac{\omega_m}{\omega_L} T_m \eta = \frac{n_m}{n_L} T_m \eta$$

$$= \frac{1150}{143.75} \times 100 \times 0.95$$

$$= \mathbf{760}〔\text{N} \cdot \text{m}〕（答）$$

また、上式より、負荷側の軸入力動力 P_L〔kW〕は、

$$P_L = T_L \omega_L = T_L 2\pi \frac{n_L}{60}$$

$$= 760 \times 2\pi \frac{143.75}{60}$$

$$\fallingdotseq 11441〔\text{W}〕 \rightarrow \mathbf{11.4}〔\text{kW}〕（答）$$

解答： (2)

216 機械一般

R4下期 A問題 問11

P.235

Q〔m^3〕の水を H〔m〕揚水しようとすると

きに必要な仕事(エネルギー)W〔J〕は、水の密度が$\rho = 1.00 \times 10^3$〔kg/m³〕であることから、

$$W = mgH = Q \times \rho \times 9.8 \times H$$
$$= 80 \times 1.00 \times 10^3 \times 9.8 \times (40 + 0.4)$$
$$\fallingdotseq 31674 \times 10^3 \text{〔J〕}$$

ただし、

m：水の質量〔kg〕$(m = Q \times \rho)$

g：重力加速度9.8〔m/s²〕

H：全揚程(実揚程＋損失水頭)〔m〕

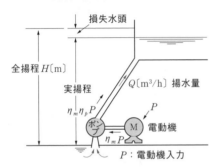

図a　揚水ポンプ

上記の仕事W〔J〕を1時間＝3600秒で行うので、ポンプ用電動機入力P〔J/s〕は、

$$P = \frac{W}{3600\,\eta_m\eta_p}$$
$$= \frac{31674 \times 10^3}{3600 \times 0.93 \times 0.72}$$
$$\fallingdotseq 13.1 \times 10^3 \text{〔J/s=W〕} \rightarrow \mathbf{13.1}\text{〔kW〕(答)}$$

ただし、η_m：電動機効率

η_p：ポンプ効率

解答：　(4)

(ア)正しい。

トルクは$\dfrac{r_2}{s}$(二次抵抗／滑り)の関数で表されるので、トルク一定の状態で二次抵抗r_2が大きくなると、滑りsは同じ割合だけ増加する。

したがって、正しい。

(イ)誤り。

同期電動機は、負荷が一定(トルクが一定)の状態で界磁電流I_fを変化させると、図aのように電機子電流I_aはV字を描くように変化し、力率も変化する。

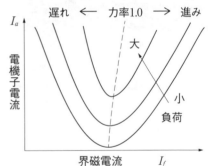

図a　同期電動機のV曲線

したがって、力率1.0で運転している状態で界磁電流を小さくすると、同期電動機の力率は遅れ力率になるので、電機子電流の位相は電源電圧に対し、遅れとなる。

したがって、「電源電圧に対し、進みとなる。」という記述は誤りである。

(ウ)誤り。

他励直流電動機の回転速度N〔min⁻¹〕は次式で表される。

$$N = \frac{V - R_a I_a}{k\varphi} \ [\text{min}^{-1}] \ \cdots\cdots ①$$

ただし、k：定数、V：端子電圧〔V〕、
R_a：電機子抵抗〔Ω〕、I_a：電機子電流〔A〕、
φ：磁束〔Wb〕

　磁気飽和がなければ磁束φは界磁電流
I_fに比例するので、界磁電流を大きくす
ると磁束が大きくなり、回転速度は下降
する。

　したがって、「回転速度は上昇する。」
という記述は誤りである。

（エ）**誤り**。

　かご形誘導電動機の一次誘導起電力
E_1〔V〕は次式で表される。

$$E_1 = 4.44 k_1 f \varphi w_1 \ [\text{min}^{-1}] \ \cdots\cdots ②$$

ただし、k_1：巻線係数、f：電源周波
数〔Hz〕、φ：磁束〔Wb〕、w_1：一相当
たりのコイルの巻数

　かご形誘導電動機の一次電圧と一次誘
導起電力E_1はほぼ等しいので、電源電
圧一定の場合、一次誘導起電力も一定に
なる。

　電源周波数fを高くすると、式②が成り
立つためには磁束が減少する必要がある。

　周波数を高くすると励磁電流は減少
し、磁束が減少する。

　したがって、「励磁電流は増加する。」
という記述は誤りである。

解答： **(5)**

---

218 機械一般
R3 A問題 問7
P.237

a. 直流分巻電動機

　電機子回路に（ア）**直列抵抗**（始動抵抗R
と呼ばれる）を接続して電源電圧Vを加
え、始動電流を制限する。回転速度が上昇
するに従って抵抗値を減少させる。

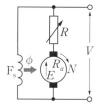

図a　分巻電動機の始動抵抗R

b. 三相かご形誘導電動機

　（イ）Δ結線の一次巻線を（ウ）Y結線に
接続を変えて電源電圧を加え、始動電流を
制限する。回転速度が上昇すると（イ）Δ結
線に戻す。

　始動電流は全電圧始動に比べ1/3に抑え
ることができるが、始動トルクも1/3にな
る。

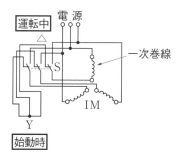

図b　Y－△始動

c. 三相巻線形誘導電動機

機械

（エ）**二次**回路にスリップリングとブラシを通し、抵抗を接続して電源電圧を加え、始動電流を制限する。回転速度が上昇するに従って抵抗値を減少させる。

この始動法はトルクの比例推移により、定格トルクに近い大きな始動トルクが得られる。

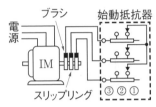

(a) 始動抵抗器の接続

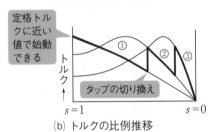

(b) トルクの比例推移

図c　三相巻線形誘導電動機の始動方法

d. 三相同期電動機

無負荷で始動電動機（誘導電動機や直流電動機）を用いて、同期速度付近まで加速する。次に、界磁を励磁して（オ）**同期**発電機として、三相電源との並列運転状態を実現する。そののち、始動用電動機の電源を遮断して同期電動機として運転する。

> 解答：　**(1)**

219　機械一般

R3 A問題 問10

P.238

質量 m〔kg〕の物体には重力が働いている。重力の加速度は $g = 9.8$〔m/s²〕である。物体を巻き上げるには、重力に逆らう力 F を加える必要がある。

$$F = 9.8m〔N〕$$

加えた力 F によって、物体が l〔m〕だけ移動したとすると、移動に要した仕事 W〔J〕は、

$$W = Fl = 9.8ml〔J〕$$

また、移動に要した時間を t〔s〕とすると、単位時間当たりの仕事、すなわち理論動力 P〔W〕は、

$$P = \frac{W}{t} = \frac{9.8ml}{t}〔W〕$$

ここで、l/t は移動速度 v〔m/s〕を表しているから、

$$P = 9.8mv〔W〕$$

この式に数値を代入すると、

$$P = 9.8 \times 1000 \times 0.5 = 4900〔W〕$$

求める電動機出力 P_m は、P を機械効率 $\eta = 0.90$（小数）で割ればよいので、

$$P_m = \frac{P}{\eta} = \frac{4900}{0.9} \fallingdotseq 5444〔W〕$$

$$\rightarrow 5.5〔kW〕（答）$$

> 解答：　**(4)**

※効率を掛けるのか割るのか迷ったら→電動機出力は理論動力より大きくなければならない→効率（小数）で割る

必須ポイント

●物体を巻き上げるのに必要な力 F

$$F = mg = 9.8m \text{〔N〕}$$

●物体の移動に要する仕事 W

$$W = Fl = 9.8ml \text{〔J〕}$$

●単位時間当たりの仕事（理論動力）P

$$P = \frac{W}{t} = \frac{9.8ml}{t} = 9.8mv \text{〔W〕}$$

●電動機出力 P_m

$$P_m = \frac{P}{\eta} \text{〔W〕}$$

220 機械一般
R2 A問題 問7 　　P.239

(1)、(2)、(3)、(5)の記述は**正しい**。

(4)　**誤り**。

問題のかご形誘導電動機の速度トルク特性 T_M と定トルク負荷の特性 T_L を図aに示す。

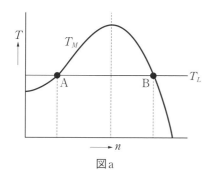

図a

電動機と負荷のトルク曲線が2点で交わっている。この場合、誘導電動機の始動トルクよりも負荷トルクが大きいので始動できない。仮に何らかの方法により始動したとすると、交点Aまで加速できる。

しかし、点Aは不安定な動作点であ

る。さらに加速して安定な交点Bに落ちつくか、減速して停止する

したがって、「加速時と減速時によって安定な動作点が変わる」という記述は誤りである。安定な動作点は点Bの一点のみである。

※**交点Aが不安定な理由**

何らかの理由により、点Aより速度が上昇すると、$T_M > T_L$ となり、さらに加速する。速度が減少すると、$T_M < T_L$ となり、さらに減速する。

※**交点Bが安定な理由**

何らかの理由により、点Bより速度が上昇すると、$T_M < T_L$ となり、減速し点Bに戻る。速度が減少すると、$T_M > T_L$ となり、加速して点Bに戻る。

解　答：　(4)

必須ポイント

●**電動機安定運転の条件**

電動機が負荷を負って、安定した運転ができるためには、負荷トルク T_L の特性曲線と電動機トルク T_M の特性曲線の交点において、次の条件が成り立つ必要がある。

$$\frac{\Delta T_L}{\Delta n} > \frac{\Delta T_M}{\Delta n} \cdots\cdots\cdots①$$

$T_L = T_M$ のときにトルクが平衡する。

式①の左辺は、回転速度に対する負荷トルクの変化率を表し、右辺は回転速度に対する電動機トルクの変化率を表している。

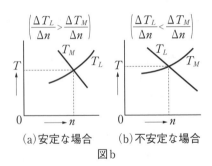

$$\left(\frac{\Delta T_L}{\Delta n} > \frac{\Delta T_M}{\Delta n}\right) \qquad \left(\frac{\Delta T_L}{\Delta n} < \frac{\Delta T_M}{\Delta n}\right)$$

（a）安定な場合　　（b）不安定な場合

図b

　図b（a）の場合は、なんらかの原因で動作点をはずれて速度が少し増加すると、負荷トルクは増加する。一方、電動機トルクは減少するので、増加する負荷トルクをまかなえない。したがって、増加した負荷トルクは減速トルクとして働き、速度は低下することになり、動作点に戻り安定する。

　逆に、平衡点をはずれて速度が少し減少すると、負荷トルクは減少する。一方、電動機トルクは増加するので、負荷トルクを上回る。したがって、増加した電動機トルクは加速トルクとして働き、速度は上昇することになり、動作点に戻り安定する。

　図b（b）の場合にも、T_LとT_Mの平衡点があるように見えるが、これは安定的な動作点ではない。なんらかの原因で速度が少し増加すると、電動機の加速が始まり、ますます速度が上昇する。また、速度が少し減少すると、負荷トルクの増加に対して電動機トルクが減少するので、ますます速度が低下する。

221 機械一般

P.240

　（ア）**銅損**、（イ）**渦電流損**、（ウ）**ヒステリシス損**、（エ）**機械損**となる。

解答：　(1)

必須ポイント

●電気機器の損失

a．コイルの抵抗r（巻線抵抗）に負荷電流Iが流れることにより、$I^2 r$の電力損失（ジュール熱損失）を生じる。この電力損失を**銅損**という。コイル導体の断面積を大きくすれば負荷電流Iは一定で抵抗rが小さくなるので、銅損を低減できる。

　並列コイルに電流が流れるとき、各コイルのインピーダンス（$\dot{Z} = r + jx$）が等しくないと並列コイル間に循環電流が流れ、この損失が増加する。銅損は**負荷損**とも呼ばれる。

b．鉄心に交流磁束ϕが通ると損失が発生する。この損失を**鉄損**といい、**渦電流損**と**ヒステリシス損**からなる。

　渦電流損とは、交流磁束ϕによって誘導された渦電流iと鉄心の抵抗rとの間に発生する$i^2 r$の電力損失（ジュール熱損失）をいう。渦電流iを流れにくくするため、積層鉄心とし、表面を絶縁処理する。

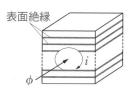

表面絶縁

φ

i

積層鉄心表面絶縁のイメージ

鉄損は無負荷時にも発生するので、**無負荷損**に分類される（無負荷時だけ発生するのではなく、負荷時にもほぼ同じ大きさで発生している）。

ヒステリシス損は、鉄心の交流磁束φが磁界の履歴現象（ヒステリシス）に依存するために発生する。ヒステリシスループの面積に比例する損失である（鉄心内の分子磁石が向きを変えるときの摩擦熱損失）。

透磁率が大きい、保磁力が小さいなど、磁性材料として優れた性質を持つ電磁鋼板を鉄心に使用し、この損失を低減している。

c. 電動機や発電機などの回転電気機器では、**軸受摩擦損**や回転子、冷却ファンの空気抵抗による**風損**がある。これらの損失を**機械損**という。機械損は無負荷損に分類される。

●ヒステリシス損と渦電流損

鉄損はヒステリシス損と渦電流損からなり、無負荷損の大部分を占めており、無負荷損といえば鉄損と考えて大差ない。

鉄損の約80〔%〕はヒステリシス損である。ヒステリシス損は、電圧の2乗に比例し、周波数に反比例する。

渦電流損は電圧の2乗に比例し、周波数に無関係である。

注　意

最大磁束密度一定の条件のもとでは、ヒステリシス損は周波数に比例し、渦電流損は周波数の2乗に比例する。注意しよう。

222 **機械一般**
R1 A問題 問12
P.241

（ア）**セル**、（イ）**モジュール**、（ウ）**インバータ**、（エ）**最大**となる。

解　答：　(5)

必須ポイント

●太陽光発電システム

太陽電池素子そのものを**セル**と呼び、1個当たりの出力電圧は約0.5〔V〕である。

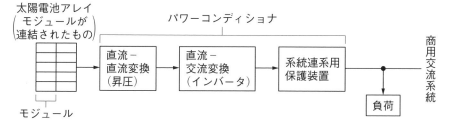

太陽光発電の構成

数十個のセルを直列および並列に接続して、屋外で使用できるよう樹脂や強化ガラスなどで保護しパッケージ化したものを**モジュール**という。

モジュールは太陽電池パネルとも呼ばれる。このモジュールを集合配置したものは**太陽電池アレイ**と呼ばれ、実際に発電を行う装置となる。

太陽電池で発電するのは、直流電力である。これを電気事業者の交流配電系統に連系するためには、直流を交流に変換する**逆変換装置（インバータ）**だけでなく、系統連系用保護装置を設ける必要があり、この一連の機能を備えた装置のことを**パワーコンディショナ**という。

太陽電池アレイの出力は、日射強度や太陽電池の温度によって変動する。これらの変動に対し、太陽電池アレイから常に最大の電力を取り出す制御は、MPPT制御と呼ばれている。

---

223 **機械一般**
H30 A問題 問10
P.242

ポンプ用電動機の全台数の合計出力 P は、

$$P = \frac{QHk}{6.12\eta} \ [\mathrm{kW}] \ \cdots\cdots(1)$$

ただし、
Q：毎分当たりの排水量〔$\mathrm{m}^3/\mathrm{min}$〕、
H：全揚程〔m〕、
k：余裕係数、 η：ポンプの効率（小数）
式(1)に、$Q = 300$〔$\mathrm{m}^3/\mathrm{min}$〕、$H = 10$〔m〕、$k = 1.1$、 $\eta = 0.8$ を代入すると、電動機出力 P は、

$$P = \frac{300 \times 10 \times 1.1}{6.12 \times 0.8} \fallingdotseq 674 \ [\mathrm{kW}]$$

100〔kW〕の電動機を用いた同一仕様のポンプを用いるとすると、必要なポンプの台数 N は、

$$N = \frac{674}{100} = 6.74 \to 7台（答）$$

解 答： (4)

必須ポイント

●ポンプ用電動機の全台数の合計出力 P

$$P = \frac{9.8QHk}{60\eta} = \frac{QHk}{6.12\eta} \ [\mathrm{kW}]$$

9.8：重力加速度 g〔$\mathrm{m/s}^2$〕
Q：毎分当たりの排水量〔$\mathrm{m}^3/\mathrm{min}$〕
H：全揚程〔m〕
k：余裕係数（余裕率）（$k \geqq 1$）
η：ポンプの効率（小数）

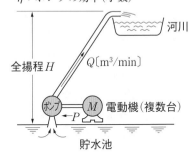

---

224 **機械一般**
H29 A問題 問6
P.243

a．（ア）**直流機**と（イ）**誘導機**は回転速度が変化することでトルクが変化する。一般に、回転機のトルク T は $T = k\phi I$ で表され、磁束 ϕ 一定の下、電流 I に比例す

る。直流機では回転速度Nが変化すると電機子電流Iも変化するので、トルクが変化する。誘導機も原理を突き詰めると直流機と同じであり、回転速度Nが変化すると(滑りsが変化すると)、一次電流Iが変化しトルクが変化する。なお、同期機の回転速度は同期速度N_sで一定であり、変化はしない。

b．一次巻線に負荷電流と励磁電流を重畳して流す電気機器は(イ)**誘導機**と(ウ)**変圧器**であり、その等価回路はよく似ている。

c．負荷電流が電機子巻線を流れる(ア)**直流機**と(エ)**同期機**の誘導起電力は、$E = k\phi N$で表され、磁束ϕと回転速度Nの積に比例する。

| 解答： | (3) |

225 機械一般

H28 A問題 問6

P.244

(ア)、(イ)直流分巻電動機の電圧およびトルクTは次式で表される。

$$E = k\phi N〔V〕 \cdots\cdots\cdots(1)$$

$$V = E + R_a I_a〔V〕 \cdots\cdots\cdots(2)$$

$$T = k'\phi I_a〔N\cdot m〕 \cdots\cdots\cdots(3)$$

ただし、V：電源電圧(端子電圧)〔V〕、E：逆起電力〔V〕、I_a：電機子電流〔A〕、R_a：電機子巻線抵抗〔Ω〕、ϕ：1極当たりの磁束〔W_b〕、N：回転速度〔min^{-1}〕、k、k'：定数

式(1)より、回転速度Nに比例するのは(ア)**逆起電力E**となる。

無負荷運転では$T ≒ 0〔N\cdot m〕$となり、

式(3)より電機子電流は$I_a ≒ 0〔A〕$となるので、式(2)より、次式が成り立つ。

$$V ≒ E + R_a \times 0 ≒ E〔V〕$$

したがって、(ア)**逆起電力E**と(イ)**電源電圧V**がほぼ等しくなる。

(ウ)、(エ)誘導電動機の同期速度N_sと滑りsは、次式で表される。

$$N_s = \frac{120f}{p}〔min^{-1}〕 \cdots\cdots\cdots(4)$$

$$s = \frac{N_s - N}{N_s} \cdots\cdots\cdots(5)$$

ただし、f：電源周波数〔Hz〕、p：極数、N：回転速度〔min^{-1}〕

式(4)より、周波数と極数で決まるのは(ウ)**同期速度**となる。

無負荷運転では、(ウ)**同期速度N_s**と回転速度Nがほぼ等しい値になるので、式(5)より、

$$s = \frac{N_s - N}{N_s} ≒ \frac{0}{N_s} ≒ 0$$

したがって、(エ)**滑りs**は、ほぼ零になる。

(オ)同期電動機では、界磁電流による磁束と電機子電流による磁束が発生する。無負荷運転では両磁束の間の位相差はほぼ零となる。負荷がかかると両磁束の間の位相差が増大し、トルクが発生する。この両磁束の間の位相差を(オ)**負荷角**または内部相差角という。

| 解答： | (1) |

必須ポイント

●**電動機の負荷変動**

どのような種類の電動機でも、軸に接続されているポンプ、ファンなど負荷の水量

197

や風量が増加すれば、すなわち負荷が増加すれば、電動機電流（電機子電流、一次電流）＝負荷電流が増加する。

誘導電動機は、負荷が増加すると**滑り**が大きくなり回転速度が低下する。

同期電動機は、負荷が増加すると**負荷角**（**内部相差角**）が大きくなるが、回転速度は変わらない。

両者の違いをしっかり押さえておこう。

---

226 機械一般
H28 A問題 問11
P.245

次図において釣合いおもりの質量 W_B は題意により、

$$W_B = W_C + 0.4 W_M$$
$$= 200 + 0.4 \times 1000$$
$$= 600 \, [\text{kg}]$$

巻上荷重 W は、

$$W = W_C + W_M - W_B$$
$$= 200 + 1000 - 600$$
$$= 600 \, [\text{kg}]$$

重力により、

$$F = W \cdot g \, [\text{N}] \quad (g : 重力加速度 9.8 \, [\text{m/s}^2])$$

力の単位：$\text{kg} \cdot \text{m/s}^2 = \text{N}（ニュートン）$

の力が下向きに働く。

エレベータを上昇させるとき F と同じ力を上向きに加えればよいので、

$$F = W \cdot g$$
$$= 600 \times 9.8$$
$$= 5880 \, [\text{N}]$$

この力 F を加えて速度 $v = \dfrac{V}{60} = \dfrac{90}{60} = 1.5$ [m/s]で上昇させるときの動力 P' は、

$$V = 90 \, [\text{m/min}] \quad \rightarrow \quad v = \frac{90}{60} = 1.5 \, [\text{m/s}]$$

$$P' = Fv = 5880 \times 1.5 = 8820 \, [\text{W}]$$

動力の単位：$\text{N} \cdot \text{m/s} = \text{J/s} = \text{W}（ワット）$

求める電動機出力 P は P' を効率 $\eta = 0.75$（小数）で割ればよいので、

$$P = \frac{P'}{\eta} = \frac{8820}{0.75}$$

$$= 11760 \, [\text{W}] \rightarrow \textbf{11.8} \, [\text{kW}] （答）$$

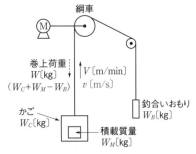

解答： （3）

別解

エレベータ用電動機の所要出力 P の次の公式を使用する。（単位に注意する。W は先に求めた値600 [kg]を使用）

$$P = \frac{WV}{6120\eta} \, [\text{kW}]$$

W：巻上荷重 [kg]
　　$(W = W_C + W_M - W_B \, [\text{kg}])$

W_C：かごの質量 [kg]

W_M：積載質量 [kg]

W_B：釣合いおもりの質量 [kg]

V：エレベータの昇降速度 [m/min]

η：機械効率（小数）

$$P = \frac{600 \times 90}{6120 \times 0.75}$$

$\fallingdotseq 11.76\,[kW] \fallingdotseq \mathbf{11.8}\,[kW]\,(答)$

必須ポイント

● $F = W \cdot g\,[N]$

F：力[N]、W：質量[g]、

g：重力加速度$9.8\,[m/s^2]$

● $P' = Fv\,[W]$

P'：動力[W]、v：速度[m/s]

●効率ηは掛けるのか割るのか？

効率η

入力→ 機械装置 →出力

効率$\eta = \dfrac{出力}{入力}$である。（ただし小数表

示、100倍すれば％表示）

出力＝入力×効率η

なので、出力を求める場合、効率ηを
掛ける。

入力＝$\dfrac{出力}{効率\eta}$

となるので、入力を求める場合、効率
ηで割る。

出力を求めているか、入力を求めてい
るか、迷ったら理論値より大きくしたい
なら割る。小さくしたいなら掛ければよ
い。

この問題の場合、理論値8820[W]よ
りエレベータ用電動機の出力が大きい値
でなければならないことに気付くことが
ポイントとなる。（電動機の出力は機械
装置にとって入力である）

---

227 機械一般
H27 A問題 問12
P.245

ポンプ用電動機の出力Pは、

$$P = \frac{QHk}{6.12\eta}\,[kW]\ \cdots\cdots(1)$$

ただし、

Q：毎分当たりの揚水量$[m^3/min]$、

H：全揚程[m]、

k：余裕係数、η：ポンプの効率（小数）

問題文に「全揚程は実揚程の1.05倍とす
る」とあるので、全揚程Hは、

$H = 1.05 ×$実揚程 $= 1.05 × 10$

$\quad = 10.5\,[m]$

式(1)に、$Q = 5\,[m^3/min]$、$H = 10.5\,[m]$、
$k = 1.1$、$\eta = 0.8$を代入すると、電動機出
力Pは、

$$P = \frac{5 × 10.5 × 1.1}{6.12 × 0.8} \fallingdotseq 11.8\,[kW]\,(答)$$

解答： (5)

必須ポイント

●ポンプ用電動機の出力P

$$P = \frac{9.8QHk}{60\eta} = \frac{QHk}{6.12\eta}\,[kW]$$

9.8：重力加速度$g\,[m/s^2]$

Q：毎分当たりの揚水量$[m^3/min]$

H：全揚程[m]

k：余裕係数（余裕率）$(k \geqq 1)$

η：ポンプの効率（小数）

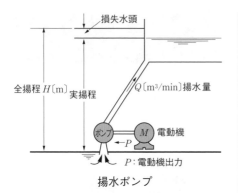

損失水頭

全揚程 H〔m〕実揚程

Q〔m³/min〕揚水量

ポンプ　M 電動機

←P

P：電動機出力

揚水ポンプ

228

照明

R5上期 A問題 問12

P.246

　（ア）〔lm〕、（イ）〔lx〕、（ウ）〔cd〕、
（エ）〔lm/m²〕、（オ）〔cd/m²〕となる。

┃解　答：　**(3)**

必須ポイント

●測光量と単位

$$光度 I = \frac{F}{\omega} 〔cd〕$$

$$照度 E = \frac{F}{A} 〔lx〕$$

$$光束発散度 M = \frac{F}{A} 〔lm/m²〕$$

注　意

照度と光束発散度は同一式であるが、照度は被照射面の明るさを表し、光束発散度は光源の発光面の明るさを表す。

照明

R4下期 B問題 問17

P.247

（a）点光源からは、全光束 F〔lm〕が、四方八方立体角で $\omega = 4\pi$〔sr〕に放射されるので、平均光度 I〔cd〕は、

$$I = \frac{F}{\omega} = \frac{F}{4\pi} 〔cd〕$$

数値を代入して、

$$I = \frac{3000}{4\pi} ≒ 238.73 〔cd〕 → 239 〔cd〕（答）$$

┃解　答：（a）−(2)

（b）入射角余弦の法則より、B点の水平面照度 E_h〔lx〕は、

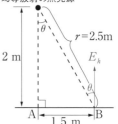

均等放射の点光源

θ

$r = 2.5$m

2 m

E_h

θ

A　　1.5 m　　B

図a　r〔m〕と$\cos\theta$導出

$$E_h = \frac{I}{r^2} \cos\theta 〔lx〕$$

数値を代入して、

$$E_h = \frac{238.73}{2.5^2} \times \frac{2}{2.5}$$

$$≒ 30.56 〔lx〕 → 31 〔lx〕（答）$$

ただし、図aから、

$$r = \sqrt{1.5^2 + 2^2} = 2.5 〔m〕$$

$$\cos\theta = \frac{2}{2.5}$$

┃解　答：(b)−(3)

●入射角余弦の法則

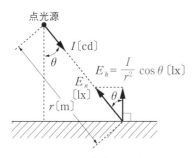

図b 入射角余弦の法則

$$E_h = \frac{I}{r^2}\cos\theta \;[\text{lx}]$$

※$E_h[\text{lx}]$を水平面照度

$E_n = \dfrac{I}{r^2}[\text{lx}]$を、法線照度という

---

230 電熱

P.248

R4上期 B問題 問17

(a) 貯湯タンク、ヒートポンプユニット、配管等の加熱に必要な熱エネルギーや熱

損失がないとすると、電気給湯器のCOP（成績係数）は、

$$\text{COP} = \frac{\text{加熱に用いられた熱エネルギー}}{\text{消費電力量}} \quad \cdots\cdots①$$

加熱に用いられた熱エネルギーを$Q[\text{J}]$、消費電力を$P[\text{W}]$、時間を$t[\text{s}]$とすると、消費電力量$W = Pt[\text{W·s}]$となるので、式①は次式のようになる。

$$\text{COP} = \frac{Q}{W} = \frac{Q}{Pt} \quad \cdots\cdots②$$

式②を変形すると、加熱に用いられた熱エネルギー$Q[\text{J}]$は、

$$Q = Pt \times \text{COP}[\text{J}] \quad \cdots\cdots③$$

式③に、$P=1.00\times10^3[\text{W}]$、$t=6\times3600[\text{s}]$、COP = 4.5を代入すると、加熱に用いられた熱エネルギーQは次式のように求められる。

（1.00[kW]）　（6[h]）

機械

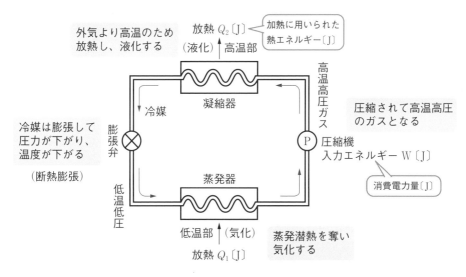

図a ヒートポンプの原理

201

$$Q = Pt \times COP$$
$$= 1.00 \times 10^3 \times 6 \times 3600 \times 4.5$$
$$= 97.2 \times 10^6 \,[\text{J}] \rightarrow \textbf{97.2}\,[\textbf{MJ}]\,(\text{答})$$

解 答：(a)—(5)

(b) 水の加熱に用いられた熱エネルギーQ〔J〕は、

$$Q = cm\theta\,[\text{J}] \quad\cdots\cdots④$$

ただし、

c：比熱容量〔J/(kg·K)〕、m：質量〔kg〕、
θ：温度上昇〔℃〕

となる。

式④を変形すると、加熱後の水の温度
上昇θ〔℃〕は次式で表される。

$$\theta = \frac{Q}{cm}\,[℃] \quad\cdots\cdots⑤$$

設問文に水の密度は1.00×10^3〔kg/m³〕
と与えられているので、水の質量は1〔m³〕
当たり1.00×10^3〔kg〕となる。したがっ
て、0.370〔m³〕の水の質量m〔kg〕は、

$$m = 0.370 \times 1.00 \times 10^3$$
$$= 0.370 \times 10^3\,[\text{kg}]$$

式⑤に、$Q = 97.2 \times 10^6$〔J〕、$c = 4.18 \times 10^3$〔J/(kg·K)〕、$m = 0.370 \times 10^3$〔kg〕を
代入すると、加熱後の水の温度上昇θ
〔℃〕は次式のように求められる。

$$\theta = \frac{Q}{cm}$$
$$= \frac{97.2 \times 10^6}{4.18 \times 10^3 \times 0.370 \times 10^3}$$
$$\fallingdotseq 62.8\,[℃]$$

加熱前の水の温度は20.0〔℃〕であるか
ら、加熱後の水の温度θ'は、

$$\theta' = 20.0 + 62.8 = \textbf{82.8}\,[℃]\,(\text{答})$$

解 答：(b)—(5)

必須ポイント

●ヒートポンプの原理

電気エネルギーによる機械的な仕事を
加えて、低温部から高温部へ熱を移動さ
せる（くみ上げる）装置を**ヒートポンプ**と
いう。ヒートポンプで熱を移動させるこ
とにより、低温部の温度はより低く、高
温部の温度はより高くなる。

●ヒートポンプの成績係数（COP）

$$COP = \frac{加熱に用いられた熱エネルギーQ\,[\text{J}]}{消費電力量\,W\,[\text{J}]}$$

---

231 照明

R2 A問題 問12　　P.249

教室の照明の概略を図aに示す。

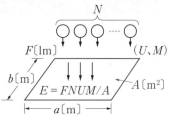

図a　教室の照明の概略

光源一つの光束をF〔lm〕、光源数をN
〔個〕、教室の床面積をA〔m²〕、照明率をU
（小数）、保守率をM（小数）とすれば、教室
の平均照度E〔lx〕は次式で表される。

$$E = \frac{FNUM}{A}\,[\text{lx}]$$

上式を変形し、光源数Nを求めると、

$$N = \frac{EA}{FUM} = \frac{500 \times 15 \times 10}{2400 \times 0.6 \times 0.7}$$
$$\fallingdotseq 74.4\,[\text{個}]$$

よって、教室の平均照度を500〔lx〕以上

とするために必要な最小限の光源数は、**75**〔個〕(答)となる。

解 答： (3)

必須ポイント

●光束法による平均照度

$$E = \frac{FNUM}{A} \ \text{〔lx〕}$$

【照明率】

光源から放射される総光束はFN〔lm〕であるが、そのすべてが被照面に達するのではなく、一部は天井、壁などで反射、吸収され、被照面に達する光束は、全光束にある係数を乗じた値になる。この係数をUで表し、**照明率**という。

【保守率】

照明施設を一定期間使用した後の照度低下の割合を表す係数である。この係数をMで表し、**保守率**という。

232 電熱
R2 A問題 問13
P.250

(ア)**温度差**θ、(イ)**熱流**Φ、(ウ)**〔K/W〕**、(エ)**〔J/K〕**となる。

解 答： (2)

必須ポイント

●熱に関する用語の定義

【熱量】

熱エネルギーの量を**熱量**Q〔J〕という。**電力量**(電気エネルギー)W〔W・s〕との間に1〔J〕=1〔W・s〕の関係がある。

【比熱(比熱容量)】

物質1〔kg〕の温度を1〔K〕(1〔℃〕)上昇さ

せるのに必要な熱量を**比熱(比熱容量)**c〔J/(kg・K)〕という。

【熱容量】

物質m〔kg〕の温度を1〔K〕(1〔℃〕)上昇させるのに必要な熱量を**熱容量**C〔J/K〕という。

物質m〔kg〕の温度をθ〔K〕上昇させるのに必要な熱量Qは、$Q = C\theta = cm\theta$〔J〕となる。

【熱流】

単位時間(1秒間)に伝わる熱量を**熱流**Φ〔W〕という。

●電気系と熱系の対応

電気抵抗R〔Ω〕	熱抵抗R〔K/W〕
電流I〔A〕	熱流I〔A〕
電位差V〔V〕	温度差θ〔K〕
(a) 電気回路	(b) 熱回路

電気系			熱系		
種別	記号	SI単位系	種別	記号	SI単位系
電位	E	V	温度	$T,(t_\ell)$	K、(℃)
電位差 (電圧)	V	V	温度差	θ	K、(℃)
電流	I	A	熱流	Φ	W
抵抗	R	Ω(V/A)	熱抵抗	R_T	K/W
静電容量	C	F	熱容量	C	J/K
電気量	Q	C	熱量	Q	J
導電率 (電気伝導率)	σ	S/m、(1/(Ω·m))	熱伝導率	λ	W/(m·K)
抵抗率	$\rho=\dfrac{1}{\sigma}$	Ω·m	熱抵抗率	$\rho=\dfrac{1}{\lambda}$	m·K/W

233 電熱
H29 A問題 問13
P.251

(1) **正しい**。産業用では電気炉、民生用ではIHヒーターなどに用いられている。

(2) **正しい**。銅、アルミよりも、電気は通すが抵抗率の高い、鉄、ステンレスなどの金属が用いられる。同一電流なら抵抗

率の高いほうがジュール熱が大きい。

(3) **正しい。**磁束の変化による誘導起電力を利用するので、透磁率が高いものほど加熱されやすい。

(4) **誤り。**交番磁界の周波数が高いほど、**被加熱物の表面**が加熱されやすい。したがって、「被加熱物の内部」という記述は誤りである。

(5) **正しい。**銅、アルミよりも、鉄、ステンレスのほうが抵抗率が高く、また透磁率も高いので、加熱されやすい。(銅、アルミの比透磁率は、空気の比透磁率≒1とほぼ同じ、鉄の比透磁率は約5000である)

> **解答：** **(4)**

234 電気化学
H28 A問題 問12
P.252

(1) **正しい。**

放電のみで繰り返し使用することができない電池を一次電池と呼び、充電によって繰り返し使用できる電池を二次電池という。

(2) **正しい。**

電池の充放電時に起こる化学反応において、イオンは電解液の中を移動し、電子は外部の電気回路を移動する。

(3) **正しい。**

電池の放電時には、正イオンは正極に移動して電子を受け取る還元反応が起こり、負イオンが負極に移動して電子を放出する酸化反応が起こる。

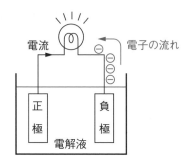

電池の放電

(4) **誤り。**

電池の出力インピーダンス(内部抵抗r)は、起電力となる電圧源Eと直列接続されているため、負荷抵抗Rに出力される電流Iはオームの法則により、

$$I = \frac{E}{r + R}$$

となるので、同じ負荷抵抗Rが接続されたとしても**出力インピーダンス(内部抵抗)が大きい電池ほど出力できる電流が小さくなる**。したがって、「出力インピーダンスの大きな電池ほど大きな電流を出力できる」という記述は誤りである。

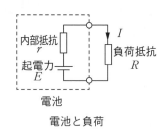

電池と負荷

(5) **正しい。**

電池の開放電圧は、正極と負極の物質の標準電極電位の差により決まる。金属のイオン化傾向と標準電極電位の順序は対応しているため、正極と負極のイオン

化傾向の差が大きいほど標準電極電位の差も大きくなるので、開放電圧は高くなる。

解　答：　(4)

必須ポイント

●酸化と還元

　酸化とは酸素を奪うこと、**電子を放出**すること。還元とは酸化と逆の反応。電池の放電時は**負極**から**電子**を放出するので、負極で酸化反応が起こっている。

●電池の出力インピーダンス

　電池の出力インピーダンスとは電池の**内部抵抗**のことである。出力インピーダンスの小さい電池ほど、大きな電流を出力できる。

235 照明
H27 B問題 問16　P.253

　LED、A点とB点の位置関係を図aに、LEDの光度とA点とB点における水平面照度E_A[lx]、E_B[lx]を図bに示す。

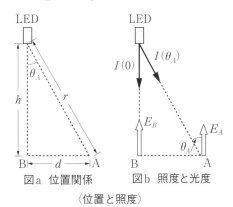

図a　位置関係　　図b　照度と光度

〈位置と照度〉

図aより、

$r = \sqrt{h^2 + d^2}$[m]、$\cos\theta_A = \dfrac{h}{r}$ ……(1)

　入射角余弦の法則および**距離の逆2乗の法則**より、A点とB点における水平面照度E_A、E_Bは、

$$E_A = \frac{I(\theta_A)}{r^2}\cdot\cos\theta_A \text{[lx]} \quad\cdots\cdots(2)$$

$$E_B = \frac{I(0)}{h^2} \text{[lx]} \quad\cdots\cdots(3)$$

(a) 式(1)より、

$$r = \sqrt{h^2 + d^2}$$
$$= \sqrt{2.4^2 + 1.2^2} \fallingdotseq 2.68\text{[m]}$$

$$\cos\theta_A = \frac{h}{r}$$

$$= \frac{2.4}{2.68} \fallingdotseq 0.896$$

　式(2)を変形して、各数値を代入すると、LEDからA点方向の光度$I(\theta_A)$は、

$$I(\theta_A) = \frac{r^2\cdot E_A}{\cos\theta_A} = \frac{2.68^2 \times 20}{0.896}$$

$$\fallingdotseq 160\text{[cd]}\text{（答）}$$

解　答：(a)−(4)

(b) 問題文で、$I(\theta) = I(0)\cdot\cos\theta$[cd]と与えられているので

$$I(\theta_A) = I(0)\cdot\cos\theta_A\text{[cd]} \quad\cdots\cdots(4)$$

となる。式(4)を変形し、$I(\theta_A) = 160$[cd]、$\cos\theta_A = 0.896$を代入すると、LEDからB点方向の光度$I(0)$は、

$$I(0) = \frac{I(\theta_A)}{\cos\theta_A} = \frac{160}{0.896} \fallingdotseq 179\text{[cd]}$$

式(3)よりB点の水平面照度E_Bは、

$$E_B = \frac{I(0)}{h^2} = \frac{179}{2.4^2} \fallingdotseq 31\text{[lx]}\text{（答）}$$

解　答：(b)−(3)

(a) 制御対象の部分の伝達関数は、

$$\frac{\dfrac{1}{j\omega T}}{1+\dfrac{1}{j\omega T}} = \frac{\dfrac{1}{j\omega T}\times j\omega T}{\left(1+\dfrac{1}{j\omega T}\right)j\omega T}$$

必須ポイント の $\dfrac{G}{1+G}$ に対応、$G=\dfrac{1}{j\omega T}$

$$= \frac{1}{1+j\omega T}$$

フィードバック部分を除き、入力信号から出力信号の間は制御器と制御対象が直列につながっているので、一巡伝達関数 $G_0(j\omega)$ は次式で表される。

$$G_0(j\omega) = K \times \frac{1}{1+j\omega T}$$

$$= \frac{K}{1+j\omega T} \ \cdots\cdots ①$$

式①に、$K=5$、$T=0.1$ を代入すると、

$$G_0(j\omega) = \frac{K}{1+j\omega T}$$

$$= \frac{5}{1+j\omega 0.1} \ (答)\cdots\cdots②$$

解答：(a)—(2)

(b) 式②に $\omega=0$〔rad/s〕を代入すると、一巡伝達関数 $G_0(j0)$ は、

$$G_0(j0) = \frac{5}{1+j\omega 0.1} = \frac{5}{1+j0\times 0.1}$$

$$= \frac{5}{1} = 5$$

したがって、$\omega=0$〔rad/s〕のときに一巡伝達関数が実数部の5になるのは、選択肢の(1)または(3)になる。

次に、式②に $\omega=10$〔rad/s〕を代入すると、一巡伝達関数 $G_0(j10)$ は、

$$G_0(j10) = \frac{5}{1+j\omega 0.1} = \frac{5}{1+j10\times 0.1}$$

$$= \frac{5}{1+j} = \frac{5(1-j)}{(1+j)(1-j)}$$

$$= \frac{5-j5}{1^2-j^2} = \frac{5-j5}{1-(-1)}$$

$$= \frac{5-j5}{1+1} = \frac{5-j5}{2}$$

$$= \frac{5}{2} - j\frac{5}{2}$$

したがって、$\omega=10$〔rad/s〕のときに一巡伝達関数の実数部が正、虚数部が負になるのは選択肢の(3)になる(実数部はおおよそ $+2.5$、虚数部はおおよそ $-j2.5$ と読める)。

解答：(b)—(3)

必須ポイント

●ブロック線図の等価変換

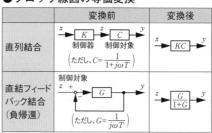

●閉ループと開ループ

閉ループ

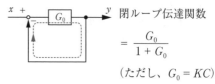

閉ループ伝達関数

$$= \frac{G_0}{1+G_0}$$

(ただし、$G_0 = KC$)

開ループ

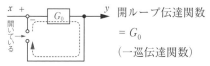

開ループ伝達関数
$= G_0$
（一巡伝達関数）

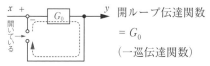

237 自動制御
R1 A問題 問13

P.256

入力 v_1 に直流5〔V〕を印加した定常状態において、図2から出力 $v_2 = 1.00$〔V〕と読み取れるので、

> 定常状態においてインダクタンス L は単なる導線と同じである

$$v_1 : v_2 = (R_1 + R_2) : R_2 = 5 : 1$$
$$R_1 + R_2 = 5R_2$$
$$R_1 = 4R_2 \cdots ①$$

(1)〜(5)のすべての選択肢が式①を満足する。

この回路の時定数 T は、$T = \dfrac{L}{R_1 + R_2}$〔s〕である。時定数は定常値の63%に達したときの時間または応答曲線の初期傾斜の接線が定常値1.00〔V〕と交わるまでの時間であるから、図2から $T = 0.02$〔s〕であることが分かる。

$$T = \frac{L}{R_1 + R_2} = 0.02 \cdots ②$$

式②を満足する選択肢は(2)と(4)である。
交流回路として $\dfrac{v_2}{v_1}$ を求めると、$\dfrac{v_2}{v_1}$ は周波数伝達関数 $G(\mathrm{j}\omega)$ となるので、

$$G(\mathrm{j}\omega) = \frac{v_2}{v_1} = \frac{R_2}{R_1 + R_2 + \mathrm{j}\omega L} \cdots ③$$

式③に選択肢(2)の値を代入

$$G(\mathrm{j}\omega) = \frac{10}{40 + 10 + \mathrm{j}\omega} = \frac{10}{50 + \mathrm{j}\omega}$$
$$= \frac{0.2}{1 + \mathrm{j}0.02\omega} \text{（不適）}$$

> 選択肢(2)の
> $G(\mathrm{j}\omega) = \dfrac{0.5}{1 + \mathrm{j}0.02\omega}$ は誤り

式③に選択肢(4)の値を代入

$$G(\mathrm{j}\omega) = \frac{1}{4 + 1 + \mathrm{j}0.1\omega} = \frac{1}{5 + \mathrm{j}0.1\omega}$$
$$= \frac{0.2}{1 + \mathrm{j}0.02\omega} \text{（適）}$$

解答： (4)

必須ポイント

●RL直列回路の時定数 T

$$T = \frac{L}{R} \text{〔s〕}$$

●RC直列回路の時定数

$$T = CR \text{〔s〕}$$

238 情報伝送・処理
R1 A問題 問14

P.257

$A + B = (101010)_2$ を10進数に変換すると、

> （ ）内の数字が2進数であることを表す

$$\underline{1 \times 2^5} + 0 \times 2^4 + 1 \times 2^3 + 0 \times 2^2$$
$$+ 1 \times 2^1 + \underline{0 \times 2^0}$$

> 6ケタ目の数字1に2の5乗を掛ける

> 1ケタ目の数字0に2の0乗を掛ける

$$= 32 + 0 + 8 + 0 + 2 + 0 = 42 \rightarrow (42)_{10}$$

> （ ）内の数字が10進数であることを表す

$A - B = (1100)_2$ を10進数に変換すると、

$$1 \times 2^3 + 1 \times 2^2 + 0 \times 2^1 + 0 \times 2^0$$

機械

$$= 8 + 4 + 0 + 0 = 12 \rightarrow (12)_{10}$$

$(A+B)-(A-B)$ を10進数で計算すると、

$$(A+B)-(A-B) = 2B = 42 - 12 = 30$$

$$B = \frac{30}{2} = 15 \rightarrow (15)_{10}$$

$B = (15)_{10}$ を2進数に変換すると、

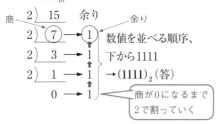

数値を並べる順序、

下から1111

$\rightarrow (1111)_2$（答）

商が0になるまで
2で割っていく

必須ポイント

●2進数 $\rightleftarrows$ 10進数の変換

解 答： （2）

別 解

2進数のまま計算を進める。

$(A+B)-(A-B)$ を2進数で計算すると、

$$(A+B)-(A-B) = 10B$$

$B+B$
$= 1B + 1B$
$= 10B$

$$= 101010 - 1100 = 11110$$

101010
$-$ 1100
11110

$$B = \frac{11110}{10} = 1111 \rightarrow (1111)_2 \text{（答）}$$

$$
\begin{array}{r}
1111 \\
10\overline{)11110} \\
10 \\
\hline
11 \\
10 \\
\hline
11 \\
10 \\
\hline
10 \\
10 \\
\hline
0
\end{array}
$$

必須ポイント

●2進数 $\rightleftarrows$ 10進数の変換

●指数の計算

　$2^0 = 1$、$2^1 = 2$、$2^2 = 4$、$2^3 = 8$、…

●2進数の加減乗除の計算

　$1 + 1 = 10$、$10 + 1 = 11$、$11 + 1 = 100$、…

239 自動制御

H30 A問題 問13

P.258

点①に流れる信号を $X(\mathrm{j}\omega)$ とすると、

点②に流れる信号は、$X(\mathrm{j}\omega) \cdot \dfrac{1}{\mathrm{j}\omega T_2}$

点③に流れる信号は、$X(\mathrm{j}\omega) \cdot \dfrac{T_1}{T_2}$

また、点①に流れる信号は、入力信号 R $(\mathrm{j}\omega)$ がプラス（＋）され、②の信号がマイ

ナス(−)された信号となるので、

$$X(\mathrm{j}\omega) = R(\mathrm{j}\omega) - X(\mathrm{j}\omega) \cdot \frac{1}{\mathrm{j}\omega\,T_2}$$

$$\cdots\cdots(1)$$

式(1)を変形して、

$$X(\mathrm{j}\omega) + X(\mathrm{j}\omega) \cdot \frac{1}{\mathrm{j}\omega\,T_2} = R(\mathrm{j}\omega)$$

$$X(\mathrm{j}\omega)\left(1 + \frac{1}{\mathrm{j}\omega\,T_2}\right) = R(\mathrm{j}\omega)$$

$$X(\mathrm{j}\omega) = \frac{R(\mathrm{j}\omega)}{\dfrac{1}{\mathrm{j}\omega\,T_2} + 1} \quad \cdots\cdots(2)$$

出力信号$C(\mathrm{j}\omega)$は、②と③の信号がプラス(+)された信号となるので、

$$X(\mathrm{j}\omega) \cdot \frac{1}{\mathrm{j}\omega\,T_2} + X(\mathrm{j}\omega) \cdot \frac{T_1}{T_2}$$

$$= C(\mathrm{j}\omega) \quad \cdots\cdots(3)$$

式(3)に式(2)を代入して、

$$\frac{R(\mathrm{j}\omega)}{\dfrac{1}{\mathrm{j}\omega\,T_2} + 1} \cdot \frac{1}{\mathrm{j}\omega\,T_2}$$

$$+ \frac{R(\mathrm{j}\omega)}{\dfrac{1}{\mathrm{j}\omega\,T_2} + 1} \cdot \frac{T_1}{T_2} = C(\mathrm{j}\omega)$$

$$\frac{R(\mathrm{j}\omega)}{1 + \mathrm{j}\omega\,T_2} + \frac{R(\mathrm{j}\omega)\,T_1}{\dfrac{1}{\mathrm{j}\omega} + T_2} = C(\mathrm{j}\omega)$$

左辺第2項の分子、分母に$\mathrm{j}\omega$を乗じて、

$$\frac{R(\mathrm{j}\omega)}{1 + \mathrm{j}\omega\,T_2} + \frac{R(\mathrm{j}\omega)\mathrm{j}\omega\,T_1}{1 + \mathrm{j}\omega\,T_2} = C(\mathrm{j}\omega)$$

$$R(\mathrm{j}\omega) \cdot \frac{1 + \mathrm{j}\omega\,T_1}{1 + \mathrm{j}\omega\,T_2} = C(\mathrm{j}\omega)$$

機械

▌必須ポイント

●ブロック線図の等価変換

	変換前	変換後
直列結合	$R \rightarrow \boxed{G_1} \rightarrow \boxed{G_2} \rightarrow C$	$R \rightarrow \boxed{G_1 \cdot G_2} \rightarrow C$
並列結合	$R \rightarrow \boxed{G_1} \xrightarrow{+} \circ \rightarrow C$ $\boxed{G_2}$ $\pm$	$R \rightarrow \boxed{G_1 \pm G_2} \rightarrow C$
フィードバック結合	$R \xrightarrow{+} \circ \rightarrow \boxed{G} \rightarrow C$ $\mp$ $\boxed{H}$	$R \rightarrow \boxed{\dfrac{G}{1 \pm G \cdot H}} \rightarrow C$
引出し点の要素前への移動	$R \rightarrow \boxed{G} \rightarrow C$ $\rightarrow C$	$R \rightarrow \boxed{G} \rightarrow C$ $\boxed{G} \rightarrow C$
引出し点の要素後への移動	$R \rightarrow \boxed{G} \rightarrow C$ $\rightarrow R$	$R \rightarrow \boxed{G} \rightarrow C$ $\boxed{\dfrac{1}{G}} \rightarrow R$

$$\therefore \frac{C(\mathrm{j}\omega)}{R(\mathrm{j}\omega)} = \frac{1 + \mathrm{j}\omega\,T_1}{1 + \mathrm{j}\omega\,T_2} \ \text{(答)}$$

解答： (4)

別 解

問題のブロック線図を、次のように変換する。

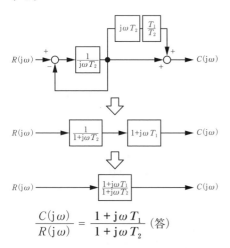

$$\frac{C(\mathrm{j}\omega)}{R(\mathrm{j}\omega)} = \frac{1 + \mathrm{j}\omega\,T_1}{1 + \mathrm{j}\omega\,T_2} \ \text{(答)}$$

240 自動制御
H28 A問題 問13
P.259

フィードバック制御では、制御量を目標値に近づけるために、調節部で様々な操作を行う。その代表的なものとして、P動作、I動作、D動作がある。それぞれ次のような特徴がある。

①P動作（（ア）**比例**動作）
・目標値と制御量の差である偏差に比例して、操作量を変化させる制御動作。
・P動作だけでは制御量は目標値と完全に一致させることができず、（イ）**定常偏差**（最終的に残った小さな偏差で、残留偏差またはオフセットともいう）

が生じる。

②D動作（（ウ）**微分**動作）
・偏差の微分値（偏差の傾き）に応じて操作量を変化させる制御動作。
・応答速度が速くなるが、場合によっては制御量が振動し、不安定になる。

③I動作（（エ）**積分**動作）
・偏差の積分値に応じて操作量を変化させる制御動作。
・定常偏差（オフセット）をなくして制御量が目標値と一致するが、応答速度が遅くなるため、制御量が目標値と一致するまでに時間がかかる。
・積分動作が強すぎると、応答速度は速くなるが、安定度は低下する。

解答： (2)

必須ポイント

●P（比例）動作、I（積分）動作、D（微分）動作の特徴

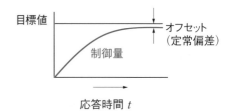

P動作：オフセットが残る。
I動作：オフセットを打ち消す。
D動作：応答速度が速い。

法規
問題ページ
P.260〜P.326

241 電気事業法と電気工作物
P.260
R5上期 A問題 問1

電気事業法第43条からの出題である。

a)、b)、c)の記述内容はすべて適切である。

| 解答： | (4) |

242 電気関係報告規則
P.261
R5上期 A問題 問2

電気関係報告規則第1条、第3条からの出題である。

（ア）せん絡、（イ）直ちに、（ウ）操作、（エ）に入院となる。

| 解答： | (4) |

243 電気工事士法、電気工事業法
P.262
R3 A問題 問2

電気工事業の業務の適正化に関する法律（以下、電気工事業法と略す）第2条、第3条、第24条、第25条、第26条からの出題である。

(1) 誤り。

> **電気工事業法第3条第1項（抜粋）**
> 　電気工事業を営もうとする者は、経済産業大臣又は都道府県知事の**登録**を受けなければならない。

したがって、「経済産業大臣の事業許可を受けなければならない」という記述は**誤**りである。

(2) **正しい。**

> **電気工事業法第3条第2項**
> 　登録電気工事業者の登録の有効期間は5年とする。

したがって、「有効期間がある」という記述は**正しい**。

(3)、(4)、(5)の記述は、第24条、第25条、第26条により**正しい**。

| 解答： | (1) |

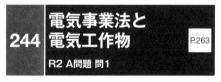

244 電気事業法と電気工作物
P.263
R2 A問題 問1

電気事業法第43条、電気事業法施行規則第56条からの出題である。

（ア）**監督**、（イ）**従事**、（ウ）**5**、（エ）**5000**となる。

| 解答： | (4) |

法規

<table>
<tr><td>

245

電気事業法と
電気工作物

P.264

R2 A問題 問2

</td></tr>
</table>

電気関係報告規則第3条からの出題である。（ア）に入院、（イ）他の物件、（ウ）24となる。

解 答：	(4)

<table>
<tr><td>

246

電気事業法と
電気工作物

P.265

H30 A問題 問1改

</td></tr>
</table>

電気事業法第38条、第53条からの出題である。

（ア）**一般用**、（イ）**一般用**、（ウ）**発電**、（エ）**使用の開始の後、遅滞なく**となる。

解 答：	(2)

必須ポイント

●電気工作物の分類

電気工作物

- **事業用電気工作物**
  一般用電気工作物以外の電気工作物をいう。
  - **電気事業※の用に供する事業用電気工作物**
    (例)電力会社などの発電所、変電所、送電線、配電線
    ※一般送配電事業、送電事業、配電事業、特定送配電事業、一部の発電事業
  - **自家用電気工作物**
    電気事業※の用に供する事業用電気工作物及び一般用電気工作物以外の電気工作物をいう。
    (例)自家用発電設備、工場・ビルなどの600Vを超えて受電する需要設備
  - **小規模事業用電気工作物**
    (例)に示す一部の小規模発電設備をいう。事業用電気工作物に位置づけられる。
    (例)10kW以上50kW未満の太陽電池発電設備、20kW未満の風力発電設備
- **一般用電気工作物**
  比較的電圧が低く、安全性の高い電気工作物をいう。
  (例)一般家庭、商店、コンビニ、小規模事務所等の屋内配線、一般家庭太陽電池設備(10kW未満)などの小規模発電設備

<table>
<tr><td>

247

電気事業法と
電気工作物

P.266

H29 A問題 問1

</td></tr>
</table>

電気事業法第39条、第40条からの出題である。（ア）**維持**、（イ）**磁気**、（ウ）**一時停止**となる。

解 答：	(4)

<table>
<tr><td>

248

電気工事士法、
電気工事業法

P.268

H29 A問題 問2

</td></tr>
</table>

電気工事士法第1条、第3条、電気工事士法施行規則第2条の2、第2条の3からの出題である。

（ア）欠陥、（イ）災害、（ウ）非常用予備発電装置工事、（エ）600となる。

解答： (4)

必須ポイント

●電気工事の種類と資格

電気工事士法でいう「電気工事」とは、一般用電気工作物および最大電力500〔kW〕未満の自家用電気工作物の需要設備の設置工事、または変更工事と定められている。また、電気工作物の種類と範囲に応じて従事できる電気工事の資格が、次表のように定められている。

電気工作物と資格

電気工作物	従事できる電気工事		資　格
自家用電気工作物	最大電力500〔kW〕未満の需要設備（配電設備も含まれる）		第一種電気工事士
	特殊電気工事	ネオン工事	特種電気工事資格者
		非常用予備発電装置工事	
	簡易電気工事	600〔V〕以下の電気設備の工事	第一種電気工事士認定電気工事従事者
一般用電気工作物等	主に一般住宅の屋内配線や屋側配線など		第一種電気工事士第二種電気工事士

注　意

電気工事士法における自家用電気工作物とは、最大電力500〔kW〕未満の需要設備であって、電気事業法での自家用電気工作物とは対象範囲が異なるので、注意が必要である。

249 電気事業法と電気工作物 P.269
H28 A問題 問10

電気事業法施行規則第50条からの出題である。

（ア）職務及び組織、（イ）保安教育、（ウ）巡視、点検、（エ）措置、（オ）記録となる。

※問題文の「自家用電気工作物」は第50条第3項の「事業用電気工作物」に該当する。

解答： (4)

250 電気事業法と電気工作物 P.270
H27 A問題 問1改

電気事業法第38条、電気事業法施行規則第48条からの出題である。

（ア）小規模発電設備、（イ）600 Vを超える、（ウ）構外となる。

解答： (5)

251 電気用品安全法 P.271
H27 A問題 問2

（ア）電気用品安全法第2条の規定より、電気用品の種類は、**特定**となる。

（イ）電気用品安全法施行令第1条の2別表第1より、定格電圧は100 Vとなる。

（ウ）電気用品安全法第8条の規定より、**輸入**となる。

（エ）電気用品安全法第10条、第28条の規定より、特定電気用品の記号は、＜PS＞Eとなる。

●特定電気用品の記号　●特定電気用品以外の
　　　　　　　　　　　電気用品の記号

ただし、構造上表示スペースを確保することが困難な
ものにあっては、下記の表示とすることができる。

〈PS〉E　　　　　　（PS）E

| 解答： | (4) |

---

252 電気設備技術基準の総則　P.272
R5上期 A問題 問3

電気設備技術基準(以下、電技と略す)第14条からの出題である。

（ア)電路、(イ)過熱焼損、(ウ)火災となる。

| 解答： | (5) |

---

253 電気使用場所の施設　P.273
R5上期 A問題 問8

電技第57条からの出題である。

（ア)裸電線、（イ)接触電線、（ウ)電圧となる。

| 解答： | (5) |

---

254 電気設備技術基準の総則　P.274
R4下期 A問題 問3

電技第9条からの出題である。

（ア)取扱者、(イ)アーク、(ウ)可燃性、(エ)耐火性となる。

| 解答： | (5) |

---

255 電気の供給のための電気設備の施設　P.275
R4下期 A問題 問4

電技第25条、電気設備技術基準の解釈(以下、電技解釈と略す)第68条からの出題である。

（ア)接触、（イ)誘導作用、（ウ)6

| 解答： | (2) |

---

256 電気設備技術基準の総則　P.276
R4上期 A問題 問2改

電技第15条の2からの出題である。

（ア)事業用、（イ)電子計算機、（ウ)一般送配電事業となる。

| 解答： | (1) |

注　意

[R4改正点]対象となる電気工作物を自家用電気工作物を含む事業用電気工作物(小規模事業用電気工作物を除く。)に拡大した(令和4年10月1日付けで施行)【関連解釈】第37条の2

---

257 電気使用場所の施設　P.277
R4上期 A問題 問6

電技第67条からの出題である。

（ア)接触電線、（イ)電波、（ウ)継続的となる。

| 解答： | (5) |

線等の管理者の承諾を得た、（エ）防火措置
となる。

解 答： (2)

258 電気の供給のための の電気設備の施設 P.278
R3 A問題 問3

電技第27条の2からの出題である。
（ア）磁束密度、（イ）商用周波数、（ウ）
200μT、（エ）往来が少ないとなる。

解 答： (4)

259 電気設備技術基準 の総則 P.279
R2 A問題 問7

電技第1条、電技解釈第1条からの出題
である。
（ア）架空引込線、（イ）引込口、（ウ）他の
支持物、（エ）取付け点、（オ）連接引込線と
なる。

解 答： (3)

260 電気の供給のための の電気設備の施設 P.280
R1 A問題 問4

電技第32条からの出題である。
（ア）引張荷重、（イ）40、（ウ）気象、（エ）
2分の1となる。

解 答： (3)

261 電気の供給のための の電気設備の施設 P.281
H30 A問題 問3

電技第30条、第47条からの出題である。
（ア）接近、（イ）アーク放電、（ウ）他の電

262 電気設備技術基準 の総則 P.282
H29 A問題 問3

電技第19条からの出題である。
（ア）火力、（イ）直接、（ウ）を助長し又は
誘発、（エ）絶縁油となる。

b．中性点直接接地方式は、187〔kV〕以上
の超高圧送電線路に採用されている。変
圧器は大容量であり、地絡事故などの
アークエネルギーにより変圧器が破損
し、絶縁油が流出することも考えられ
る。このような場合に備えて、油流出防
止装置の施設を義務付けている。

d．PCB（ポリ塩化ビフェニル）を含有した
絶縁油は絶縁性が高く熱にも安定してい
るため、変圧器やコンデンサに広く使用
されていた。しかし、発ガン性があるな
ど人体に対し有害であることがわかり、
現在では製造・輸入・使用が原則禁止さ
れている。
　ただし、この規制以前に施設されたも
のは、十分な管理のもと定められた期限
までそのまま使用できる。

解 答： (5)

263 電気使用場所の施設 P.283
H28 A問題 問4

電技第56条、第66条、電技解釈第171

条からの出題である。

（ア）火災、（イ）過電流、（ウ）ボルト締め、（エ）屋内となる。

| 解答： | (3) |

264 電気の供給のための の電気設備の施設
P.284

H27 A問題 問3

電技第27条の2からの出題である。

（ア）人、（イ）健康、（ウ）磁束密度、（エ）$200\mu T$ となる。

| 解答： | (4) |

265 電気の供給のため の電気設備の施設
P.285

H27 A問題 問4

電技第49条からの出題である。

（ア）変電所、（イ）配電用変圧器、（ウ）過電流遮断器、（エ）供給、（オ）需要場所となる。

| 解答： | (2) |

266 用語の定義・電線および 電路の絶縁と接地
P.286

R5上期 A問題 問4

電技解釈第16条からの出題である。

（ア）1、（イ）500、（ウ）10となる。

| 解答： | (1) |

267 電線路
P.287

R4下期 A問題 問5

電技解釈第80条からの出題である。

（ア）下、（イ）腕金類、（ウ）0.5、（エ）0.3となる。

| 解答： | (4) |

268 電気使用場所の施設
P.288

R4下期 A問題 問6

電技解釈第168条からの出題である。

（ア）がいし引き、（イ）A種、（ウ）15cm、（エ）耐火性となる。

| 解答： | (1) |

269 分散型電源の 系統連系設備
P.290

R4下期 A問題 問8

電技解釈第221条、第222条からの出題である。

（ア）停止、（イ）非接地式電路、（ウ）高周波変圧器、（エ）低圧

| 解答： | (4) |

270 電線路
P.291

R4下期 B問題 問11

電技解釈第66条低高圧架空電線の引張強さに対する安全率に関連する出題である。

(a) 高圧架空電線の安全率 R は、電技解釈第66条により、ケーブルである場合を除き、硬銅線または耐熱銅合金線では

2.2以上、その他の電線では2.5以上と定められている。

解 答：(a)ー(4)

(b) 弛度の計算において、最小の弛度を求める場合の許容引張荷重T'〔kN〕は次式で表される。

$$許容引張荷重\ T' = \frac{T}{R}〔kN〕$$

ただし、T〔kN〕は電線の引張強さ〔kN〕、Rは安全率とする。

※電線を張る場合は、安全を考慮して、電線の引張強さT〔kN〕より小さい許容引張荷重T'〔kN〕で電線を張る

解 答：(b)ー(1)

必須ポイント

●電技解釈

第66条（低高圧架空電線の引張強さに対する安全率）

【省令第6条】＜要点抜粋＞

高圧架空電線は、ケーブルである場合を除き、次の各号に規定する荷重が加わる場合における引張強さに対する安全率が、66-1表に規定する値以上となるような弛度により施設すること。

66-1表

電線の種類	安全率
硬銅線又は耐熱銅合金線	2.2
その他	2.5

●電線の弛度D、実長L、水平張力（許容引張荷重）T'の計算式

①弛度$D = \dfrac{WS^2}{8T'}$〔m〕 ……(1)

②実長$L = S + \dfrac{8D^2}{3S}$〔m〕 ……(2)

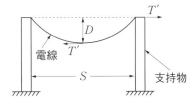

図a　電線の弛度と実長

W〔kN/m〕：電線1m当たりの荷重（電線の自重と風圧荷重を合成したもの（ベクトル和）

S〔m〕：径間

T'〔kN〕：電線の水平張力（許容引張荷重）

$T' = \dfrac{T}{R}$　ただし、T：電線の引張強さ

R：安全率

※電線は弛度Dを大きくするほど、水平張力（許容引張荷重）T'が小さくなる。

---

271 保安原則と保護対策 P.292
R4上期 A問題 問3

電技解釈第29条および第37条からの出題である。

(1)、(2)、(4)、(5)の記述は**正しい**。

(3) **誤り**。

高圧架空電線路に施設されているPAS（VT・LA内蔵形）のLA接地線およびPASの金属性外箱の接地端子には、

A種接地工事を施さなければならない。したがって、「D種接地工事を施した」という記述は誤りである。

解　答：　(3)

必須ポイント

●機械器具の金属製外箱の接地

　電気機械器具の絶縁物が劣化すると、これらの劣化部分から漏電して外箱や鉄台が充電され、人が触れると感電するおそれがある。このため、感電防止対策として外箱や鉄台を接地する。これらについて、電技解釈第29条では、次のように定められている。

電技解釈第29条（要点抜粋）

①電路に施設する機械器具の金属製の台および外箱（以下この条において「金属製外箱等」という。）（外箱のない変圧器又は計器用変成器にあっては、鉄心）には、使用電圧の区分に応じ、下表に規定する接地工事を施すこと。ただし、外箱を充電して使用する機械器具に人が触れるおそれがないようにさくなどを設けて施設する場合又は絶縁台を設けて施設する場合は、この限りでない。

機械器具の使用電圧の区分		接地工事
低圧	300〔V〕以下	D種接地工事
	300〔V〕超過	C種接地工事
高圧又は特別高圧		A種接地工事

●避雷器等の施設

電技解釈第37条（要点抜粋）

　高圧および特別高圧の電路中、次に掲げる箇所又はこれに近接する箇所には避雷器を施設し、避雷器にはA種接地工事を施すことと定められている。

①発電所、蓄電所又は変電所若しくはこれに準ずる場所の架空電線の引込口および引出口

②架空電線路に接続する、特別高圧配電用変圧器の高圧側及び特別高圧側

③高圧架空電線路から電気の供給を受ける受電電力が500〔kW〕以上の需要場所の引込口

④特別高圧架空電線路から電気の供給を受ける需要場所の引込口

272　電線路　P.293
R4上期 A問題 問5

　電技解釈第49条からの出題である。

　(ア)**上方又は側方**、(イ)**3**m、(ウ)**切断**、(エ)**倒壊**、(オ)**接触する**となる。

解　答：　(2)

　第1次接近状態は、支持物の地表上の高さに相当する距離以内をいい、電線から水平距離で3〔m〕未満の範囲は除かれる。

　また、第2次接近状態は、架空電線が他の工作物の上方や側方において水平距離で3〔m〕未満に施設される状態をいい、第1次接近状態よりも危険性が高くなる。

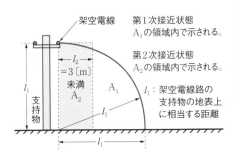

架空電線　第1次接近状態
　　　　　A_1の領域内で示される。

第2次接近状態
A_2の領域内で示される。

l_1：架空電線路の
　　支持物の地表上
　　に相当する距離

図a　第1次接近状態と第2次接近状態

273　保安原則と保護対策　P.294
R3 A問題 問4改

電技解釈第37条からの出題である。

(1)、(3)、(4)、(5)の記述は**正しい**。

(2)　**誤り**。

電技解釈第37条第1項（要点抜粋）

高圧及び特別高圧の電路中、発電所、蓄電所又は変電所若しくはこれに準ずる場所では、**架空電線の引込口（需要場所の引込口を除く。）及び引出口又はこれに近接する箇所には、避雷器を施設しなければならない。**

したがって、「架空電線の引出口又はこれに近接する箇所には避雷器を施設することを要しない」という記述は誤りである。

解　答：　(2)

必須ポイント

●避雷器等の施設

電技解釈第37条（要点抜粋）

高圧及び特別高圧の電路中、次に掲げ

る箇所又はこれに近接する箇所には、避雷器を施設し、避雷器にはA種接地工事を施すことと定められている。

①　発電所、蓄電所又は変電所若しくはこれに準ずる場所の架空電線の引込口（需要場所の引込口を除く。）及び引出口

②　架空電線路に接続する、特別高圧配電用変圧器の高圧側及び特別高圧側

③　高圧架空電線路から電気の供給を受ける受電電力が500〔kW〕以上の需要場所の引込口

④　特別高圧架空電線路から電気の供給を受ける需要場所の引込口

274　分散型電源の系統連系設備　P.295
R3 A問題 問9

電技解釈第226条、第228条からの出題である。

（ア）**負荷**、（イ）**系統側**、（ウ）**逆潮流**、（エ）**配電用変圧器**となる。

解　答：　(1)

275　電線路　P.296
R3 B問題 問11

電技解釈第61条に関する出題である。

(a)　図aのように、電線の水平張力Pが15〔kN〕、支線の張力（引張荷重）をT〔kN〕とすると、

$$P = T \times \sin\theta \, 〔kN〕 \quad \cdots\cdots ①$$

法
規

$$\sin \theta = \frac{4}{\sqrt{8^2 + 4^2}}$$

$$= \frac{4}{\sqrt{80}} \cdots\cdots ②$$

式①、②より、求める支線の張力 T は、

$$T = \frac{P}{\sin \theta} = \frac{15}{\frac{4}{\sqrt{80}}} = \frac{15 \times \sqrt{80}}{4}$$

$$\fallingdotseq 33.5 \rightarrow 34 〔kN〕（答）$$

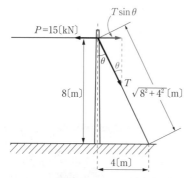

図a　力のつり合い

解　答：(a)－(4)

(b)　支線の素線の断面積 S は、直径 $d =$ 2.9mm（半径 $r = 1.45$mm）であるから、

$$S = \frac{\pi d^2}{4} = \frac{\pi \times 2.9^2}{4} \fallingdotseq 6.6 〔mm^2〕$$

または、

$$S = \pi r^2 = \pi \times 1.45^2 \fallingdotseq 6.6 〔mm^2〕$$

断面積 S=6.6〔mm²〕の支線の素線 1 本（1 条）当たりの引張強さ T_1〔kN〕は、

$$T_1 = 1.23 〔kN/mm^2〕 \times S 〔mm^2〕$$

$$= 1.23 \times 6.6 = 8.118 〔kN〕$$

先に求めた支線の張力 $T = 33.5$〔kN〕に安全率 $f = 1.5$ を考慮した支線の素線必要本数（最少素線条数）x〔条〕は、

$$x = \frac{fT}{T_1} = \frac{1.5 \times 33.5}{8.118} \fallingdotseq 6.19$$

$$\rightarrow 7 〔条〕（答）$$

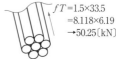

(a) 1 条の張力

(b) 7 条 > 6.19 条の張力

図b　支線の張力

解　答：(b)－(3)

276 電線路

R2 A問題 問5

P.297

電技解釈第120条からの出題である。

(1)、(3)、(4)、(5)の記述は**正しい**。

(2)　誤り。

　　表示項目の**許容電流**は誤りである。電技解釈第120条より、**電圧**が正しい。

解　答：　(2)

必須ポイント

●地中電線路の施設

電技解釈 第120条（要点抜粋）

　　地中電線路は、電線にケーブルを使用する。施設方式には管路式、暗きょ式、直接埋設式の3種類があり、これらの方式で施設する際の要件について、次のように定められている。

①**管路式**　ケーブルを収める管は重量物の圧力に耐えるもの。

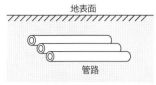

図a　管路式の例

②**暗きょ式**　暗きょは重量物の圧力に耐えるもの。耐燃措置、自動消火設備の施設。

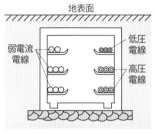

図b　暗きょ式の例

③**直接埋設式**　ケーブルをトラフその他の防護物に収める。埋設の深さは、重量物の圧力を受けるおそれのある場所で、1.2〔m〕(その他は0.6〔m〕)以上。

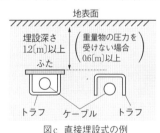

図c　直接埋設式の例

④高圧または特別高圧の地中電線路を管路式または直接埋設式により施設する場合は、次により表示を施すこと。ただし、需要場所に施設する高圧地中電線路であって、その長さが15〔m〕以下のものにあってはこの限りでない。

イ　物件の**名称**、**管理者名**および**電圧**

(需要場所に施設する場合にあっては、物件の名称および管理者名を除く。)を表示すること。

ロ　おおむね2〔m〕の間隔で表示すること。

277　電気使用場所の施設　P.298
R2 A問題 問9

電技解釈第150条からの出題である。

(ア)**充電部分が露出しない**、(イ)**張力**、(ウ)**損傷を受ける**となる。

解　答：　(5)

278　用語の定義・電線および電路の絶縁と接地　P.299
R1 A問題 問6

電技解釈第17条、第18条からの出題である。

(1)　**誤り**。第17条より「**電気抵抗値が10Ω以下**」である場合はC種接地工事を施したものとみなし、省略できる。したがって、「電気抵抗値が80Ωであったので」という記述は誤りである。

(2)　**誤り**。第17条より「**500Ω以下**」が正しく、「1200Ω」という記述は誤りである。

(3)　**誤り**。第17条より「**直径1.6mmの軟銅線**」が正しく、「直径1.2mmの軟銅線」という記述は誤りである。

(4)　**正しい**。第18条による。

(5)　**誤り**。第18条より、**等電位ボンディング**を施さなければ接地極に使用できない。等電位ボンディングとは、導電性部

分間において、その部分間に発生する電位差を軽減するために施す電気的接続をいう。

解答：(4)

必須ポイント

●接地工事の種類

接地工事の種類	接地抵抗値	接地線の種類
A種接地工事	10〔Ω〕以下	引張強さ1.04〔kN〕以上の金属線または直径2.6〔mm〕以上の軟銅線
B種接地工事	$\dfrac{150}{Ig}$〔Ω〕以下 Ig：1線地絡電流 （ただし1秒を超え2秒以内に自動的に電路を遮断する場合は、300/Ig〔Ω〕以下、1秒以内に自動的に電路を遮断する場合は600/Ig〔Ω〕以下）	引張強さ2.46〔kN〕以上の金属線または直径4〔mm〕以上の軟銅線
C種接地工事	10〔Ω〕以下 （低圧電路に地絡を生じた場合に、0.5秒以内に自動的に電路を遮断する場合は500〔Ω〕以下）	引張強さ0.39〔kN〕以上の金属線または直径1.6〔mm〕以上の軟銅線
D種接地工事	100〔Ω〕以下 （低圧電路に地絡を生じた場合に、0.5秒以内に自動的に電路を遮断する場合は500〔Ω〕以下）	引張強さ0.39〔kN〕以上の金属線または直径1.6〔mm〕以上の軟銅線

●工事物の金属体を利用した接地工事

工作物の金属体を利用した接地工事について、次のように定められている。

建物の鉄骨または鉄筋その他の金属体をA種、B種、C種、D種その他の接地工事の共用の接地極に使用する場合には、建物の鉄骨または鉄筋コンクリートの一部を地中に埋設するとともに、等電位ボンディングを施すこと。

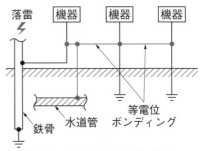

※落雷があっても各接地極は同電位に保たれる。

等電位ボンディング（イメージ）

279 用語の定義・電線および電路の絶縁と接地 P.300
R1 B問題 問13

(a) 電技解釈第17条より、B種接地工事の上限の接地抵抗値R_{Bmax}は、

$$R_{Bmax} = \frac{300}{I_g} = \frac{300}{5} = 60 \text{〔Ω〕（答）}$$

高低圧混触時に低圧電路の対地電圧が150Vを超えた場合に、1秒を超え2秒以内に自動的に高圧電路を遮断する装置が設けられているため

解答：(a)—(4)

(b) 図aに示すテブナン等価回路より、

$$\dot{I}_B = \frac{E}{R_B - jX_C}$$

$$I_B = \frac{E}{\sqrt{R_B{}^2 + X_C{}^2}}$$

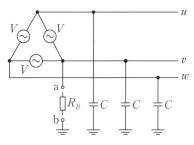

ここで、

$$E = \frac{200}{\sqrt{3}}\,\text{〔V〕}$$

$$R_B = 10\,\text{〔Ω〕}$$

$$X_C = \frac{1}{3\omega C} = \frac{1}{3 \times 2\pi f C}$$

$$= \frac{1}{3 \times 2\pi \times 50 \times 0.1 \times 10^{-6}}$$

$$\fallingdotseq 10610\,\text{〔Ω〕} \quad \boxed{0.1\,\mu\text{F} \rightarrow 0.1 \times 10^{-6}\text{F}}$$

であるから、

$$I_B = \frac{\dfrac{200}{\sqrt{3}}}{\sqrt{10^2 + 10610^2}} \fallingdotseq \frac{115.47}{10610}$$

$$\fallingdotseq 10.88 \times 10^{-3}\,\text{〔A〕}$$

$$\rightarrow 11\,\text{〔mA〕(答)}$$

解 答：(b)ー(1)

必須ポイント

●B種接地工事の接地抵抗値

電技解釈第17条（要点抜粋）

B種接地抵抗値は、17-1表に規定する値以下であること。

17－1表

接地工事を施す変圧器の種類	当該変圧器の高圧側又は特別高圧側の電路と低圧側の電路との混触により、低圧電路の対地電圧が150Vを超えた場合に、自動的に高圧又は特別高圧の電路を遮断する装置を設ける場合の遮断時間	接地抵抗値（Ω）
下記以外の場合		150/Ig
高圧又は35000V以下の特別高圧の電路と低圧電路を結合するもの	1秒を超え2秒以下	300/Ig
	1秒以下	600/Ig

（備考）Igは、当該変圧器の高圧側又は特別高圧側の電路の1線地絡電流（単位：A）

●テブナン等価回路の導き方

①問題図のR_Bの両端を開放し、両端をa、bとする。変圧器低圧側巻線（問題図では省略されている）の誘起電圧は、$V = 200$〔V〕であるから、ab間にはv相の対地電圧$E = \dfrac{V}{\sqrt{3}}$〔V〕が現れる。

図b R_B両端を開放

②ab間から電源側回路を見たリアクタンスX_Cは、$C = 0.1 \times 10^{-6}$Fの3つのコンデンサの並列回路となるので、

$$X_C = \frac{1}{3\omega C}\,\text{〔Ω〕となる。}$$

法規

なお、このとき電源Vは短絡して考えるので、回路の変形は図c（上図→下図）のように行う。

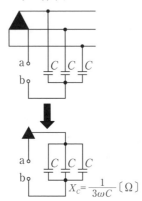

図c 回路の変形（ab間から見た合成リアクタンスX_C）

③ab間に再びR_Bを接続したテブナン等価回路は解説で示した図aのようになり、

$$\dot{I}_B = \frac{E}{R_B - jX_C}$$

で求めることができる。

280 用語の定義・電線および電路の絶縁と接地 P.302

H30 A問題 問5

電技解釈第17条からの出題である。
（ア）**混触**、（イ）**150**、（ウ）**600**、（エ）**1線地絡**となる。

解答： (1)

281 分散型電源の系統連系設備 P.303

R1 A問題 問9

電技解釈第220条、第225条、第226条、第227条からの出題である。

(1) **正しい**。第220条による。

(2) **誤り**。第220条より、**単独運転**とは「分散型電源を連系している電力系統が事故等によって系統電源と切り離された状態において、当該分散型電源が発電を継続し、線路負荷に有効電力を供給している状態」のことをいう。(2)の設問文の内容は**単独運転**の定義ではなく、**自立運転**の定義である。したがって誤りである。

(3) **正しい**。第226条による。

(4) **正しい**。第227条による。

(5) **正しい**。第225条による。

解答： (2)

必須ポイント

●**単独運転と自立運転の違い**

分散型電源である太陽光発電設備が連系されている電力会社低圧配電線のどこかで事故が生じても、そのままであれば太陽光発電設備から配電線の線路負荷へ電力が送られる。この状態のことを**単独運転**状態という。単独運転状態では、事故等の修理を行う作業員に感電などの事故が発生したり、再閉路時の電圧に位相差が生じるため、電力系統から切り離すことが定められている。

図aに示すように、単独運転防止のため切り離す遮断器を切り離し、太陽光発電設備が構内負荷のみに電力を供給して

いる状態のことを**自立運転**状態という。

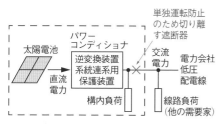

図a　単独運転と自立運転

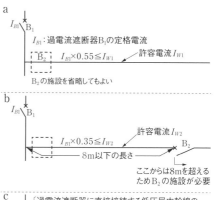

I_{B1}：過電流遮断器B_1の定格電流　許容電流I_{W1}

$I_{B1} \times 0.55 \leqq I_{W1}$

B_2の施設を省略してもよい

b

$I_{B1} \times 0.35 \leqq I_{W2}$　許容電流I_{W2}

8m以下の長さ

ここからは8mを超えるためB_2の施設が必要

c　〔過電流遮断器に直接接続する低圧屋内幹線の場合〕

許容電流I_{W3}

3m以下の長さ

B_1：幹線を保護する過電流遮断器
B_2：分岐幹線または分岐回路の過電流遮断器
B_3：分岐回路の過電流遮断器

幹線に施設する過電流遮断器の省略

| 解 答： | (4) |

282 発電所、蓄電所並びに変電所、開閉所およびこれらに準ずる場所の施設 P.304

H30 A問題 問6改

電技解釈第38条からの出題である。

（ア）**5**、（イ）**6**、（ウ）**禁止**、（エ）**施錠**となる。

| 解 答： | (1) |

283 電線路 P.305

H30 A問題 問7

電技解釈第53条からの出題である。

（ア）**1.8**、（イ）**内部に格納**、（ウ）**容易に**となる。

| 解 答： | (5) |

284 電気使用場所の施設 P.306

H29 A問題 問7

電技解釈第148条からの出題である。

（ア）**8**、（イ）**3**、（ウ）**太陽電池**、（エ）**最大短絡**となる。

法規

285 保安原則と保護対策 P.307

H28 A問題 問2

電技解釈第19条、第24条、第28条からの出題である。

（ア）**使用**、（イ）**直流**、（ウ）**D種**、（エ）**150**となる。

次図に、低圧側の1端子にB種接地工事を施す例を示す。

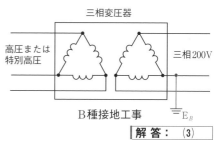

三相変圧器

高圧または特別高圧

三相200V

B種接地工事　E_B

| 解 答： | (3) |

225

286 保安原則と保護対策
H28 A問題 問3

電技解釈第21条からの出題である。

(1) **適切**。高圧の機械器具を施設する場合は、「屋内であって、取扱者以外の者が出入りできないように措置した場所に施設すること。」と規定している。

(2) **適切**。高圧の機械器具を施設する場合は、工場等の構内では「人が触れるおそれがないように、機械器具の周囲に適当なさく、へい等を設けること。」と規定している。

(3) **不適切**。高圧の機械器具を施設する場合は、「機械器具をコンクリート製の箱又はD種接地工事を施した金属製の箱に収め、かつ、**充電部分が露出しないように施設すること。**」と規定している。なお、充電部が露出していない機械器具には、簡易接触防護措置が許される。設問文では、高圧の機械器具に**充電部が露出している部分がある。**

したがって、記述内容は不適切である。

(4) **適切**。高圧の機械器具を施設する場合は、「機械器具に附属する高圧電線にケーブル又は引下げ用高圧絶縁電線を使用し、機械器具を人が触れるおそれがないように地表上4.5m（市街地外においては4 m）以上の高さに施設すること。」と規定している。設問文では、高圧の機械器具を5 mの高さに施設している。

(5) **適切**。高圧の機械器具を施設する場合は、「温度上昇により、又は故障の際に、その近傍の大地との間に生じる電位差により、人若しくは家畜又は他の工作物に危険のおそれがないように施設すること。」と規定している。

解　答：　(3)

287 用語の定義・電線および電路の絶縁と接地
H28 A問題 問6

電技解釈第16条、第46条からの出題である。

（ア）**1.5**、（イ）**1**、（ウ）**10**、（エ）**1500**となる。

太陽電池は直流を発生する発電装置である。耐圧試験を直流で行う場合は、最大使用電圧の1.5倍、交流で行う場合は1倍（波高値は実効値の$\sqrt{2}$倍なので、実質的には1.414倍）と規定している。

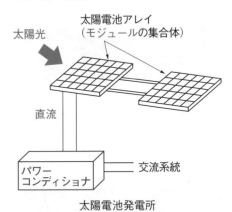

太陽電池発電所

解　答：　(2)

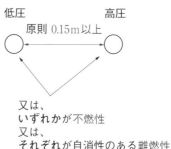

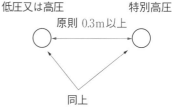

地中電線相互の離隔距離

288 電線路

H28 A問題 問8改

P.310

電技解釈第125条からの出題である。

（ア）**0.15**、（イ）**0.3**、（ウ）**耐火性**、（エ）**い
ずれか**、（オ）**それぞれ**となる。

解 答： (1)

必須ポイント

●地中電線相互の離隔距離

難燃性などの定義は、電技解釈第1条
により次のとおり。

・難燃性

炎を当てても燃え広がらない性質

・自消性のある難燃性

難燃性であって、炎を除くと自然に消え
る性質

・不燃性

難燃性のうち、炎を当てても燃えない性
質

・耐火性

不燃性のうち、炎により加熱された状態
においても著しく変形又は破壊しない性
質

不燃性のほうが、**難燃性**より耐火性能
が高いので、地中電線の（エ）**いずれか**が
不燃性の性質を、（オ）**それぞれ**が自消性
のある**難燃性**の性質を有していればよい
ことを推測できる。

289 電気使用場所の施設

H27 A問題 問9改

P.311

電技解釈第220条からの出題である。

（ア）**電力系統**、（イ）**有効電力**、（ウ）**能動**、
（エ）**受動**となる。

解 答： (3)

290 電線路

H27 B問題 問11

P.312

電技解釈第61条、第66条に関する出題
である。

(a) 図aのように電線の水平張力Pが13
〔kN〕、支線の張力をT〔kN〕とすると、

$$P = T \times \sin\theta \text{〔kN〕} \cdots\cdots(1)$$

$$\sin\theta = \frac{10}{10\sqrt{2}} = \frac{1}{\sqrt{2}} \cdots\cdots(2)$$

法
規

式(1)、(2)より、支線の張力 T〔kN〕は、

$$T = \frac{P}{\sin\theta} = \frac{13}{\dfrac{1}{\sqrt{2}}}$$

$$= 13\sqrt{2}\,\text{〔kN〕} \quad \cdots\cdots(3)$$

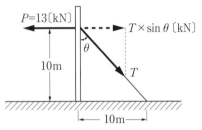

図a　問題図の力のつり合い

ここで、題意より支線の安全率 α が1.5であることから、支線に要求される引張強さの最小値 T_0〔kN〕は、

$$T_0 = \alpha \times T = 1.5 \times 13\sqrt{2}$$

$$\fallingdotseq 27.6\,\text{〔kN〕（答）}$$

解 答：(a)－(4)

(b) 題意より電線の引張強さが28.6〔kN〕、電線の引張強さに対する安全率 α_2 が2.2であることから、電線の水平張力 T_1〔kN〕は、

$$T_1 = \frac{28.6}{\alpha_2} = \frac{28.6}{2.2} = 13.0\,\text{〔kN〕}$$

ここで1〔m〕当たりの電線の重量と風圧荷重との合成荷重を W〔N/m〕、径間を S〔m〕とすると、電線の弛度(たるみ) D は、

$$D = \frac{WS^2}{8T_1}$$

$$= \frac{18 \times 40^2}{8 \times 13 \times 10^3} \fallingdotseq 0.28\,\text{〔m〕（答）}$$

13〔kN〕→13×10³〔N〕

※ D の単位の確認

$$\frac{\dfrac{\text{N}}{\text{m}} \times \text{m}^2}{\text{N}} = \text{m}$$

解 答：(b)－(2)

291 発電用風力設備技術基準
P.313
R4上期 A問題 問8

発電用風力設備に関する技術基準を定める省令第4条からの出題である。

(ア)遮断、(イ)振動、(ウ)起動となる。

解 答：(5)

292 電気施設管理
P.314
R5上期 B問題 問11

A・B工場を合成した日負荷曲線を考えると、図aのようになる。

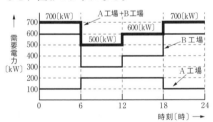

図a　A・B工場を合成した日負荷曲線

(a) A工場およびB工場を合わせた需要率は、次式から求められる。

$$需要率 = \frac{\text{A・B工場の合成最大需要電力}\,P_{max}\text{〔kW〕}}{\text{A・B工場の合計した設備容量}\,P_{AB}\text{〔kW〕}}$$
$$\times 100\,\text{〔%〕} \quad \cdots\cdots(1)$$

合成最大需要電力 P_{max} は図aより、0時～6時と18時～24時に見られる700

〔kW〕となる。

　また、合計した設備容量P_{AB}は題意より、A工場が400〔kW〕、B工場が700〔kW〕なので、合計1100〔kW〕となる。

　これらの値を式(1)に代入すると、A工場およびB工場を合わせた需要率の値は、

$$需要率 = \frac{P_{max}}{P_{AB}} \times 100$$

$$= \frac{700}{1100} \times 100$$

$$\fallingdotseq 63.6〔\%〕(答)$$

解　答：(a)－(3)

(b)　A工場およびB工場を合わせた総合負荷率は、次式から求められる。

$$総合負荷率 = \frac{A \cdot B工場の平均需要電力P_e〔kW〕}{A \cdot B工場の合成最大需要電力P_{max}〔kW〕}$$
$$\times 100〔\%〕\cdots\cdots(2)$$

　A・B工場を合わせたときの需要電力量〔kW・h〕は図aより、次のようになる。

・0時～6時の需要電力量は
　700〔kW〕× 6〔h〕= 4200〔kW・h〕

・6時～12時の需要電力量は
　500〔kW〕× 6〔h〕= 3000〔kW・h〕

・12時～18時の需要電力量は
　600〔kW〕× 6〔h〕= 3600〔kW・h〕

・18時～24時の需要電力量は
　700〔kW〕× 6〔h〕= 4200〔kW・h〕

　これらの合計を24時間で割ると、A・B工場を合わせたときの平均需要電力P_eは次のように求められる。

$$P_e = \frac{4200 + 3000 + 3600 + 4200}{24}$$

$$= \frac{15000}{24} = 625〔kW〕$$

　A・B工場の合成最大需要電力P_{max}は、設問(a)で求めた700〔kW〕となる。

　これらの値を式(2)に代入すると、A工場およびB工場を合わせた総合負荷率の値は、

$$総合負荷率 = \frac{P_e}{P_{max}} \times 100$$

$$= \frac{625}{700} \times 100$$

$$\fallingdotseq 89.3〔\%〕(答)$$

解　答：(b)－(4)

293 電気施設管理
R4上期 B問題 問13
P.315

法
規

(a)　発電しない時間は、前日の20時を起点として、前日の24時(当日の0時)まで、および当日の0時から当日の8時までの合計12時間である。この12時間の自然流量10〔m³/s〕の全量が運用に最低限必要な有効貯水量V〔m³〕となる。

　よって、

$$V = 10〔m^3/s〕× 12〔時間〕× 60〔分〕$$
$$× 60〔秒〕$$
$$= 432 × 10^3〔m^3〕(答)$$

解　答：(a)－(3)

　なお、当日の8時から20時までの12時間は、自然流量10〔m³/s〕以上の水を発電に使用するので、調整池の有効貯水量が増えることはない。

(b)　1日(24時間)の自然流量の貯水量全量V_aは、

$$V_a = 10 × 24 × 60 × 60$$
$$= 864 × 10^3〔m^3〕$$

である。V_aは図aの右上り斜線の範囲に相当する。

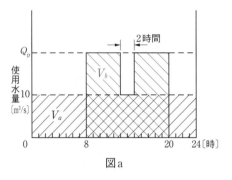

図a

V_aはすべて8時から20時までの発電で使用される。この貯水量をV_bとすると、V_bは図aの左上りの赤い斜線の範囲に相当し、図aから次式で計算できる。

$$V_b = Q_p \times \underbrace{10}_{} \times 60 \times 60 + \underbrace{10}_{} \times 2 \times 60 \times 60$$

┌─────────────┐ ┌─────────────┐
│12時間のうち、│ │12時間のうち、│
│10時間が使用 │ │2時間が使用 │
│水量Q_p〔m^3/s〕│ │水量10〔m^3/s〕│
└─────────────┘ └─────────────┘

$$= 36000Q_p + 72000 \text{〔m}^3\text{〕}$$

$V_b = V_a$であるから、

$$36000Q_p + 72000 = 864 \times 10^3$$
$$36Q_p + 72 = 864$$
$$Q_p = \frac{864 - 72}{36} = 22 \text{〔m}^3\text{/s〕}$$

使用水量Q_p〔m^3/s〕、有効落差H〔m〕で運転しているときの発電機出力P〔kW〕は、次式で表される。ただし、水車効率をη_t〔小数〕、発電機効率をη_g〔小数〕とする。

$$P = 9.8Q_p H \eta_t \eta_g$$
$$= 9.8 \times 22 \times 80 \times 0.90 \times 0.95$$
$$\fallingdotseq 14747 \fallingdotseq \mathbf{14700} \text{〔kW〕(答)}$$

解 答：(b)－(2)

別解 (b)

V_a(右上り斜線)とV_b(左上り斜線)が重なる部分は相殺されるので$V_a = V_b$の計算から除いてよい。また、横軸の時間を秒に変換する必要はない。

$$V_a' = 12\text{〔時〕} \times 10\text{〔m}^3\text{/s〕} = 120\text{〔m}^3\cdot\text{h/s〕}$$
$$V_b' = 10\text{〔時〕} \times (Q_p - 10)\text{〔m}^3\text{/s〕}$$
$$= 10Q_p - 100\text{〔m}^3\cdot\text{h/s〕}$$
$$10Q_p - 100 = 120$$
$$10Q_p = 220$$
$$Q_p = 22\text{〔m}^3\text{/s〕}$$

以下は本解と同じ。

必須ポイント

●発電機出力

$$P = 9.8Q_p H \eta_t \eta_g \text{〔kW〕}$$

294 電気施設管理
R3 B問題 問13
P.317

(a) 需要率(小数)

$$= \frac{\text{最大需要電力〔kW〕}}{\text{設備容量〔kW〕}}$$ で表される。

この式を変形し、3需要家A〜Cの最大需要電力を求める。

需要家Aの最大需要電力

= 設備容量 × 需要率

$= 800 \times 0.55 = 440\text{〔kW〕}$

同様に、需要家Bの最大需要電力

$= 500 \times 0.6 = 300\text{〔kW〕}$

需要家Cの最大需要電力

$= 600 \times 0.7 = 420\text{〔kW〕}$

したがって、3需要家の最大需要電力の総和

$= 440 + 300 + 420 = 1160 〔kW〕……①$

次に、負荷率（小数）

$= \dfrac{平均需要電力〔kW〕}{最大需要電力〔kW〕}$ で表される。

この式を変形し、3需要家A〜Cの平均需要電力を求める。

需要家Aの平均需要電力

$= 最大需要電力 × 負荷率$

$= 440 × 0.5 = 220 〔kW〕$

同様に、需要家Bの平均需要電力

$= 300 × 0.7 = 210 〔kW〕$

需要家Cの平均需要電力

$= 420 × 0.6 = 252 〔kW〕$

したがって、3需要家の合成平均需要電力

$= 220 + 210 + 252$

$= 682 〔kW〕 ……②$

よって、求める3需要家1日（24h）の需要電力量を合計した総需要電力量〔kW・h〕は、

総需要電力量 $= 682 × 24 = 16368 〔kW・h〕$

$→ 16370 〔kW・h〕$（答）

解 答：(a)—(2)

（b）不等率

$= \dfrac{最大需要電力の総和〔kW〕}{合成最大需要電力〔kW〕}$

で表される。

この式を変形すると、

設問(a)式①で求めた値を使用

合成最大需要電力 $= \dfrac{最大需要電力の総和}{不等率}$

$= \dfrac{1160}{1.25} = 928 〔kW〕$

よって、求める総合負荷率〔%〕は、

総合負荷率

設問(a)式②で求めた値を使用

$= \dfrac{合成平均需要電力〔kW〕}{合成最大需要電力〔kW〕} × 100$

$= \dfrac{682}{928} × 100 ≒ 73 〔%〕$（答）

解 答：(b)—(4)

必須ポイント

● 需要率 $= \dfrac{最大需要電力〔kW〕}{設備容量〔kW〕} × 100 〔%〕$

● 負荷率 $= \dfrac{平均需要電力〔kW〕}{最大需要電力〔kW〕} × 100 〔%〕$

● 不等率 $= \dfrac{最大需要電力の総和〔kW〕}{合成最大需要電力〔kW〕}$

なお、不等率は1以上（一般には1〜1.5）であることを覚えておこう。

$P_m < P_{mA} + P_{mB} + P_{mC}$ の関係が成立します。

---

295 電気施設管理

P.318

R2 B問題 問13

（a）$\dot{Z}_{S1} = j4.4〔Ω〕$ と $\dot{Z}_{SR1} = j33〔Ω〕$ はコイルであるから、誘導性リアクタンスである。

誘導性リアクタンス X_L は、$X_L = ωL = 2πfL〔Ω〕$ で示されるように、周波数 f〔Hz〕に比例する。

ただし、$ω$：電源の角周波数〔rad/s〕

L：コイルのインダクタンス〔H〕

よって、基本波周波数のときのインピーダンス(誘導性リアクタンス) $\dot{Z}_{S1}=j4.4$〔Ω〕、$\dot{Z}_{SR1}=j33$〔Ω〕は、第5次高調波に対して5倍のインピーダンスとなるので、

$$\dot{Z}_{S5}=5\times\dot{Z}_{S1}=5\times j4.4=\boldsymbol{j22}\,〔\Omega〕（答）$$

$$\dot{Z}_{SR5}=5\times\dot{Z}_{SR1}=5\times j33=\boldsymbol{j165}\,〔\Omega〕（答）$$

また、$\dot{Z}_{SC1}=-j545$〔Ω〕は、コンデンサであるから、容量性リアクタンスである。

容量性リアクタンス X_C は、$X_C=\dfrac{1}{\omega C}=\dfrac{1}{2\pi fC}$〔Ω〕で示されるように、周波数 f〔Hz〕に反比例する。

ただし、C：コンデンサの静電容量〔F〕

よって、基本波周波数のときのインピーダンス(容量性リアクタンス) $\dot{Z}_{SC1}=-j545$〔Ω〕は、第5次高調波に対して $\dfrac{1}{5}$ のインピーダンスとなるので

$$\dot{Z}_{SC5}=\frac{1}{5}\times\dot{Z}_{SC1}=\frac{1}{5}\times(-j545)$$

$$=\boldsymbol{-j109}\,〔\Omega〕（答）$$

解 答：(a)—(5)

(b) 題意より、6.6〔kV〕系統への第5次高調波の流出電流上限値 I_S〔A〕は、

$$I_S=契約電力〔kW〕\times\underset{\underbrace{}}{3.5}\times10^{-3}$$

3.5〔mA〕→ 3.5×10^{-3}〔A〕と変換

$$=250\times3.5\times10^{-3}=0.875〔A〕$$

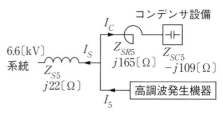

図a　高調波電流の分流

図aで示すように、高調波発生機器から発生する高調波電流 I_5 は、6.6〔kV〕系統へ流出する電流 I_S とコンデンサ設備に流れる電流 I_C に分流する。

したがって、次式が成立する。

$$I_5=I_S+I_C\cdots\cdots①$$

I_S と I_C はインピーダンスに反比例して配分されるので、

$$I_S:I_C=\frac{1}{\dot{Z}_{S5}}:\frac{1}{\dot{Z}_{SR5}+\dot{Z}_{SC5}}$$

$$=\frac{\dot{Z}_{SR5}+\dot{Z}_{SC5}}{\dot{Z}_{S5}(\dot{Z}_{SR5}+\dot{Z}_{SC5})}:\frac{\dot{Z}_{S5}}{\dot{Z}_{S5}(\dot{Z}_{SR5}+\dot{Z}_{SC5})}$$

$$=(\dot{Z}_{SR5}+\dot{Z}_{SC5}):\dot{Z}_{S5}$$

$$=(j165-j109):j22$$

$$=56:22$$

$$56I_C=22I_S$$

$$I_C=\frac{22}{56}I_S=\frac{22}{56}\times0.875=0.34375$$

よって、求める I_5 は、I_S と I_C を式①に代入して、

$$I_5=I_S+I_C=0.875+0.34375$$

$$=1.21875\fallingdotseq\boldsymbol{1.2}〔A〕（答）$$

※上限値なので、1.21875〔A〕以下でなければならない。

解 答：(b)—(4)

●直列リアクトルSRの役割

仮に、$\dot{Z}_{SR5}$がない場合の系統流出電流I_Sは、

$$I_S = I_5 \times \frac{Z_{SC5}}{Z_{S5} + Z_{SC5}}$$

$$= 1.21875 \times \frac{-j109}{j22 - j109}$$

$$\fallingdotseq 1.53 \,〔A〕$$

となり、I_5より大きくなる。

つまり、第5次高調波電流は拡大して系統へ流出する。基本波周波数に対して、$\frac{Z_{SR1}}{Z_{SC1}} = \frac{33}{545} \fallingdotseq 0.06 \rightarrow 6〔\%〕$程度の直列リアクトルSRをコンデンサSCに付けることにより、これを防止している。

---

296 **電気施設管理**
R1 A問題 問10
P.320

(ア)**発生と消費**、(イ)**最大電力**、(ウ)**供給予備力**となる。

解答： (3)

●供給予備力

供給予備力とは予備の供給力で、需要の10%程度が必要とされている。供給予備力は、事故や天候の急変などにより供給力不足が生じたときの一時的な増強手段で、次の3つに分類できる。

①**瞬動予備力**…即時(10秒以内)に供給力を分担でき、次項の運転予備力が供給可能になるまでの間継続できるもの

で、運転中の発電所の調速機余力が該当する。

②**運転予備力**…10分程度以内に供給力を分担でき、次項の待機予備力が供給可能になるまでの数時間程度は運転を継続できるもので、部分負荷で運転中の発電所の余力が該当する。

③**待機予備力**…供給が可能になるまで数時間から10数時間を要するが長期間継続運転が可能なもので、停止待機中の火力発電所が該当する。

---

297 **電気施設管理**
R1 B問題 問12
P.321

法規

(a) コンデンサがY接続だった場合の図aの回路の1相分(R - N)を抜き出した回路が図cの回路である。または、コンデンサが△接続だった場合の図bの回路をY接続に等価変換して1相分(R - N)を抜き出した回路が図cの回路である。

図cの回路において、Eは次のようにE_LとE_Cに分配される。

$$E_L = \frac{jX_L}{jX_L - jX_C} \times E$$

$$= \frac{j0.06X_C}{j0.06X_C - jX_C} \times E$$

$$= \frac{j0.06X_C}{-j0.94X_C} \times E \fallingdotseq -0.0638E$$

$$= -0.0638 \times \frac{V}{\sqrt{3}}$$

$$= -0.0638 \times \frac{6600}{\sqrt{3}}$$

$$\fallingdotseq -243 \,〔V〕$$

（負号は回路図のE_Lの方向が逆である
ことを表している）

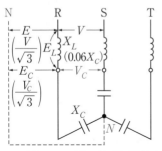

図a　コンデンサがY接続の場合

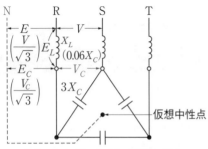

図b　コンデンサが△接続の場合

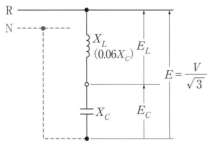

図c　1相分を抜き出した回路

$$E_C = \frac{-jX_C}{jX_L - jX_C} \times E$$

$$= \frac{-jX_C}{j0.06X_C - jX_C}$$

$$= \frac{-jX_C}{-j0.94X_C} \times E \fallingdotseq 1.0638E$$

$$= 1.0638 \times \frac{V}{\sqrt{3}}$$

$$= 1.0638 \times \frac{6600}{\sqrt{3}} \fallingdotseq 4053.6 \,[\mathrm{V}]$$

求める三相コンデンサSCの端子電圧
（線間電圧）V_Cは、

$$V_C = \sqrt{3}\,E_C = \sqrt{3} \times 4053.6$$

$$\fallingdotseq \mathbf{7021}\,[\mathrm{V}]\,(答)$$

解答：(a)ー(5)

別　解

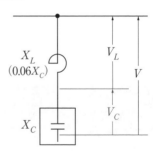

図d　単線結線図

図dの単線結線図においてV_Cは、

$$V_C = \frac{-jX_C}{jX_L - jX_C} \times V$$

$$= \frac{-jX_C}{j0.06X_C - jX_C} \times V$$

$$= \frac{-jX_C}{-j0.94X_C} \times V$$

$$\fallingdotseq 1.0638 \times 6600$$

$$\fallingdotseq \mathbf{7021}\,[\mathrm{V}]\,(答)$$

(b)　三相負荷の有効電力$P = 300\,[\mathrm{kW}]$、
　　力率$\cos\theta_1 = 0.6$（遅れ）であるから、皮

相電力 S_1 は、

$$S_1 = \frac{P}{\cos\theta_1} = \frac{300}{0.6} = 500\,[\text{kV}\cdot\text{A}]$$

遅れ無効電力 Q_1 は、

$$Q_1 = S_1\sin\theta_1 = 500 \times 0.8 = 400\,[\text{kvar}]$$

> $\cos\theta_1 = 0.6$ のとき、$\sin\theta_1 = 0.8$ である。覚えておこう。
> $\sin\theta_1 = \sqrt{1-\cos^2\theta_1} = \sqrt{1-0.6^2} = \sqrt{0.64} = 0.8$

進相コンデンサ設備を負荷に並列に接続したとき、力率 $\cos\theta_2 = 0.8$（遅れ）となったので、進相コンデンサ設備を含めた皮相電力 S_2 は、

$$S_2 = \frac{P}{\cos\theta_2} = \frac{300}{0.8} = 375\,[\text{kV}\cdot\text{A}]$$

遅れ無効電力 Q_2 は、

$$Q_2 = S_2\sin\theta_2 = 375 \times 0.6 = 225\,[\text{kvar}]$$

> $\cos\theta_2 = 0.8$ のとき、$\sin\theta_2 = 0.6$ である

進相コンデンサ設備が負荷に供給した遅れ無効電力＝進相コンデンサ設備の設備容量 Q_{LC} は、

$$Q_{LC} = Q_1 - Q_2 = 400 - 225$$
$$= 175\,[\text{kvar}]$$

ここで、Q_{LC} とは三相コンデンサSCの容量（進み無効電力）Q_C と直列リアクトルSRの容量（遅れ無効電力）Q_L を合成した設備容量であるから、

> $Q_C : Q_L = X_C : X_L = 1 : 0.06$、$Q_L = 0.06Q_C$

$$Q_{LC} = Q_C - Q_L = Q_C - 0.06Q_C$$
$$= 0.94Q_C$$

したがって、求める Q_C は、

$$Q_C = \frac{Q_{LC}}{0.94} = \frac{175}{0.94} \fallingdotseq \textbf{186}\,[\text{kvar}]\,(\text{答})$$

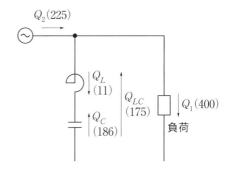

図e　遅れ無効電力の流れ（単位：kvar）

解 答：(b)—(3)

必須ポイント

- 高圧需要家は高調波拡大防止のため、三相コンデンサ Q_C の6％の直列リアクトル $Q_L = 0.06Q_C$ を付けることが多い。
- 進相コンデンサ設備の設備容量 Q_{LC} とは、$Q_C - Q_L$ のことである。コンデンサ単体の容量（今回の問題で求めた容量）Q_C のことではない。

298 電気施設管理
H30 B問題 問12
P.322

各点間の距離、各点の線間電圧および各線を流れる電流の記号を図のように定める。

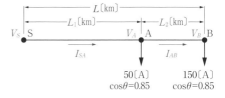

(a) A－B間の線間電圧降下 v_{AB} は、$V_S = 6600\,[\text{V}]$ の1〔％〕なので、

$$v_{AB} = 6600 \times 0.01 = 66\,[\text{V}]$$

A－B間の1線当たりの抵抗 r_{AB} は、

$$r_{AB} = 0.32 \times L_2 \text{〔}\Omega\text{〕}$$

A－B間の1線当たりのリアクタンス x_{AB} は、

$$x_{AB} = 0.2 \times L_2 \text{〔}\Omega\text{〕}$$

A－B間に流れる電流 I_{AB} は、B点の負荷電流150〔A〕に等しい。

題意により、V_S、V_A、V_B の位相差が十分小さいので、v_{AB} について次の近似式が成り立つ。

$$v_{AB} = \sqrt{3}\, I_{AB}(r_{AB}\cos\theta + x_{AB}\sin\theta) \text{〔V〕}$$
$$\cdots\cdots(1)$$

式(1)に数値を代入して、

$$66 = \sqrt{3} \times 150 \times (0.32 L_2 \times 0.85$$
$$+ 0.2 L_2 \times \sqrt{1 - 0.85^2})$$

$$\boxed{\sin\theta = \sqrt{1 - \cos^2\theta}}$$

$$66 = \sqrt{3} \times 150 \times 0.377 L_2$$

$$L_2 = \frac{66}{\sqrt{3} \times 150 \times 0.377}$$

$$\fallingdotseq 0.674 \text{〔km〕} \rightarrow \mathbf{0.67} \text{〔km〕(答)}$$

解 答：(a)－(2)

(b) A－B間の線間電圧降下 v_{AB} を V_S の1〔%〕とし、B点線間電圧 V_B を V_S の96〔%〕とするためには、S－A間の電圧降下 v_{SA} は V_S の $(100 - 96) - 1 = 3$〔%〕でなければならない。したがって、

$$v_{SA} = V_S \times 0.03 = 6600 \times 0.03$$
$$= 198 \text{〔V〕}$$

S－A間の1線当たりの抵抗 r_{SA} は、

$$r_{SA} = 0.32 \times L_1 \text{〔}\Omega\text{〕}$$

S－A間の1線当たりのリアクタンスは、

$$x_{SA} = 0.2 \times L_1 \text{〔}\Omega\text{〕}$$

S－A間に流れる電流 I_{SA} は、B点の負荷電流150〔A〕とA点の負荷電流50〔A〕の合成となるので、

$$I_{SA} = 150 + 50 = 200 \text{〔A〕}$$

題意により V_S、V_A、V_B の位相差が十分小さいので、v_{SA} について次の近似式が成り立つ。

$$v_{SA} = \sqrt{3}\, I_{SA}(r_{SA}\cos\theta + x_{SA}\sin\theta) \text{〔V〕}$$
$$\cdots\cdots(2)$$

式(2)に数値を代入して、

$$198 = \sqrt{3} \times 200 \times (0.32 L_1 \times 0.85$$
$$+ 0.2 L_1 \times \sqrt{1 - 0.85^2})$$

$$198 = \sqrt{3} \times 200 \times 0.377 L_1$$

$$L_1 = \frac{198}{\sqrt{3} \times 200 \times 0.377}$$

$$\fallingdotseq 1.516 \text{〔km〕}$$

よって、求める線路長 L は、

$$L = L_1 + L_2 = 1.516 + 0.674$$
$$= \mathbf{2.19} \text{〔km〕(答)}$$

解 答：(b)－(1)

必須ポイント

● **三相3線式配電線路電圧降下 v 近似式**

$$v = \sqrt{3}\, I(r\cos\theta + x\sin\theta) \text{〔V〕}$$

$$v = V_s - V_r \text{〔V〕}$$

V_s：送電端電圧（線間電圧）〔V〕

V_r：受電端電圧（線間電圧）〔V〕

r：1線当たりの抵抗〔Ω〕

x：1線当たりのリアクタンス〔Ω〕

I：負荷電流〔A〕

$\cos\theta$：負荷力率

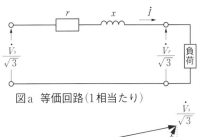

図a 等価回路（1相当たり）

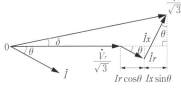

図b ベクトル図（1相当たり）

299 電気施設管理

H29 B問題 問12

P.323

(a) 基準容量 P_n を10MV・Aに統一すると、変圧器百分率抵抗降下、

$$\%X_{Tr} = \frac{10 \times 10^6}{300 \times 10^3} \times 2 \fallingdotseq 66.7 \,[\%]$$

変圧器百分率リアクタンス降下、

$$\%X_{Tx} = \frac{10 \times 10^6}{300 \times 10^3} \times 4 = 133.3 \,[\%]$$

高圧配電線路百分率抵抗降下、

$$\%X_{Lr} = 20 \,[\%]$$

高圧配電線路百分率リアクタンス降下、

$$\%X_{Lx} = 40 \,[\%]$$

インピーダンスは図aのようになる。

$$V_n \atop 210[V] \quad \%X_{Lr} \quad \%X_{Lx} \quad \%X_{Tr} \quad \%X_{Tx} \quad F$$
$$20[\%] \quad j40[\%] \quad 66.7[\%] \quad j133.3[\%]$$

図a インピーダンスマップ

合成百分率インピーダンス降下%Zは、

$$\%Z = \sqrt{(20 + 66.7)^2 + (40 + 133.3)^2}$$
$$\fallingdotseq 193.8 \,[\%]$$

変圧器二次側（210V側）の基準電流 I_n は、

$$I_n = \frac{P_n}{\sqrt{3} \, V_n} = \frac{10 \times 10^6}{\sqrt{3} \times 210}$$
$$\fallingdotseq 27492.9 \,[A]$$

F点の短絡電流 I_s は、

$$I_s = I_n \times \frac{100}{\%Z} = 27492.9 \times \frac{100}{193.8}$$
$$\fallingdotseq 14186 \,[A] \rightarrow \textbf{14.2} \,[kA] \,（答）$$

解 答：(a)−(5)

(b) 変圧器一次側（6.6kV側）の短絡電流 I_{s1} は、

$$変圧比\, a = \frac{6.6 \times 10^3}{210} \fallingdotseq 31.4$$

であるので、

$$I_{s1} = I_s \times \frac{1}{a} = 14187 \times \frac{1}{31.4}$$
$$\fallingdotseq 451.8 \,[A]$$

OCR入力電流 I_{OCR} は、CTの変流比が75A/5Aであるので、

$$I_{OCR} = I_{s1} \times \frac{5}{75} = 451.8 \times \frac{5}{75}$$
$$\fallingdotseq 30 \,[A] \,（答）$$

解 答：(b)−(4)

必須ポイント

●**短絡電流の計算**

図bにおいて三相短絡電流 I_s は、％インピーダンス（百分率インピーダンス降下）を使用して、次のように求める。

$$I_s = I_n \times \frac{100}{\%Z} \,[A]$$

ただし、

P_n：基準容量〔V・A〕、

I_n：基準電流〔A〕

$$I_n = \frac{P_n}{\sqrt{3}\ V_n} 〔\text{A}〕$$

V_n：基準電圧〔V〕、

$\%Z$：％インピーダンス〔％〕

電源
（定格電圧）
V〔V〕　　　$\%Z$〔%〕　短絡電流 I_s〔A〕　三相短絡

基準容量 P_n〔V・A〕
基準電圧 V_n〔V〕
基準電流 I_n〔A〕

図b　三相短絡事故

> 基準容量 P_n、基準電流 I_n、基準電圧 V_n は、短絡事故点の短絡事故前の定格値である。$\%Z$ は短絡事故点から電源側を見た％インピーダンスで、線路、変圧器などの％インピーダンスを基準容量 P_n に換算した合成％インピーダンスである。

●基準容量の合わせ方

％インピーダンスは電圧一定のもとで基準容量に比例する。同一電圧の箇所で、ある基準容量 P（旧基準容量とする）の旧％インピーダンス $\%Z$ を新基準容量 P' の新％インピーダンス $\%Z'$ に換算すると、次のようになる。

$$\%Z' = \%Z \times \frac{P'}{P} 〔\%〕$$

新基準容量に統一した各箇所の％インピーダンスは、電圧換算なしに直並列計算をすることができる。

300 電気施設管理　P.325
H29 B問題 問13

2つの電力推移グラフを重ねて書いたものを図aに示す。

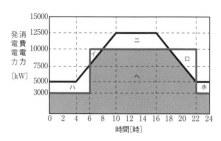

図a　発電電力と消費電力の推移

(a) 図aにおいて、イ、ロの部分の面積が電力系統への送電電力量の値となる。

イの面積：　底辺×高さ÷2

$$\frac{2 \times (10000 - 7500)}{2} = 2500 〔\text{kW・h}〕$$

ロの面積：

$$\frac{4 \times (10000 - 5000)}{2} = 10000 〔\text{kW・h}〕$$

したがって、

送電電力量 $= 2500 + 10000$

$= 12500 〔\text{kW・h}〕$

$\rightarrow \mathbf{12.5}〔\text{MW・h}〕（答）$

図aにおいて、ハ、ニ、ホの部分の面積が受電電力量の値となる。

ハの面積：長方形の部分＋三角形の部分として計算する

$$6 \times (5000 - 3000) + \frac{2 \times (7500 - 5000)}{2}$$

$$= 12000 + 2500 = 14500 〔\text{kW・h}〕$$

ニの面積：　（上底＋下底）×高さ÷2

$$\frac{(6 + 10) \times (12500 - 10000)}{2} = 20000 〔\text{kW・h}〕$$

（※長方形＋2つの三角形として計算してもよい）

ホの面積：

$2 \times (5000 - 3000) = 4000 \,〔\mathrm{kW \cdot h}〕$

したがって、

受電電力量 $= 14500 + 20000 + 4000$

$= 38500 \,〔\mathrm{kW \cdot h}〕$

$\rightarrow \mathbf{38.5} \,〔\mathrm{MW \cdot h}〕(答)$

解答：(a)—(2)

(b) 図aにおいて、自家用水力発電所で発電した電力量は、赤線で囲まれた面積となるので、

$(6 \times 3000) + (16 \times 10000) + (2 \times 3000)$

$= 184000 \,〔\mathrm{kW \cdot h}〕$

上記発電電力量のうち、工場内で消費された電力量は発電電力量184000〔kW·h〕から電力系統へ送電した電力量、すなわちイ、ロの面積12500〔kW·h〕を差し引けばよいので、

$184000 - 12500 = 171500 \,〔\mathrm{kW \cdot h}〕$

（※この電力量は図aにおいて、への面積に対応する）

したがって、

$\dfrac{工場内で消費された電力量}{発電電力量} \times 100$

$= \dfrac{171500}{184000} \times 100 ≒ \mathbf{93.2} \,〔\%〕(答)$

解答：(b)—(5)

必須ポイント

●電力推移のグラフにおいて

横軸〔h〕×縦軸〔W〕＝電力量〔W·h〕

となる。

●台形の面積S

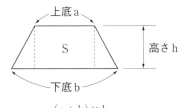

$$S = \frac{(a + b) \times h}{2}$$

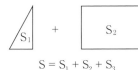

$S = S_1 + S_2 + S_3$

と分けて計算してもよい。

法規

239

MEMO